数据库技术及应用
——Visual FoxPro 应用基础

主　编　谯　英　刘益和　张　凯
副主编　刘帮涛　杨绪华　余文春

科学出版社
北　京

内 容 简 介

本书将计算思维能力的培养融于案例与实验教学中，全面讲述了关系数据库系统的特点及应用开发，旨在提高学生的数据库操作能力和应用能力。本书共12章，主要内容为数据库的基础知识、Visual FoxPro的数据元素、表的操作与维护、数据库基本操作与视图、数据库的结构化查询语言、程序设计基础、面向对象程序设计等。本书有配套的实验指导书。

本书可作为高等职业技术学校计算机及相关专业的教材用书，也可供对Microsoft Visual FoxPro 6.0感兴趣的读者使用。

图书在版编目（CIP）数据

数据库技术及应用：Visual FoxPro应用基础 / 谯英，刘益和，张凯主编. —北京：科学出版社，2016

ISBN 978-7-03-049482-5

Ⅰ. ①数… Ⅱ. ①谯… ②刘… ③张… Ⅲ. ①关系数据库系统－程序设计－高等职业教育－教材 Ⅳ. ①TP311.138

中国版本图书馆CIP数据核字（2016）第196617号

责任编辑：李淑丽 董素芹 / 责任校对：李 影

责任印制：徐晓晨 / 封面设计：华路天然工作室

科 学 出 版 社 出版

北京东黄城根北街16号

邮政编码：100717

http://www.sciencep.com

北京厚诚则铭印刷科技有限公司 印刷

科学出版社发行 各地新华书店经销

*

2016年10月第 一 版 开本：787×1092 1/16

2018年1月第三次印刷 印张：21

字数：498 000

定价：49.00元

（如有印装质量问题，我社负责调换）

前　言

随着信息技术和社会信息化的发展，以数据库系统为核心的办公自动化系统、管理信息系统、决策支持系统等得到了广泛的应用，数据库技术已成为计算机应用的一个重要方面。数据库原理及应用已是高等学校非计算机专业的一门重要公共课程。随着计算机科学技术的快速发展，高校学生计算机知识起点的不断提高，大学计算机基础课程教学改革的不断深入，以及教育部高等学校计算机教学指导委员会提出以计算思维为导点的要求，因此，我们以应用为目的、案例为引导、任务为驱动编写了本书。本书将计算思维能力的培养融于案例与实验教学中，全面讲述了关系数据库系统的特点及应用开发，旨在提高学生的数据库操作能力和应用能力。

为了便于实验教学和学生学习，同时编写了与本书配套的实验指导书。本套书是四川省高校数据库技术基础教育与教学改革的专家和一线教师打造和撰写，在四川省高校计算机基础教育研究会的支持和参与下，一开始就以打造精品教材为已任，不断修改锤炼推出的数据库技术应用基础教材，并经过四川省内众多高校多年来的使用，受到广泛的欢迎和好评！

本书由谯英、刘益和、张凯担任主编，负责统筹校稿；谯英负责审定；刘帮涛、杨绪华、余文春担任副主编，对书稿进行修改和润色。本书编写分工如下：谯英(第 1、6、9 章)；刘益和(第 2 章)；张凯(第 3、4、10、11 章)；刘帮涛(第 5 章)；杨绪华(第 7、8 章)；余文春(第 12 章)。

由于时间紧迫，编者水平有限，书中难免有不足之处，恳请广大读者批评指正。

编　者

2016 年 6 月

目　录

第 1 章　数据库系统基础知识

本章知识点：

(1)数据、数据处理、数据库、数据库管理系统、数据库系统的概念。

(2)三种数据库模型、关系术语。

(3)三种基本的关系运算。

(4)关系的规范化理论。

(5)数据的一致性和完整性。

20 世纪 70 年代以来，数据库技术得到了飞速发展，在人们的日常生活、生产经营、金融证券、事务管理等各个方面都得到了广泛的应用，数据库技术实现了数据的共享和高效处理，满足了人们数据管理的各种需要。

1.1　数据和数据处理

1.1.1　数据与信息

1. *数据*

数据定义为可鉴别的物理符号。从数据库技术的角度来说，数据指能被计算机识别和处理的符号。这些符号的具体形式是数字、文字、符号、声音、图像，它可以统筹分为两大类形式：数值型数据和非数值型数据。数值型数据能进行加、减、乘、除等数值运算；非数值型数据是不能进行数值运算的，如人的姓名、一幅图片等都可以认为是非数值型数据。正是有了这些非数值型数据，数据处理的内容变得复杂而又丰富。

2. *信息*

信息是客观世界可通信的知识。客观世界存在着各种各样的事物，它们无时无刻不在发展变化，它们的存在、状态和特征反映在人们的大脑中就是知识。信息是一种经过加工的数据，且对其接收者行为产生一定影响。

1.1.2　数据处理

数据处理是将数据转换成信息的过程。它包括对数据的收集、分类、排序、存储、计算、加工、检索、传输、更新等处理。计算机的诞生源自科学计算，却在非科学计算的数据处理领域得到了更广泛的应用。

数据、信息、数据处理三者之间存在这样的关系：数据是一种符号象征，它本身是没有意义的，而信息是有意义的知识。但数据经过加工处理、解释就能成为有意义的信息，也就是数据处理把数据和信息联系在一起。以下式子可以简单明确地表明三者的关系：

信息 = 数据 + 数据处理

1.2　数据库技术的发展

数据库技术是 20 世纪 60 年代末出现的以计算机技术为基础的数据处理技术。数据处理的核心问题是数据管理。在计算机发明以后，人们一直在努力寻求如何用计算机更有效地管理数据。随着计算机硬件和软件技术的发展，数据库技术的发展经历人工管理阶段、文件系统阶段和数据库系统阶段。

1.2.1　人工管理阶段

20 世纪 50 年代，计算机没有磁盘这样的能长期保存数据的存储设备。这个时期的数据管理是用人工方式把数据保存在卡片、纸带这类的介质上，所以称为人工管理阶段。这个阶段数据管理的最大特征是数据由计算数据的程序携带，混合在一起如图 1-1 所示，因此具有以下主要缺点。

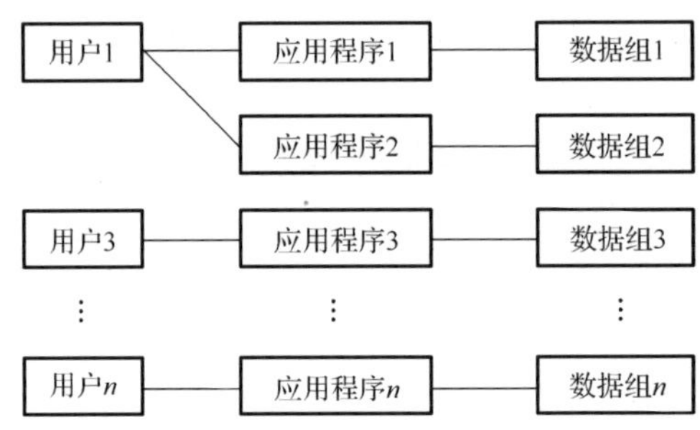

图 1-1　人工管理阶段应用程序与数据的关系

1. 数据不能独立

由于数据和程序混合在一起，这样就不能处理大量的数据。更谈不上数据的独立和共享，一组数据只能被一个程序专用，不能被别的程序使用。此外，当程序中的数据类型、格式发生变化时，相应的程序也必须进行修改。

2. 数据不能长期保存

这个阶段计算机的主要任务是科学计算，计算机运行时，程序和数据在计算机中，程序运行结束后，它们也就从计算机中释放出来。

3. 数据没有专门的管理软件

有计算机系统没有数据管理软件管理数据，也就没有数据的统一存取规则。数据的存取、输入输出方式就由编写程序的程序员自己确定，这就增加了程序编写的负担。

1.2.2　文件系统阶段

随着计算机对数据处理要求的不断增加，人们对数据处理的重要性越来越重视，从 20 世纪 50 年代末至 60 年代，计算机操作系统中专门用文件系统来管理数据，计算机的数据管理就进入了文件系统阶段。这个阶段的主要特征是数据文件和处理数据的程序文件分离，数据文件由文件系统管理，如图 1-2 所示。与人工阶段相比，文件系统阶段有所进步，但还是存在以下缺点。

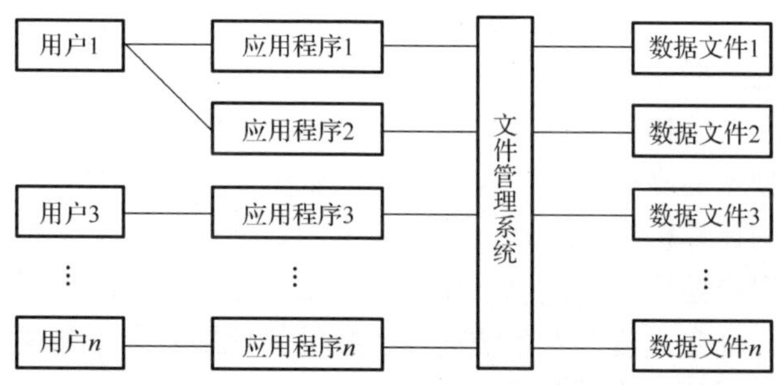

图 1-2　文件系统阶段应用程序与数据文件的关系

(1) 数据独立性差，不能共享。数据虽然从程序文件分离出来，但文件系统管理的数据文件只能简单地存放数据，且一个数据文件一般只能被相应程序文件专用，相同的数据要被另外的程序使用，需再产生数据文件，由此就出现了数据的重复存储问题，这就是数据冗余的概念。

(2) 数据文件不能集中管理。由于这阶段的数据文件没有合理规范的结构，数据文件之间不能建立联系，数据文件不能集中管理，数据使用的安全性和完整性都不能得到保证。

1.2.3　数据库系统阶段

到 20 世纪 60 年代末，计算机的数据管理进入数据库系统阶段。这时，由于计算机的数据处理量迅速增长，数据管理得到人们的高度重视，在美国产生了技术成熟且具有商业价值的数据库管理系统。数据库管理系统不仅有效地实现了程序和数据的分离，而且它把大量的数据组织在一种特定结构的数据库文件中，多个不同程序都可以调用数据库中相同的数据，实现数据的集中统一管理及数据共享，如图 1-3 所示。与文件系统相比，数据库系统具有以下特点。

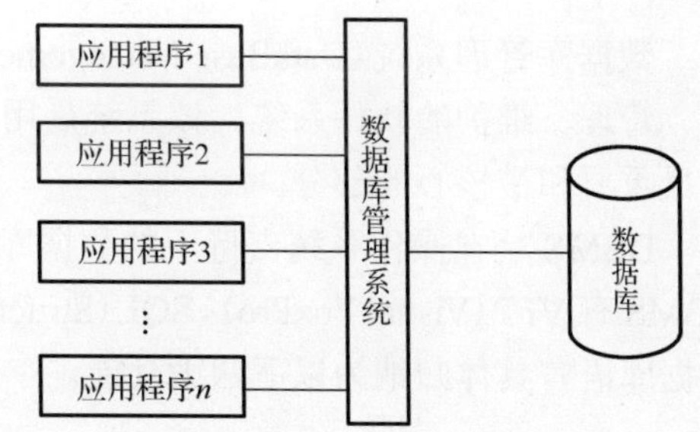

图 1-3　数据库系统阶段应用程序与数据的关系

(1) 实现数据共享，减少数据冗余度。由于数据库文件不仅与程序文件相互独立，而且具有合理规范的结构，多用户、不同的程序可以使用数据库中相同的数据，这样大大节省了存储资源，减少了数据的冗余度。

(2) 实现数据独立。数据独立包括物理数据独立和逻辑数据独立。物理数据是数据在硬件上的存储样式，其独立性是指当数据的存储结构发生变化时不影响数据的逻辑结构，也就不会影响程序的运行。逻辑数据是指数据在用户面前的表现形式，当逻辑数据结构发生变化时也不影响应用程序，这就是逻辑数据的独立性。这两个数据的独立性有效地保证了数据库运行的稳定性。

(3) 采用合理的数据结构，加强了数据的联系。数据库采用合理的结构安排组织其中的数据，不仅数据文件中的数据有特定的联系，各数据文件之间也可以建立关系，这是以前文件系统不能做到的。

(4) 加强数据保护。与文件系统相比，数据库系统增加数据的多种控制功能，如并发控制能保证多个用户同时使用数据时不产生冲突；安全性控制能保证数据的安全，不被非法用户使用和破坏；数据的完整性控制保证了数据使用过程中的正确性和有效性。

值得指出的是，有效的文献又把数据库系统阶段分为集中式数据库系统阶段和分布式数据库系统阶段，早期的数据库系统是集中式的，其特点是把所有的数据无论在物理上还是逻辑上都集中摆放在一起，这样虽然设计简单，但影响数据的流通速度。

随着计算机网络技术的高速发展，现在更多的数据库系统采用分布式数据库系统，通过网络技术把分布各处的计算机连接起来，数据库中的数据在物理上分布于网络中不同地域的计算机节点上。但对用户使用来说，他不知道也不用关心数据存放于哪个地方，逻辑上看起来又好像在集中使用。分布式数据库系统提高了数据的使用效率，加快了数据的流通速度，更加符合今天人们对数据处理的需要。

1.3 数据库系统的基础知识

1.3.1 数据库

数据库(DataBase，DB)是按一定方式组织存储在一起的相关数据的集合，也可通俗地称为数据仓库。从数据库系统的角度看，数据库是存放诸多数据表、表的视图、表之间的关联、表的属性、表的完整性等信息的磁盘文件。

应用程序所需处理的各种数据就集中存放在数据库中，数据库中的数据不是彼此孤立互不相干的。它们之间相互关联，有特定的组织结构，正是这种组织结构才有效地实现了数据共享和集中管理。

数据库是数据库系统组成的基础，它为用户和各种应用程序提供了数据资源。

1.3.2 数据库管理系统

数据库管理系统(DataBase Management System，DBMS)是负责数据库的定义、建立、操纵、管理、维护的软件系统。该系统是用户和数据库的接口，属于系统软件，是数据库系统中最重要和最核心的部分。

DBMS 是在操作系统支持下的数据库语言，提供对数据库的各种操作命令。目前流行的 DBMS 有 VFP(Visual FoxPro)、SQL(Structured Query Language)、Oracle 等数据库语言。DBMS 数据库语言具体归纳为以下四大功能。

1. 数据定义功能

数据库管理系统使用数据库定义语言(Data Definition Language，DDL)来定义和描述数据库的结构，这就需要用相应的解释和编译程序来实现该功能，如 Visual FoxPro 数据库管理系统中的 CREATE 是定义表结构的命令。

2. 数据操作功能

DBMS 提供的数据操作语言(Data Manipulation Language，DML)用于实现数据的追加、插入、修改、删除、检索等功能。不同的数据库语言提供的功能命令格式不同，但这些功能是对数据库管理最基本的操作，也是构成应用程序必不可少的命令。

3. 数据控制功能

DBMS 提供了数据控制语言(Data Control Language，DCL)，为保障数据库中数据使用的安全性和可靠性，DBMS 要提供一定的手段保护数据，这就是数据控制的概念，它包括的内容有数据完整性控制、并发控制、安全性控制、数据恢复控制等。

4. 数据字典

数据字典(Data Dictionary，DD)是以数据文件的方式存放关于数据库的结构描述和说明信息，是一种特殊的数据库。软件开发者可以通过数据字典的查阅来方便数据库的使用和操作，这对数据量大的应用程序是很有帮助的。大型数据库管理系统有专门创建数据字典的功能，而 Visual FoxPro 需较多的人工操作才能创建数据字典库。

1.3.3 数据库系统

数据库系统(DataBase System，DBS)是引进数据库技术的计算机系统。一个完整的数据库系统由数据库管理员和用户、计算机硬件、操作系统、数据库管理系统、应用程序、数据库组成，数据库系统的运行需要用户的操作和数据库管理员的维护，计算机硬件是各类软件的物理支持，数据库管理系统和应用程序都需要操作系统作为支撑平台，由以上这些部分组成的数据库系统才能正常运行，满足人们数据管理的需要。

数据库应用系统(DataBase Application System，DBAS)是程序员在 DBMS 支持下编写的，为解决实际应用问题的数据库应用软件，如工资管理系统、人事管理系统、学籍管理系统。Visual FoxPro 提供的面向对象的编程方法很容易开发一个小型的数据库应用系统。

1.3.4 数据模型

数据库中的数据组织结构称为数据模型。数据库系统之所以能有效减少数据冗余度、实现数据共享和集中管理的特点，是由于数据库中数据有特定的组织结构。数据库中数据描述的对象是客观存在的事物，可以相互区别的事物称为实体，如一个学生、一门课等。从数据结构的角度，描述一个实体的相关数据(记录)可以看成数据组织中的一个节点。不同的数据库系统采用不同的数据模型，它们可以分为四种。

1. 层次模型

层次模型又形象地称为树形模型，像一棵倒挂的树，开头有一个根节点是没有父节点的，其他每个节点只能有一个父节点，可有一个或多个子节点。从层次结构上可理解为一个实体对上面只能和一个实体发生联系，对下面可和一个或多个实体发生联系。

2. 网状模型

网状模型是一种较为复杂的数据模型，这种结构中的每一个数据节点可有多个上级节点，也可有多个下级节点，也就是实体之间都可以发生联系。

在数据库技术早期，美国的一些公司开发的数据库管理系统就采用了层次模型和网状模型。

3. 关系模型

20 世纪 80 年代后开发的数据库管理系统大多采用关系模型。关系模型中数据节点之间的联系是一对一的关系，每个实体只能和前面一个以及后面一个实体发生联系。关系模型以关系数学理论为坚实基础，这在数据库的设计和操作上就比前两种模型更为可靠和实用。本书讨论的 Visual FoxPro 数据库管理系统的数据模型就是关系模型，其具体形式是一张二维表，如表 1-1 所示。

表 1-1　学生表

学号	姓名	性别	出生年月	团员	入校总分	相片	简历
2010110001	王小明	男	08/13/1992	F	590	Gen	Memo
2010110002	陈钢	男	03/24/1993	T	568	Gen	Memo
2010110003	李花	女	09/29/1991	F	565	Gen	memo
2010110004	刘民	男	10/02/1991	F	570	Gen	Memo
2010110005	张小莉	女	03/01/1992	F	595	Gen	Memo
2010110006	李红	女	03/12/1990	T	578	Gen	memo
2010110007	金阳	男	03/18/1992	T	586	Gen	memo

4. 关系对象模型

在 20 世纪 90 年代，面向对象编程技术流行以后，人们意识到关系模型的某些缺陷，开始研究关系对象模型。它在关系模型的基础上引入对象操作的概念和手段，使数据模型更能适用面向对象的编程方法，这也是数据模型今后的发展方向。

1.3.5　关系数据库的术语及特点

1. 关系术语

Visual FoxPro 数据库管理系统使用的是关系模型，根据关系模型创建的数据库称为关系数据库。关系数据库存在以下术语。

(1) 关系，关系在逻辑结构上是一个由行和列组成的二维表，有一个关系名，在用户面前的表现形式如表 1-1 所示。在 Visual FoxPro 中，关系称为表，是一个扩展名为.DBF 的数据表文件。

(2) 属性，二维表中的一列，反映实体相关特性。属性在 Visual FoxPro 中称为字段，由字段名和下面的字段值两部分组成，如表 1-1 中“姓名”是字段名，下面的“王小明”“陈钢”等是字段值。

(3) 元组，二维表中的一行，是某实体所有属性的集合。元组在 Visual FoxPro 中称为记录，表 1-1 中的一个记录反映一个学生的相关信息。

(4) 域，属性的取值范围。在 Visual FoxPro 中，范围包括了字段的类型和宽度两方面的含义，如表 1-1 中“入校总分”字段，是数字型数据，宽度 3 位，小数点 0 位，用 N(3) 表示，例如，学生表(表 1-1) 的字段名、类型、宽度如下：

学生(学号 C(10)，姓名 C(8)，性别 C(2)，出生年月 D(8)，团员 L(1)，
入校总分 C(3)，相片 G(4)，简历 M(4))

其中的 C、D、L、N、M、G 等分别表示字段的数据类型是字符型、日期型、逻辑型、数值型、备注型、通用型，括号里面的数字表示字段所占的字节数。

(5) 关键字，也称为主属性，是属性或属性组合，能唯一标识一个元组。在选取哪个字

段作为关键字字段的时候需注意字段值的唯一性，即不能有重复值。例如，应该选表 1-1 中的“学号”而不是“姓名”作为关键字，因为“姓名”可能有重名。二维表中有多个字段都可以选为关键字，但只能选其中一个为关键字，其他的选为候选关键字。

(6) 关系模式，关系模式是用属性名对关系的描述。关系模式的格式为

关系名(属性名 1，属性名 2，…)

关系模式强调的是关系表的字段组成。如表 1-1 所示，关系模式为

学生(学号，姓名，性别，出生年月，…)

(7) 关系数据库，若干关系及相关信息的集合，在 Visual FoxPro 中用扩展名为.DBC 的数据库文件把若干个相关的关系表组织在一起，方便数据的管理。

2. 关系数据库特点

关系数据库具有以下特点：

(1) 关系的最基本的要求是属性不可分割，即一个字段下面不能再包括其他字段。

(2) 关系中不能有相同的属性名，也就是数据表中不允许有相同的字段名称，这在 Visual FoxPro 的数据表结构设计中系统能够自动识别。

(3) 同一字段数据类型相同。同一字段下面的字段值必须具有相同的数据类型是数据库概念的基本要求。

(4) 元组和字段次序无关紧要。关系表记录和字段顺序可以任意排列，不影响数据管理。

1.3.6 关系数据库的基本运算

对关系数据库的操作运算有多种，但 Visual FoxPro 有以下三种最基本的关系运算。

1. 选择

元组的选择称为选择运算，也就是从关系表中找出满足条件的记录，选择出来的记录可以形成一个新的关系。选择的条件是逻辑表达式，满足条件的记录其逻辑表达式值为真，不满足条件的其逻辑表达式值为假，选择只对满足条件的记录进行筛选，结果只涉及关系中的行，所以并不改变关系模式。

例如，有学生成绩表，如表 1-2 所示，包括的字段名、类型、宽度及记录如下。

学生成绩(学号 C(10)，姓名 C(8)，数学 N(5,1)，物理 N(5,1)，英语 N(5,1))，其中的 N(5,1) 表示数学、物理或英语分数总宽度占 5 位，小数占 1 位。

表 1-2　学生成绩表

学号	姓名	数学	物理	英语
2010110001	王小明	78.0	88.0	90.0
2010110002	陈钢	89.0	67.0	87.0
2010110003	李花	67.0	87.0	88.0
2010110004	刘民	77.0	80.0	92.0
2010110005	张小莉	85.0	90.0	72.0
2010110006	李红	90.0	80.0	86.0
2010110007	金阳	67.0	80.0	90.0

对该学生成绩表执行以下 Visual FoxPro 命令。

```
LIST  FOR 英语 >= 90
```

这就是一种简单选择运算，LIST 是显示记录的命令，“FOR 英语 >= 90”是选择的条件，该命令是选择学生成绩表中“英语”字段值大于等于 90 的三条记录来显示。

2. 投影

属性的选择称为投影，是从关系中选择部分字段进行操作。由于投影运算是从列的方向操作，其结果是关系模式中属性的个数减少了，或者改变了原来关系模式中属性的顺序。投影运算是指明操作的字段名。

例如，有课程列表，如表 1-3 所示，该表的字段名、类型、宽度及记录如下：

课程(课程号 C(4)，课程名 C(10)，课时 C(3))

表 1-3　课程列表

课程号	课程名	课时	课程号	课程名	课时
C110	数学建模	80	C140	数据库	80
C120	计算机网络	60	C150	商业会计	70
C130	日语	60	C160	电子商务	50

对该关系表执行以下 Visual FoxPro 命令。

```
LIST  FIELDS 课程名，课时
```

在该投影操作命令中，FIELDS 用来指出投影操作的字段名，原来表中有三个字段，命令执行结果只显示“课程名”“课时”两个字段的数据。

3. 连接

连接运算是通过两个关系共有的属性连接成一个新的关系。对两个关系表来说，需要用连接条件才能连接成新的表。

例如，有选课表，如表 1-4 所示，所包括的字段名、类型、宽度及记录如下：

选课(学号 C(10)，课程号 C(4)，成绩 N(5))

Visual FoxPro 的连接命令：JOIN WITH B FOR 学号=B.学号 TO 学生选课表 FIELD 学号，姓名，B.课程号，B.成绩。JOIN 命令把表 1-1 和表 1-4 连接，FOR 指出连接条件，FILED 投影运算选择“学号”“姓名”“课程号”“成绩字段”，以“学号”为共有属性，生成一个新表，如表 1-5 所示。

表 1-4　选课表

学号	课程号	成绩	学号	课程号	成绩
2010110001	C110	90	2010110003	C120	76
2010110001	C12	87	2010110003	C13	82
2010110002	C110	80	2010110004	C14	70
2010110002	C130	66	2010110005	C110	86
2010110002	C15	94	2010110005	C13	66
2010110003	C110	50			

表 1-5　学生选课表

学号	姓名	课程号	成绩	学号	姓名	课程号	成绩
2010110001	王小明	C110	90	2010110003	李花	C120	76
2010110001	王小明	C12	87	2010110003	李花	C13	82
2010110002	陈钢	C110	80	2010110004	刘民	C14	70
2010110002	陈钢	C130	66	2010110005	张小莉	C110	86
2010110002	陈钢	C15	94	2010110005	张小莉	C13	66
2010110003	李花	C110	50				

需要指出的是，一条命令可以仅包括选择命令或投影命令，也可以同时包括选择、投影、连接三种命令。

1.4　关系数据库理论

1.4.1　关系规范化理论

数据库技术发展到今天，已有成熟的数据库理论，为数据库的合理设计奠定了理论基础，这就是关系数据库规范化的理论。Codd 于 1977 年提出规范化理论，他定义了五种规范化模式(Normal Form，NF)，简称范式。范式表示的是关系模式的规范化程度，即满足某种约束条件的关系模式，根据满足的约束条件的不同来确定范式。若满足最低要求，则为第一范式(First Normal Form，1NF)。符合 1NF 而又进一步满足一些约束条件的成为第二范式(2NF)、第三范式(3NF)等。不同程度的设计要求构成不同级别的范式。一般的关系数据库的设计都应满足三个范式。

(1) 第一范式。关系模式中属性不可分割，也就是一个字段下面不可再包括其他字段，满足关系第一范式是数据库最基本的要求。表 1-6 的“课题”是可分的数据项，可以规范化成为表 1-7 满足的第一范式。

表 1-6　教师课题表(1)

教师代码	姓名	职称	课题	
			课题号	课题名
001	张三	讲师	知识管理研究	
002	李四	教授	物理管理研究	

表 1-7　教师课题表(2)

教师代码	姓名	职称	课题号	课题名
001	张三	讲师	11	知识管理研究
002	李四	教授	22	物理管理研究

(2) 第二范式。要求关系模式中非主属性完全依赖主属性(关键字)满足第二范式。例如，有表 STUD.DBF(学号，课程号，成绩，学分)，其中的学分和学号就没有依赖关系(仅部分依赖课程号)，应该分为两个表 CJ.DBF(学号，课程号，成绩)和 XF.DBF(课程号，学分)，这样的两个表就各自满足了第二范式。

(3) 第三范式。消除非主属性之间的传递依赖满足第三范式。例如，有表 ST.DBF(学号，姓名，系号，系名，系地址)，学号确定了所在的系号，知道系号也确定了系名和系所在的地址。非主属性系名、系地址和主属性学号之间存在传递依赖，应分解为两个表 XH.DBF(学号，姓名，系号)和 XI.DBF(系号，系名，系地址)，这就消除了它们之间的传递依赖。

数据库的理论和实践都已经证明，满足这三个范式所设计的数据库能有效减少数据存储的冗余度，简化数据之间的关系，避免数据插入、删除、更新时出现异常问题。更高级别的关系范式还有第四、第五范式，感兴趣的读者可参阅相关数据库理论的专门书籍。

1.4.2 关系完整性

为了保证关系中数据的正确、有效使用，需建立数据完整性的制约机制加以控制。

关系完整性是指关系中的数据以及有关联关系的数据必须遵循的制约和依存关系，以保证数据的正确性、有效性和相容性。

关系完整性主要包括实体完整性、域完整性、参照完整性。

1. 实体完整性

关系中的关键字描述了实体的唯一性，如表 1-1 中的“学号”是主关键字，该字段值不允许有重复值和空值。实体完整性是指关系中的主关键字(主属性)不能有重复值和空值，以保证实体有效性。

2. 域完整性

域完整性对关系中的属性值限定数据类型和范围，如表 1-1 中的“入校总分”是数值型数据，范围可限定为≥0 且≤750。因为负分没有意义，高考满分为 750 分。

3. 参照完整性

参照完整性指关系的值受限于外关键字。例如，有关系课程(课程号，课程名，学分)和选课(学号，课程号，成绩)，关系课程的主关键字是“课程号”，它是另一个关系选课的外关键字，选课表中“课程号”的值必须参照课程表中“课程号”的值，如果选课表“课程号”的值在课程表不存在，就意味着选了一门没开始的课程。

1.5 Visual FoxPro 系统概述

1.5.1 Visual FoxPro 6.0 的安装与启动

1. Visual FoxPro 的安装

Visual FoxPro 的安装步骤如下：

(1) 在 CD-ROM 中插入 Visual FoxPro 的安装光盘后，双击 setup.exe 安装文件，进入 Visual FoxPro 6.0 安装向导的界面，如图 1-4 所示。

(2) 在安装向导的引导下，用户需选中“接受协议”单选按钮来接受《最终用户许可协议》，然后单击“下一步”命令按钮，如图 1-5 所示。

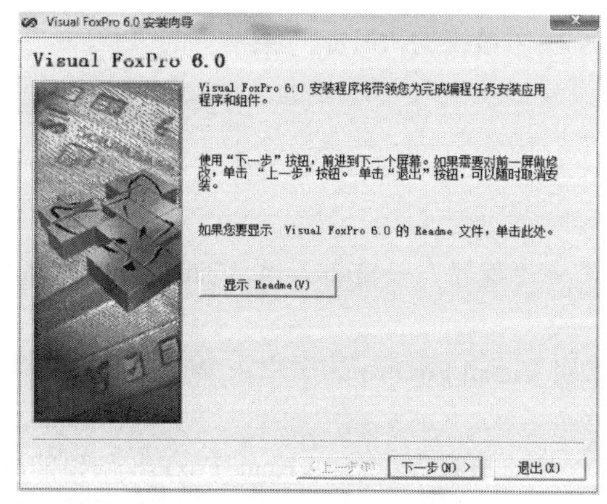

图 1-4　安装向导界面

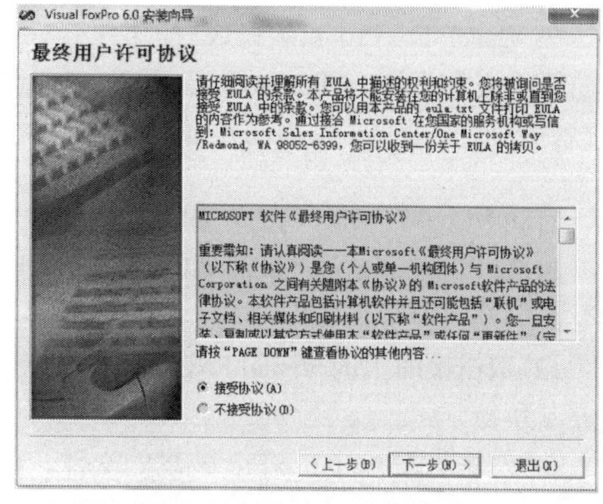

图 1-5　“接受协议”选项

(3) 在安装界面填写产品号和用户 ID。用户 ID 又称 CDKEY，是一组 3 位+7 位的数字。

(4) 接下来出现的对话框中有两个命令按钮，即“典型安装”和“自定义安装”。一般用户选择“典型安装”，其安装的组件可满足 Visual FoxPro 的基本运行。“自定义安装”是在一个列表框中选择所需组件，用户可任意选择需要的内容。Visual FoxPro 默认的安装目录是 C:\Program Files (x86)\Microsoft Visual Studio\Vfp98 (Program Files (x86) 是 64 位操作系统下)，用户也可以自行选择另外的安装目录，如图 1-6 所示。

图 1-6　选择安装类型

(5) Visual FoxPro 的组件安装完成后，安装向导会提示“安装 MSDN”，如图 1-7 所示。MSDN 包含了微软公司 Visual FoxPro 6.0 软件全部的示例和帮助信息，若不选择安装 MSDN，在以后使用 Visual FoxPro 的过程中，则不能获得使用 Visual FoxPro 提示的帮助信息。

图 1-7　MSDN 帮助文档

在 Visual FoxPro 安装完成后，会在 Windows 操作系统的“开始”菜单下的“程序”中增加新的级联菜单：Microsoft Visual FoxPro 6.0。

2. Visual FoxPro 的启动

启动 Visual FoxPro 的方法如下：

(1) 使用 Windows 的系统菜单。执行“开始”→“程序”→Microsoft Visual FoxPro 6.0 命令。

(2) 双击桌面上的 Visual FoxPro 图标。建议常用 Visual FoxPro 的用户在 Windows 桌面上建立其快捷方式。

(3) 双击与 Visual FoxPro 关联的文件。打开“我的电脑”，找到 Visual FoxPro 创建的用户文件，如表文件、项目文件、表单文件等，双击这些文件都能启动 Visual FoxPro 系统，同时打开这些文件。

1.5.2 Visual FoxPro 6.0 的主界面

当 Visual FoxPro 6.0 系统启动后，首先呈现在用户面前的是如图 1-8 所示的 Visual FoxPro 系统窗口，即 Visual FoxPro 的主界面，它是开发或运行 Visual FoxPro 程序的场所。Visual FoxPro 系统的主界面由以下部分组成。

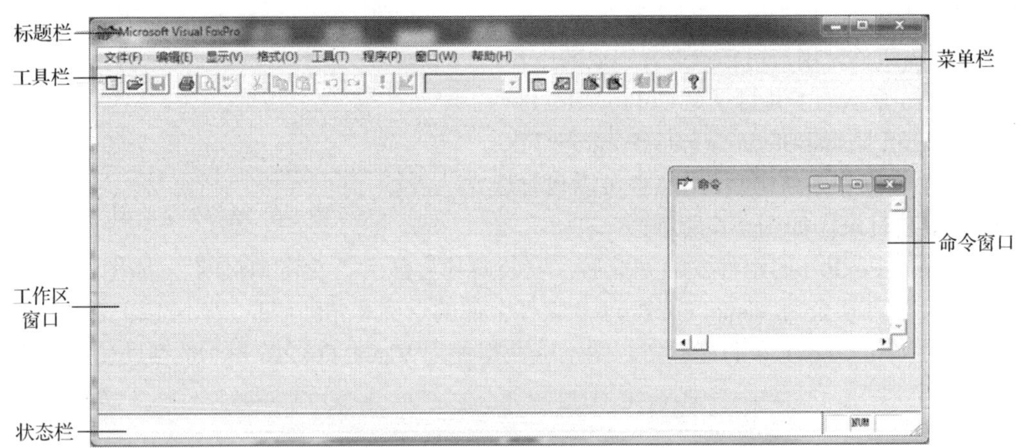

图 1-8　Visual FoxPro 6.0 主界面

1. 标题栏

标题栏位于主界面的顶行，其中包含系统程序图标、主界面标题 Microsoft Visual FoxPro、最小化按钮、最大化按钮和关闭按钮。

2. 菜单栏

Visual FoxPro 的系统包括“文件”“编辑”“显示”“格式”“工具”“程序”“窗口”和“帮助”菜单。

一般情况下，Visual FoxPro 6.0 仅含系统菜单项及其对应的子菜单，在程序运行过程中用到某些功能时，系统将会动态地增加或修改一些菜单项。

菜单分为动态菜单和弹出菜单。动态菜单是指当程序执行某项功能时系统主菜单及其菜单下的子菜单的增减；而弹出菜单则是指当用户处于某特定区域时右击而弹出的一个菜单项。

3. 工具栏

工具栏位于系统菜单栏的下面，由若干个工具按钮组成，每一个按钮对应一个特定的功能。Visual FoxPro 提供了十几个工具栏。在工具栏的右边还有几个 Visual FoxPro 特有的工具按钮，如“表单”“报表”等，可方便地创建表单和报表。这些工具栏在进行相应的设计时会自行显示出来，也可选择“显示”菜单下的“工具栏”命令项，通过打开“工具栏”对话框来显示和隐藏它们。

4. 命令窗口

命令窗口是用户交互式执行 Visual FoxPro 命令的窗口。用户可用“窗口”菜单下的“隐藏”命令来隐藏命令窗口，隐藏之后又可以用“窗口”菜单中的“命令窗口”命令把它显示出来。命令窗口可改变大小和位置。可用键盘的上下箭头键翻动以前用过的命令。

5. 工作区窗口

该窗口也称为信息窗口，用来显示 Visual FoxPro 各种操作信息的窗口。例如，在命令窗口输入命令回车后，命令的执行结果立即会在工作区窗口显示。若信息窗口显示的信息太多，可在命令窗口中执行 Clear 命令来予以清除。

6. 状态栏

Visual FoxPro 系统界面的下方是状态栏。状态栏用于显示 Visual FoxPro 所有的命令和操作状态信息，如对表文件浏览时，显示表文件的路径、名称、总记录数以及当前记录等。

1.5.3 工具栏的使用

工具栏显示的按钮往往代表了最为常用的命令，有效地利用工具栏，能使程序的开发工作更加方便、快捷。除标准工具栏外，Visual FoxPro 6.0 还为用户提供了十几种工具栏，在编辑相应的文档和窗口时，可选择所需要的工具栏。

选择所需要的工具栏的方法是执行“显示”→“工具栏”菜单命令。

在“工具栏”对话框选项中有报表控件、报表设计器、表单控件、表单设计器、布局、查询设计器、常用、打印预览、调色板、视图设计器和数据库设计器。当选择要使用的工具栏选项时，单击该项并使其选中，然后单击“确定”按钮，这时就会在屏幕上弹出相应的工具条，如图 1-9 所示。

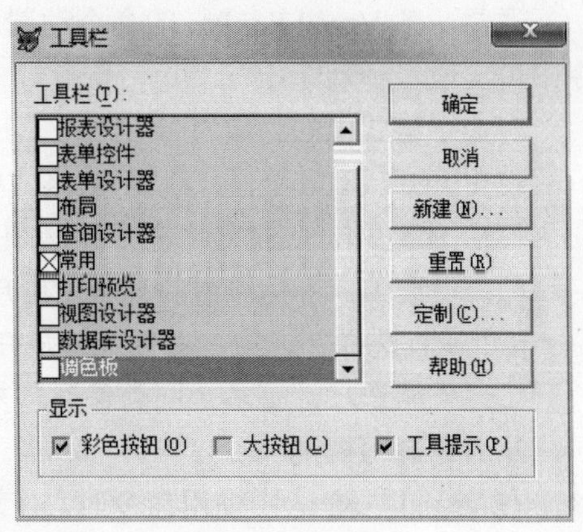

图 1-9　工具栏

工具栏有停泊和浮动两种显示方式，停泊方式是指工具栏附着在窗口某一边界上，如“常用”工具栏。浮动方式是指工具栏漂浮在窗口中，如今后会看到的“表单设计器”“报表设计器”工具栏等。拖动工具栏，可以改变工具栏的显示方式。

1.5.4　Visual FoxPro 的工作方式和命令格式

1. Visual FoxPro 的工作方式

(1) 命令操作方式。指用户在 Visual FoxPro 的命令窗口中输入一条命令并回车，系统立即执行该命令。这种操作要求用户熟悉 Visual FoxPro 的每一条命令格式和功能，才能完成该命令的操作。

(2) 程序执行方式。Visual FoxPro 中的程序执行方式是将一组命令和程序设计语句，保存到一个扩展名为 PRG 的程序文件中，然后通过运行命令方式自动执行这一文件，并将结果显示出来。这种方式在实际的应用中是最常用、最重要的方式。它不仅运行效率高，而且可重复执行。

(3) 菜单操作。指用户打开某个菜单并选定其中的一个菜单项，系统立即执行相应的操作。这种操作用户不需要记忆繁多的命令格式。

(4) 工具操作。在 Visual FoxPro 系统中提供了多种便于用户操作的工具，如向导、设计器、生成器等。用户可以通过这些工具完成对表、表单、程序的设计和操作。还可以直接通过单击工具栏的图标完成相应的工作。

2. Visual FoxPro 的命令格式

在使用 Visual FoxPro 的各种命令进行数据操作和程序设计时，必须严格按照各种命令所要求的格式书写，准确使用各种命令，实现其命令功能。

1) 命令结构

Visual FoxPro 的命令通常由两部分组成：第一部分是命令动词，用于指定命令的操作功能；第二部分是命令子句，用于说明命令的操作对象、操作条件等信息。

Visual FoxPro 的命令形式如下：

<命令动词> [<命令子句>]

例如，CREATE [<文件名>]，CREATE 是命令动词，表示命令的功能；文件名表示操作的对象。

通常一条 Visual FoxPro 的命令动词后面可以由一个或多个命令子句组成，使得在一条命令中可实现多种功能。

2) 命令格式中的约定符号

在 Visual FoxPro 的命令和函数格式中采用了统一约定的符号，这些符号的含义如下：

< >：必选项，尖括号内的参数必须根据格式输入其参数值。

[ ]：可选项，方括号内的参数由用户根据具体要求选择输入其参数值。

|：“或者选择”选项，可以选择竖杠两边的任意选项。

…：省略选项，有多个同类参数重复。

3) 命令书写规则

在 Visual FoxPro 中使用命令时，应遵守以下命令的书写规则。

(1) 每个命令必须以命令动词开始。

(2) 命令动词与子句之间必须以空格隔开，各子句的顺序可任意排列。命令动词和子句中的关键字可用前 4 个字符来表示，并不区分大小写。

(3) 一行只能写一个命令，如果命令较长，可用分号“;”换行书写。

(4) 一条命令正确输入完成后，按回车键执行该命令。

1.6　项目管理器

项目管理器是 Visual FoxPro 提供的一种辅助设计工具，是 Visual FoxPro 中处理数据和对象的主要组织工具，是 Visual FoxPro 的“控制中心”。项目是文件、数据、文档和 Visual FoxPro 对象的集合，其保存文件的扩展名为.PJX。在建立表、数据库、查询、表单、报表以及应用程序时，可以用“项目管理器”来组织和管理文件。通过把已有的.dbf 文件添加到一个新的项目中，可以为自己创建项目。

1.6.1　创建项目

通常使用下列两种方法创建一个新的项目文件：一种是使用 Visual FoxPro 的菜单命令；另一种是在命令窗口中输入命令，具体操作如下。

系统菜单：单击“文件”菜单→执行“新建”命令→选择文件类型“项目”→单击“新建文件”按钮→文件取名→单击“保存”按钮，如图 1-10 和图 1-11 所示。

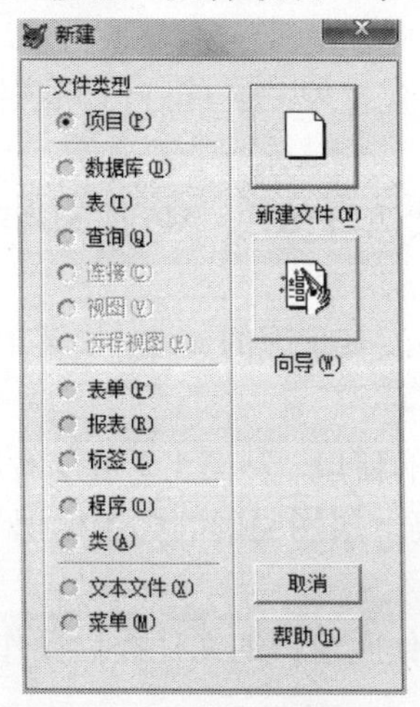

图 1-10　“新建”对话框

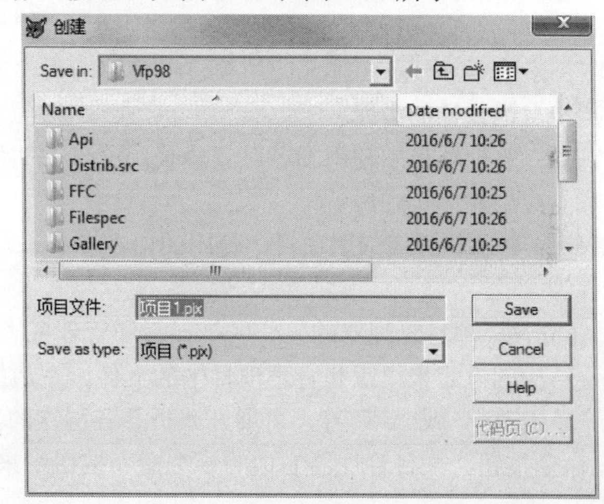

图 1-11　“创建”对话框

命令窗口：CREATE PROJECT <项目文件名>。

在使用以上两种方法后，都可以创建一个新的项目文件，项目文件的扩展名是.PJX。

在 Visual FoxPro 系统的窗口中出现一个项目管理器来表示项目文件，同时在系统的菜单栏中还会出现“项目”菜单，提供对项目文件操作的相关命令。项目管理器的界面如图 1-12 所示。

从图 1-12 项目管理界面可以看出，项目管理器由以下几部分组成：

(1) 标题栏。项目管理器标题栏显示的标题就是项目文件的主文件名，在创建项目文件时，默认项目文件名为“项目 1、项目 2、…”，用户可予以删除，输入自己选择的项目文件名。

(2) 选项卡。标题栏下方是选项卡，共有六个。选择不同选项卡，则在下面的工作区显示所管理的相应文件的类型。现对各选项卡的意义说明如下：

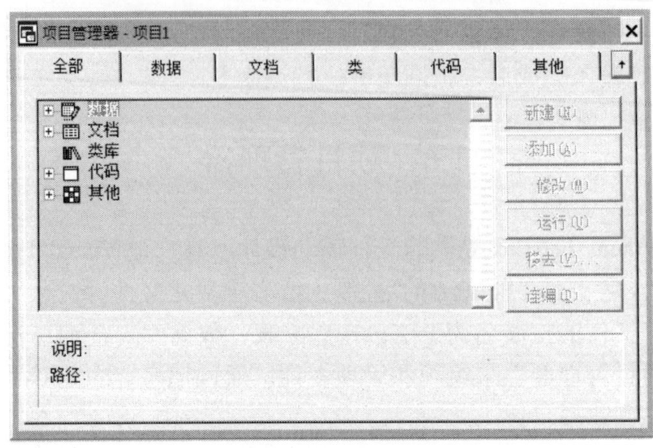

图 1-12　Visual FoxPro 的项目管理器

“全部”：可显示和管理应用项目中使用的所有类型的文件，“全部”选项卡包含了它右边的五个选项卡的全部内容。

“数据”：管理应用项目中各种类型的数据文件，有数据库、自由表、视图、查询文件等。

“文档”：显示和管理应用项目中使用的文档类文件，文档类文件有表单文件、报表文件、标签文件等。

“类”：该选项卡显示和管理应用项目中使用的类库文件，包括 Visual FoxPro 系统提供的类库和用户自己设计的类库。

“代码”：管理项目中使用的各种程序代码文件，如程序文件(.PRG)、API 库和用项目管理器生成的应用程序(.APP)。

“其他”：显示和管理应用项目中使用的但在以上选项卡中没有管理的文件，如菜单文件、文本文件等。

(3) 工作区。项目管理器的工作区是显示和管理各类文件的窗口，从图 1-9 可以看出，它采用分层结构的方式来组织和管理项目中的文件。左边的最高一层用明确的标题标识了文件的分类，单击“+”或“–”号，可展开或折叠各层次的文件。

(4) 命令按钮。项目管理器右边的 6 个命令按钮用来对工作区窗口的文件提供操作。

1.6.2　使用项目管理器

在开发一个数据应用系统时，可以有两种方法使用项目管理器：一种方法是先创建一个项目管理器文件，再使用项目管理器的界面来创建应用系统所需的各类文件；另一种方法是先独立地建立应用系统的各类文件，再把它们一一添加到一个打开的项目管理器中。项目管理器中的“新建”和“添加”命令按钮给开发者提供了选择的自由。学习项目管理器的使用首先要涉及项目管理器中各命令按钮的功能。

1. 命令按钮的功能

在刚创建和打开一个项目文件后，可看到以下命令按钮，它们的功能如下：

“新建”：在工作区窗口选中某类文件后，用“新建”命令按钮新建的文件就在该项目管理器窗口中。

“添加”：可把用 Visual FoxPro“文件”菜单下的“新建”命令和“工具”菜单下的“向导”命令等创建的各类独立的文件添加到该项目管理器中，统一地组织管理起来。

“修改”：可修改项目中已存在的各类文件，仍然是使用该类文件的设计器界面来修改。

“运行”：在工作区窗口选中某个具体文件后，可运行该文件。

“移去”：把选中的文件从项目中移去或删除。

“连编”：把项目中相关的文件连编成应用程序或可执行文件。

上述命令按钮并不是一成不变的。若在工作区打开一个数据库文件，“运行”按钮会变成关闭；打开一个自由表文件，“运行”按钮会变成浏览。

2. 项目管理器中命令的操作

在项目管理器中管理文件，可进行新建、添加、运行、重命名等各种操作。在工作区窗口单击展开各类文件和选择要操作的文件，可用以下几种方式进行操作。

(1) 使用命令按钮。就是使用上述介绍的项目管理器界面右边的命令按钮，如单击“新建”“添加”“运行”按钮等。

(2) 使用“项目”菜单。启动了项目管理器之后，会在 Visual FoxPro 的菜单栏自动添加“项目”菜单。“项目”菜单下的命令除包括项目管理器的按钮命令外，还有不同的内容，如图 1-13 所示。可以用“项目”菜单下的命令对项目管理器管理的文件进行“重命名”和“设置主文件”等操作，这些操作是项目管理器的命令按钮中没有提供的。

(3) 使用快捷菜单。在项目管理器的工作区选择了某类文件后，右击可弹出一个快捷菜单，如图 1-14 所示。快捷菜单的命令和命令按钮以及“项目”菜单下的命令也有所不同。选择其中的“生成器”命令，可使用一个“应用程序生成器”的辅助工具来把项目中设计的大部分文件生成一个应用程序。

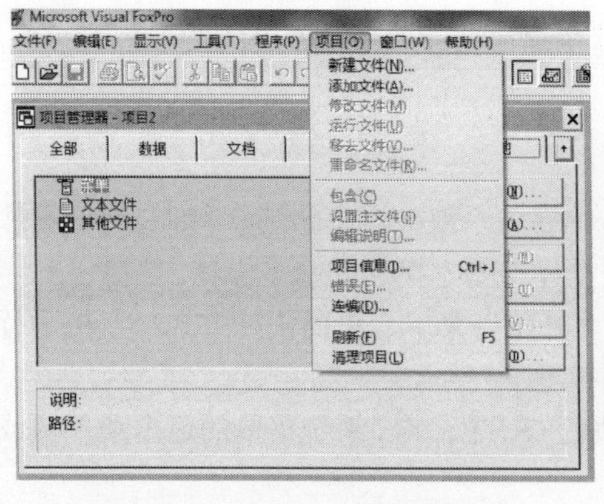

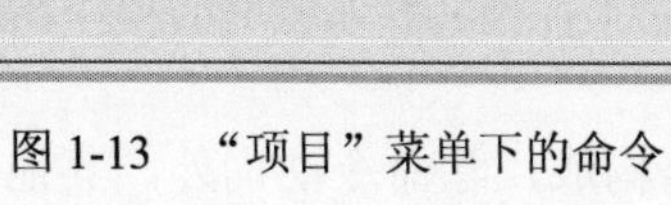

图 1-13　“项目”菜单下的命令

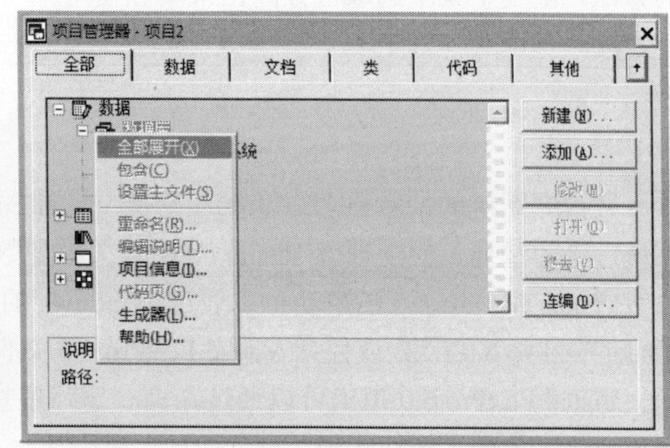

图 1-14　“项目管理器”中的快捷菜单

3. 项目管理器对应用程序的开发运用

在开发一个数据库应用系统时，创建一个项目管理器后，首先通过项目管理器的“新建”和“添加”命令按钮把应用系统所有的各类文件组织在项目中，然后再对项目中的各类文件进行调试和修改，就可选择应用系统中程序运行的起点文件——主文件，这个文件可以是调用其他程序的主程序，或者是调用其他表单的主表单。

1.6.3 定制项目管理器

定制项目管理器就是改变项目管理器在屏幕上的大小和显示样式。

1. 改变大小和位置

(1) 改变项目管理器的位置：拖动标题栏可改变项目管理器在屏幕上的位置。

(2) 改变项目管理器的大小：拖动项目管理器的某一条边可改变它的长或宽，拖动它的四角可同时改变它的长和宽。

2. 折叠项目管理器

单击“其他”选项卡标签右边的箭头，可折叠项目管理器。折叠后的项目管理器暂时不能使用，这样可节省屏幕空间。折叠之后，以前的箭头改变方向朝下，再单击它，则展开项目管理器，回到它原来的样子。

3. 分离项目管理器中的选项卡

在项目管理器折叠之后，可把其中的一个选项卡分离出来，以便单独使用。方法是向下拖动其中一个选项卡，就可以把它分离出来。

4. 停放项目管理器

可拖动项目管理器的标题栏到 Visual FoxPro 主窗口的菜单栏和工具栏附近，项目管理器变成了系统工具的一个工具条，这时它没有工作区窗口，因此不能使用。但可用分离选项卡的方法，把其中某个选项卡分离出来单独使用。

学 习 提 示

数据库系统的基本概念与基本理论是 Visual FoxPro 关系型数据库的基石，通过对数据库系统理论的掌握，便于理解 Visual FoxPro 关系型数据库的基本概念和基本操作。

Visual FoxPro 6.0 的启动可以通过 Windows 的“开始”菜单、桌面快捷方式、直接运行 Visual FoxPro 6.0.EXE 或任意 Visual FoxPro 6.0 文件实现。

Visual FoxPro 6.0 退出可以通过在命令窗口中执行 QUIT 命令、系统菜单的退出菜单项或主窗口的“关闭”按钮实现。

Visual FoxPro 6.0 的命令一般由命令动词与动词短语构成，除命令动词外，其他子句的位置可以任意。

项目管理器是 Visual FoxPro 中处理数据和对象的主要组织工具，是 Visual FoxPro 的“控制中心”。项目是文件、数据、文档和 Visual FoxPro 对象的集合，其保存文件的扩展名为.PJX。在 Visual FoxPro 6.0 中可以用菜单方式和命令方式 CREATE PROJECT 创建项目管理器。

在项目管理器中通过“连编”，可以创建应用程序和可执行文件。

习　题　1

一、选择题

1．数据库系统和文件系统相比的优点是________。

A．数据冗余度减小，数据独立和集中管理

B．克服了冗余度，从而扩大了管理数据容量

C．比文件系统更简单

D．不必关心数据的物理位置

2．二维表的数据模型是________。

A．层次模型　B．网状模型　C．关系模型　D．树形模型

3．在组成数据库系统的各个部分中，最核心的部分是________。

A．表　B．数据库　C．应用系统　D．数据库管理系统

4．数据库管理系统中使用的数据模型是指________。

A．记录的集合　B．表文件的集合

C．字段的集合　D．记录及其联系的结合

5．关系模型数据库的关系是指数据库中________。

A．各字段之间的关系　B．各记录之间有关系

C．所有数据之间有关系　D．数据之间有特定结构的二维关系

6．关系数据库管理系统的三种基本运算是________。

A．选择、投影和连接　B．统计、分类和求平均

C．录入、修改和删除　D．复制、剪切和粘贴

二、填空题

1．数据库系统的特点之一是________数据冗余度。

2．程序员用 DBMS 编写的应用程序组成了数据库系统中的________。

3．用命令创建数据库的结构属于数据库的________功能。

4．二维表中的行称为关系的________。列称为关系的________。

5．强调关系的属性组成的术语是________。

6．关系中的一个或几个属性能唯一地标识元组，这样的属性称为________。

7．为改变关系中属性的操作顺序，应使用关系运算中的________运算。

8．从关系中找出满足条件的元组的操作是________运算。

第 2 章　Visual FoxPro 的数据元素

本章知识点：介绍构成 Visual FoxPro 数据库语言的基本元素，即常量、字段变量、内存变量、函数、表达式的概念及其使用规则。

Visual FoxPro 作为一门数据库编程语言，和其他编程语言一样，所编写的程序都是由常量、变量、函数、表达式等基本元素组成的。而作为一门数据库语言，Visual FoxPro 突出数据库管理的特点，其中一些数据元素不仅在程序中使用，也被包含在数据库文件中。本章所介绍的 Visual FoxPro 数据元素的基本概念和使用规则，是学习好 Visual FoxPro 的重要基础。

2.1　Visual FoxPro 中的常量与变量

在 Visual FoxPro 的程序文件和数据库文件中都要使用常量和变量，在使用的过程中最需注意的就是这些常量和变量的数据类型，不同的数据类型在机器中有不同的存储方式，其使用法则也各不相同，只有遵从系统规定的法则，所建立的数据库和编写的程序才能正确执行。下面就从数据类型和使用方法两方面叙述常量和变量的基本概念。

2.1.1　常量

常量就是数据处理过程中不变的量，它是用一个具体的值来表示的，如一个数学分数值“80”、人的名字“张三”等。这些数据常量可以作为数据表中的字段值，也可以在程序中给内存变量赋值。Visual FoxPro 常量的类型包括以下几种。

1. 数值型常量

数值型常量就是数学中的一个常数，它具有算术运算的意义。数值型常量由数字 0~9、小数点、正负符号组成，如 35 表示一个整数，–35.6 表示一个负数。也可采用科学计数法来表示数值型常量，如 2.5E–8 表示的是 2.5×10^{-8}。

系统在内存中用 8 字节来存储数值型常量，能表示一个数的最多位数是 20 位，其最大精度为 16 位，取值范围是：-9999999999×10^{19}~$0.9999999999\times10^{20}$。

数值型常量在程序中和数据表中都是直接使用的。

2. 字符型常量

字符型常量习惯上也称为字符串，由中文字符、ASCII 码、各种符号、空格、数字组成。要注意虽然空格在屏幕上看不见，但系统是把它作为一个空格字符来管理的。阿拉伯数字既可以作为数值型数据也可以作为字符型数据，原则上若不需参与加减乘除的算术运算，就把它当成字符型数据来处理，如邮政编码、学号、职工号等数据习惯上都定义为字符型数据，在程序设计中要用引号括起来，如邮政编码"610066"使用了引号。

在编写的程序中使用字符型常量一定要用定界符：双引号" "、单引号' '、方括号[ ]，它们使用起来没有区别。例如，人的姓名"李明"、性别的'男'和'女'都要使用定界符，表示它们是字符型数据。但在一个字符串中定界符里面又包括定界符，里面和外面的就不能用相同的定界符，一个用双引号，另一个就要用单引号。

在数据表中设计字符字段后，录入字符数据时不能加定界符。

3. 日期型常量

一个具体的日期是用日期常量表示的，它必须包括年、月、日三部分。Visual FoxPro 使用的日期数据格式有多种。

(1) 日期的默认格式。日期常量默认为美国的日期格式：mm/dd/yy（月/日/年），它的月(mm)和日(dd)各为两位，年(yy)可以是两位（16 表示 2016 年，99 表示 1999 年），也可以直接输入 4 位。在数据表中把字段设计为日期类型后，就按照以上的格式输入具体日期即可。在程序中使用日期常量的常用格式是：CTOD('mm/dd/yy')，如 CTOD('03/15/2016')，其中的 CTOD()是一个数据类型转换函数，它的作用是把引号中的字符串'03/15/2016'转换成日期数据，它表示了 2016 年 3 月 15 日这个具体的日期。日期常量还可以用另外一种格式：{^yyyy-mm-dd},如{^2016-03-15}，这是一个严格的日期格式，可不受日期格式设置命令 SET DATE 的限制在任何情况下使用。需要注意的是花括号中先使用脱字符“^”，年份也必须 4 位。

(2) 日期的其他格式。在使用了命令：SET STRICTDATE TO 0 之后，程序中可直接用日期格式{mm/dd/yy}。Visual FoxPro 的数据表和程序也允许使用各个国家的日期格式，之前需使用日期格式设置命令。

```
SET DATE [TO] ANSI |AMERICAN |BRITISH |FRNCH |GERMAN |YMD |MDY |DMY
```

4. 日期时间型常量

日期时间型常量是一个数据包括了日期和时间两部分内容，程序中常用格式如下：

```
{^yyyy-mm-dd, [hh[:mm[:ss]][a|p]]}
```

最外边的是花括号，日期用前面严格的日期格式，hh、mm、ss 分别表示小时、分、秒，a、p 表示上午和下午，方括号表示里面的内容是可选项，日期和时间要用逗号或空格分开，如{^2016-3-15 08:30 a}就表示 2016 年 3 月 15 日上午 8 点 30 分。在数据表中的默认格式只需把日期部分改成 mm/dd/yy 即可。

5. 逻辑型常量

逻辑型常量只有逻辑真(TRUE)和逻辑假(FALSE)两个数据值，如是否党员、婚否这样的数据项，其逻辑值为真表示是党员或已婚，逻辑值为假表示不是党员或未婚。

在程序中逻辑真和逻辑假用.T.和.F.表示，必须加两点把字母包起来，不区分大小写，也可用.Y.、.N.(.y.、.n.)来表示。在数据库表的逻辑字段值输入时直接使用 T 和 F，不必加两点。

6. 货币型常量

货币型常量由数字和前置的货币符号$组成，它默认为小数 4 位，如果小数位数太长，超出的部分会保留前 4 位四舍五入。货币型常量在内存中占 8 字节。

货币型常量在程序中使用一定要加上货币符号，在表中设计货币字段后直接输入数字，不能加货币符号。

2.1.2 变量

在数据处理及程序运行过程中其值可变化的量是变量，变量是组成程序的重要单元。

1. 变量分类

在 Visual FoxPro 中变量可分为以下 4 类：

(1) 字段变量：字段变量是数据表中的字段名，如姓名、性别、数学等，之所以它们是变量，是因为字段名下面每一条记录的字段值都在改变。

(2) 内存变量：是指设计程序时引入的变量，是在内存中开辟一个工作区域，用于临时存放程序运行过程的中间结果和最后结果。

(3) 数组变量：数组变量其本质上也是一种内存变量，但它有其特殊的变量结构和组织，所以把它列为一类来讨论。

(4) 系统变量：是 Visual FoxPro 系统自己定义好的变量，以供用户可以使用。系统变量总是以下划线“_”开头，如在设计数据打印报表时，可用系统变量_Pageno 来自动产生每页的页码。

2. 变量的命名

在设计数据表结构时要给字段取名，在设计应用程序时也需要给内存变量命名，它们都遵从相同的命名规则：变量必须以汉字、英文字母开头，后面跟汉字、英文字母、数字、下划线。例如，“国家”“A1”“A_1”是合法的变量名，而“#1”“1A”“A-1”等是不合法的变量名，如果误用，系统能自动识别，给予提示。

内存变量名的最大长度为 254 个字符。

自由表中字段名的最大长度为 10 个字符，数据库表字段名的最大长度是 128 个字符。

初学者要注意，在程序中使用字段变量和内存变量的名称时不能加引号，引号表示它们是字符常量而不是变量。

2.1.3 字段变量

字段变量是数据表中的字段名，在用 Visual FoxPro 的 CREATE 命令创建数据表时，设计者要设计表的结构：字段名、类型、宽度，字段名是在这个时候最先命名的，以后在程序中引用字段名时不要忘记先要打开字段名所在的数据表。Visual FoxPro 数据表中可设计 13 种字段类型。

(1) 字符型(Character，C 型)：输入的中英文字、符号、数字等，字符串的最大长度(字段宽度)不能超过 254 个字符，一个汉字占两个英文字符的宽度。

(2) 数值型(Numeric，N 型)：可输入数字、小数点、正负号，表中数值字段的最大长度为 20 位。

(3) 日期型(Date，D 型)：表中日期的默认输入格式是 mm/dd/yy，系统默认字段宽度是 8 位，可用 SET DATE 命令改变表中的日期格式。

(4)逻辑型(Logic，L 型)：默认 1 个字符的宽度，输入逻辑值 T 或 F 时不加两点，如输入 Y 或 N 也会变成 T 或 F。

(5)备注型(Memory，M 型)：用来存放大段的长文本字符，如简历、说明等。在表中设计了备注字段后系统会自动生成一个与数据表同名的扩展名为.FPT 的备注文件，备注字段的长文本数据是放在备注文件中的。备注字段在数据表中默认宽度是 4 个字符，它其实是一个内部指针，指向备注字段数据在备注文件中的具体存储位置。

(6)通用型(General，G 型)：在数据表中该字段可插入对象的嵌入和链接(OLE)对象，它可以是一幅图片、幻灯片或电子表格等多媒体数据。该字段在表中的默认宽度是 4 位，也是一个指针，指向 OLE 数据在.FPT 文件中的存储位置。

以上几种是经常使用的字段类型，其他不常用的如下：

(7)货币型(Currency)：字段中存入具有货币值的数据，最大字段宽度为 20 位。

(8)浮动型(Float)：最大字段宽度为 20 位，由尾数、阶数和字符 E 组成，比数值字段有更大的精度。

(9)整型(Integer)：可设计的最大字段宽度为 10 位，专用于存放没有小数的整数，其数值范围是–2147483647~+2147483647。

(10)双精度型(Double)：双精度型的字段比数值型和浮动型数据有更大精度，能得到真正的浮点数值，最大设计长度是 20 位。

(11)日期时间型(Date Time)：系统默认字段宽度为 8 位，可同时输入日期和时间。在数据表中设置了日期时间型字段后，其默认的输入格式是 mm/dd/yy [hh[:mm[:ss]][a|p]]，如 03/15/2016 08:30:00 AM。

(12)二进制字符型(Character(binary))：存放数据与前面字符型字段相同，特点是以二进制形式存放字符数据。

(13)二进制备注型(Memo(binary))：以二进制形式存放备注字段的数据。

2.1.4 内存变量

内存变量在其他语言中也称为变量，用来存放程序运行过程中的中间结果和最后结果，在程序中定义一个内存变量，就是在内存中划分了一个临时的工作单元，给内存变量赋值，就是给这个工作单元放入数据。当给这个内存变量重新赋值时，这个工作单元原来的数据就被新的数据所覆盖，当程序运行结束退出 Visual FoxPro 系统时，程序中定义的所有的内存变量也都释放了。

内存变量常用的数据有 C 型、N 型、D 型、L 型，其类型是由给它们赋值数据的类型决定的。

1. 内存变量的赋值

【格式 1】<内存变量>=<表达式>
【格式 2】STORE <表达式> TO <内存变量表>
【说明】

(1)格式 1 是用一个表达式的值给一个内存变量赋值，格式 2 是用一个值给一个或多个内存变量赋值。

(2)表达式是常量、变量、函数及其组合，其中的变量已经赋值(变量是字段名需打开数据表，是内存变量要先赋值)。

【例 2-1】 用各种类型的常量给内存变量赋值，常量类型决定内存变量的类型，以下例子也说明了程序中各种常量的引用方式，在命令窗口执行。

```
n1=123                        &&数值数据 123 的直接引用，n1 是数值型内存变量
xm="李花"                     &&"李花"字符常量加了定界符双引号，xm 是字符型
三好生=.T.                    &&.T.逻辑常量加两点，内存变量三好生是逻辑型
d1=ctod("08/21/99")           &&"08/21/99"用了 CTOD 函数对字符转换
d2={^1978-08-21}              &&等号右边使用了严格的日期格式
```

注意：在 Visual FoxPro 程序中常用&&来引导对左边程序命令的注释，注释语句不会执行。

【例 2-2】 一条命令对多个变量赋相同的值。

```
store 1 to x1,x2,x3               &&x1、x2、x3 的值都是 1
store 1，2，3 to x1,x2,x3         &&错误命令，不能给不同变量赋不同的值
```

【例 2-3】 内存变量的重新赋值(可用问号“？”显示其值)。

```
a1="王小明"
? a1
                                  &&显示 a1 的值是"王小明"，类型是字符型
a1=123
? a1
                                  &&显示 a1 的值是 123，是数值型
```

【讨论】

(1)通过例 2-3，可以发现字段变量和内存变量的一大区别：字段变量与表文件有关，在表中变量一经定义，类型不变。内存变量在程序中定义，一个变量定义(赋值)后可重定义，其类型是可以改变的。

(2)此外，注意内存变量定义时最好不要和表中字段名重名，若重名则系统默认字段名优先，如学生成绩表中有字段数学，第一条记录的数学是 60 分，表刚打开后，有命令如下：

```
数学=90            &&这里的数学是内存变量名
? 数学             &&显示的是表中数学字段值 60，而不是 90
```

如果出现重名，在程序中又要引用重名的内存变量，只需在内存变量名前加 M->或 M.就可区别。以上问题的解决方法如下：

```
? m->数学      &&显示是内存变量的值 90
```

2. 内存变量的显示

【格式 1】LIST/DISP MEMO [LIKE <通配符>]

【格式 2】?/?? <内存变量名表>

【说明】

(1)格式 1 的命令显示所有内存变量的名称、值、作用域(局域或全局)，也包括显示系

统变量。LIST MEMO 是滚动式的显示，DISP MEMO 是翻页式的显示，更容易看得清楚一些。内存变量名可用通配符(*或？)来表示，要用 LIKE 引导。

(2)?/?? 显示指定内存变量(也可显示字段变量)的值。? 在信息窗口的当前行的下一行，??在当前行显示。若要同时显示多个内存变量，分别用“,”隔开。

【例 2-4】 内存变量的显示。

```
a1=123
a2="中国"
z1=.T.
disp memo
```

显示结果如下：

```
A1    pub    N    123
A2    pub    C    "中国"
Z1    pub    L    .T.                 &&其中的 pub 是 public 的缩写，表示全局变量
disp memo like a*                     &&只显示 a1,a2 的值：123、中国
?a1,a2                                &&显示：123、中国
```

3. 内存变量的保存与恢复

退出 Visual FoxPro 系统后，在程序和命令窗口所定义的内存变量会全部丢失，若下一次启动 Visual FoxPro 要继续使用这些内存变量，就应该把它们保存在一个扩展名为.MEM 的内存变量文件中。

1) 内存变量的保存

【格式】SAVE TO<内存变量文件>[ALL LIKE/EXCEPT<内存变量名表>]

【功能】该命令自动产生一个扩展名为.MEM 的文件，<内存变量文件>为主文件名，命令中可加可不加.MEM。

【说明】命令中 ALL LIKE 引导要保存的内存变量；ALL EXCEPT 列出不保存的内存变量名，未列出的都要保存；ALL LIKE/EXCEPT 子项缺省，现有的内存变量全部保存；命令中的内存变量名可用通配符“*”和“？”。

2) 内存变量的恢复

【格式】RESTORE FROM<内存变量文件>[ADDITIVE]

【功能】把<内存变量文件>中的内存变量恢复到当前内存中，以供使用。

【说明】[ADDITIVE]缺省，从内存变量文件中恢复的变量就把当前新定义的内存变量覆盖了，反之若不缺省，就不覆盖。

【例 2-5】 保存在内存变量文件中的内存变量恢复到当前内存。在刚启动 Visual FoxPro 后，在命令窗口执行以下命令。

```
a1=1
a2=2
b1=3
b2=4
save to abc all like a*          &&把 a1,a2 存入 abc.mem 文件中
clear all                        &&清除内存中所有用户定义的内存变量
```

```
c1=123
restore from abc addi
clea                        &&清屏，以便用 DISP MEMO 看清内存变量
disp memo                   &&可看见 a1、a2、c1 的值，b1、b2 就丢失了
```

4. 内存变量的清除

以下多条命令都可以清除内存变量，释放其占用的内存空间。

【格式 1】RELEASE ALL[LIKE| EXCEPT<内存变量名表>]

【格式 2】CLEAR ALL| MEMO

【说明】RELEASE ALL 和 CLEAR MEMO 只清除内存中现有的全部内存变量，而 CLEAR ALL 不仅清除所有的内存变量，还要关闭所有打开的数据表。

2.1.5 数组

数组是有特定结构的内存变量的集合，这个结构就是组成数组的元素按一定的顺序排列。数组元素是以数组名和序号组成的，其序号称为下标，是数值型数据。数组的结构分为一维数组和二维数组两种，一维数组以单下标表示数组元素的序号，二维数组以双下标表示数组元素的序号。数组中的数组元素这种内存变量和前面的内存变量具有相同的使用性质，但与普通内存变量有一个很大的区别，那就是一般情况下，要先用 DIMENSION 或 DECLAR 命令定义数组变量后才能赋给用户所需要的值。

数组的定义如下：

【格式】DIMENSION/DECLAR <数组名 1>(下标 1[,下标 2])[,<数组名 1>(下标 1[,下标 2])][,…]

【功能】该命令可定义一维数组和二维数组，一次可定义一个或多个数组。

【说明】

(1)数组名后括号中的下标是数值型数据，用来表示对数组元素个数的限制，可以是数字或已赋值的数值变量。括号中只含一个下标定义的是一维数组，含两个下标定义的是二维数组，如 DIME $x(4)$,$y(2,3)$，所定义的两个数组如下：

一维数组 $x(4)$，其数组元素是 $x(1)$、$x(2)$、$x(3)$、$x(4)$。

二维数组 $y(2,3)$，其数组元素是 $y(1,1)$、$y(1,2)$、$y(1,3)$、$y(2,1)$、$y(2,2)$、$y(2,3)$。

(2)数组一经定义，每个数组元素同时赋予了相同的逻辑值.F.。

(3)同一数组的变量元素可以是不同类型的变量。

(4)数组名相同的二维数组元素可用一维数组元素来顺序表示，与此相同，一维数组元素也可用二维数组元素来表示。

【例 2-6】 数组的定义与赋值。

```
dime x(3),y(2,3)            &&定义了两个数组，每个数组元素赋值.F.
x(1)=20
x(2)="北京"
x(3)=ctod("03/15/2016")     &&x(2,3)数组的前三个元素是不同类型的数据
y(1,1)=1
y(1,2)=2
```

```
y(1,3)=3
? y(1), y(2),y(3),y(4)          &&显示：1   2   3  .F.
```

本例只对二维数组 $y(2,3)$ 前三个元素赋了值，可用同名的一维数组来表示，最后一行显示的 $y(1)$、$y(2)$、$y(3)$、$y(4)$ 对应二维数组 $y(2,3)$ 中的 $y(1,1)$、$y(1,2)$、$y(1,3)$、$y(2,1)$ 的值，而 $y(2,1)$ 没有赋新值，是定义时的逻辑值.F.。

数组在程序设计中是不可缺少的，利用数组下标所具有的数值型变量的特性来参与程序的循环，可解决普通内存变量不能解决的问题，如数学中九九表的屏幕输出、数据排序等，此外 Visual FoxPro 还利用数组来实现内存变量与数据库的数据交换。

2.2　表达式与运算符

表达式在计算机语言中是组成程序的极为重要的元素，对表达式的定义应该是：常量、变量、函数单独使用是表达式，用运算符号把它们连接起来也是表达式。只有这样的理解才能使人们正确地使用以后所学的含有表达式的命令。当把不同类型的常量、变量、函数用运算符号组成表达式时，由于这些常量、变量、函数的类型不同，其组成的表达式类型也不相同，不同类型的表达式就要用到不同类型的运算符，这里就表达式和运算符的类型进行讨论。

1. 算术表达式

算术表达式也称为数值表达式，参与组成的各项必须是数值型数据，算术表达式的组成包括数值型常量、数值型变量、数值型字段、数值型函数、圆括号以及把它们连接起来的算术运算符号。算术运算符号和优先级别如表 2-1 所示。

表 2-1　算术运算符及优先级

运算符	功能	优先级别
( )	括号	1
+、-	正、负	2
^或**	乘方运算符	3
*、/	乘、除运算符	4
+、-	加、减运算符	5

【例 2-7】 算术运算举例，在命令窗口执行如下命令：

```
x=2
y=3
?10*y+5**x                  &&原数学算式是 10y+5^x
use 学生成绩表
list 数学+10 for 数学<60    &&数学+10 是用字段变量加数字组成数值表达式
```

2. 字符表达式

数据处理中要大量地处理文本信息，Visual FoxPro 用三个字符运算符号把字符串连接起来组成字符表达式。

(1)＋：字符串连接运算。

(2)−：字符串连接运算(把前面字符串的尾空格移到连接后的字符串后面)。

(3) $：字符串比较运算(运算结果是逻辑值，后面字符串包含前面的，其值为.T.，否则为.F.)。

【例 2-8】 字符运算举例，在命令窗口执行如下命令：

```
? "FOX"+"PRO"                &&屏幕显示 FOXPRO
? "FOX"-"PRO"                &&还是 FOXPRO
```

以上情况没有区别，但以下情况就有区别。

```
? "FOX  "+"PRO"              &&显示 FOX  PRO
? "FOX  "-"PRO"              &&显示 FOXPRO
```

在 FOX 后面存在两个空格字符后，“+”号连接的字符串空格在中间，“-”号连接的字符串空格在尾部，虽然屏幕上看不见，但并未去掉，用以后所学习的字符串长度测量函数 LEN()进行测量会发现，它们的字符串长度都是 8 个字符。

```
?"abc"$"abcdef"        &&结果为.T.
?"ABC"$"abcdef"        &&结果为.F.，表示数据的英文字母要区分大小写，命令中不区分
```

3. 日期表达式

组成日期表达式的数据项可以是日期数据和数值数据，其运算结果可以是日期型，也可以是数值型数据。日期表达式中用到下面两个运算符号。

(1)+ 加号：只能用于一个日期加一个数字，结果是一个日期。

(2)- 减号：两日期相减得到两个日期之间的天数(数值型)；一个日期减一个数字还是一个日期。

关于日期数据的加减运算就这三种，其他的运算为非法的，如用两个日期数据相加显然是没有意义的。

【例 2-9】 日期数据运算举例。

```
?ctod("03/15/2016")-ctod("03/15/2015")  &&结果为 366，表示这两个日期相差 366 天
?ctod("03/15/2016")-50                  &&结果是 01/25/16 这个日期
?ctod("03/15/2016")+50                  &&结果是 05/04/16
```

此外，要注意日期数据的大小，最近的日期大，以前的日期小，如下：

```
list for 出生日期>=CTOD('01/01/99')
```

这条命令是显示 1999 年 1 月 1 日以后出生的人。

4. 关系表达式

关系表达式是一个简单的逻辑表达式，这种表达式中用到的关系运算符是把两个对象连接起来进行关系的比较运算，其结果是逻辑值.T.和.F.。Visual FoxPro 命令中有语法：FOR<条件>，这里的<条件>就是一种关系表达式。关系运算符及其含义如表 2-2 所示。

表 2-2 关系运算符

运算符	说明	运算符	说明
>	大于	>=	大于等于

续表

运算符	说明	运算符	说明
<	小于	<=	小于等于
=	等于	==	全等于
<>、#、!=	不等于	$	子串包含测试

【例 2-10】 关系运算举例。

```
a=123
b=246
?a>b                      &&结果是.F.
?"CHINA">"CANADA"         &&结果是.T.,先比较第一个字母，再比第二、三……个字母
Use 学生成绩表
List for 数学>=60         &&显示表中所有数学及格同学的记录
List for 姓名='王'        &&显示所有姓王的同学(非精确比较)
List for 姓名= ='王'      &&结果是一个也不显示，没有人姓名是王(精确比较)
```

从上面可以看出“=”和“==”进行字符串比较运算的区别，“=”用于模糊匹配，条件表达式两边有部分匹配的字符，就认为满足条件。“==”用于精确比较，是等号左右两边逐字符比较，需完全匹配才满足条件。为此，Visual FoxPro 提供了一个设置精确比较的命令：SET EXACT OFF/ON，以供用户选择。

刚启动 Visual FoxPro 系统时，精确比较处于关闭(OFF)状态，List for 姓名='王'命令可显示所有姓王的同学，在使用 SET EXACT ON 之后，再使用这条命令就什么也不显示了。

5. *逻辑表达式*

这种表达式是用逻辑运算符把若干个逻辑数据连接起来组成的，其运算结果仍然是逻辑值.T.和.F.。逻辑运算符有如下三个：

(1).AND.(逻辑与)：所连接两边的逻辑数据项都是.T.，运算结果为.T.。

(2).OR.(逻辑或)：所连接两边的逻辑数据项只要一项是.T.，运算结果为.T.。

(3).NOT.(逻辑非)：对后面的逻辑数据项取反，运算结果是.T.变成.F.，.F.变.T.。

这三个逻辑运算符号左右两边的圆点也可用两个空格符号来代替。

为了更清楚地说明逻辑运算符的运算规则，用表 2-3 来表示逻辑运算结果，表中的<EX1>和 <EX2> 分别表示的是表达式 1 和表达式 2，其值是逻辑值。

表 2-3　逻辑运算符

<EX1>	<EX2>	.NOT.<EX1>	<EX1>.AND.<EX2>	<EX1>.OR.<EX2>
.T.	.T.	.F.	.T.	.T.
.T.	.F.	.F.	.F.	.T.
.F.	.T.	.T.	.F.	.T.
.F.	.F.	.T.	.F.	.F.

三个逻辑运算符优先级别的顺序是：NOT、AND、OR，这在进行复杂条件运算的结果判定时尤为重要。

【例 2-11】 逻辑表达式应用举例。

```
Use 学生成绩表
List for 数学>=60.and.性别="女"          &&显示所有数学及格的女同学
List for 数学>=60.or.性别="女"           &&显示所有的女同学和数学及格的男同学
List for 数学>=60.and.性别="男".or.数学>=60.and.性别="女"
                                        &&显示数学及格的男同学和女同学
```

2.3 Visual FoxPro 中的常用函数

函数和常量、变量一样是构成 Visual FoxPro 程序命令的重要组成部分，Visual FoxPro 的函数是系统内部“编制”好的程序段，用户只需采用常量、变量一样的使用方法进行简单调用即可。但由于函数种类繁多，功能也大不相同，需认真对待。在掌握函数的功能、使用规则和一些技巧后，可提高程序设计的效率，解决一些复杂的问题。

函数的一般格式是：函数名(自变量)。

函数名是常用的英文单词或其缩写，括号(个别函数不用括号)里面的自变量是表达式，它们可以是常量、已赋值的变量、函数及其组合。函数的值称为返回值，初学者要注意函数的返回值及其类型。按照函数的使用功能和返回值类型，函数分为数值运算函数、字处理函数、日期函数、转换函数、测试函数等几种类型。

对以下函数使用举例的练习，初学者只需在命令窗口执行，就可在信息窗口看见函数的返回值。

2.3.1 数值运算函数

数值运算函数是最简单的函数，用于科学计算，含义和使用规则与数学函数类似，其返回值的类型是数值型的。

1. ABS——求绝对值函数

【格式】ABS(<数值表达式>)

【功能】对数值数据求绝对值。

【例 2-12】 在命令窗口输入如下命令。

```
X=-12
? abs(X)
    12
```

2. SQRT——平方根函数

【格式】SQRT(<数值表达式>)

【功能】计算括号中数值数据的算术平方根。

【例 2-13】

```
?Sqrt(10)
   3.16
```

3. EXP——指数函数

【格式】EXP(<数值表达式>)

【功能】返回 e 为底，<数值表达式>为指数的自然对数。

【例 2-14】

```
x=3
?exp(x)
   20.09
```

4. INT——取整函数

【格式】INT(<数值表达式>)

【功能】只取整数部分，对去掉的小数不四舍五入。

【例 2-15】

```
?int(28.735)
   28
```

5. ROUND——四舍五入函数

【格式】ROUND(<数值表达式>,*i*)

【功能】对数值数据的整数和小数部分都可以四舍五入。

【说明】*i* 为正，其值为小数四舍五入保留的位数；*i* 为负，其值为整数去掉的位数，从去掉的位数开始朝前面四舍五入。

【例 2-16】

```
?round(25.71543,2)
    25.72
?round(25.71543,-1)
    30
?round(25.71543,0)
    26
```

6. MOD——求余函数(模函数)

【格式】MOD(<数值表达式 1>,<数值表达式 2>)

【功能】求括号中两数相除的余数。

【说明】

(1)当两数值表达式同号时，余数符号为表达式 2 的符号。当两表达式异号时，函数值为表达式 1 除以表达式 2 的余数(符号为表达式 1 的)加上表达式 2 的值。

(2)该函数可以用模运算符(%)来代替，格式为：<数值表达式 1>%<数值表达式 2>。

【例 2-17】

```
?mod(10,3)
    1
?mod()(-10, -3)
    -1
?mod(10,-3)
    -2              &&1 加-3，结果是-2
?mod(-10,3)
```

```
    2            &&-1 加 3，结果是 2
?10%3
    1
```

7. MAX/MIN——求最大/小值函数

【格式】MAX/MIN(<表达式 1>,<表达式 2>,…,<表达式 *n*>)
【功能】求出括号中值最大/小的数据。
【说明】
(1)括号中可以是两个或两个以上的数据。
(2)表达式的数据类型，不仅是数值型，也可以是其他类型。
【例 2-18】

```
?max(123,456,789)          &&求 3 个数值型数据中值最大的一个
    789
?max("a","b")
    b
```

2.3.2　字符处理函数

1. &——宏代换函数

【格式】&<字符型内存变量>[.]
【功能】用字符型数据值替换程序中的内存变量名。
【说明】
(1)宏代换函数只能用于字符型内存变量值的替换。
(2)&函数的后面不能用括号。
(3)“.”放在内存变量名后表示内存变量名到此为止。
【例 2-19】

```
name="李花"
? "你好！&name"
你好！李花              &&引号一般表示字符常量，里面进行变量代换一定用&
? "你好！name"
你好！name              &&name 前没用&，name 是常量不能换成"李花"
? "你是&name 吗？"
你是&name 吗？          &&注意没有换过来，应进行下面的更改
? "你是&name.吗？"
你是李小红吗？
```

汉字和英文字母都可作为内存变量名，上面的命令中不加“.”,内存变量名是“NAME吗”,它没有赋过值,所以没有替换。最后一条命令加“.”之后,表示的内存变量名是“NAME”,已经赋予了字符值，能正确替换。

```
a="123"
?&a+123             &&结果是 246，&a 是数值型数据，"&a"是字符型
x1="stud.dbf"
```

```
use &X1              &&文件名用内存变量名表示要用&引导才能正确操作
xm="姓名"
? &xm                &&字段名用内存变量名表示也要用&
```

2. UPPER/LOWER——变大/小写函数

【格式】UPPER/LOWER(<字符串表达式>)

【功能】UPPER 是把括号中的英文字母小写全部变成大写，原来是大写的运算后还是大写(LOWER 功能与其相反)。

【例 2-20】

```
? uppe("This is a boy")
THIS IS A BOY
```

3. SPACE——生成空格函数

【格式】SPACE(<数字表达式>)

【功能】在屏幕上产生空格字符。

【例 2-21】

```
? "计算机"+space(8)+"原理"
计算机        原理
```

4. SUBSTR——子串提取函数

【格式】SUBSTR(<字符表达式>，<子串起始位置>[,<子串长度>])

【功能】函数的返回值为从括号的<字符串>中提取子串。

【说明】

(1)<字符表达式>可以是字符常量、赋了值的字符型内存变量、已经打开表的字符型字段名。

(2)<子串起始位置>为子串在<字符表达式>中的起始位置，单位是字符；如省略<子串长度>，子串长度为<子串起始位置>到<字符表达式>末尾。

【例 2-22】

```
? SUBS("本科毕业论文",5,4)
毕业
```

注意：对汉字字符串的提取<起始位置>不能是偶数，否则出现乱码。

5. LEFT/RIGHT——提取左/右子串函数

【格式】LEFT/RIGHT(<字符串>，<数字>)

【功能】和 SUBSTR 功能相同，从<字符串>中提取子串。

【说明】LEFT(<字符串>，<数字>)中的<数字>是指子串从<字符串>左边开始向右边提取的长度；RIGHT(<字符串>，<数字>)中的<数字>是指子串从<字符串>右边开始向左边提取的长度。

【例 2-23】

```
? left("计算机程序设计", 6)
```

```
计算机
? right("计算机程序设计", 8)
程序设计
```

6. AT——查找子串位置函数

【格式】AT(<字符串 1>，<字符串 2>,[<数字>])

【功能】确定子串<字符串 1>在<字符串 2>中的位置，返回值是数值型。

【说明】若在<字符串 2>找到<字符串 1>，返回值为<字符串 1>在<字符串 2>的位置，若找不到，其返回值为 0。<数字>用来确定在<字符串 2>是找第 *n* 次出现的<字符串 1>。

【例 2-24】

```
? at('is','This is a girl')
    3                                  &&显示"is"是"This"中的
? at('is','This is a girl',2)
    6                                  &&显示的是"This"后面"is"的位置
use 学生成绩表
list for at('王', 姓名)=1              &&显示所有姓王的同学
list for '王'$姓名
```

【思考】比较这两条命令执行结果有什么区别，再完成用 SUBSTR()函数显示所有姓王的同学。

7. ALLTRIM——移去字符串首尾部空格函数

【格式】ALLTRIM(<字符串表达式>)

【功能】去掉字符串左右两边的空格。

【例 2-25】

```
use 学生成绩表
list for 姓名= ="李花"                 &&精确比较，表中李花后可能有空格，找不到
list for alltrim(姓名)= ="李花"        &&去掉表中所有姓名两边空格再比较，可显示
```

此外，Visual FoxPro 还提供 LTRIM()/RTRIM()(或 TRIM())函数，只是去掉字符串左/右边的空格。

8. LEN——字符串长度函数

【格式】LEN(<字符串表达式>)

【功能】测量字符串的长度，返回值是数值型。

【例 2-26】

```
? len("计算机程序设计")
14
? len(alltrim("计算机"+space(2)+"程序设计"))
? len(alltrim("计算机"+space(2))+"程序设计")      &&注意比较这两条命令的区别
```

9. STUFF——字符串替换函数

【格式】STUFF(<字符串>,<起始位置>,<替换长度>,<子串>)

【功能】用<子串>替换<字符串>中的一部分，这部分由<起始位置>和<替换长度>确定。

【例 2-27】

```
? stuff("计算机应用能力考试", 7, 8, "基础")
计算机基础考试
```

2.3.3 日期和时间函数

1. DATE——系统日期函数

【格式】DATE()

【功能】显示计算机系统的当前日期。

【例 2-28】

```
? date()
04/15/04
```

2. TIME——系统时间函数

【格式】TIME()

【功能】显示系统的当前时间。

【说明】这是一个字符型数据。

【例 2-29】

```
?time()
15:25:30
```

3. YEAR——年函数

【格式】YEAR(<日期表达式>)

【功能】从日期中提取年份，以 4 位数值型数据表示。

【例 2-30】

```
?year(date())
    2016
use stud
list for year(date())-year(出生日期)>=20          &&显示年龄等于或大于 20 岁的同学
```

4. MONTH/CMONTH——月函数

【格式】MONTH/CMONTH(<日期表达式>)

【功能】MONTH 从日期数据中提取数字月份；CMONTH 提取英文月份。

【例 2-31】

```
? month(ctod("01/25/2016"))
1
? cmonth(ctod("01/25/2016"))
January
```

5. DOW/CDOW——星期函数

【格式】DOW/CDOW(<日期表达式>)
【功能】从日期数据中提取英文星期；DOW 提取的星期用数字表示。
【说明】“星期日、一、二、…、六”的 DOW()的值是“1、2、…、7”。
【例 2-32】

```
? cdow(ctod("03/15/2016"))
Monday
? dow(ctod("03/15/2016"))
2                    &&表示星期一
```

【思考】设计几条命令自动求出一个日期数据中用中国字表示的星期几。

提示：设置一个内存变量 xq=“日一二三四五六”，再用 SUBS()函数提取其中字符，提取的起始位置含 DOW()的值。

6. DAY——日函数

【格式】DAY(<日期表达式>)
【功能】从日期中提取日。
【例 2-33】

```
? day(date())
7                    &&当前系统日期的日是 7 号
```

7. DATETIME——日期时间函数

【格式】DATETIME()
【功能】返回系统的当前日期时间值。
【例 2-34】

```
?datetime()
10/21/16  10:30:21  AM
```

注意：两个不同时刻的 DATETIME()相减，是间隔的秒数。

2.3.4 转换函数

这类函数用于各种数据类型之间的转换。

1. ASC——求 ASC 码函数

【格式】ASC(<字符串表达式>)
【功能】将字符串的第一个字符转换成十进制 ASCII 代码。
【例 2-35】

```
? asc("Were")
87                        &&"W"的 ASCII 码是 87，数值型
? asc("1")
49                        &&字符"1"的 ASCII 码是 49
```

2. CHR——ASCII 码转换字符函数

【格式】CHR(<数字表达式>)

【功能】将数值型的 ASCII 码转换成字符数据。

【例 2-36】

```
? chr(87)
W
```

3. STR——数值数据转换成字符数据函数

【格式】STR(<数字表达式>，[<长度>]，[小数])

【功能】将数值型数据转换成字符型数据。

【说明】

(1)长度包括小数、小数点位数，剩下是整数位数。

(2)长度、小数是可选项，如缺省，显示结果无小数，整数占 10 位字符的宽度。

(3)长度小于整数位数，结果以“*”表示数据溢出。

【例 2-37】

```
?str(3.1416,6,4)
    3.1426
?str(3.1416)                &&缺省长度和小数，显示结果只有整数
    3
?str(345.1416, 2)           &&长度 2 小于整数位数 3，数据溢出
**
```

4. VAL——字符串转换成数值数据函数

【格式】VAL(<字符串表达式>)

【功能】把数字组成的字符串转换成数值数据。

【说明】

(1)遇非数字字符，停止转换，用小数点后面的 0 表示。

(2)对含小数的数字字符，四舍五入保留两位，但可用 STR()函数还原回原来的小数位数。

【例 2-38】

```
?val("18A18")
    18. 00
Y=val("143.1592")
? Y
    143.16
?str(Y,8,4)
    143.1592
```

5. CTOD——字符型转换成日期型函数

【格式】CTOD(<字符串>)

【功能】把满足一定格式(mm/dd/yy)的字符串常量或变量转换成日期数据。

【例 2-39】

```
Y=ctod('10/25/16')
? Y
10/25/16
?Y+10
11/04/16
```

6. DTOC——日期型转换成字符型函数

【格式】DTOC(<日期型表达式>)
【功能】把日期型数据转换成字符型数据。
【例 2-40】

```
?dtoc(ctod('10/25/16'))
10/25/86                          &&是字符型数据
```

2.3.5 测试函数

这类函数用来检查系统的某些实时状态，如表中记录指针的位置、信息窗口光标的位置、记录检索是否成功等。在程序设计中，常用这类函数的返回值为下一步程序的走向提供依据。

1. RECNO——记录号测试函数

【格式】RECNO()
【功能】测试数据表当前记录的记录号。
【说明】打开的表存在一个记录指针，指针指向的记录是当前记录，一个刚打开未索引的表的当前记录，其记录号是 1。
【例 2-41】 设下面的表 STUD.DBF 未建立过索引。

```
use stud
?recno()
    1
go 5
?recno()
    5
```

2. BOF——表文件起始函数

【格式】BOF(<数字>)
【功能】判别表的记录指针是否指向表的起始位置，若是，其返回值为.T.，否则为.F.。
【说明】<数字>是表示所打开表的工作区的区号，若缺省则是对当前工作区中的表进行测试。
【例 2-42】 本例的表 STUD.DBF 没有索引。

```
use stud
?recno0()
    1
?bof()
.F.
```

```
skip -1                  &&把记录指针移到首记录前面的记录
?recno()
    1
?bof()
.T.
```

3. EOF——表文件结束函数

【格式】EOF(<数字>)

【功能】测试记录指针是否指向表文件尾，若是，返回值为.T.，否则为.F.。

【例 2-43】设前面的表 STUD.DBF 中有 10 条记录。

```
use stud
go bottom                &&把记录指针指向末记录
?recno()
    10
?eof()
.F.
skip 1                   &&把记录指针移向当前记录的下一条
?recno()
    11
?eof()
.T.
```

注意：由以上例子知道，表中有真实记录 *n* 条，记录指针指向真实的首记录 1 号记录时，函数 BOF()的值为.F.，在这个记录前面还有个 1 号记录，只有当指针指向这个记录时，BOF()的值才为.T.。同样，指针指向真实记录的尾记录后面的 *n*+1 条记录时，函数 EOF()的值为.T.。

4. TYPE——数据类型检测函数

【格式】TYPE(<字符表达式>)

【功能】检测括号中各种数据的类型。

【说明】括号中的数据要用字符表达式的样式，就是格式要求括号里面加引号才能正确判别数据类型。

【例 2-44】

```
a=123
?type(A)                 &&错,a 未加引号，系统提示"函数的值、类型无效"
?type("a")               &&对,这里的引号是格式需要，不表示 a 是字符常量
N
?type("123")
N
?type("abc")             &&错,abc 是变量未赋值(未定义)
U                        &&U 表示未定义
abc="xyz"
?type("abc")
C
?type("'abc'")           &&这里的'abc'是字符常量，定界符内含定界符时，要用不同的
C
```

5. DELETED——测试删除标记函数

【格式】DELETED(<数字>)

【功能】判别表中的记录是否打上了逻辑删除标记，返回逻辑值(.T.或.F.)，<数字>为表所在工作区的编号。

【例 2-45】

```
use stud
?deleted()
.F.
dele                              &&该命令给当前记录打上逻辑删除标记
?deleted()
.T.
```

6. FOUND——查询函数

【格式】FOUND(<数字>)

【功能】检查查询命令是否在表中找到所查询的数据，返回逻辑值。

【说明】该函数只能跟在 LOCATION、FIND、SEEK 命令之后使用。

【例 2-46】

```
use stud
loca for 姓名="李花"
? found()               &&如找到姓名为"李花"的同学，显示：.T.，未找到显示：.F.
```

7. SELECT——测定工作区函数

【格式】SELECT()

【功能】返回值是当前工作区的区号。

【例 2-47】

```
?select()
    1
sele 2                  &&选择 2 号工作区为当前工作区
?select()
    2
```

8. RECCOUNT——测试记录个数函数

【格式】RECCOUNT(<数字>)

【功能】测试<数字>表示的工作区表中记录的个数。

【例 2-48】

```
use stud
? reccount()
10
```

9. FILE——文件测试函数

【格式】FILE(<字符型表达式>)

【功能】测试<字符表达式>表示的文件是否在磁盘上存在，返回逻辑值。

【说明】文件名必须加扩展，文件名前可用路径。

【例 2-49】

```
?file("stud.dbf")
.F.                                    &&当前目录下没这个文件
?file("d:\cgq\stud.dbf")               &&指明了文件所在的路径
.T.
```

10. ROW/COL——坐标测试函数

【格式】ROW()/COL()

【功能】测出当前光标在屏幕上行/列坐标，单位是字符。

【例 2-50】

```
?row(),col()
    5,45
```

11. IIF——条件测试函数

【格式】IIF(<逻辑表达式>,<表达式 1>,<表达式 2>)

【功能】把<逻辑表达式>作为测试条件，<逻辑表达式>为真，返回<表达式 1>的值，<逻辑表达式>为假，返回<表达式 2>的值。

【例 2-51】

```
a=123
b=456
?iif(a>b,a,b)
    456
use 学生成绩
go 2
?iif(数学>=60,"及格","不及格")
及格
```

12. FIELD——字段名测试函数

【格式】FIELD(<数字>)

【功能】测试数据表中的字段名，<数字>表示字段名的序号。

【例 2-52】

```
use 学生成绩表
?field(2)
姓名
```

13. INKEY——测试键值函数

【格式】INKEY([<秒数>])

【功能】在规定的<秒数>内击键盘，返回键盘符的 ASCII 码值(十进制)。

【说明】[<秒数>]缺省，返回值为 0，超过规定的<秒数>不击键盘，返回值也为 0。

【例 2-53】

```
? inkey()
    0
? inkey(3)              &&在 3 秒钟内击 A 键，显示 97(A 的小写 ASCII 码)
    97
```

学 习 提 示

本章是学习程序设计的重要基础，需要认真学好组成程序基本元素的概念和使用规则，有以下问题值得注意：

(1)程序中的表达式由常量、字段名、内存变量、函数组成，要注意组成表达式各项数据类型的一致性，这是初学者容易犯错误的地方，如以下命令：

```
n1=80
?"我的数学："+n1            &&错，类型不匹配
?"我的数学："+STR(n1，3)    &&对，STR()函数把数字型转换成字符型
```

显示结果如下：

```
我的数学：80
?"我的数学："，n1           &&对，用"，"隔开是两个表达式，不需要类型一致
```

显示结果如下：

```
我的数学：        80        &&80 占 10 个字符宽度
```

通过这个例子，可得到如下结论：

①有时程序需要把不同类型的数据连接成一个表达式，就必须使用数据类型转换函数进行转换，来满足数据类型一致性的要求。

②最后一条命令：？"我的数学:"，n1，显示的 80 离"我的数学："很远，是因为系统默认数值内存变量占 10 个字符，因此若要在屏幕上紧凑显示数据，就要在连接成字符串时用 STR()函数来限定位数。

(2)宏代换函数是一个非常重要和较为复杂的函数，它有多方面的用途，所具有的突出特点如下：

①其他函数后面都要用括号，这个函数不能用，初学者往往会忘记这一点。

②内存变量在赋予数字字符值后进行宏代换，函数符号&与内存变量名用引号括起来是字符型数据，不加引号是数值型数据。

③用内存变量名表示文件名、字段名时，一定在内存变量名前面加上&。

宏代换函数还有一些例子。

```
a="123"
?&a               &&这是可以的，结果为：123
b="abc"
?&b               &&这是不可以的，结果为：找不到变量'ABC'
use stud          &&stud.dbf 含学号、姓名、性别等字段
```

```
?fields(2)          &&显示字段名：姓名，fields()是提取字段名函数,2 表示第 2 个字段
f=fields(2)
?&f                 &&显示第一条记录第二个字段值：张三
```

习　题　2

一、选择题

1．Visual FoxPro 中表的字段名称是________。

A．常量　　B．变量　　C．运算符　　D．函数

2．DIMENSION XY(3,3)定义内存变量数组，XY(5)表示的数组元素是________。

A．XY(2,3)　　B．XY(3,2)　　C．XY(2,2)　　D．没有

3．内存中有内存变量 A1、A2、A3、A11、A12，要保存 A1、A2、A3 到文件 N1.MEM 中，正确的操作命令是________。

A．SAVE TO N1 ALL　　B．SAVE TO N1 ALL LIKE A?

C．SAVE TO N1　　D．SAVE TO N1 ALL LIKE A*

4．查询表中数学大于等于 60 分小于 80 分的男同学和及格女同学的条件表达式是________。

A．性别="男".AND.(数学>=60.AND.数学<80).OR.性别="女".AND.数学>=60

B．性别="男".AND.数学>=60.AND.数学<80.AND.性别="女".AND.数学>=60

C．性别="男".AND.(数学>=60.AND.<80).OR.性别="女".AND.数学>=60

D．性别="男".AND.(数学>=60.AND.数学<80).OR.性别="女".OR.数学>=60

5．下面是 Visual FoxPro 合法表达式的是________。

A．X^2+100　　B．123+&(y)　　C．"abc">"ABC"　　D．60<数学<80

6．M1="123"，？ "&M1"+"123"的屏幕显示是________。

A．123123　　B．246　　C．类型不匹配　　D．无显示

7．?LEN(ALLTRIM("物理"+SPACE(4)–"99 级"))命令执行后，屏幕显示的是________。

A．12　　B．6　　C．13　　D．8

8．Y1="计算机基础"，?SUBS(Y1,LEN(y1)–3,4)命令的执行结果________。

A．计算机　　B．基础　　C．12　　D．9

9．以下表达式是数值型的是________。

A．[1234]–[234]　　B．CTOD("03/15/99")+10

C．123>456　　D．LEN(SPACE(10))

10．自由表中有 10 条记录，LIST 命令后________。

A．BOF()和 EOF()都为.T.　　B．BOF()为.T.,EOF()为.F.

C．BOF()和 EOF()都为.F.　　D．BOF()为.F.,EOF()为.T.

11．A="23",?TYPE(A)的显示结果是________。

A．N　　B．C　　C．U　　D．找不到变量

12．A=123，B=456，？ IIF(A>B,A>B,A<B)的执行结果是________。

A．123　　B．456　　C．.T.　　D．.F.

二、填空题

1．Visual FoxPro 中的程序中内存变量的命名长度不能超过________个字符。

2．Visual FoxPro 的严格的日期常量格式是________。

3．表中含有逻辑字段“是否党员”，如对该值为.F.的记录进行操作，其命令 FOR 引导的条件表达式为________。

4．?ROUND(326.1543,–1)的显示结果是________。

5．命令?MAX("A","a")执行的结果是________。

6．? VAL("18B15A")的显示结果是________。

7．当前自由表含出生日期字段，要查询 1978 年 8 月 25 日出生人员的记录，其命令的条件表达式是________。

8．命令?STR("123.456",4)的显示结果是________。

9．对只有结构的空记录表文件，?BOF(),EOF()的结果是________。

10．A=“10*5”，执行命令？TYPE("&A")的结果是________。

三、上机操作题

1．在命令窗口下完成以上所有函数例子的练习。

2．完成前面的思考题：对任一日期求用中国字表示的星期几。

3．设某个同学在下午上机，上机时间为 14:02:00，下机时间为以后的 TIME()值，每小时收费 1.5 元，求该同学的上机费用。收费考虑到分钟为止，不考虑秒，只考虑 TIME()中的分钟大于上机时间的分钟(提示：对字符型数据时间用 SUBS()函数分别提取小时和分钟后，用 VAL()转换后再计算)。

第 3 章　表的基本操作与维护

本章知识点：表结构的创建、修改与显示，表记录的显示、追加、修改与删除等基本操作。

数据表是组成关系数据库的基本单元，也是程序操作的数据对象，在编写程序之前需创建表、设计表的结构和录入数据，以便为应用程序提供数据处理的对象。在数据表创建之后也有大量的维护工作，如记录的增加、删除和修改等。

3.1　表 的 创 建

Visual FoxPro 中的表分为自由表和数据库表两种，自由表不受数据库的约束，可自由地打开和使用，而数据库表只能在数据库中使用，受到数据库种种条件的约束。不管是自由表，还是数据库表的创建，都要分为表结构的创建和数据录入两个步骤，分别用不同的命令来完成。

3.1.1　表结构的创建

表结构的创建就是在 Visual FoxPro 提供的表设计器中设计表的字段名、字段类型、宽度、小数位数，这几个要素就称为表的结构。在没有打开数据库文件.DBC 时，以下几种方法创建的是自由表的结构。

1. 使用菜单方式建立表的结构

选择“文件”菜单→“新建”→“表”→“新建文件”→在“创建”对话框取文件名→单击“保存”按钮。

2. 使用命令方式建立表结构

【命令 1】CREATE [表文件名所存路径][<表文件>|?]

【功能】打开“表设计器”，建立表结构。

【命令 2】CREATE TABLE 表文件名(字段名 1 字段类型[(字段宽度[，小数位数])[NULL|NOT NULL]]，[字段名 2 字段类型[(字段宽度[，小数位数])] …)]

【功能】不打开表设计器，根据给出的字段名、数据类型、宽度等直接创建一个表结构。

3. 在项目管理器中建立表结构

选择“数据”选项卡→“自由表”→“新建”→“新建表”→在“创建”对话框取文件名→单击“保存”按钮。

以上三种方法都启动了相同的表设计器，如图 3-1 所示。

【说明】

(1) 以上命令创建一个扩展名为.DBF 的表文件，进入表设计器。若用 CREATE 命令创建，<表文件名>后可加可不加.DBF。

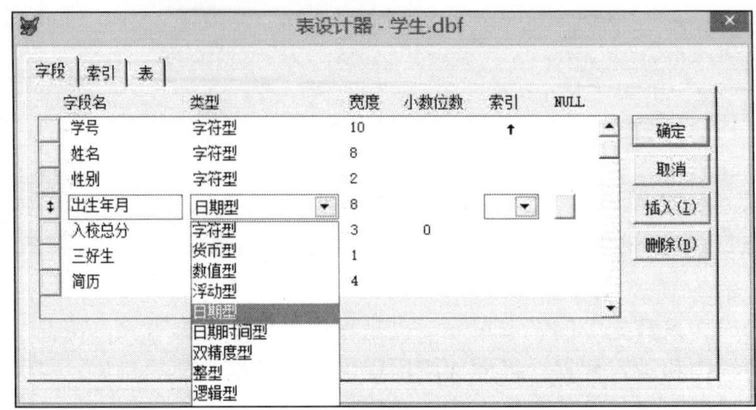

图 3-1　自由表设计器

(2) 表设计器有三个选项卡：字段、索引、表。要选择“字段”选项卡(图 3-1)进行表结构设计，用键盘输入字段名，鼠标选择字段类型，鼠标选择或键盘输入宽度和小数。

(3) 自由表字段名长度不超过 10 个字符，数据库表字段名长度不超过 128 个字符。

(4) 字符型字段的最大设计宽度是 254 个字符；数值型字段的最大宽度是 20 位，字段宽度包括小数位数、小数点占 1 位，剩下的是整数位数；日期字段的宽度系统默认 8 位；逻辑字段宽度默认 1 位。

(5) 字段名后的“索引”是选择排序的字段，可进行升序和降序的选择。NULL 为字段的空值，不能简单地认为它是字符的空格和数值的 0，空值可理解为缺值或还没有确定值。选为关键字的字段是不能设计为空值的。

(6) 在输入字段名后，常用鼠标选择或 Tab 键移动的方法进行类型和宽度的设计。类型用下拉箭头展开 13 种字段类型进行选择。而要进行下一个字段的设计时要用鼠标换行，不要用回车键换行，回车表示整个表结构设计的结束。

(7) 拖动表设计器字段名左边的按钮可改变字段顺序。使用表设计器右边的“插入”和“删除”按钮能插入和删除字段。

【例 3-1】 用 Visual FoxPro 的“文件”菜单下的“新建”命令创建学生.DBF 表，其数据如表 3-1 所示。

表 3-1　学生.DBF 表的数据

学号	姓名	性别	出生年月	三好生	入校总分	简历	照片
2010110001	王小明	男	08/13/1992	F	590	Memo	Gen
2010110002	陈钢	男	03/24/1993	T	578	Memo	Gen
2010110003	李花	女	09/29/1991	F	565	Memo	Gen
2010110004	刘民	男	10/02/1991	F	570	Memo	Gen
2010110005	张小莉	女	03/01/1992	F	595	Memo	Gen
2010110006	李红	女	03/12/1990	T	588	Memo	Gen
2010110007	金阳	男	03/18/1992	T	596	Memo	Gen

首先要对以上数据认真理解和分析，每个字段(数据项)该用什么字段类型以及占用的宽度是多少，可以把这个表的结构用以下方式表示。

学生.DBF(学号 C(10)，姓名 C(8)，性别 C(2)，出生年月 D(8)，三好生 L(1)，入校总分 N(5,1)，简历 M(4))，括号中的数字表示字段宽度，数值字段“N(5,1)”中的“1”表示小数位数，字段宽度是 5，减去小数点位数和小数位数，整数位数是 3。字段宽度要设计得合适，太少会丢失数据，太长则浪费存储空间。用户设计的字段宽度并不多，常用的只有 C 型和 N 型，而 D 型、L 型、M 型、G 型都是系统默认的宽度。

创建学生.DBF 表结构的步骤如下：

(1) 执行“文件”菜单下的“新建”命令，出现如图 3-2 所示的“新建”对话框。

(2) 在“新建”对话框中选择“表”，再单击“新建文件”按钮，系统弹出如图 3-3 所示的“创建”对话框。

(3) 在图 3-3“创建”对话框中的“输入表名”文本框中输入“学生”后，单击“保存”按钮，就进入了图 3-1 所示的表设计器，此时，该表文件保存在默认目录 Vfp98 下面，若想保存在其他目录，可在“保存在”下拉列表框中进行选择，或在创建表之前用“SET DEFA TO <路径>”命令进行当前目录的设置。

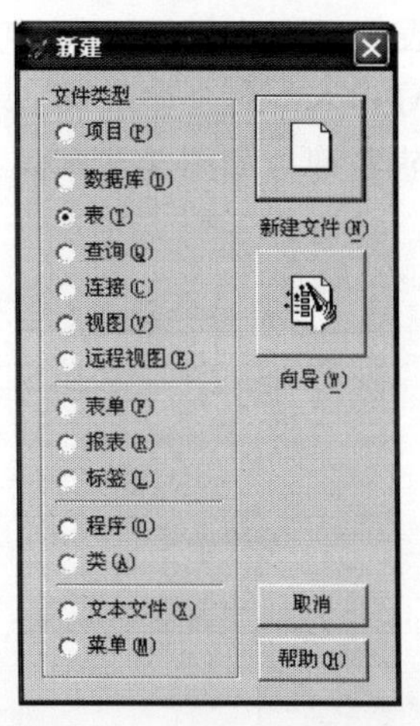

图 3-2　“新建”对话框

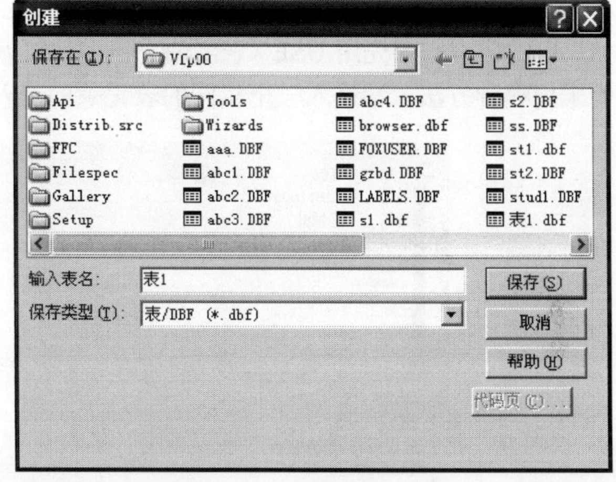

图 3-3　“创建”对话框

(4) 在图 3-1 所示的表设计器中，按照前面的学生.DBF 的表结构要求用键盘输入字段名(姓名、性别、出生日期等)，单击“类型”右端的下拉箭头可展开所有的字段类型，然后用鼠标选择所需类型(字符型、数值型、日期型等)，用鼠标选择宽度、小数。

(5) 在完成所有字段的设计后按组合键 Ctrl+W 存盘，系统弹出对话框提示“现在输入数据记录吗？”，单击“是”按钮可立即录入数据记录。如果单击“否”按钮，则退出表设计器，此时，一个只有结构没有记录的学生.DBF 表已经保存在磁盘上。

3.1.2　表记录的录入

在创建表的结构完成之后常用两种方法输入数据记录。

1. 在“录入记录对话框”单击“是”按钮

【方法】在创建一个新表结构后按组合键 Ctrl+W 存盘后，系统出现如图 3-4 所示的对话框，问“现在输入数据记录吗？”，单击“是”按钮，就进入数据记录的录入窗口。

【说明】对一个表来说，第一次使用 CREATE 命令进入该表的设计器后存盘，才会出现图 3-4 所示的对话框，以后再打开该表的表设计器修改表的结构后退出，就不会出现这个对话框。

图 3-4　录入记录对话框

2. 使用 APPEND 命令

【方法】在命令窗口输入 APPEND 后回车。

【说明】对一个表来说，这种方法可多次使用，它总是在表的后面追加新记录。以前创建的表如果已关闭，需要先用 USE <表名>打开表，才能使用 APPEND 命令输入新记录。

不管采用哪种方法，都进入一个相同的表记录的录入和编辑窗口，如图 3-5 所示。

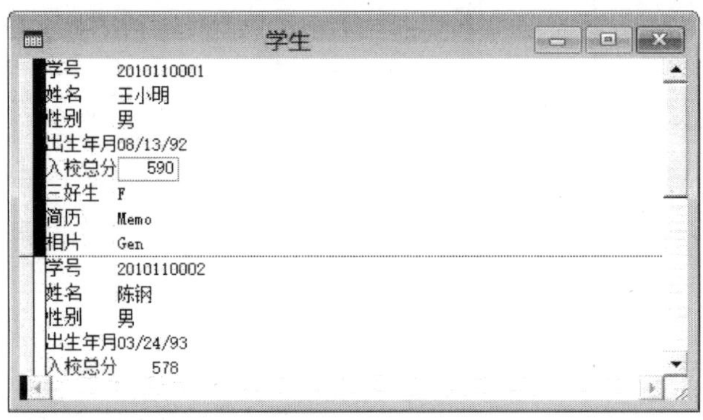

图 3-5　记录录入窗口

关于在图 3-5 所示的窗口中录入各种类型数据的方法，有以下说明：

(1) 回车(或用鼠标选择、Tab 键、箭头键↓)进行下一项数据或下一条记录的输入。

(2) 每录入一条记录，系统会自动产生下一个记录号，记录号不是字段名。

(3) 记录输入完成后，按组合键 Ctrl+W(或单击窗口右上角的关闭按钮)存盘退出记录输入窗口。按 Esc 键或 Ctrl+Q 组合键，则退出时放弃存盘。

(4) 字符型字段和数值型字段的数据直接输入;逻辑字段的数据输入 T 或 F,不要加两点;日期字段的数据格式是“mm/dd/yy”，其中的两个“/”已经存在，只需输入数字。

(5) 备注型字段(简历)的数据录入方法是双击“简历”后的 memo(或插入点移到 memo 时用 Ctrl+PageDown 组合键)，就可进入备注字段值的录入窗口，如图 3-6 所示，在这个窗口输完长文本字符后，按 Ctrl+W 组合键(或单击关闭按钮)返回到原来的记录录入窗口。备注字段中已有数据，原来的 memo 会变成 Memo。

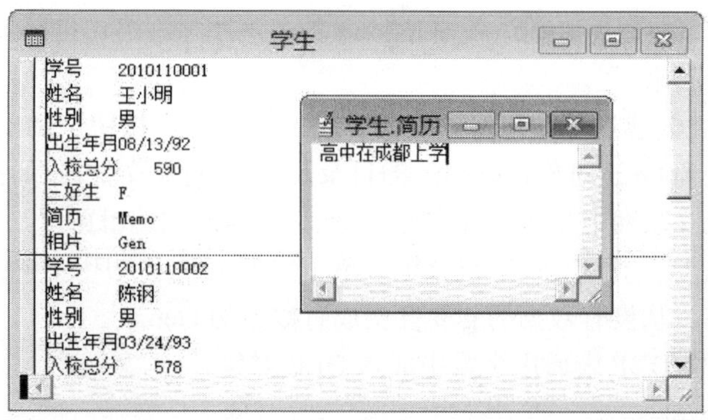

图 3-6　备注字段录入窗口

(6)通用型字段是用来存放图形、图像、声音、表格等形式的 OLE 数据对象，双击通用字段“相片”右边的 Gen(或把插入点移到 Gen 后按 Ctrl+PageDown 组合键)来打开通用字段值的编辑窗口，图 3-7 是 OLE 对象的编辑窗口。

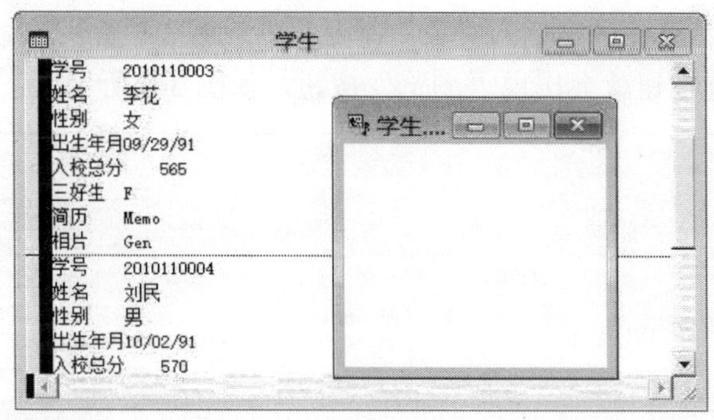

图 3-7　通用字段编辑窗口

在这个窗口出现后，选择系统“编辑”菜单下的“插入对象”选项，出现图 3-8 所示的“插入对象”对话框。

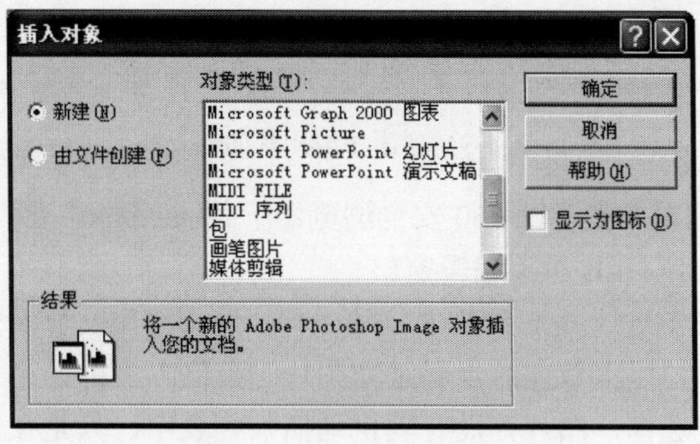

图 3-8　“插入对象”对话框

在这个对话框中有两种选择插入 OLE 对象。

(1)选择“新建”单选按钮。选择“新建”按钮后，还要在右边的列表框中选择插入的对象类型，然后自己在编辑窗口设计一个 OLE 对象。例如，在图 3-8 中选择“画笔图片”，单击右上角的“确定”按钮后，则进入 Windows 的“画图”程序，自己画一幅图片，该图片作为通用字段值保存起来。

(2) 选择“由文件创建”单选按钮。选择“由文件创建”按钮，则出现“浏览”按钮，通过“浏览”按钮找到 OLE 对象在磁盘上的目录及 OLE 对象文件名(如预先用图像扫描仪、数码相机输入，或从互联网下载的图片文件)，把它们插入到编辑窗口。

OLE 对象编辑完成后用 Ctrl+W 组合键或单击关闭按钮来关闭编辑窗口。在原来的记录编辑窗口中，通用字段从没有数据的 gen 会变成有数据的 Gen。

【例 3-2】 在学生.DBF 表通用字段中嵌入 OLE 对象。

具体步骤如下：

(1) 通过 Internet 从网站上下载一幅人像图片，保存在 C:\MY DOCUMENTS 目录中，通过图像处理软件 Photoshop 转换文件格式为.BMP(各种格式的图片文件需要相应的图形编辑程序的支持，二进制位图.BMP 一般机器都支持)，命名为 aaa.bmp，并剪裁为合适的大小。

(2) 使用“USE 学生”命令打开表，用 APPEND 命令追加新记录，在输入姓名、性别等字段的数据后，再双击通用字段相片后的“gen”，出现 OLE 对象的编辑窗口。

(3) 执行“文件”菜单下的“插入对象”命令，出现图 3-6 所示的对话框，在对话框中选中“由文件新建”单选按钮就会出现“浏览”按钮，如图 3-9 所示。

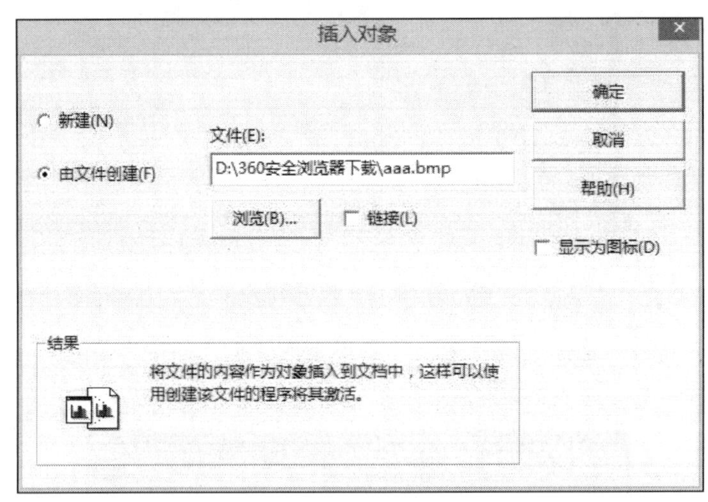

图 3-9 通用字段相片的插入

(4) 用“浏览”按钮搜索到“D:\360 安全浏览器下载\aaa.bmp”图片文件后，单击“确定”按钮，则这个图片插入到 OLE 对象编辑窗口。

要注意的是，OLE 的含义是对象的嵌入和链接。选择“由文件新建”按钮插入图片就有嵌入和链接这两种方法，以上叙述的步骤是把图片对象嵌入表的通用字段中，是一种副本复制。若选择“链接”复选框，图片并没有真正地插入到表中，只是在表的通用字段与图片文件之间建立了连接的路径。在用其他程序对原图片文件进行修改时，如采用对象的嵌入的方式插入到通用字段中的图片不会受到影响，而采用对象链接方式，就可观察到表中图片的修改变化。

(5) 最后用 Ctrl+W 组合键关闭 OLE 对象编辑窗口。

OLE 对象的插入可以用命令方式来完成。

【命令】APPEND GENERAL ole 字段名[FROM ole 文件名][LINK]

【功能】在表的通用字段中插入 OLE 对象。

【例 3-3】 把图片文件放到和表相同的目录下，前面的操作可用如下命令：

```
append general 相片 from aaa.bmp
```

3.2　表的打开和关闭

3.2.1　表的打开

【命令】USE <表文件名> [SHARED][EXCLUSIVE]

【菜单】“文件” → “打开” → “表” → “选文件名” →单击“确定”按钮。

【功能】打开指定的表。

【说明】

(1) 对表进行任何操作之前需先打开表，也就是把指定的表调入机器内存中的某个区域(工作区)。

(2) 在同一工作区打开第二个表，先打开的表自动关闭。

(3) [SHARED]为多用户共享的方式打开表，这种方式打开的表是不能修改表结构和删除记录的；[EXCLUSIVE]为独占方式打开，可修改表结构和删除记录。执行“文件”菜单下的“打开”命令后，在“打开”对话框中也可选择共享和独占的方式打开表，如图 3-10 所示。

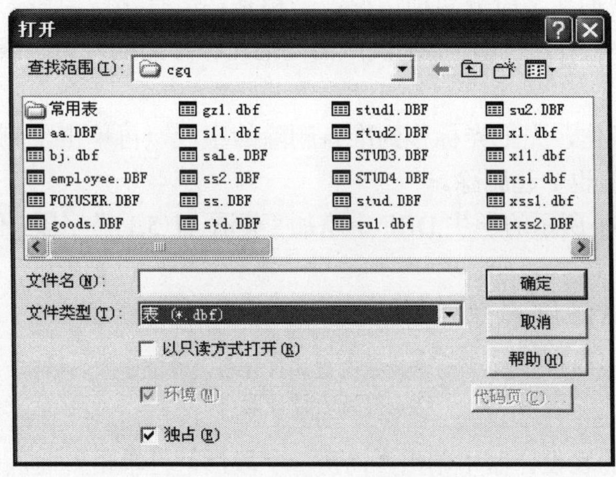

图 3-10　“打开”对话框

在图 3-10 中，“独占”复选框已打上了“ √”，表是以独占方式打开的。

(4) 如果表有备注文件(.FRT)和复合结构索引文件(.CDX)，在用以上方式打开表时，它们也和表一并打开。

3.2.2　表的关闭

【命令】USE|CLOSE ALL|CLEAR ALL|QUIT

【菜单】执行“文件”菜单→“退出”命令。

【功能】关闭表，把打开的表从内存中释放。

【说明】

(1) USE 关闭当前工作区打开的表；CLOSE ALL 关闭所有工作区的表和各类文件；CLEAR ALL 关闭所有工作区各类文件和释放内存变量。

(2) 执行“文件”菜单下的“退出”命令，退出 Visual FoxPro 程序时也释放所有的表。该方法等同于 QUIT 命令。

3.3　表结构的修改和显示

3.3.1　表结构的修改

在表创建之后，可根据需要对表的结构进行修改，如字段名、类型、宽度的修改，增加和删除字段。这些操作都是通过重新打开表设计器来进行的。

【命令】MODIFY STRUCTURE

【菜单】“显示”→“表设计器”。

【功能】修改表的结构。

【说明】

(1) 在修改表的结构之前，表必须以独占方式打开。

(2) 修改表结构，就是重新打开创建表时出现的表设计器。

(3) 用表设计器增加新字段分两种情况：一种是在所有字段后增加，只需把光标移动到最后即可；另一种是在字段之间增加字段，需先把光标移到插入新字段后面的字段，再单击“插入”按钮。

(4) 删除字段的操作，先把光标移到准备删除的字段，再单击“删除”按钮。如果删除的字段已经输入字段值也一起删除。

【例 3-4】 在表 3-1 所示的学生.DBF 中增加“英语 N(5,1)”字段，位置放在简历的前面，操作如下：

(1) 在命令窗口执行如下命令：

```
use 学生 excl              &&独占方式打开表，才能修改表结构
modi stru                  &&打开表设计器
```

(2) 在学生.DBF 的表设计器中单击“简历”字段后，再单击“插入”按钮，就在“简历”的前面插入了一个新字段，输入字段名“英语”、选择宽度 5 和小数位数 1。然后单击“确定”按钮，出现提示框：“结构为永久更改？”，单击“是”按钮，完成结构的修改。

3.3.2　表结构的显示

【命令】LIST|DISP STRUCTURE [TO PRINTER|FILE<文本文件名>]

【功能】显示表结构的相关信息，包括字段名、类型、宽度、小数位数以及总字节数、记录条数、最后修改日期等。

【说明】

(1) [TO PRINTER]子句是把表结构信息传送到打印机；[TO FILE<文本文件名>]是把表结构的信息保存在指定的文本文件中。

(2) 命令显示表结构的总字节数比各字段宽度之和还多 1，这多余的 1 字节用来存放记录的逻辑删除标记。

【例 3-5】 表结构的显示。在命令窗口执行如下命令：

```
use 选课
list stru
```

命令执行后，在信息窗口显示结果如下：

```
表结构:              D:\常用表\选课.DBF
数据记录数:          11
最近更新时间:        02/27/2016
字段      字段名      类型      宽度    小数位    索引    排序    NULLS
 1        学号        字符型    10                                 否
 2        课程号      字符型    4                                  否
 3        成绩        数值型    3                                  否
**总计**                        18
```

从以上显示结果可以看出，学号、课程号、成绩三个字段的宽度加起来是 17 字节，而“总计”宽度却是 18 字节，要多出来 1 字节。

3.4　表的指针与记录定位

3.4.1　记录指针的概念

Visual FoxPro 为打开的表设置了一个记录指针，指针指向的记录称为当前记录，表刚打开时，指针是指向首记录的。可以认为指针是一种记录的定位工具，里面存放的是记录号。由于 Visual FoxPro 对表中记录的处理是逐条进行的，某一时刻只能处理一条记录，记录指针确定了我们正在处理的是哪条记录，如果想要处理的是表中某条记录，就要把记录指针移动到这条记录，使其成为当前记录。

3.4.2　记录指针的移动

记录指针的移动有绝对移动和相对移动两种。

1. 指针的绝对移动

【命令】GO [TO] <*n*>[TOP/BOTTOM]

【菜单】执行“显示”菜单下的“浏览”命令后→选择“表”菜单→用“转到记录”下的级联菜单来选择当前记录。

【功能】把记录指针移到指定的记录。

【说明】

(1) 不管当前记录是哪条记录，都能把记录指针移到指定的记录。

(2) GO *n* 是把指针指向第 *n* 条记录，*n* 是数字或赋了值的数值变量，不用 GO，直接使用数字 *n* 后回车，效果相同。GO TOP 指向首记录，未打开索引文件时是 1 号记录。GO BOTTOM 指向末记录。

2. 指针的相对移动

【命令】SKIP [±<*n*>]

【功能】相对当前记录移动了 *n* 条记录。

【说明】

(1) 正号“+”是向文件尾移动，可省略；负号“–”是向文件头移动。

(2) SKIP 和 SKIP 1 以及 SKIP +1 功能相同，都是向后移动一条记录。

【例 3-6】 记录指针的相对移动和绝对移动。

```
use 学生              &&设该表没有索引
?recno()              &&显示结果是 1
go 3
?recno()              &&结果是 3
skip
?recno()              &&结果是 4
skip -2
?recno()              &&结果是 2
go top
?recno(),bof()        &&结果是 1  .F.
```

注意：关于表指针的移动和记录定位的命令不止以上两条，其实很多 Visual FoxPro 的命令除了本身的功能外都隐含有移动指针的作用，如 LIST、SUM、LOCATION、FIND 等，其中有些命令(LIST、SUM 等)执行后指针指向末记录后，有些命令(LOCATION、FIND 等)是指向满足查询条件的某条记录，这一点需特别注意。

3.4.3 记录的显示

【命令】LIST|DISPLAY [OFF][范围][[FIELDS]<字段名表>][FOR|WHILE<条件>][TO PRINT]

【功能】在信息窗口显示表的数据记录。

【说明】

(1) LIST 和 DISPLAY 两条命令中[OFF]缺省，要显示记录号，若命令中带了[OFF]，则要显示记录号。

(2) 命令中[[FIELDS]<字段名表>]缺省，显示所有字段值。如果要显示部分字段，需列出字段名，字段名之间用“,”隔开，引导字段名的引导词(或保留字)“FIELDS”可省略。

(3) LIST 命令中 [范围]缺省，显示所有记录；DISP 命令缺省[范围]，只显示当前记录一条记录。DISP ALL 相当于 LIST，用来显示全部记录，但 DISP ALL 是以翻屏方式，LIST 是以滚动方式显示记录。

(4) DISPLAY 后面如有 FOR 子句，缺省[范围]也是对所有满足条件的记录操作。

【例 3-7】 表记录的显示，执行如下命令：

```
use 学生
disp                    &&显示第 1 条记录
go 3
disp                    &&显示第 3 条记录所有字段值
disp 学号,姓名          &&显示第 3 条记录的学号和姓名
disp for 性别="男"      &&缺省了 ALL，也是显示所有男同学的记录
list                    &&显示所有记录所有字段
disp                    &&已到末记录后，没有记录显示
?eof()                  &&显示.T.
```

注意：LIST 和 DISP 后面所有子项缺省，可显示字符型、数值型、日期型等字段的数据，不能显示备注字段和通用字段的数据。如果要显示备注字段中的数据，则备注字段名不可缺省，如学生注册表有备注字段简历。可用以下命令看到简历的内容。

```
list 姓名，简历
```

而对通用字段相片中的图片的观看，则用以后学习的表单来实现。

3.5　表中数据的修改

3.5.1　追加和插入新记录

1. 追加新记录

在当前打开表的尾部追加新记录有多种方式。

【命令】APPEND [BLANK]

【菜单】执行“显示”菜单下的“浏览”命令→选择“表”菜单→选择“追加记录”选项。

【功能】在打开的表的尾部追加新记录。

【说明】[BLANK]缺省，光标在表的新记录中，在记录的编辑窗口输入新记录的数据，按 Ctrl+W 组合键存盘退出编辑窗口。该子项不缺省，追加一个空白记录，光标跳回到命令窗口。

2. 从其他表文件追加记录

【命令】APPEND FROM <表文件名>[FIELDS<字段名>][FOR<条件>|WHILE<条件>]

【菜单】执行“显示”菜单下的“浏览”命令→选择“表”菜单→选择“追加记录”选项。通过打开的“追加记录”对话框选择表文件。

【功能】把其他表中的记录追加到当前打开表的尾部。

【说明】

(1) 当前表必须先打开，命令中<表文件名>是指追加记录的数据来源。

(2) 若两表结构不一样，只有相同字段才能追加。

(3) 条件项需是两表相同的字段。

(4) 使用 APPEND 后，可用 PageUp 键向上翻屏修改其他记录。

【例 3-8】 把表 STUD2.DBF 的记录追加到 STUD1.DBF 后面，两个表的字段有相同和不同的，执行如下命令：

```
use stud1
list
记录号 学号    姓名    性别   成绩  出生日期
1      9901   李明方  男     80    09/23/79
2      9902   张三    男     90    04/12/79
3      9903   王五    男     70    11/24/79
use stud2
list
记录号 学号    姓名    性别   成绩   籍贯
1      9904   李红    女     60     成都
2      9905   张小香  女     90     北京
use stud1                         &&当前打开的表是 stud1.dbf
appe from stud2                   &&stud2.dbf 是源文件，把它的记录追加到 stud1.dbf 后面
list                              &&查看的是 stud1.dbf 追加后的结果
记录号 学号    姓名    性别   成绩  出生日期
1      9901   李明方  男     80    09/23/79
2      9902   张三    男     90    04/12/79
3      9903   王五    男     70    11/24/79
4      9904   李红    女     60
5      9905   张小香  女     90
```

可以看出 STUD1.DBF 有字段“出生日期”，而 STUD2.DBF 没有“出生日期”但有字段“籍贯”，追加后的 STUD1.DBF 不会增加“籍贯”字段，也不会去掉原有的“出生日期”字段，只是后两条新记录的出生日期是空的。

3. 从其他类型的文件追加记录

Visual FoxPro 允许把电子表格 Excel 以及文本文件中的数据作为记录追加到表中来，使用的还是 APPEND FROM 命令，格式如下：

【命令】APPEND FROM <文件名>[SDF|DELIMITED|XLS][FIELDS<字段名>][FOR<条件>|WHILE<条件>]

【功能】把文本文件或电子表格中的数据作为记录追加到表的尾部。

【说明】

(1) 若源文件是标准格式的文本文件(.TXT)，则在命令后面跟 SDF，文本文件中每条记录是定长的，且有回车换行。日期数据格式是 yyyymmdd，逻辑数据不用两点，各项数据之间用两个空格(一个汉字的空间)隔开。

(2) .XLS 表示源文件是 Excel 电子表格。

【例 3-9】 把标准格式文本文件中的数据追加到 STUD1.DBF 后面，步骤如下：

(1) 在文字处理软件 Word 中输入以下内容，注意数据间按空格键两次和每行末尾的回车。

```
9906  洪丽梅  女  89  19920512
9907  张明    男  70  19910802
```

```
9908  李丽    女  89  19931015
```

然后在 Word 的“另存为”对话框中的“保存类型”中选择“纯文本”后，取名 ABC.TXT 保存在与表文件相同的目录下。

(2)在命令窗口执行如下命令：

```
use stud1
appe from abc.txt sdf
```

可用 list 命令看到追加的内容。

4. 从数组追加记录

【命令】APPEND FROM ARRAY<数组名> [FIELDS<字段名>][FOR<条件>|WHILE<条件>]
【功能】把数组中的数据追加到表的尾部。

3.5.2 插入记录命令

APPEND 命令总是在表的尾部追加记录，如果要在表的中间插入新记录，则要用 INSERT 命令。

【命令】INSERT [BEFORE][BLANK]
【功能】在表的中间部分插入新记录。
【说明】
(1)所有可选项缺省，是在当前记录的后面插入记录；[BEFORE]在当前记录前插入。
(2)[BLANK]插入空白记录，退到命令窗口。

【例 3-10】 在第 5 条记录前插入新记录。

```
use 学生
go 5
insert before        &&也可以是 go 4 和 insert
```

3.5.3 修改记录数据

Visual FoxPro 提供多条命令对表中数据进行修改，它们各有其不同的特点，使用规则也不同。

1. 编辑修改

【命令】EDIT| CHANGE [<范围>][<字段名表>][FOR<条件>|WHILE<条件>]
【菜单】打开表后，执行“显示”→“编辑”命令。
【功能】以全屏幕窗口的方式修改记录。
【说明】
(1)EDIT 和 CHANGE 的功能及使用方法没有区别。
(2)所有可选项缺省，修改当前记录。
(3)修改第 *n* 条记录，可省略 RECORD，如 EDIT 3 表示修改第 3 条记录。

【例 3-11】 修改第 4 条记录。

```
use 学生
go 4
edit
或 edit 4
```

2. 浏览修改记录

【命令】BROWSE[FIELDS<字段名表>][FOR<条件>|WHILE<条件>]

```
[LOCK<数字>]                          &&浏览窗口左分区的字段数
[FREEZE<字段名>]                      &&只能修改指定的字段(冻结)
[LAST]                                &&以最后一次配置浏览表
[NOEDIT/NOMODIFY]                     &&可浏览，不可编辑数据
[NOAPPEND][NODELETE]                  &&不可追加记录、不可删除记录
[NOMENU]                              &&不访问表菜单
[NOREFRESH]                           &&禁止窗口刷新
[TITLE<字符表达式>]                   &&设置浏览窗口标题
[IN WINDOW<窗口名>|IN SCREEN]         &&浏览窗口在其他窗口/屏幕中
```

【菜单】打开表后，执行“显示”→“浏览”命令。

【功能】以全屏幕窗口浏览、修改所有的记录，如图 3-11 中的学生成绩窗口。

【说明】

(1) BROWSE 命令后所有可选项缺省，可浏览、修改所有数据。如果字段太多，窗口显示不完，可用箭头键左右翻动，如记录太多可移动窗口右边的滚动条。

(2) 在浏览窗口中显示部分字段，字段名表前面的引导词 FIELDS 不可缺省。

(3) 窗口左边的黑色方块是逻辑删除标记，可通过单击来标记和撤销。

(4) 拖动窗口上方灰色的字段名按钮可移动字段的顺序。

(5) 在用 Ctrl+W 或 Esc 键退出浏览窗口后，表的当前记录为打开浏览窗口时选中的记录。

(6) 执行“浏览”命令后，系统增加“表”菜单(图 3-11)，“表”菜单的一些项目与命令窗口的命令有如下对应关系(表 3-1)。

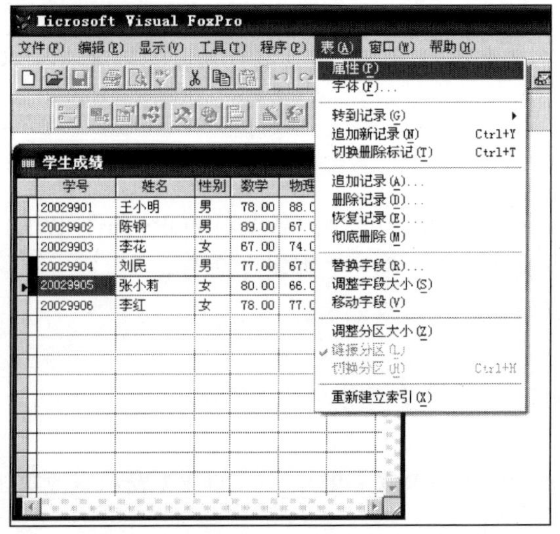

图 3-11　“浏览”窗口和“表”菜单

【例 3-12】 BROWSE 命令的应用。

```
use 学生成绩
brow                     &&全屏幕浏览所有记录，可修改、追加、删除记录
brow  fields 姓名，数学  &&浏览"姓名""数学"两字段
brow freeze 姓名         &&全屏幕浏览，只可修改"姓名"字段值
```

3. 字段值的替换命令

EDIT 和 BROWSE 命令是以全屏幕窗口的方式修改记录，也就是命令执行后在屏幕移动光标，使用键盘删除和输入数据，修改完成后需用 Ctrl+W 组合键退出全屏幕编辑状态。而这里的替换命令不用键盘修改数据，是用表达式替换原来的字段值后，直接返回到命令窗口。字段值替换命令在以后的程序设计中是很有用处的。

【命令】REPLACE[<范围>][FOR<条件>|WHILE<条件>]<字段名 1>WITH<表达式 1>[<字段名 2>WITH<表达式 2>…]

【菜单】打开表后，执行“显示”菜单→“浏览”→“表”菜单→“替换字段”命令。

【功能】用表达式替换表中的字段值。

【说明】

(1)该命令不用全屏幕的键盘输入，执行命令后光标返回命令窗口。

(2)一条命令一次可替换一个或多个字段值。

(3)<范围>和<条件>缺省，只替换当前记录一条记录。

(4)命令如使用 FOR<条件>，缺省 ALL 也是对所有记录进行替换。

【例 3-13】 字段值的替换命令的应用。在 STUD.DBF 表中已经有数学、英语、计算机的成绩，还有平均分字段为空。

(1)求每个同学三门功课的平均分。

```
use 学生成绩
repl all 平均分 with (数学+物理+英语)/3
list
```

(2)给平均分小于 60 分的同学数学和英语各增加 10 分。

```
use 学生成绩
repl all 数学 with 数学+10，英语 with 英语+10 for 平均分<60
list
```

3.5.4 删除记录

表中的记录是宝贵的数据资源，记录的删除是很慎重的工作，因此，Visual FoxPro 提供逻辑删除和物理删除两个步骤删除记录，逻辑删除可以反悔，而物理删除的记录则是不能恢复的。

1. 记录的逻辑删除

【命令】DELETE [<范围>][FOR<条件>|WHILE<条件>]

【菜单】打开表后，执行“显示”菜单→“浏览”→“表”菜单→“删除记录”命令。

【功能】逻辑删除记录，给记录打上逻辑删除标记。

【说明】

(1) <范围>和<条件>缺省，只删除当前记录一条记录。

(2) 用 LIST 命令显示的逻辑删除标记是“*”；用 BROWSE 命令浏览，逻辑删除标记是黑色小方块。

2. 记录的物理删除

【命令】PACK

【菜单】打开表后，执行“显示”菜单→“浏览”→“表”菜单→“彻底删除记录”命令。

【功能】把所有打上逻辑删除标记的记录从磁盘上清除。

【说明】

(1) 该命令也称为打包删除，没有范围和条件的选择，是把所有的有逻辑删除标记的记录从磁盘上永久删除，不可恢复。

(2) 物理删除记录后，系统重新整理表，表中记录号重新排列。

【例 3-14】 把学生.DBF 表中的第 3 条到第 5 条记录删除。

```
use 学生
go 3
dele next 3
list    &&可看见 3、4、5 条记录的记录号后面有“*”
记录号  学号          姓名    性别  出生日期   入校总分  三好生  简历  照片
1       2010110001    王小明  男    19920813   590       F       Memo  Gen
2       2010110002    陈钢    男    19930324   578       T       Memo  Gen
3       *2010110003   李花    女    19910929   565       F       Memo  Gen
4       *2010110004   刘民    男    19911002   570       F       Memo  Gen
5       *2010110005   张小莉  女    19920301   595       F       Memo  Gen
6       2010110006    李红    女    19900312   588       T       Memo  Gen
pack
list    &&3、4、5 条记录物理删除，原第 6 条变成第 3 条
记录号  学号        姓名    性别  出生日期   入校总分  三好生  简历  照片
1       2010110001王小明    男    19920813   590       F       Memo  Gen
2       2010110002陈钢      男    19930324   578       T       Memo  Gen
3       2010110006李红      女    19900312   588       T       Memo  Gen
```

3. 恢复逻辑删除的记录

【命令】RECALL [<范围>][FOR<条件>|WHILE<条件>]

【菜单】打开表后，执行“显示”菜单→“浏览”→“表”菜单→“恢复记录”命令。

【功能】去掉逻辑删除标记。

【说明】

(1) <范围>和<条件>缺省，只去掉当前记录一条记录的逻辑删除标记。

(2) 不能恢复物理删除的记录。

4. 删除所有记录的命令

【命令】ZAP

【功能】物理删除所有记录。

【说明】

(1)此命令相当于 DELE ALL 和 PACK 两条命令的连续执行。

(2)在执行 ZAP 命令后，系统出现图 3-12 所示的信息窗口，给用户留有选择的余地。

图 3-12　ZAP 的信息窗口

(3)在执行 ZAP 命令之前，执行 SER SAFETY OFF(关掉安全保护)命令，则不会出现图 3-12 的信息提示，直接物理删除所有的记录。

5. 与记录删除相关的设置命令

以下系统设置命令都和记录的删除相关。

1)逻辑删除生效开关

【命令】SET DELETED OFF|ON

【功能】确定有逻辑删除标记的记录是否参与操作。

【说明】Visual FoxPro 有许多命令，如 LIST、COUNT(统计记录个数)、SUM(数值字段求和)、COPY(表的复制)等，这里的逻辑删除生效开关命令，是用来设置有逻辑删除标记的记录是否参与这些操作，OFF 表示隐藏“*”，就是有“*”号的记录要参与这些操作，ON 表示不参与操作，系统默认为 OFF。例如，打开这个开关(设置为 ON)，用 COUNT 命令统计记录个数的时候，就不会统计有删除标记的记录。

2)安全保护开关

【命令】SET SAFETY ON|OFF

【功能】对文件设置安全保护。

【说明】对物理删除表文件所有记录，文件复制时覆盖已有的同名文件等类似的问题，Visual FoxPro 提供安全保护设置。ON 安全保护打开，出现提示窗口，可通过选择完成操作(是(Y))或撤销操作(否(N))；OFF 安全保护关闭，不出现提示窗口，直接完成操作。系统默认为 ON。

3.6　设置表的过滤

在前面的 LIST、BROWSE 命令中，常用 FOR 和 FIELDS 子句来进行记录和字段的筛选，而在这里可以使用记录过滤器和字段过滤器选择记录和字段。在使用了这两个过滤器后，指定的记录和字段就保留下来，其他的记录和字段过滤掉。

要注意的是过滤掉的记录和字段并没有删除，只是以后的操作不予包括，关闭过滤器后，这些记录和字段又可以继续操作。

3.6.1 记录过滤

【命令】SET FILTER TO [<条件>]

【菜单】打开表后，选择“显示”菜单→选择“浏览”选项→选择“表”菜单→选择“属性”选项→在“工作区属性”对话框选择“数据过滤器”。

【功能】把满足条件的记录过滤出来进行操作。

【说明】

(1) SET FILTER TO <条件>打开记录过滤器(<条件>必选)。

(2) SET FILTER TO 关闭记录过滤器。

【例 3-15】 用命令和菜单两种方式使用记录过滤器，显示表中女同学的信息。

(1) 使用命令。

```
use 学生成绩
set filter to 性别="女"
list                                   &&只显示女同学的记录
set filter to                          &&关闭记录过滤器
list                                   &&显示所有同学的记录
```

(2) 使用菜单。

①打开“学生成绩”后选择“显示”菜单下的“浏览”选项，再选择“表”菜单下的“属性”选项，打开“工作区属性”对话框，如图 3-13 所示。

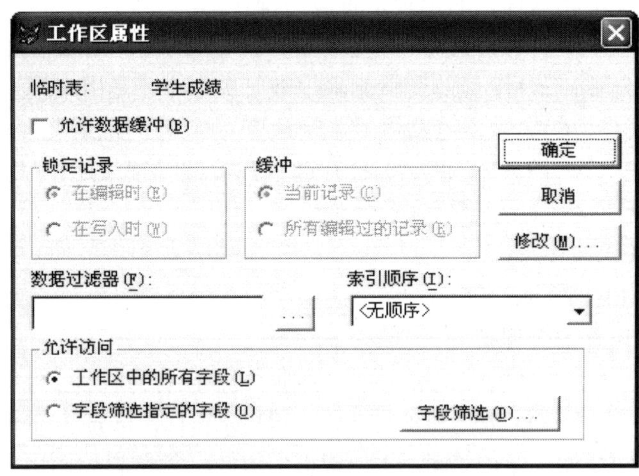

图 3-13　“工作区属性”对话框

②在“工作区属性”对话框中“数据过滤器”文本框中输入“性别='女' ”，或者单击文本框右边的“…”按钮，进入“表达式生成器”对话框，如图 3-14 所示。

在图 3-14 的“字段”列表框中双击“性别”，再在“SET FILTER 表达式”列表框“学生成绩.性别”后面输入="女"，单击“确定”按钮返回图 3-13，再单击“确定”按钮，系统则以浏览窗口的格式显示所有女同学的信息。

若想又重新显示所有的记录，只需再进入“工作区属性”对话框，在“数据过滤器”文本框中删除“学生成绩.性别='女'”，单击“确定”按钮即可。

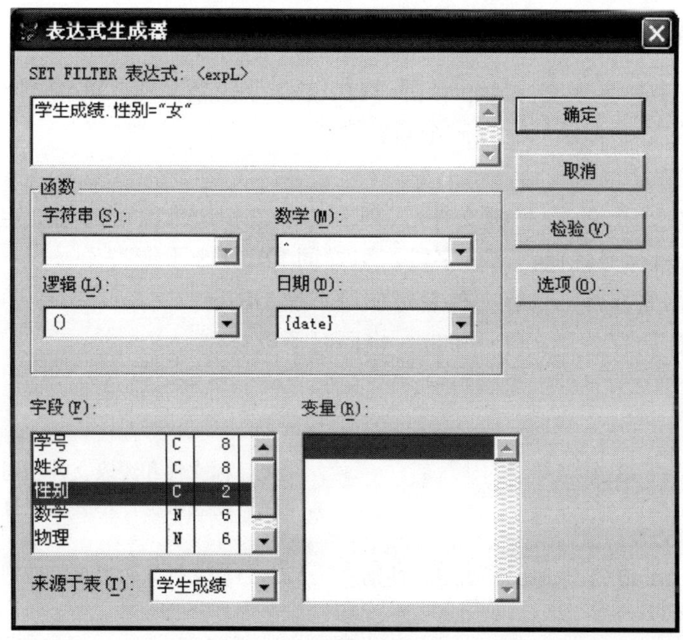

图 3-14　“表达式生成器”对话框

3.6.2　字段过滤

【命令】SET FIELDS TO <字段名表>|ALL

【菜单】打开表后，选择“显示”菜单→选择“浏览”选项→选择“表”菜单→选择“属性”选项→在“工作区属性”对话框选择“字段筛选”。

【功能】打开字段过滤器。

【说明】

(1) SET FIELDS TO<字段名表>把指定的字段过滤出来进行操作。ALL 表示所有字段都在字段名表中。

(2) SET FIELDS OFF 关闭字段过滤器。

【例 3-16】 用字段过滤命令显示表中“姓名”“性别”两个字段的数据。

```
use 学生成绩
set field to 姓名,性别
list                          &&只显示姓名,性别的数据
set filter off                &&关闭字段过滤器
list                          &&显示所有字段
```

3.7　表结构与记录的复制

3.7.1　表文件数据的复制

打开表文件以后，可以使用下面的命令把数据记录复制到一个新表或其他的文件中。

1. 复制成表文件

【命令】COPY TO <新表文件名>[<范围>][FIELDS<字段名表>][FOR<条件>|WHILE<条件>]

【功能】把表的数据记录复制到一个新表中。

【说明】

(1) 该命令产生一个新表(目标文件)，新表的字段和记录由可选项确定。可选项全部缺省，完全复制。若目标文件保留部分字段，引导词 FIELDS 不能省。

(2) 源表文件需先打开，目标文件名可加可不加.DBF。

(3) 该源表文件如有备注文件(.FPT)，也同时予以复制。

【例 3-17】

```
use 学生
copy to stud11                     &&目标文件和源表文件相同
use stud11                         &&看新表数据，不要忘记打开
list
copy to stud12 fields 姓名，性别     &&目标文件只含姓名、性别字段的数据
use stud12
list
```

2. 复制成其他文件

【命令】COPY TO <文件名>[SDF|XLS][<范围>][FIELDS<字段名表>][FOR<条件>|WHILE<条件>]

【功能】把表的记录复制到文本文件和 Excel 文件中。

【说明】

(1) 源表文件需先打开，目标文件名要加扩展名，后面还要加 SDF 或 XLS。

(2) 目标文件保留部分字段，引导词 FIELDS 不能省。

【例 3-18】 把表中的记录复制到文本文件和电子表格文件中。

```
use 学生
copy to stud13.txt sdf        &&目标文件 stud13.txt 是文本文件
copy to stud14.xls xls        &&目标文件 stud14.xls 是 Excel 文件
```

在 Windows 的目录窗口中双击这两个目标文件，可看见与源表相同的记录数据。

3.7.2 表的结构的复制

【命令】COPY STRUCTUR TO <新表文件名>[FIELDS<字段名表>]

【功能】该命令产生只有字段结构，空记录的表文件。

【说明】可选项缺省，目标文件保留源表文件的全部字段，若保留部分字段，FILEDS 不能省略。

【例 3-19】 表结构的复制。

```
use 学生
copy stru to stud15
use stud15              &&打开目标文件
```

```
list                  &&什么也不显示，记录为空
list stru             &&显示新表结构
```

3.7.3　复制结构文件

这里的复制命令是把源表中的字段结构转换成新表中的记录，这个新表习惯上称为结构文件，打开结构文件，用追加记录的方法输入字段名、类型、宽度和小数。最后又可把结构文件的记录转换成表文件的结构。

1. 复制结构文件

【命令】COPY TO　<结构文件名>　STRUCTUR EXTENDED

【功能】把源表中的字段结构转换成结构文件中的记录。

【说明】结构文件也是一个.DBF 文件。

2. 从结构文件建立表

【命令】CREATE　<表文件名>　FROM　<结构文件名>

【功能】把结构文件中的记录转换成表的结构。

【说明】结构文件每条记录包括的字段值一定要按照表结构的要求(字段名、类型、宽度、小数)输入。

【例 3-20】 源表 ST1.DBF 没有数学字段，利用它生成的结构文件 SS1.DBF，用追加记录的方式输入“数学、N、5、1”，然后由这个结构文件创建表 SS2.DBF，原来追加的记录转换成 SS2.DBF 结构。

①创建结构文件。

```
use 学生成绩
list stru                    &&有学号、姓名、性别、数学、物理、英语 6 个字段
copy to ss1 stru exte        &&生成结构文件 ss1.DBF
use ss1
appe                         &&出现以下的记录编辑窗口(图 3-15)
```

在图 3-15 所示的窗口中的 Field_name 后输入“数学”，Field_type 后面输入 N，Field_len 后输入 6，Field_dec 后面输入 2。按 Ctrl+W 组合键存盘退出。

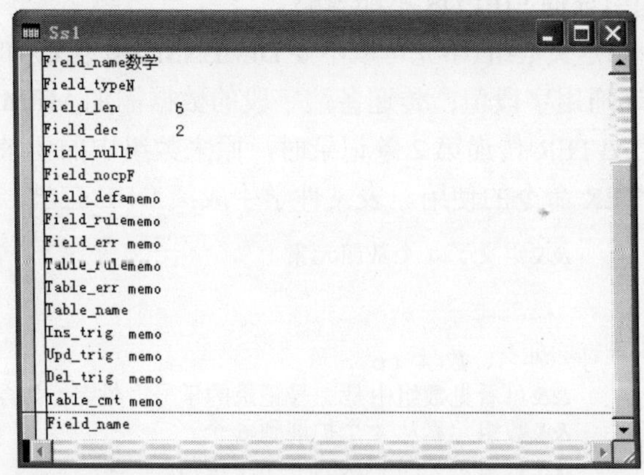

图 3-15　对结构文件使用 APPE 后的窗口

②由结构文件创建表。

```
create ss2 from ss1
use ss2
list stru        &&可看见新增加的字段数学，类型是数值型，宽度是 5，小数是 1
```

3.7.4 各种类型文件的复制

这里的命令不仅可复制表文件，还可以复制其他各种类型的文件，如程序文件(.PRG)、表单文件(.SCX)等。

【命令】COPY FILE <源文件名> TO <目标文件名>

【功能】在命令窗口复制各种类型的文件。

【说明】

(1)源文件名和目标文件名都必须带扩展名。

(2)源文件名和目标文件名可使用通配符"*"和"？"来匹配。

(3)源表文件必须关闭，表的备注文件需另行复制(也可使用通配符一起复制)。

【例 3-21】 用 COPY FILE 命令复制文件，若有备注字段，不要忘记复制备注文件。

```
close all    &&关闭所有的数据表
copy file 学生成绩.DBF to 成绩.DBF
copy file 学生成绩.FPT to 成绩.FPT
```

3.8 数组和表之间的数据交换

数组可以很方便地实现数组与表之间的数据交换，并具有传输数据多、简单和快捷的优点。

3.8.1 单个记录数据复制到数组变量

【命令】SCATTER [FIELDS<字段名表>]TO<数组名>[MEMO]

【功能】把当前记录的字段值赋值给数组元素。

【说明】

(1)[FIELDS<字段名表>]缺省，按照字段的顺序依次给数组元素赋值，若只是部分字段值传递给数组元素，则引导词 FIELDS 不能省略。

(2)SCATTER 命令有定义数组(事先可以不要 DIMENSION 定义)和扩展数组元素的功能。

(3)不能给数组传递通用字段值；传递备注字段的数据需加 MEMO 子项。

(4)当再次使用 SCATTER 传递第 2 条记录时，原来数组中的记录被覆盖。

【例 3-22】 SCATTER 命令的使用。表文件学生成绩.DBF 有学号、姓名等 6 个字段。

```
dime a(4)        &&定义了 4 个数组元素
use 学生成绩
go 2
scat fields 学号、姓名、数学 to a
disp memo        &&可看见数组中是 2 号记录的学号、姓名、数学 3 个字段值
scat to a        &&数组元素从 4 个扩展到 6 个
disp memo        &&数组是 2 号记录的 6 个字段值
go 3
```

```
scat to a         &&3 号记录传递到数组
disp memo         &&只看见 3 号记录的数据，看不见 2 号记录的数据(覆盖了)
scat to yy        &&定义新数组 yy，并把 3 号记录数据传递给它
disp memo         &&可看见 ku 和 yy 两个数组中的元素值
```

3.8.2　数组变量值复制成表文件记录

【命令】GATHER FROM <数组名>[FIELDS<字段名表>]

【功能】把已经赋值数组元素的值传递到表的当前记录。

【说明】

(1)数组元素需先赋值，数据的类型和格式与表中字段相对应一致。

(2)表打开后要追加新记录，再使用 GATHER 命令，否则会把当前记录覆盖。

【例 3-23】 使用 GATHER 命令，把数组中的数据传递到表文件中，先打开表，查看字段的类型和宽度，有学生成绩.DBF（学号 C(10),姓名 C(8),性别 C(2),数学 N(5,1),物理 N(5,1)，英语 N(5,1)），这样才能知道怎样给数组元素赋值。

```
use 学生成绩
list stru                &&查看字段的类型和宽度
dime x(6)
x(1)="2010110001"
x(2)="王小明"
x(3)="男"
x(4)=90
x(5)=70
x(6)=83
appe blank               &&追加的空白记录为当前记录
gather from x
brow                     &&可看见数组的数据依顺序传递给表的末记录
```

3.8.3　多记录和数组之间的数据交换

1. 多条记录复制到数组

【命令】COPY TO ARRAY<数组名>[<范围>][FIELDS<字段名表>][FOR<条件>|WHILE<条件>]

【功能】把打开表的记录数据复制到数组中。

【说明】

(1)该命令有定义数组功能，但没有扩展数组元素的功能。

(2)若事先定义一个一维数组，该命令把单记录复制到一维数组中。

(3)若事先没有定义数组或定义一个二维数组，该命令把多条记录复制到二维数组中。

【例 3-24】 用 COPY 命令把记录复制到数组中。

```
dimension y(3)
use 学生成绩             &&该表有 6 个字段 10 条记录
copy to arra y           &首记录复制到数组 y 中，有 3 个数组元素，没有扩展
copy to arra yy          &&定义二维数组 yy，并把所有记录复制给它
disp memo                &&数组 y 是首记录的前 3 个字段，数组 yy 是 10 条记录，6 个字段
```

2. 数组数据复制成多条记录

这条命令在前面讲追加记录时提过，这里举例说明。

【命令】APPEND FROM ARRAY<数组名> [FIELDS<字段名>][FOR<条件>|WHILE<条件>]

【功能】把数组中的数据追加到当前表的尾部。

【说明】

(1)先要定义数组，在给数组元素赋值时要注意与表中字段相对应且类型一致。

(2)一维数组给当前表追加单条记录，二维数组追加多条记录。

【例 3-25】 用 APPEND 命令把数组中的数据复制到当前表的记录末尾，使用的是例 3-23 中定义和赋了值的数组 x(6)，再执行如下命令。

```
use 学生成绩
appe from arra x          &&数组 x 在前面已定义和赋值
brow
```

以上操作是把一维数组数据复制到表中成为单记录，若复制到表中成为多条记录，需定义二维数组并赋值。

3.9 Visual FoxPro 中的文件操作命令

在 Visual FoxPro 的命令窗口，也可以使用类似于 DOS 命令的一些文件管理命令，如文件的显示、复制、删除、更名等。它们在功能上完全相同，只是格式上略有区别，使用时应予以注意。

1. 文件名的显示

【命令】DIR[<盘符>:<路径>][<文件名>]

【功能】显示各类文件名称。

【说明】

(1)所有可选项目缺省，只显示当前目录下扩展名为.DBF 的表文件名。

(2)可使用通配符“*”和“？”，DIR *.*显示当前目录所有的文件名。

【例 3-26】 在命令窗口使用 DIR。

```
Dir                        &&显示当前目录的所有的表文件
Dir *.PRG                  &&显示当前目录所有的程序文件
Dir d:\*.*                 &&显示 D 盘根目录所有的文件
```

2. 文件的删除

【命令】DELETE FILE|ERASE<文件名>

【功能】删除各种类型文件。

【说明】

(1)文件名可用通配符匹配，文件名后必须加扩展名。

(2)表文件需关闭。

(3)表文件如有备注字段，删除表文件还要另行删除备注文件。

【例 3-27】 在命令窗口删除文件。

```
close all
dele file abc.dbf
erase a1.prg
```

3. 文件更名

【命令】RENAME <旧文件名>TO <新文件名>

【功能】文件名称的更改。

【说明】

(1)新、旧文件名都必须加扩展名。

(2)表文件需关闭。

(3)表如有备注文件，备注文件需要同时更名(主文件名与表相同)，否则表不能打开。

【例 3-28】 文件名更改。

```
close all
rename 学生.dbf to st.dbf
rename 学生.fpt to st.fpt
use st
list
```

4. 显示文本内容

【命令】TYPE<文本文件>[TO PRINT]

【功能】在信息窗口显示文本文件内容。

【说明】

(1)表文件不是文本文件,不能用 TYPE 命令显示,程序文件(.PRG)、屏幕格式文件(.FMT)等是文本文件，可以用 TYPE 命令显示。

(2)文件名要用扩展名。

【例 3-29】 用 TYPE 命令显示程序文件的内容。

```
type abc.prg
```

5. 文件的复制

【命令】COPY FILE <源文件名> TO <目标文件名>

【功能】复制各种类型的文件。

【说明】这条命令前面讲过并举了例子，可用来复制表和其他各种类型的文件。

以上这些文件管理命令的使用都有两个共同的特点：一是所有文件名都要加上扩展名；二是不能操作打开的文件。这是需要注意的。

在 Visual FoxPro 的命令窗口使用这些命令可以给用户带来一定的方便，如直接用 DIR 命令可快速地查询当前目录中有哪些表文件。

学 习 提 示

本章介绍了表的基本操作，其中有以下值得注意的问题：

1. 表的创建

表的创建分为结构的创建和记录的录入两部分工作。

(1)表结构创建是指字段名、类型、宽度、小数的设计，使用 CREATE<表文件名>命令进入表设计器。

(2)记录的录入在 CREATE 命令后有机会使用一次，多次录入可使用 APPEND、BROWSE 命令，以后还可使用格式语句录入或用表单中的文本框录入新记录。

2. BROWSE 命令使用

这是一个全屏幕浏览、修改表记录的命令，有丰富的操作内容。

(1)BROWSE 命令执行后，系统增加“表”菜单，这说明了 Visual FoxPro 的系统菜单和 Word 及 Excel 这些软件的菜单不一样，Word 和 Excel 的系统菜单是固定的，而 Visual FoxPro 的系统菜单随操作对象的不同而变化。

(2)“表”菜单有“追加新记录”命令，可在浏览窗口追加新记录。而“属性”命令主要是进行记录和字段的筛选(选择和投影)、结构修改、索引选择，是在弹出的“属性”对话框里面进行这些操作。

(3)BROWSE 命令后的子项缺省，可修改、删除、追加记录，若在后面加一些子项，如 NOEDIT、NOAPPEND 等，可限制记录的编辑。

3. REPLACE 命令的使用

前面提到这是一条在程序设计中经常使用的命令，通过命令的执行来进行表中数据的修改。在使用时以下问题值得注意。

(1)对表 STUD.DBF 有数学、英语、计算机、平均分等字段，每个同学 3 门功课的平均分可用 REPLACE 命令，对具体一门功课全班的平均分不能用这个命令，而要用以后学习的 AVERAGE 命令。

(2)对内存变量赋值的格式是：xm="张三"，当打开表，对表中某条记录的姓名字段赋值时，就不能套用这种格式：姓名="张三"。只能用如下命令：

```
REPLACE 姓名 WITH "张三"
```

这是初学者容易犯的错误，姓名="张三"是系统新定义的内存变量姓名，与字段无关。

(3)对所有数学不及格的加 10 分，及格加 5 分，使用以下语句可能存在问题，说出问题所在。

```
use stud
repl all 数学 with 数学+10 for 数学<60
repl all 数学 with 数学+5 for 数学>=60
```

4. 文件的复制

文件的复制是经常性的工作，在命令窗口复制文件有时比回到 Windows 界面更为便捷，常用两条命令复制表文件。

命令 1：COPY TO <目标表文件名>。

命令 2：COPY FILE <源表文件名> TO <目标表文件名>。

它们的区别如下：

(1)命令 1 需把源表文件打开，目标表文件可不加扩展名，可同时复制备注文件。

(2)命令 2 需关闭源表文件，源文件和目标文件都必须加扩展名，有备注字段，就必须再复制备注文件，否则复制的表不能打开。

(3)命令 1 只能复制表文件，命令 2 不仅能复制表文件，也能复制其他类型的文件。显然，对打开的表，使用命令 1 比使用命令 2 更为便利。

习　题　3

一、选择题

1．一个表如果有多个备注字段，关于备注字段的数据存放的正确说法是________。

A．存放在多个备注文件中　　B．存放在一个备注文件中

C．存放在一个文本文件中　　D．一个表不允许有多个备注字段

2．在 Visual FoxPro 环境中，表打开后，LIST 之后执行 CLEA，再执行 DISP 显示的结果是________。

A．最后一条记录　　B．只有一行字段名

C．所有记录　　D．什么也没有

3．显示当前表的第 5 条到最后一条记录的正确命令是________。

A．LIST 5-REST　　B．LIST　　C．GO 5　　D．GO 4

4．将有记录的表打开后，在第 1 条记录的后面增加一条空白记录，正确的命令是________。

A．INSERT BRFORE BLANK　　B．APPEND BRFORE BLANK

C．INSERT BLANK　　D．APPEND BLANK

5．在当前表中，给所有 60 岁退休人员工资增加 50 元的操作命令是________。

A．工资=工资+50 FOR 出生日期>=60

B．REPL ALL 工资 WITH 工资+50 FOR YEAR(出生日期)>=60

C．REPL ALL 工资 WITH 工资+50 FOR YEAR(DATE())-YEAR(出生日期)>=60

D．REPL ALL 工资 WITH 50 FOR YEAR(DATE())-YEAR(出生日期)>=60

6．在执行了 REPLACE ALL 命令后，记录指针指向的当前记录是________。

A．首记录　　B．末记录　　C．首记录前　　D．末记录后

7．Visual FoxPro 表中关于物理删除所有记录，叙述正确的是________。

A．先用 DELE ALL，再用 PACK　　B．先用 DEL 再用 PACK

C．只用 DELE ALL　　D．物理删除所有记录后，表也删去了

8．对打开的表执行命令 COPY STRU TO ABC，对 ABC.DBF 来说，错误说法是______。

A．？EOF()和 BOF()的结果是.T.和.T.　　B．DISP 的结果是没有显示

C．？RECNO()显示 1　　D．LIST 后再？RECNO()，显示 2

9．对表文件使用 COPY TO 命令复制，错误的说法是________。

A．可以复制到文本文件

B．可以进行部分字段的复制

C．只能复制数据到一维数组，不能复制到二维数组

D．如有备注字段，也同时复制与表同名的备注文件

10．关于 SCATTER 命令的错误说法是________。

A．可以定义一个新的数组

B．可扩展已定义数组元素的个数

C．可把表的一条记录复制到数组中

D．可把表的多条记录复制到数组中

二、填空题

1．对一个已创建的表，要修改结构，打开表后在命令窗口执行命令________，可进入表设计器。

2．为确保能够修改表的结构，在命令窗口打开表，使用 USE <表文件名>的后面应加上________。

3．有数值字段分数，要求小数保留 2 位，能录入 100 分，设计的最小宽度是________。

4．当备注字段已录入数据时，表中的“memo”变成了________。

5．在表的通用字段插入图片有嵌入和________两种方式。

6．在表的当前记录的后面插入空白记录的命令是________。

7．在执行 BROW 命令后，在________菜单下可执行追加新记录命令。

8．要把当前表的姓名字段值全部删除，但要保留该字段，所用命令是________。

9．设学生注册.DBF 已经打开，把团员女同学的记录复制到一个新表 STNV.DBF，所使用的命令是________。

10．要显示 D 盘一级目录 TEST 中所有的.DBF 文件，使用的命令是________。

三、上机操作题

1．创建表的结构和录入记录。有 4 个表，如下：

(1)注册情况表(学号 C(10),姓名 C(8),性别 C(2),出生日期 D(8),团员 L(1),综合测评 N(6),简历 M(4),照片 G(4))

(2)学生成绩.DBF (学号 C(10),姓名 C(8),性别 C(2),数学 N(5,1),物理 N(5,1), 英语 N(5,1))

(3)选课.DBF(学号 C(8),课程号 C(4),成绩 N(3))

(4)课程.DBF(课程号 C(4),课程名 C(10),课时 N(2))

要求用 APPEND 命令或 BROWSE 命令在以上表中录入 5~8 条记录。

2．在上题的学生成绩.DBF 中用表设计器增加两个字段：平均分、总分，不要输入数据，用 REPLACE 填充每个同学 3 门功课的平均分和总分。

3．用学生成绩.DBF 表复制文件，目标文件为 STUD1.DBF(全部记录)和 STUD2.DBF(女同学的姓名、性别、数学 3 个字段)。

第 4 章　数据排序、检索、统计和多个表的操作

本章知识点：

(1) 记录顺序的重新排列、数据的查询。

(2) 数据的分类和索引。

(3) 数值字段值的算术和、平均值的统计。

(4) 多工作区操作。

在表的结构创建和录入数据之后，要进行日常的数据处理工作，这些工作包括记录顺序的重新排列，对表中的数据进行查询，统计记录个数和数值字段的求和以及求平均值。本章最后介绍多个表在多个工作区打开，进行关联后，就能同时访问和操作多个表中的数据。

4.1 分 类 排 序

表文件中的记录顺序是按照记录录入的先后排列的，可以根据数据处理的需要，按照字段值的大小对记录进行重新排列。Visual FoxPro 提供了分类排序和索引排序两种方法，分类排序是把排序结果放到一个新的表中，而索引排序不产生新表，而是产生索引文件来表示记录的排序。

分类排序的命令如下：

【命令】SORT TO<新表文件名>ON<排序字段名 1>[/A][/D][/C][,<排序字段名 2>][/A][/D]…][ASCENDING|DESCENDING][<范围>][FOR<条件>|WHILE<条件>][FIELDS<字段名表>]

【功能】对当前表按照排序字段进行升序或降序重新排列，并生成一个新表存放排序结果。

【说明】

(1) <新表文件名>指排序后的结果生成的新表文件名，原来的记录号发生变化。

(2) <排序字段名>(也称关键字)，可以是 C、N、D 型。N 型按数值的大小排列；D 型按日期值的大小排列；C 型字段，英文按字母顺序、汉字按拼音字母的顺序排列。

(3) [/A](或 ASCENDING)表示记录按升序排列(递增)；[/D](或 DESCENDING)表示降序(递减)；[/C]表示对英文数据不分大小写；升序和降序的选项缺省，默认升序。

(4) 可使用多个字段来多重排序，可先按字段名 1(主关键字或关键字 1)排序，若有相同值再按字段名 2(次关键字或关键字 2)排序。各排序字段名之间用逗号“,”隔开。

(5) [<范围>][FOR<条件>]缺省，所有记录参与排序。

(6) 不能对备注字段和通用字段排序。

(7) 带删除标记的记录也不能参加排序。

【例 4-1】

```
use 学生成绩
list
```

```
记录号  学号        姓名    性别  数学    物理    英语
    1   2010110001  王小明  男    78.00   88.00   90.00
    2   2010110002  陈钢    男    89.00   67.00   87.00
    3   2010110003  李花    女    67.00   74.00   77.00
    4   2010110004  刘民    男    77.00   67.00   70.00
    5   2010110005  张小莉  女    80.00   66.00   68.00
sort to px1 on 数学/d   &&按数学降序(从高分到低分)排列
use px1                 &&看排序结果，不要忘记打开新表
list
记录号  学号        姓名    性别  数学    物理    英语
    1   2010110002  陈钢    男    89.00   67.00   87.00
    2   2010110005  张小莉  女    80.00   66.00   68.00
    3   2010110001  王小明  男    78.00   88.00   90.00
    4   2010110004  刘民    男    77.00   67.00   70.00
    5   2010110003  李花    女    67.00   74.00   77.00
use 学生成绩
sort to px2 on 性别,数学/d  &&在性别相同记录,再按数学降序排序
use px2
list
记录号  学号        姓名    性别  数学    物理    英语
    1   2010110002  陈钢    男    89.00   67.00   87.00
    2   2010110001  王小明  男    78.00   88.00   90.00
    3   2010110004  刘民    男    77.00   67.00   70.00
    4   2010110005  张小莉  女    80.00   66.00   68.00
    5   2010110003  李花    女    67.00   74.00   77.00
```

表文件中有相同值的字段(如性别、籍贯等)才有必要选择主关键和次关键，若次关键都还有相同的字段值，同样也可以选择三关键字段继续排序，各排序字段之间用逗号隔开即可。

4.2　索 引 排 序

用 SORT 命令进行排序存在如下问题：

(1)分类排序产生的新表浪费磁盘空间。例如，成绩有数学、物理、英语等多个字段，对每门功课都想查看分数的排列情况，若用 SORT 排序，有多少排序字段就产生多少个新表，新表和原来的表具有相同多的记录条数，这样会增加磁盘负荷。

(2)对.DBF 表文件的查询速度慢。Visual FoxPro 对.DBF 文件数据的查询方式是顺序查询，查询速度很慢，对记录条数很多的表尤为明显，为提高查询速度，需建立索引文件。

索引文件的建立很好地解决了以上问题。首先索引也是排序，索引命令创建的文件不是表，而是索引文件，索引文件里面存放的只是记录号和排序的字段(索引项)，这样就节省了磁盘空间。此外，对索引文件的查询是索引查询方式，具有很高的查询速度。

索引文件虽然是由表文件产生的，但它不是表文件，所以不能单独使用，而要和原来的表一起打开后才能使用。

索引文件分为单索引文件和复合索引文件两大类。

4.2.1　单索引文件

【命令】INDEX ON <索引表达式> TO <索引文件名>[UNIQUE][ADDITIVE] [COMPACT] [ASCENDING|DESCENDING] [FOR<条件>|WHILE<条件>]

【功能】对当前表的关键字索引，产生单索引文件。

【说明】

(1) 命令产生单索引文件，只含一个索引项，单索引文件的扩展名是.IDX。

(2) <索引表达式>可以是一个排序的关键字字段或多个排序字段的运算组合，只能是一个表达式，不能像分类排序那样，多个字段用逗号隔开，所以对主关键和次关键的排序是通过表达式组合来实现的。

(3) 不能用[/A]和[/D]表示升序和降序，可用表达式的组合表示升序和降序，也可用[ASCENDING|DESCENDING]表示升、降序。

(4) [UNIQUE]表示索引文件不保留重复字段值；[ADDITIVE]缺省表示新的索引文件打开后以前的索引文件关闭，该项不缺省就不关闭；[COMPACT]表示把索引文件转换为压缩格式。

(5) 索引不改变原来的记录号。

【例 4-2】 单索引文件的使用。

(1) 简单的索引。

```
use 学生成绩
index on 数学 to sx1     &&数学升序
list
记录号  学号          姓名      性别      数学      物理      英语
    3  2010110003    李花      女        67.00     74.00     77.00
    4  2010110004    刘民      男        77.00     67.00     70.00
    1  2010110001    王小明    男        78.00     88.00     90.00
    5  2010110005    张小莉    女        80.00     66.00     68.00
    2  2010110002    陈钢      男        89.00     67.00     87.00
```

可见 SX1.IDX 中记录按数学字段升序排列，原来的记录号没有发生变化。

(2) 索引的降序排列。

```
use 学生成绩
index on  一数学 to  sx2  &&数学前面加上负号，降序排列
list
```

(3) 主关键和次关键的选择。

```
use 学生成绩
index on 性别+STR(数学,3) to sx3   &&性别相同的记录再按数学升序排序
list
记录号  学号          姓名      性别      数学      物理      英语
    4  2010110004    刘民      男        77.00     67.00     70.00
    1  2010110001    王小明    男        78.00     88.00     90.00
    2  2010110002    陈钢      男        89.00     67.00     87.00
```

```
3   2010110003   李花     女      67.00    74.00    77.00
5   2010110005   张小莉   女      80.00    66.00    68.00
```

本例首先按照主关键性别排列，性别相同的记录再按照数学的升序排列。

4.2.2 复合索引文件

复合索引文件含有多个排序的字段，复合索引文件的扩展名是.CDX。对复合索引文件来说又分为两种：一种是独立的复合索引文件，它的主文件名与表文件不同；一种是结构复合索引文件，它的主文件名与产生它的表文件相同。一般情况下，使用较多的是结构复合索引文件，它可用命令和表设计器创建。

1. 用命令建立复合索引

【命令】INDEX ON <索引表达式> TAG<标记名>[OF<索引文件名>][ASCENDING|DESCNDING][UNIQUE][CANDIDATE][FOR<条件>|WHILE<条件>][ADDITIVE]

【功能】创建独立或结构复合索引文件。

【说明】

(1) 命令产生复合索引文件.CDX，<索引表达式>为索引的字段名或字段名组合。

(2) TAG<标记名>称为索引标记，是为索引字段进行标记，它可以是原字段名，也可以是其他的中英文字符，以后再使用索引字段就不能用字段名而要用标记名。

(3) [OF<索引文件名>]产生独立复合索引文件，缺省产生结构复合索引文件(与表文件同名)。

(4) [ASCENDING]表示升序；[DESCNDING]表示降序；[UNIQUE]表示唯一索引；[CANDIDATE]表示候选索引；[ADDITIVE]表示新索引打开不关闭以前的索引文件。

【例 4-3】 结构复合索引文件创建与设立索引项标记。

```
use 学生成绩
index on 数学 tag  sx          &&数学字段的索引标记是 sx
index on 性别 tag  xb          &&性别字段的索引标记是 xb
```

以上操作产生了学生成绩.CDX 文件，里面含有数学、性别两个字段的索引字段，注意以后使用性别字段的索引时只能用标记名 xb。

2. 用表设计器建立复合索引

在表设计器中，只要设置了索引就自动创建了结构复合索引文件，操作步骤如下：

(1) 打开表后，选择“显示”菜单下的“表设计器”选项，选择“字段”选项卡，选择排序字段的升序或降序。

(2) 选择“索引”选项卡，如图 4-1 所示，对索引字段选择：主索引/候选索引/唯一索引/普通索引。

对图 4-1 所示的“索引”选项卡中的各项有以下说明。

(1) “索引名”为索引字段的标记名，相当于命令中的 TAG<标记名>。

(2) “表达式”为表中的索引排序的字段名。

(3) “类型”表示对排序字段索引类型的设置，有四种。

①主索引：选为主索引的字段是主关键字，不允许字段有重复值，一个表只能有一个主索引，只有数据库表可选主索引。图 4-1 是自由表设计器，没有主索引。

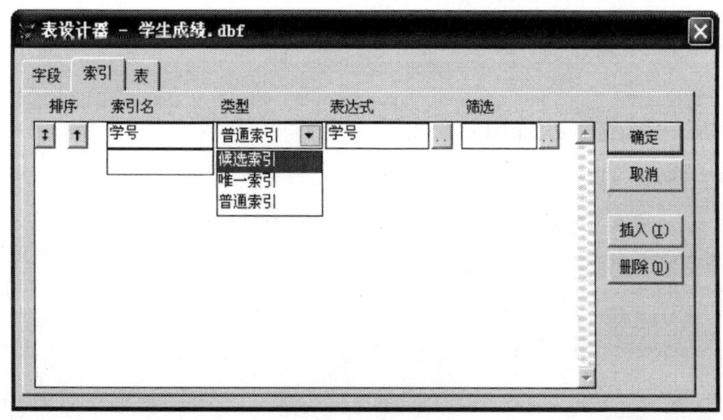

图 4-1　表设计器的“索引”选项卡

②候选索引：表中的主关键字或候选关键字可选为候选索引，字段不允许有重复值，一个表可以有一个或多个候选索引。

③唯一索引：选为唯一索引的字段允许有重复值，其唯一性是指索引文件中索引项的值是唯一的，若表有重复字段值，索引文件只保留该字段值前面的一条记录。

④普通索引：普通索引没有前面三种索引类型的限制，即一个表可选多个普通索引，选为普通索引的字段有重复值也不会去掉。

在自由表中常常使用普通索引来排序，在数据库表中，几个相互关联的表应该选择什么样的索引类型有严格的要求。

3. 选择主控索引

一个表可创建多个单索引文件，一个复合索引文件中也可以有多个排序的字段(索引项)，怎样确定现在的记录究竟是按照哪个字段来排列的？这就需要设置主控索引，设置主控索引就是从多个索引项中选择当前排序的字段。

【命令】SET ORDER TO [<数值表达式>|TAG<标记名>|<单索引文件名>]

【菜单】打开表后→选择“显示”菜单下的“浏览”选项→选择“表”菜单的“属性”选项，出现如图 4-2 所示的“工作区属性”对话框→在“索引顺序”下拉列表框中选排序的字段→单击“确定”按钮，可浏览到排序结果。

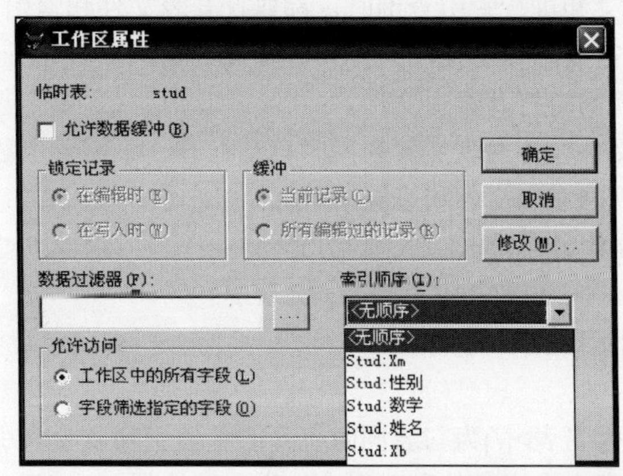

图 4-2　在“索引顺序”中选字段

【功能】对已创建的单索引文件或复合索引文件设置主控索引。

【说明】

(1)对复合索引文件用数字或 TAG<标记名>选择主控索引。

(2)对多个已打开的单索引文件，用<单索引文件名>选择当前索引。

(3)用索引命令最后创建的索引(单索引或复合索引)就是主控索引。

(4)SET OERDER TO 或 SET OERDER TO 0 关闭主控索引。

【例 4-4】 主控索引的设置。

```
use 学生成绩
index on 数学 tag  sx          &&创建复合索引文件，数学字段的索引标记是 sx
index on 性别 tag  xb          &&性别字段的索引标记是 xb
index on 姓名 tag  xm          &&姓名字段的索引标记是 xm
list                           &&最后索引的姓名为主控索引，是姓名排序的结果
set order to sx                &&指定索引标记 sx 为主控索引，对应的索引号为 1
list                           &&看见数学排序的结果
set order to xb                &&指定索引标记 xb 为主控索引，对应的索引号为 2
list                           &&看见性别排序的结果
set order to 0                 &&取消主控索引文件及主控索引
list
set order to 3                 &&指定索引标记 xm 为主控索引，对应的索引号为 3
list
set order to                   &&取消主控索引文件及主控索引
```

通过这里的学习可以知道：一个表可以有多个单索引文件，其中只有一个是主控索引文件。一个表也可以有一个复合索引文件，里面包括多个索引项，也只有其中的一项是主控索引项。最后创建的单索引文件，以及复合索引文件中最后创建的索引标记是主控索引，可以通过 SET ORDER 命令选择需要的主控索引。

4.2.3 索引文件的打开与关闭

1. 索引文件的打开

在查看索引排序结果和进行索引查询时，都要打开表文件和索引文件。根据索引文件的分类和用户操作方式的需要，索引文件的打开有多种方式。

(1)创建索引文件就同时打开索引文件。

(2)结构复合索引文件在打开表文件的同时自动打开，不需要单独打开。

(3)用命令把已建立的索引文件和表同时打开。

【命令】USE <表文件名>|? [INDEX<索引文件名表>|?] [ORDER<数值表达式>|TAG<标记名>|<单索引文件名>]

【功能】把表和单索引文件一起打开。

【说明】

①[INDEX<索引文件名表>|?]为与表同时打开的单索引和复合索引文件。

②使用“？”会出现多个表文件和索引文件供用户选择。

③[ORDER<数值表达式>|TAG<标记名>]从复合索引文件的多个索引项选择主控索引

项；[ORDER<单索引文件名>]从打开的多个单索引文件中选择当前的主控索引文件。

(4)索引文件已创建，先打开表文件，然后再打开索引文件的命令。

【命令】SET INDEX TO<索引文件名表> [ORDER<数值表达式>|TAG<标记名>|<单索引文件名>]

【功能】用于打开索引文件。

【说明】打开索引文件时可选择主控索引。

2. 索引文件的关闭

当不对索引文件操作时，可根据需要选择多种关闭索引文件的方法。

(1)用 USE 或 CLOSE ALL 命令关闭表，也同时关闭了索引文件。

(2)只关闭索引文件，不关闭表文件。

【命令】CLOSE INDEX|SET INDEX TO|SET ORDER TO

【功能】只关闭索引文件，回到表刚打开的状态。

【说明】这三条命令对单索引文件和复合索引文件都适用。

【例 4-5】 索引文件的打开和关闭。

```
use 学生
list                          &&显示原记录顺序
index on 姓名 to xm
list                          &&显示姓名排序
close index
list                          &&回到原记录顺序
index on 性别 tag xb
list                          &&显示性别排序
index on 出生年月 tag csny
list                          &&显示出生年月排序
set order to tag xb
List                          &&显示性别排序
Set order to
List                          &&回到原记录顺序
```

4.2.4 重索引与索引的删除

在表创建了索引文件之后，要插入新的记录和修改原有数据，表是否按照新的字段数据重新排列记录。这分为几种情况。

(1)结构复合索引文件总是和表一起打开，修改数据后系统自动进行记录顺序的更新。

(2)单索引文件和独立复合索引文件及表都打开时，修改数据会自动更新。

(3)在表打开、索引文件关闭时修改数据，系统就不会自动更新记录顺序。这种情况下，也没有必要再次创建索引文件，只需用重索引命令 REINDEX，记录顺序就会按修改后的数据重新排列。重索引命令如下：

【命令】REINDEX[COMPACT]

【功能】对关闭的索引文件，按照修改后的数据重新索引。

【说明】[COMPACT]表示重索引时把索引文件转换成压缩格式。

【例 4-6】 重索引的应用。

```
use 学生成绩              &&该表在例 4-4 已建结构索引：姓名、性别、数学
appe                      &&追加一条新记录，输入数学最低分数 20
set order to tag sx
list                      &&新记录移到了首记录，有结构索引会自动更新
index on 数学 to sx1      &&建立数学升序的单索引文件
close index               &&注意关闭了索引
appe                      &&表的尾部追加新记录，输入数学 10
list                      &&新记录还在表的尾部
reindex
list                      &&重索引后需打开索引，能看见新记录已在首记录
```

4.3 数据检索

数据的检索就是从数据表中查询出所需的记录。Visual FoxPro 提供多种查询命令，前面学过的 LIST/DISPLAY 命令可用条件选项筛选所需的记录，以后的 SQL-SELECT 查询是使用 SQL 的查询命令，这里学习的三条查询命令都有一个共同的特点，那就是在表中找到所需的记录，记录指针就指向该记录，若没有找到，记录指针就指向末记录后。

4.3.1 定位查询命令

1. LOCATE 命令

【命令】LOCATE [<范围>][FOR<条件>|WHILE<条件>]

【功能】在指定的范围内找到满足条件的记录。

【说明】

(1) 这是一种顺序查询方式，根据条件中的数据逐条比较记录，不管当前记录在哪儿，总是从首记录开始向下查找。

(2) 找到满足条件的记录后，记录指针指向该记录(为当前记录)，若没有找到，指针指向末记录后。

(3) [<范围>] 缺省相当于 ALL；[FOR<条件>]缺省，命令执行后，指针指向首记录。

(4) 若满足条件的记录有多条，则指针定位于第一条，可用 CONTINUE 命令指向下一条满足条件的记录。

(5) 该命令的使用不需要索引，若索引文件打开仍可使用，则按照索引顺序查询。

(6) 常用 DISPLAY 命令显示查询结果，有记录显示表示找到满足条件的记录，没有数据显示，则表示没有找到。

2. CONTINUE 命令

【命令】CONTINUE

【功能】LOCATE 命令执行后，继续移动记录指针到下一条满足条件的记录。

【说明】该命令只能放在 LOCATE 命令后，可多次使用。

【例 4-7】 LOCATE 与 CONTINUE 命令的应用。

```
use 学生成绩
loca for 姓名="王小明"
disp                          &&不要忘记用 DISPLAY 命令查看查询的结果
loca for 数学>=60
disp
cont                          &&指针指向下一个数学及格的同学
disp
```

4.3.2 索引查询命令

LOCATE 命令是顺序查询，查询速度很慢，若表文件含有大量的记录，就应该使用索引查询这种快速的查询方式。

索引查询命令要求索引文件打开后才能使用。

1. FIND 命令

【命令】FIND <数值常量>/<字符常量>/<&字符变量>

【功能】在索引文件中查找数据。

【说明】

(1)索引文件打开后才能使用 FIND 命令，可以是单索引文件或复合索引文件，索引什么字段名，找什么字段名下的字段值。

(2)FIND 只能找 C、N 型数据，字符串常量可用可不用定界符；字符串变量前面必须用宏代换函数&。

(3)找到后，记录指针指向与查找数据相匹配的记录，未找到则指向末记录后。

(4)FIND 命令找到的是与查询数据匹配的第一条记录，不能用 CONTINUE 命令继续查找。

【例 4-8】

```
use 学生成绩
index on 姓名 to xm                 &&使用单索引文件
find 王小明                         &&或 find'王小明'
disp
x1= '刘民'
find &x1                            &&字符变量使用"&"
disp
Index on 数学 tag sx
find 80
disp
a1=80                               &&注意 a1 是数值型
find &(str(a1,2))                   &&错了，回答错在哪儿，后面是正确的
a2=str(a1,2)
find &a2
disp
```

2. SEEK 命令

【命令】SEEK<表达式>

【功能】以索引方式查询表中的数据。

【说明】

(1) SEEK 命令和 FIND 命令功能相似，但比 FIND 更为灵活，SEEK 查找的是表达式，可以是 C、N、D、L 型的常量、变量及其组合。

(2) 查找的字符串常量必须用定界符，字符串变量不用“&”。

【例 4-9】 SEEK 命令的使用。

```
use 学生
index on 姓名 to xm
seek '李红'
disp
index on 出生年月 to csny              &&建立出生日期的单索引文件
seek ctod('08/13/92')                 &&不能用 FIND 命令找日期型数据
disp                                  &&表中有这个日期就有显示结果
use 学生成绩                           &&该表已建立结构复合索引，含数学索引项
set order to tag 数学
a=60
b=20
seek a+b                              &&找数学 80 分的记录
disp
```

通过例 4-8 和例 4-9 可知道：FIND 命令对字符常量可省去定界符，具有一定的简单性，但变量的使用比较麻烦，且只能查找字符型和数值型数据，不能查询日期型数据。而 SEEK 命令可以查询字符型、数值型、日期型数据，与 FIND 命令相比具有更大的灵活性，使用起来更合乎一般的语法规则。

此外，在用 LOCATE、FIND、SEEK 命令进行数据查询时，只是把记录指针指向找到的记录，并不包括查询结果的显示。除了用前面例子中的 DISPLAY 命令来验证查询结果，还可用下面的几个函数来判断是否找到所需的数据。

找到：FOUND()=.T.　EOF()=.F.　RECNO()=所查询记录的记录号。

未找到：FOUND()=.F.　EOF()=.T.　RECNO()=末记录后的记录号。

4.4 数 据 统 计

对表中的数据进行统计的工作包括记录计数，数值字段的求和、求平均值以及分类汇总。

4.4.1 统计记录个数

【命令】COUNT [<范围>][FOR<条件>|WHILE<条件>][TO<内存变量>]

【功能】统计当前表指定范围内满足条件的记录个数。

【说明】

(1) [<范围>]和[FOR<条件>]缺省表示对所有记录计数。

(2) [TO<内存变量>]指统计结果存入一个内存变量中，若该项缺省，则统计结果不保存。

【例 4-10】

```
use 学生成绩
```

```
count for 数学>=60.and.性别='女' to ns      &&统计数学及格女同学的人数
? ns
count to n1                                 &&统计总的记录条数
? n1
```

4.4.2 数值字段的累加求和

【命令】SUM [<范围>][<表达式>][FOR<条件>|WHILE<条件>][TO<内存变量表>|ARRAY<数组名>]

【功能】对数值型字段在列的方向上求和。

【说明】

(1) [<表达式>]可以是一个字段或多个字段，以及多个字段的组合，该项缺省则对所有数值型字段分别求和。

(2) [<范围>]和[FOR<条件>]缺省表示所有记录参与求和。

(3) 求和结果可存入内存变量列表或数组中。

【例 4-11】 统计选课.DBF 文件中学号为“2010110003”的同学所选课程的总成绩。

```
clear
use 选课
sum to zf for 学号="2010110003"
? zf                                &&输出统计结果
use
```

4.4.3 数值字段的求平均值

【命令】AVERAGE[<范围>][<表达式>][FOR<条件>|WHILE<条件>][TO<内存变量表>|ARRAY<数组名>]

【功能】对数值型字段在列的方向上求平均值。

【说明】

(1) [<表达式>]指数值型字段及其组合，该项缺省表示对所有数值型字段分别求平均值。

(2) [<范围>]和[FOR<条件>]缺省表示所有记录参与求平均值。

(3) 求平均值结果可存入内存变量列表或数组中。

【例 4-12】 AVERAGE 的应用。

```
use 学生成绩
aver 数学,物理 to py1,py2
? py1,py2
```

4.4.4 计算命令

前面的 SUM 和 AVERAGE 命令可以用一种函数的形式来表示，用 CALCULATE 命令对这些函数进行计算，同样能达到字段列方向求和以及求平均值的目的。以前学过的 MAX()、MIN()等函数放在 CALCULATE 后使用，也表示表的列方向的统计。

【命令】CALCULATE [<表达式>][<范围>] [FOR<条件>|WHILE<条件>][TO<内存变量表>| ARRAY<数组名>]

【功能】计算统计类函数的值。

【说明】

(1)这里的<表达式>指具有统计意义的函数，这些函数如下：

CNT()：统计记录数。

SUM(<数值表达式>)：当前表数值字段(或数值型数组)求和。

AVG(<数值表达式>)：当前表数值字段求平均值。

MAX(<表达式>)：对当前表的 C、N、D 等字段求最大值。

MIN(<表达式>)：对当前表的 C、N、D 等字段求最小值。

STD(<数值表达式>)：对当前表的数值字段求标准偏差。

VAR(<数值表达式>)：对当前表的数值字段求方差。

(2)SUM()、AVG()这样的函数形式只能放在 CALCULATE 命令后使用。

(3)MAX()、MIN()这样的函数放在 CALCULATE 命令后是指对当前表数值字段列方向求最大/小值。

【例 4-13】 CALCULATE 的应用。

```
use 学生成绩
calc sum(数学),avg(数学)              &&立即显示如下
SUM(数学)      AVG(数学)
 536.00         67.00
```

4.4.5 分类求和命令

分类求和首先涉及分类的字段，称为关键字。再就是求和的数值型字段，数值型字段是按照分类的关键字来分类求和的，求和的结果放到一个新表中。

【命令】TOTAL ON<分类关键字> TO<表文件名> [FIELDS<数值型字段名表>] [<范围>] [FOR<条件>|WHILE<条件>]

【功能】对数值型字段按照关键字分类求和。

【说明】

(1)在分类求和命令执行前，需对分类关键字字段进行索引排序(单索引或复合索引)。

(2)[FIELDS<数值型字段名表>]表示需要求和的一个或多个数值型字段，FIELDS 不能省，该项缺省表示对所有数值型字段求和。

(3)不求和的数值型字段在新表中保留前面记录的值。

(4)分类求和结果存入命令产生的新表中，新表字段宽度与原来的表一样(需求和的字段应设计宽点，否则“*”号溢出)。

【例 4-14】 统计选课.DBF 文件中每名学生的总成绩，将统计结果置入总成绩新表文件 ZCJ.DBF。

```
use 选课
list
记录号        学号          课程号   成绩
    1      2010110001      C110      90
    2      2010110001      C120      87
    3      2010110002      C110      80
```

```
    4        2010110002       C130     66
    5        2010110002       C150     94
    6        2010110003       C110     50
    7        2010110003       C120     76
    8        2010110003       C130     82
    9        2010110004       C140     70
    10       2010110005       C110     86
    11       2010110005       C130     66
index on 学号 tag xh                  &&学号是分类的关键字
total on 学号 to zcj fields 学号，成绩
use zcj                              &&看求和结果，不要忘记打开新表
list
记录号        学号          课程号    成绩
   1       2010110001     C110      177
   2       2010110002     C110      240
   3       2010110003     C110      208
   4       2010110004     C140      70
   5       2010110005     C110      152
```

4.5　多个表的操作

前面始终对一个表进行操作，但在实际的数据处理中，往往涉及几个表的同时操作，如要访问学生.DBF 表中某同学的姓名、性别、出生年月等字段的数据，同时也要访问这个同学在学生成绩.DBF 表中数学、英语等字段的数据，这就是多表操作。多表操作是通过在内存中开辟多个工作区，打开多个表来实现的。

4.5.1　工作区的概念

1. 工作区

关于工作区的概念有以下几点：

(1) 工作区是为打开表文件在内存中开辟的区域，Visual FoxPro 提供 32767 个工作区，各工作区相互独立，互不干扰。

(2) 一个工作区只能打开一个表文件，当新的表打开时，在这个区以前打开的表自动关闭。一个表一般只能在一个工作区打开，当这个表未关闭又在另外的工作区打开时，会出现“文件正在使用”的提示。

(3) 可在工作区打开一个表的同时，打开与表相关的备注文件和索引文件(多个)。

(4) 工作区编号 1、2、3、…、10 对应用字母表示的工作区别名 A、B、C、…、J，用户根据需要选择工作区编号或别名来打开表。若未选择工作区，系统默认在 1 号区打开表文件。

2. 工作区的选择

由于一个工作区只能放入一个表，要同时打开多个表，就要选择多个工作区。为确定表在哪个工作区打开，要使用选择工作区的命令。

【命令】SELECT <工作区号>|<工作区别名>|<表别名>

【功能】选择要打开表的工作区。

【说明】

(1)所选择工作区可用工作区编号 1、2、3、…，或者工作区别名 A、B、C、…，或者表的别名来标记。

(2)“表别名”是在打开表时，由“USE<表文件名>ALIAS<表别名>”命令指定的，如果没有用“ALIAS<表别名>”指定，可认为<表文件名>就是<表别名>。

(3)最后用 SELECT 命令选择的工作区称为当前工作区，其中的表文件称为当前表。

(4)对当前工作区中表的数据的访问直接使用字段名(也可加上别名)，对其他工作区数据的访问，要用到联访标识，也就是字段名前必须加上别名，调用格式如下。

工作区别名->字段名| 表别名->字段名| 工作区别名.字段名| 表别名.字段名

以上四种格式都是合法的，就是不能在字段名前使用工作区编号 1、2、3。

【例 4-15】 工作区的选择与数据访问。

```
sele 1                          &&或 sele A
use 学生 alias st               &&打开表时取了别名 st
sele 2
use 选课
sele 1                          &&或 sele A，或 sele st
list                            &&显示当前表学生.dbf 的数据
go top
? 姓名，b.成绩                  &&显示 1 区首记录的姓名，2 区首记录的成绩
sele 3
use 学生                        &&错，提示"文件正在使用"，该表已在 1 区打开
```

本例中，在“?姓名，b.成绩”命令执行之前，分别用“GO TOP”命令把两个表的记录指针移到首记录，若两表的首记录都是同一个人的数据，其姓名和数学是吻合的，若不是同一个人，这样的操作就没有意义了。因此，要在两个表同时打开时，访问的都是两个表中同一个对象的数据，就要建立表之间的关联。

3. 与工作区相关的函数

(1)SELECT([0/1])：函数返回值为当前工作区/最大工作区所在工作区号，无参数时返回当前工作区号。

(2)DBF([区号])：返回指定工作区号所在工作区打开的表文件名，无参数时返回当前区打开的表文件名。

(3)RECNO([区号])：指定工作区号所在工作区的记录号，无参数时，返回当前工作区打开表的当前记录号。

(4)ALIAS([<数值表达式>])：返回指定工作区中的表文件名。数值表达式用于指定工作区号。若用“use <文件名> alias <表别名>”打开表时指定了别名，则返回表的别名。

【例 4-16】 与工作区相关函数的使用。

```
sele 1
use 学生 alias xs
```

```
selc 2
use 选课
?sele (0)                  &&显示当前表区号：2
?sele (1)                  &&显示：32767
?dbf  (1)                  &&显示：d:\test\学生.dbf
?alias (1)             &&显示表别名：xs
```

4.5.2　表之间的关联

1. 关联的概念

每个工作区打开的表中都存在一个记录指针，指针指向的记录是当前记录，如果不用关联命令，各个表的记录指针相互独立，在当前工作区移动记录指针到某记录时，其他工作区的记录指针并没有对应移动。

建立表之间的关联，是选择具有相同值的字段作为关键字，用关联命令建立关联后，当前工作区表的记录指针移动时，带动被访问工作区的表的记录指针按照关键字进行同步移动，这样就保证了所操作的不同表中都是同一个对象的数据。例如，在学生表和学生成绩表中选择学号作为关键字来建立关联，用 GO、SKIP、LOCATE、FIND、SEEK、REPLACE、LIST 等命令在当前表学生表中移动指针到某个学号，在学生成绩表中指针也同步移动到相同的学号，使两个表的当前记录都是同一个学号的记录。

关联也称为建立表之间的关系，发出关联命令工作区的表称为父表，被关联工作区的表称为子表，根据父表与子表关联字段的数据联系，表之间的记录的关联有多种方式。

(1) 一对一的关系。选为关联字段的字段值，父表和子表中都只有一个是相同的，当父表的指针移动时，父表一条记录与子表的一条记录相关联。例如，在学生表和学生成绩表中的学号都是唯一的，它们之间建立的关联是一对一的关系。

(2) 一对多的关系。子表有重复的关键字字段值，父表没有重复。父表一条记录与子表有多条记录相关联。例如，在学生表中学号是唯一的，在学生的选课表中，由于一个学生要选多门课程，选一门课程形成一条记录，学号就有重复，设置学生表是父表，选课表是子表，建立的是一对多的关系。

(3) 多对一的关系。父表多条记录与子表一条记录相关联，但子表的一条记录只能和父表的一条记录相关联。把前面的选课表作为父表发出关联命令，把第 1 章列出的没有重复值的课程列表作为子表，所建立的是多对一的关系。

(4) 多对多的关系。父表多条记录与子表多条记录相关联是多对多的关系。在 Visual FoxPro 中，不能直接处理多对多关系，而是拆分为一对多和多对一关系来进行处理。

2. 关联命令

【命令】SET RELATION TO <关键字 1> INTO<别名 1>[,<关键字 2> INTO<别名 2>…] [ADDTIVE]

【功能】以当前表为父表与一个或多个<别名>工作区的子表建立关联。

【说明】

(1) 发出关联命令所在工作区的表是父表，被关联的子表用<别名>表示，可以是工作区别名或工作区编号以及表别名。子表必须先对关联字段建立索引(单索引或复合索引)，父表可建可不建索引，当父表指针移动时，子表指针按照索引顺序移动到与父表关键字相匹配的第一条记录，若没有匹配的记录，子表指针指向文件尾。

(2)<关键字>是关联的关键字段，一般使用表之间具有相同类型和宽度的同名字段，不同名的字段只要类型和数值相同也可建立关联。

(3)关联后，在父表工作区移动记录指针，牵动子表指针进行同步移动，如转向子表的工作区移动指针，父表的指针不会跟着移动。

(4)[ADDTIVE]是建立新的关联后，保留以前的关联，用于三个或三个以上表的多重关联。

(5)关联后，当前工作区字段名可直接使用，被访问工作区字段名前加访问标识“子表别名->字段名”。

(6)SET SKIP TO<别名>在关联命令后使用，是建立一对多的关联。系统默认建立的是多对一关系。

(7)SET RELATION TO RECNO() INTO <别名>是把记录号作为关键字建立关联。

(8)SET RELATION TO 命令结束关联，终止表之间指针的同步移动。

【例 4-17】 显示一个同学在学生.DBF 表中姓名、性别、出生年月和学生成绩.DBF 表中的数学、物理等字段的数据。以两表的共有字段学号作为关联的关键字，执行如下命令：

```
sele a
use 学生成绩 alias xscj          &&注意给表取了别名
Index on 学号 tag xh             &&设置学号为当前索引项
sele b
use  学生
set rela to 学号 into a
loca for 姓名="陈钢"             &&A 区的指针跟随父表指向"陈钢"这条记录
disp 姓名,性别,出生年月,a.数学,a.物理
```

显示结果如下：

```
记录号   姓名   性别   出生年月        A->数学    A->物理
    2    陈钢    男    03/24/93        92.0       82.0
```

【例 4-18】 使用学生和选课表将“陈钢”同学的成绩提高 5%。

```
clear
sele 1
use 学生
index on 学号 to xs
sele 2
use 选课
set rela to 学号 into A
repl all 成绩 with 成绩+成绩*0.05 for a->姓名="陈钢"
list a->学号,a->姓名,成绩 for a->姓名="陈钢"    &&显示提高 5%后的成绩
```

【例 4-19】 学生.DBF、选课.DBF 表显示一个同学的选课情况，学生.DBF 的学号是唯一的，选课.DBF 的学号是有重复的，把学生.DBF 作为父表，与选课.DBF 建立的关联是一对多的关联。

```
close all
sele 1
use 选课
inde on 学号 to xh
sele 2
use 学生
set rela to 学号 into a
set skip to a                    &&对 A 区建立一对多的关联
brow fields 姓名,a.成绩 for 姓名="陈钢"
```

这条 brow 命令的结果如图 4-3 所示，在图 4-3 中可看出，学生表中“陈钢”一条记录对应了选课表中的三条记录。如果把前面的 set skip to a 命令取消不执行，brow 命令的结果如图 4-4 所示，子表只有第一条记录与父表的一条记录有关联，数据的显示不完整。

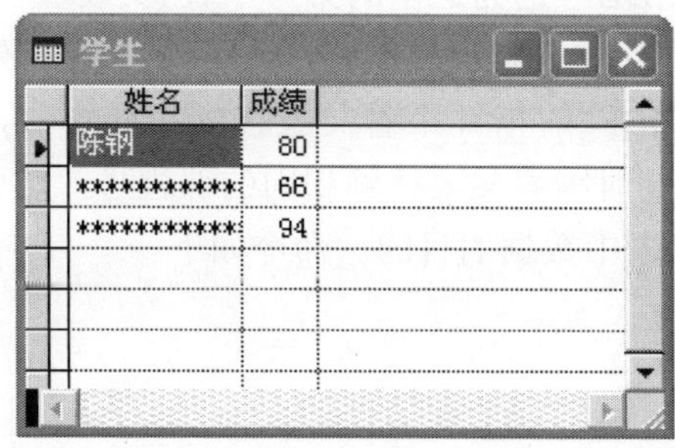

图 4-3　一对多关联的显示结果

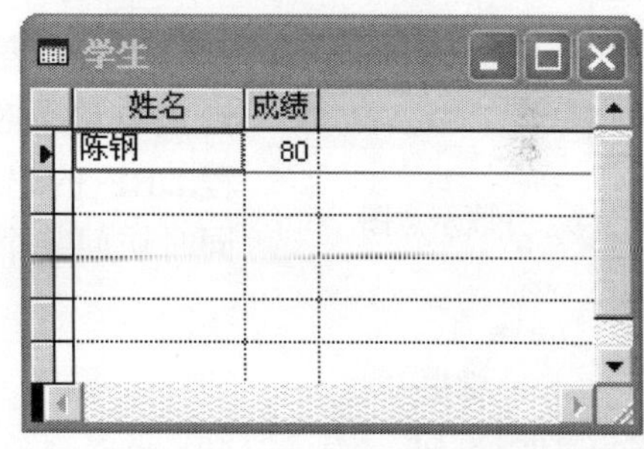

图 4-4　set skip to a 取消结果

【例 4-20】 多重关联的应用。三个表以上的关联是多重关联，如果三个表都有相同的关键字字段，问题也比较简单，这里的例子是一种稍复杂的情况，三个表没有用来关联的相同字段。有以下三个表。

(1) 选课.DBF(学号，课程号，成绩)。

(2) 学生.DBF(学号，姓名，性别，出生年月，入校总分，三好生，简历，相片)。

(3) 课程.DBF(课程号，课程名，课时)。

此例要求显示学生的姓名、性别、课程名、成绩等三个表的信息。仔细观察这三个表，选课.DBF 有学号和课程号两个字段，是学生.DBF 和课程.DBF 分别拥有的，这就为三表关联提供了可能。多重关联可用串联和并联两种方法来实现。

(1) 串联。

当第一个表的记录指针移动时，第二个表跟着第一个表的记录指针走，第三个表跟着第二个表的指针走。其示意图如图 4-5 所示。

这就要求第一、第二个表有相同字段，第二、第三个表有相同字段，这三个表中只有选课.DBF 拥有其他两个表的共有字段可作为第二个表。执行如下命令。

```
sele 1
use 课程
index on 课程号 to kch
sele 2
use 选课
```

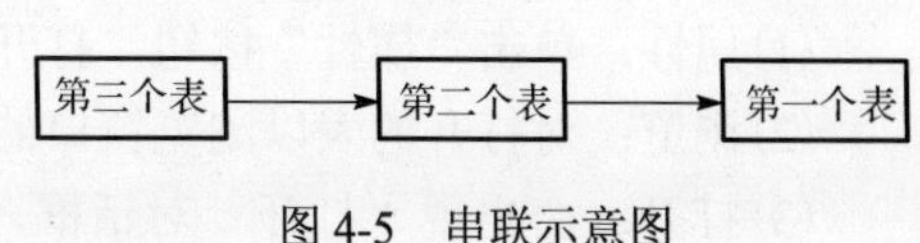

图 4-5　串联示意图

```
set rela to 课程号 into a
index on 学号 to xh
sele 3
use 学生
set rela to 学号 into b
loca for 姓名="陈钢"
?"学号  姓名  性别  课程名   成绩"
?学号,姓名,性别, a.课程名,b.成绩
close all
```

(2)并联。

两个表的记录指针同时跟着一个表移动。示意图如图 4-6 所示。

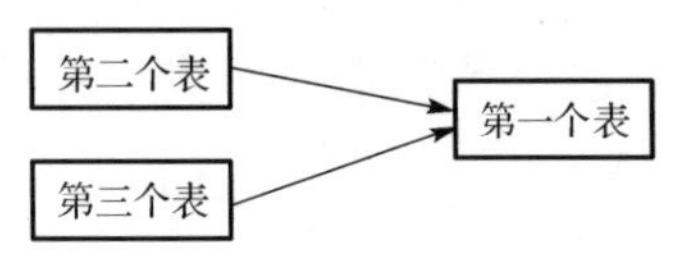

图 4-6　并联示意图

显然，应该把选课.DBF 选为这里的第一个表(父表)，它拥有其他两个表的可关联字段，即学号和课程号，它的记录指针移到某条记录时，学生.DBF 的指针跟着父表移到相同学号，课程.DBF 的记录指针也同时跟着父表移到相同的课程号，达到了同时访问某个学生三个表中数据的目的。命令如下。

```
sele 1
use 学生
index on 学号 to xh
sele 2
use 课程
index on 课程号 to kch
sele 3
use 选课
set rela to 学号 into a
set rela to 课程号 into b addi   &&addi 表示对 b 区新关联建立，对 a 区的关联保留
loca for a.姓名="陈钢"
?"姓名  性别   课程名   成绩"
?a->姓名,a.性别,B.课程名,成绩
```

3. 数据工作期

Visual FoxPro 提供一个“数据工作期”窗口，来直观地进行表的打开与关闭、记录和字段的筛选、浏览、表之间关联等各种操作。“数据工作期”窗口可用命令和菜单启动。

【命令】SET VIEW ON

【菜单】执行系统菜单“窗口”下的“数据工作期”命令，出现如图 4-7 所示的“数据工作期”窗口。

【功能】数据工作期的功能是通过选择“数据工作期”窗口的命令按钮来实现的。

(1)属性：单击“属性”按钮，打开工作区属性窗口，可进行字段和记录的筛选。

(2)浏览：对打开的表以浏览窗口的格式显示。

(3)打开：会出现“打开”对话框，选择需打开的表，打开的表出现在“数据工作期”窗口左边的“别名”列表框中。

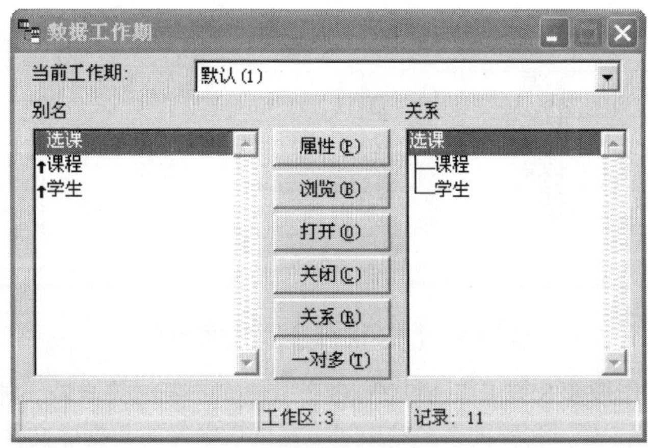

图 4-7　“数据工作期”窗口

(4)关闭：关闭当前表，在“别名”列表框选中关闭的表，再单击“关闭”按钮。

(5)关系：用来建立表之间的关联，其效果可在图 4-7 右边的“关系”列表框中看到。

(6)一对多：建立一对多的关联，相当于执行 SET SKIP TO<别名>命令。

【说明】SET VIEW OFF 命令或选择“数据工作期”窗口的“关闭”按钮来关闭数据工作期。

【例 4-21】 在数据工作期建立表的关联，并同时浏览两个关联表的记录，看父表指针移动时，子表指针的跟随移动。

操作步骤如下：

(1)执行“窗口”菜单下的“数据工作期”命令，启动如图 4-7 所示的“数据工作期”窗口。

(2)单击“打开”按钮，打开学生.DBF 和学生成绩.DBF，出现在图 4-7 的左边“别名”列表框中。在“别名”列表框中选择学生成绩.DBF 后，选择“显示”菜单下的“表设计器”选项设置学号为索引项(子表必须索引)。

(3)在“别名”列表框选中学生.DBF 后，单击“关系”按钮，它出现在右边“关系”列表框中，它是父表。

(4)然后在“别名”列表框选中学生成绩.DBF 后，立即出现对话框，如图 4-8 所示。这时通过“设置索引顺序”对话框来确定两个表关联的关键字(学号)，单击“确定”按钮，就回到图 4-7 的“数据工作期”窗口，右边的“关系”列表框中显示了两个表的关系，容易看出学生.DBF 是父表，学生成绩.DBF 是子表。

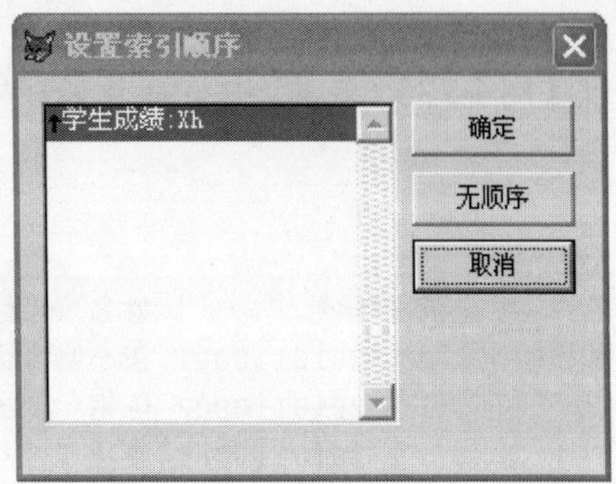

图 4-8　“设置索引顺序”对话框

(5)在图 4-7“数据工作期”窗口的“别名”列表框中选中学生.DBF 后单击“浏览”按钮，再选中学生成绩.DBF 后，单击“浏览”按钮，同时打开两个表的浏览窗口，如图 4-9 所示。在父表“学生”浏览窗口中单击某条记录(指针移动到箭头指向的记录)，在右边的“学生成绩”窗口就出现了该同学的学号、数学、物理等字段的数据，形象地观察到了父表与子表指针的同步移动。

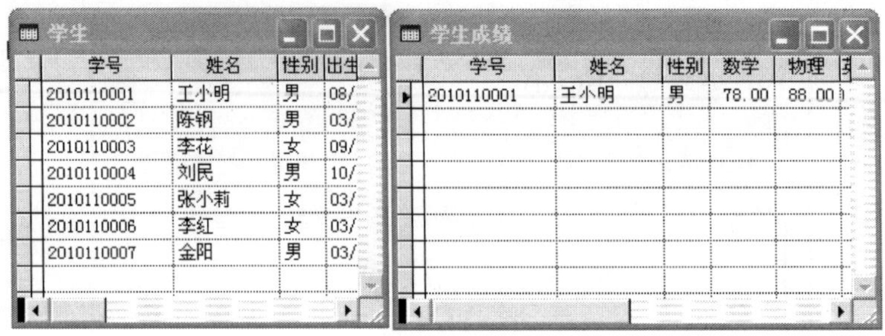

图 4-9　子表指针随父表指针的移动

注意：用数据工作期和 SET RELATION 命令所建立的表的关联是一种临时关系，关闭表或者退出 Visual FoxPro 后，这种关系就结束了。在以后学习的数据库文件中创建表之间的关联是永久关系，这种关系随着数据库文件保存起来。

4.5.3　表之间的连接

表的连接是把两个表合成为一个表，前面的“APPEND FROM…”命令也可以把两个表的记录合在一起，但只有相同的字段才能合并，而这里的命令可以把两个表不同字段的数据合并在一起。

【命令】JOIN WITH <别名>TO<新表文件名>FOR<条件> [FIELDS<字段名表>]

【功能】把当前表和<别名>工作区的表合并在一起。

【说明】

(1) 这是一种物理连接，合并结果为产生一个新表。两个表相同和不同的字段的数据都可以连接在新表中。

(2) 命令中的 FOR<条件>是必选项，是连接的必需条件，该项缺省则是一个错误的命令。<条件>中的别名表的字段名要用联访标识。

(3) 指针从指向当前表第一记录开始，在别名表找到一条符合条件的记录，合并后生成新表中的一条记录，若别名表有 n 条记录与当前表的这一条记录的条件匹配，就在新表中生成 n 条记录。指针再依次指向当前表第二记录继续这样的操作。若当前表中有 m 条记录，每条在别名表中都有 n 条记录符合条件，新表生成 $m\times n$ 条记录。

(4) 三个以上的表，也可通过这个命令两两连接成一个表。

【例 4-22】 表的连接，新表具有两个表的字段。

```
sele 1
use 学生
list
记录号 学号         姓名    性别  出生年月    入校总分 三好生 简历   相片
   1   2010110001 王小明  男    08/13/1992  590      F      Memo   Gen
   2   2010110002 陈钢    男    03/24/1993  568      T      Memo   Gen
   3   2010110003 李花    女    09/29/1991  565      F      Memo   Gen
   4   2010110004 刘民    男    10/02/1991  570      F      Memo   Gen
   5   2010110005 张小莉  女    03/01/1992  595      F      Memo   Gen
sele 2
use 学生成绩
```

```
list
记录号 学号          姓名    性别    数学    物理    英语
   1   2010110001  王小明   男     78.00   88.00   90.00
   2   2010110002  陈钢     男     89.00   67.00   87.00
   3   2010110003  李花     女     67.00   74.00   77.00
   4   2010110004  刘民     男     77.00   67.00   70.00
   5   2010110005  张小莉   女     80.00   66.00   68.00
join with a to 学生情况 for 学号=a.学号
sele 3
use 学生情况
list                    &&显示如下，两个表不同的字段也合并在新表中
记录号 学号        姓名   性别 数学  物理  英语  出生年月   入校总分 三好生 简历 相片
  1   2010110001王小明 男  78.00 88.00 90.00 08/13/1992 590   F   Memo Gen
  2   2010110002陈钢   男  89.00 67.00 87.00 03/24/1993 568   T   Memo Gen
  3   2010110003李花   女  67.00 74.00 77.00 09/29/1991 565   F   Memo Gen
  4   2010110004刘民   男  77.00 67.00 70.00 10/02/1991 570   F   Memo Gen
  5   2010110005张小莉 女  80.00 66.00 68.00 03/01/1992 595   F   Memo Gen
```

学 习 提 示

本章有以下值得重视的问题：

1. 索引文件

在数据的处理过程中经常使用索引，索引有丰富的内容，也有一定的难度，现小结如下：

(1)索引的目的：索引的创建是为了记录的排序、数据的快速查找、表关联的需要。

(2)索引文件类型：
- 单索引文件
- 复合索引文件
  - 独立复合索引文件
  - 结构复合索引文件

(3)索引类型：索引类型指复合索引文件中索引项(字段)的类型，有主索引、候选索引、唯一索引、普通索引。数据库表可设置这四种，自由表没有主索引。这四种索引都可用于排序，在数据库中创建表的永久关系时，对索引类型有一定的限制。

(4)主关键与次关键的排序：对主关键字的值相同再按次关键字排序这样的问题，不能像分类排序那样用逗号隔开多个字段名，通常解决的办法是连接成字符串表达式，数值类型数据用STR()函数转换。

(5)选择主控索引：是从多个索引项中选择当前索引的字段，这在排序、查询、关联操作前都需要予以确定。多个单索引文件和一个复合索引文件有多个索引项都需要选择主控索引，用SET ORDER TO TAG<索引标>|<索引文件名>命令就可以完成。

2. 表的关联

对关联有如下值得注意的问题：

(1)关联的目的：关联的目的为保证对多表操作的数据都是同一个对象的数据。在使用SET RELATION…命令建立关联后，父表指针移动就牵动子表的指针按照关键字的值进行同

步移动。Visual FoxPro 有很多移动记录指针的命令，执行命令之前都可以根据需要建立关联。

(2) 关联是否成功的判断：能否正确地建立关联，取决于表之间用以关联的字段要有相同的字段类型、宽度和数值。父表指针移动时，在子表中查询不到匹配的数据，子表指针会移到末记录后，所显示的子表字段就没有数据，这时就应该用表设计器检查两个表的数据类型和宽度，用浏览命令比较两个表关键字的数据是否相同。

(3) 临时关系与永久关系：用 SET RELATION…命令和在数据工作期建立的关联是表之间的临时关系，适用于自由表。对数据库表一般是在数据库文件中建立永久关系，这在第 6 章介绍。永久关系在实际的应用开发中使用较多，在表单文件的设计中比临时关系使用起来更为便捷。

最后值得一提的是，这里的关联和以后学习的程序循环相结合，可以解决编程中遇到的许多复杂的问题。

习　题　4

一、选择题

1. 关于对当前表的数学字段建立索引的不正确命令是________。
   A. INDEX ON 数学 TO 数学　　B. INDEX ON 数学 TO SX FOR 性别="女"
   C. INDEX ON 数学 TAG SX　　D. INDEX TO 数学 ON SX
2. 在 Visual FoxPro 中，主索引用于________。
   A. 关键字字段　　B. 主关键字字段
   C. 次关键字字段　　D. 次主关键字字段
3. 在 Visual FoxPro 中，将当前索引文件中的“姓名”设置为当前索引，应输入的命令是________。
   A. SET ORDER 姓名　　B. SET 姓名
   C. SET ORDER TO TAG 姓名　　D. SET ORDER ON 姓名
4. 对已打开的学生.DBF 表文件，按“性别”升序排列，性别相同则按“入校总分”降序排列，应使用的命令是________。
   A. INDEX ON 性别+STR(-入校总分) TO PX
   B. INDEX ON 性别+STR(1000-入校总分) TO PX
   C. INDEX ON 性别+入校总分 TO PX
   D. INDEX ON 性别-入校总分 TO PX
5. 用 SORT 命令对当前表排序时，若未指明排序方式，自动按________方式排序。
   A. 任意　　B. 升序　　C. 降序　　D. 字母不区分大小写
6. 当前表有 7 条真实记录，执行 APPE BLANK 命令后又执行 COUNT TO N1，N1 的值是________。
   A. 7　　B. 8　　C. 6　　D. 9
7. 对当前表数学字段列的方向求平均分，不能使用的命令是________。
   A. AVER 数学 TO P1　　B. CALCULATE AVG(数学) TO P1

C．SUM 数学 TO S1

COUNT TO N

P1=S1/N

D．REPL　P1 WITH 数学

8．关于表的关联，叙述正确的是________。

A．只要两表建立关联，指针就能按关键字同步移动

B．一条关联命令可以使当前表与两个工作区的表建立关联

C．两表的非同名字段是不能建立关联的

D．两表的同名字段，类型和宽度不同也不能建立关联

9．每一个工作区只能打开________表文件。

A．1 个　　B．2 个　　C．10 个　　D．任意个

10．关于表的连接，使用 JOIN 命令的正确说法是________。

A．一条连接命令可把多个表连接成一个表

B．连接命令 JOIN 后面的 FOR<条件>是可以省略的

C．使用连接命令之前，只需要选择工作区和打开表，不需要索引和关联

D．FOR<条件>中的字段是指当前表的字段

二、填空题

1．分类排序使原来的记录号发生了变化，而索引排序只是记录________发生变化，记录号没有变化。

2．在表设计器中，设置索引字段的升序、降序在________选项卡，设置主索引、普通索引等在________选项卡。

3．索引文件节省磁盘空间，里面只含记录号和________。

4．同一个表的多个索引可以创建在一个索引文件中，索引文件名与相关的表同名，索引文件的扩展名是 CDX，这种索引称为________。

5．关联是指不同工作区的记录指针建立起一种__________关系， 当父表的记录指针移动时，子表的记录也随之移动。

6．LOCATE 命令的作用是___________。在索引已打开的情况下，LOCATE 命令将使记录指针定位于________顺序上的第一条记录。

7．在“数据库设计器”中，用鼠标建立两个表之间的连线，这种关系为_________，用 SET RELATION 命令建立的两个表之间的关系是___________。

8．在索引已打开的情况下，要使记录指针指向逻辑上的首记录，应使用_______命令。

9．表之间建立关联后，当父表记录指针移动时，子表中若没有与父表关键字相同的字段值，子表指针会移动到________，？EOF(<子表区号>)显示的是________。

10．当前工作区的表有 *M* 条记录，被访问工作区(A 区)的表有 *N* 条记录，连接成一个新的表 ST12.DBF，新表有 *M*×*N* 条记录，所用的连接命令是________。

三、上机操作题

1．使用排序命令为学生成绩.DBF 表建立排序文件，要求如下。

(1) 先按性别升序排列(主关键)，如性别相同，再按数学升序排列(次关键)。

(2) 先按数学升序排列(主关键)，如数学相同，再按物理降序排列(次关键)。

用 LIST 或 BROWSE 命令查看排序结果。

2．使用命令为学生成绩.DBF 表建立一个复合索引文件，文件包括 3 个索引。

(1) 记录号以学号的降序排列，设置其索引标记为普通索引。

(2) 记录号以性别的升序排列，设置其索引标记为普通索引。

(3) 记录号以性别的升序排列，当性别相同时则按物理的降序排列。

3．根据选课表汇总每个学生的总成绩。

4．有三个表：学生.DBF(学号，姓名，性别，出生日期，入校总分，团员，简历)、选课.DBF(学号，课程号，成绩)、课程.DBF(课程号，课程名，课时)。要求用串联和并联两种方式完成：三个表建立关联后，找到表中某同学，显示这个同学的姓名、性别、出生日期、课程名、成绩等数据。

第 5 章　数据库基本操作与视图

本章知识点：

(1) 数据库的基本概念与基本操作。

(2) 创建永久关系、设置参照完整性、创建视图。

开发一个数据库应用系统是用数据库文件把相关的表组织在一起，对各类数据进行统一有效的管理。

5.1　数据库的概念与基本操作

5.1.1　数据库的概念

数据库是存储在一起的相关数据的集合，是存储数据的容器，里面包含表、索引、表之间的关系、视图、到远程数据源的连接、触发器和存储过程等数据库对象。数据库容器及其包含对象如图 5-1 所示。

数据库文件的操作是先要创建数据库容器，然后将表、索引、永久关系等包含对象添加到数据库容器中。

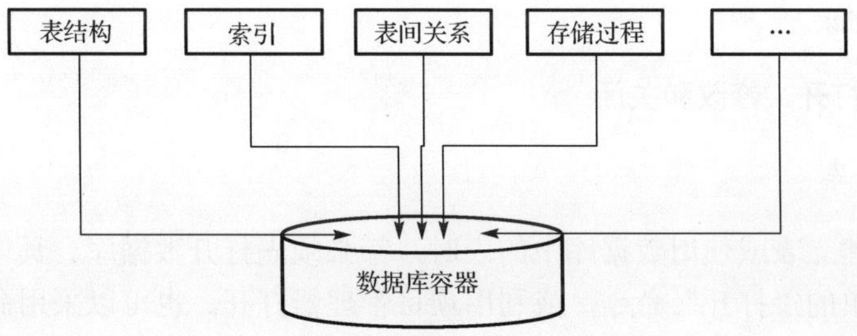

图 5-1　数据库容器及其包含对象

5.1.2　数据库的创建

在 Visual FoxPro 中，建立数据库文件可以采用菜单和命令两种操作方式。

1. 菜单操作方式

执行“文件”→“新建”命令，在“新建”对话框中选择“数据库”选项，再单击“新建文件”按钮，出现“创建”对话框。在“创建”对话框中输入数据库文件名，单击“保存”按钮，系统将打开数据库设计器，如图 5-2 所示。

创建 Visual FoxPro 数据库时，除建立扩展名为.dbc 的数据库文件之外，还会自动建立一个扩展名为.dct 的数据库备注文件和扩展名为.dcx 的数据库索引文件。

图 5-2　数据库设计器

2. 用命令建立数据库

建立数据库文件也可以在命令窗口中用命令创建。

【命令】CREATE DATABASE [<数据库文件名> | ?]

【功能】在指定的位置上建立一个数据库文件。

【说明】

(1) 执行该命令数据库文件被建立，并且自动以独占方式打开数据库。

(2) 该命令建立数据库后并不打开数据库设计器。

以上两种方法都可以新建一个数据库，只是一个数据库设计器是打开的，另一个没有打开，需要另外用命令打开。

【例 5-1】 建立“学生管理系统”数据库。

```
Create database 学生管理系统
```

该命令在 Visual FoxPro 默认目录下创建三个文件：学生管理系统.dbc、学生管理系统.dct 和学生管理系统.dcx。

5.1.3 数据库的打开、修改和关闭

1. 打开数据库

在数据库中建立表或使用数据库中的表时，都必须先打开数据库。具体操作方法可采用执行“文件”菜单的“打开”命令，或利用项目管理器打开。也可以采用命令操作方式打开数据库，命令格式如下：

OPEN DATABASE [<数据库文件名> | ?] [NOUPDATE][EXCLUSIVE|SHARED]

其中，NOUPDATE 指定以只读方式打开数据库；EXCLUSIVE 指定以独占方式打开数据库；SHARED 指定以共享方式打开数据库。

数据库文件打开后，在“常用”工具栏中可以看见当前正在使用的数据库名，同时当数据库设计器为当前窗口时，系统菜单上出现“数据库”菜单选项。

注意：①在数据库被打开后，里面的表并没有被自动打开，使用时仍需要用 USE 命令打开；②当用 USE 命令打开一个表时，系统首先在当前数据库中查找该表，如果找不到，则在数据库之外继续查找并打开指定的表(只要该表在指定的路径下存在)；③该命令只打开数据库文件，并不打开数据库设计器。

【例 5-2】 以独占方式打开“学生管理系统”数据库。

```
OPEN DATABASE 学生管理系统.dbc exclusive
```

2. 修改数据库

修改数据库实际是打开数据库设计器，在其中完成各种数据库对象的建立、修改和删除等操作。Visual FoxPro 提供了专门的命令，其格式如下：

【命令】MODIFY DATABASE [<数据库文件名> | ?][NOEDIT]

【功能】打开数据库设计器修改数据库。

【说明】

(1)修改已经打开的当前数据库，可以省略数据库名。

(2)使用 NOEDIT 选项只是打开数据库设计器，而禁止对数据库进行修改。

【例 5-3】 修改数据库“学生管理系统”。

```
MODIFY DATABASE 学生管理系统
```

3. 关闭数据库

数据库文件操作完成后，必须将其关闭，以确保数据的安全性。要关闭当前打开的数据库，可以使用项目管理器或命令方式来关闭数据库。

1)在项目管理器中关闭数据库

项目中打开的数据库可在项目管理器中关闭，在“数据”选项卡中选择要关闭的数据库，单击“关闭”按钮即可。

2)用命令方式关闭数据库

【命令】CLOSE DATABASE [ALL]

【功能】关闭当前数据库。

【说明】

(1)其中 ALL 用于关闭所有对象，如数据库、表、索引等。

(2)若有多个打开的数据库，CLOSE DATABASE 关闭当前数据库。

4. 浏览数据库文件

数据库文件实质上是一个表，称为数据字典。我们可以像打开普通表一样打开它，然后浏览和修改其内容。

【例 5-4】 打开数据库“学生管理系统”，浏览其内容。

```
USE 学生管理系统.DBC
BROWSE
```

5. 删除数据库

可以在项目中移去或删除数据库，也可以采用命令方式删除数据库。

1)在项目中移去或删除数据库

根据需要，可以从项目中移除数据库，方法是，在项目管理器中选择“数据”选项卡，选择要移除的数据库。单击右侧的“移去”按钮，将出现如图 5-3 所示的提示信息。

单击“移去”按钮，将从项目中移除数据库，但该数据库仍在磁盘上，只是已经与项目脱离了关系；单击“删除”按钮，则不但从项目中移除，而且从磁盘上删除该数据库。

数据库是一个容器表，该容器表并没有存放所有数据库对象的具体内容，而是它们的结构信息，如表结构、索引定义、视图定义等，表、索引等对象是独立存放在磁盘上的，因此，无论是移去还是删除，都没有删除表等对象，要想在删除数据库的同时删除表，必须使用命令方式。

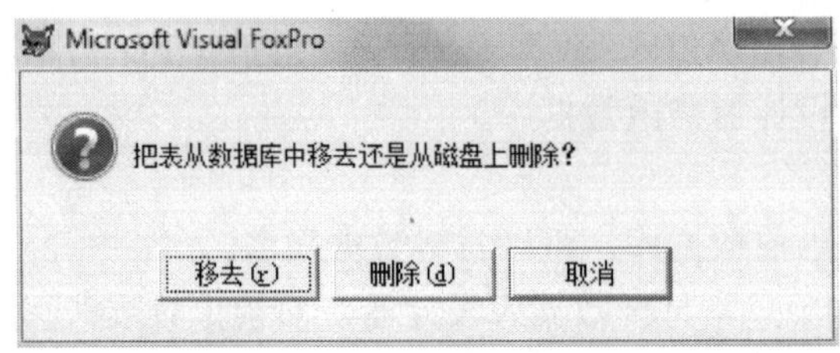

图 5-3　移去数据库对话框

2)用命令方式删除数据库

采用的命令格式如下：

DELETE DATABASE [<数据库名> | ？][DELETE TABLES][RECYCLE]

[DELETE TABLES]选项指定当删除数据库文件时，从磁盘上删除该数据库所含的表文件，此选项一定要慎用。

5.2　数据库表的相关操作

Visual FoxPro 中的数据表分为自由表和数据库表两类。数据库表是包含在一个数据库中的表，而自由表是不属于任何数据库的表。一个数据表应该是自由表还是数据库表应该根据表中数据使用关系而定，当要在数据库中实现多个数据表协同工作时应设置为数据库表。

5.2.1　数据库表和自由表

数据库作为一种容器，表是其中的重要对象。与自由表相比，数据库表具有如下一些新特性：

(1)可以支持使用长表名、长字段名，字段名最长为 128 个字符。

(2)可以指定字段默认值和输入掩码。

(3)可以规定字段级有效性规则和记录级有效性规则。

(4)支持主关键字、表间永久关系和设置表间的参照完整性。

(5)支持 INSERT、UPDATE、DELETE 触发器。

可以在数据库中新建数据库表，可以将自由表加入数据库而转化为数据库表，也可以将数据库表移出数据库而变成自由表，两者可以相互转换。

5.2.2　新建数据库表

可以在数据库设计器中新建数据库表，也可以用命令直接创建数据库表。

1)在数据库设计器中新建表

打开数据库设计器，系统菜单新增了一个“数据库”菜单，在“数据库”菜单执行“新建表”命令，在弹出的“新建表”对话框中单击“新建表”按钮，在“创建”对话框中输入表名，然后单击“保存”按钮，系统就打开了如图 5-4 所示的“表设计器”对话框。

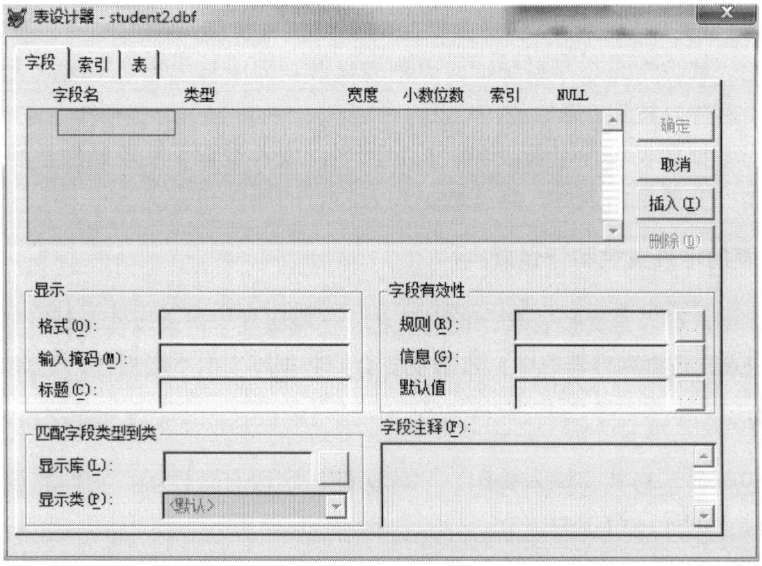

图 5-4　数据库表的表设计器界面

在数据库设计器的窗口中右击，弹出快捷菜单，同样有一个“新建表”选项，可以完成同样的功能。

可以看出，数据库表的表设计器界面与自由表的表设计器界面相比，多了下半部分，用于对字段属性进行设置，而在该设计器的“表”选项卡中，多了“记录规则”及触发器的设置。

2) 使用命令创建数据库表

如果有打开的当前数据库，则无论数据库设计器是否打开，用 CREATE<表名>命令新建的表自动成为当前数据库中的表。

5.2.3　添加和删除表

1. 添加表

在数据库设计器中，可以添加自由表，使其成为当前数据库中的数据库表。

操作步骤如下：在数据库设计器中的快捷菜单或“数据库”菜单中的“添加表项→“打开”对话框中选定自由表→单击“确定”按钮。

一个表只能属于一个数据库，不能将其他数据库中的数据库表添加到当前数据库中。

【例 5-5】 将自由表“学生.DBF”“教师.DBF”“课程.DBF”“选课.DBF”以及“学生成绩.DBF”加入数据库“学生管理系统.DBC”中。

操作步骤如下：

“modi database 学生管理系统”，打开“学生管理系统”数据库设计器。

使用该数据库设计器的快捷菜单，执行“添加表”命令，在“打开”对话框分别添加自由表“学生.DBF”“教师.DBF”“课程.DBF”“选课.DBF”以及“学生成绩.DBF”。

2. 删除数据库表

数据库中不需要的数据库表可以从库中删除，操作如下：

【菜单】打开数据库设计器→选择要删除的表→执行快捷菜单中的“删除”命令或“数据库”菜单中的“移去”命令→系统询问“把表从数据库中移去还是从磁盘上删除？”→单击“移去”或“删除”按钮。

如果已经对数据库表设置了长表名、长字段名，或者设置了字段属性、记录规则等，则该表被移出数据库变成自由表后，这些数据库表特有的属性将丢失。

5.2.4 数据库表的字段属性和记录规则

在数据库表中，可以定义长表名、长字段名、字段属性、记录属性及触发器，这些信息都以记录的形式记录在数据库容器表中。本节主要介绍数据库表的字段属性、记录规则的设置。

1. 字段属性

字段属性包括显示格式、输入掩码、字段标题、字段有效性等，它们的设置在表设计器中“字段”选项卡的显示组框中进行。

1) 显示格式

显示格式(又称为输出掩码)：用于设置该字段在浏览窗口或表单中字段值的显示样式，对应于字段的每一位，应指明一个输出掩码。常用掩码及其意义如表 5-1 所示。

表 5-1　常用掩码及其意义

掩码符号	作用	掩码符号	作用
!	小写字母转大写	9	只允许数字
^	使用科学计数法显示数值	A	只允许字母
.	小数点	X	允许任意字符
,	千分位分隔符	Y	只允许逻辑型数据 Y、y、N、n
#	允许数值、空格、正负号		

【例 5-6】 设置教师表中教师号字段的输出格式为第一个字符大写。

教师号的第一个字符是小写的“t”，要想在显示时显示大写，应对第一个字符设置输出格式为“!”，后面的四个是数字，所以设置四个“9”，步骤如下：

在数据库设计器中打开“学生管理系统”数据库。

右击“教师”表，在快捷菜单中执行“修改”命令，进入表设计器界面。

在“字段”选项卡中，首先单击选择“教师号”字段(注意，这一步很重要)，然后在格式框中输入以下格式串。

```
! 999
```

如图 5-5 所示，单击“确定”按钮，退出表设计器，在随后的确认对话框中单击“是”按钮。

双击浏览教师表，结果如图 5-6 所示，可以看出，教师号的第一个字符显示为大写。

注意：显示格式只是规定该字段显示的样式，而不会改变字段的值，换句话说，存储在表中的教师号仍然保持第一个字符小写。

2) 输入掩码

输入掩码用于规定该字段在用编辑窗口、浏览窗口及表单等界面进行输入时应遵循的格式，同样是每一位一个格式符，格式符的意义如表 5-1 所示。也就是说输入掩码用于指定字段的输入格式。使用输入掩码可减少人为的数据输入错误，提高输入准确性，保证输入的字段数据格式统一和有效。

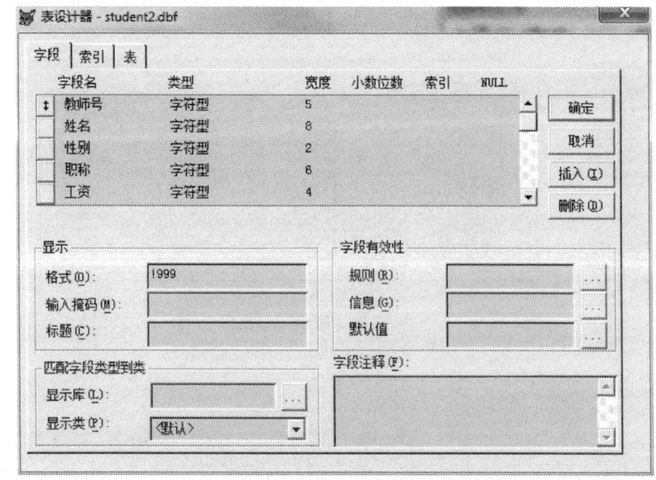

图 5-5　表设计器字段显示格式设置

Teacher

教师号	姓名	性别	职称	工资	政府津贴
T1101	周密	男	教授	4900	T
T1102	陈静	女	讲师	2800	F
T1103	孙力波	男	副教授	4100	F
T1104	女	肖	君	3000	F
T1105	赵辉	男	助教	2500	F

图 5-6　浏览设置显示格式结果

例如，为教师号字段指定输入掩码：A999。表示只允许输入四位，第一位必须是字母，后三位必须是数字。

3) 标题

字段标题用于规定在浏览窗口、表单等界面显示该字段时的显示标题，以便于用户理解。

例如，选定教师号字段后在标题框中输入“教师编号”，则浏览表时，第一列教师号字段的显示标题变成了“教师编号”，如图 5-7 所示。与显示格式类似，标题也只是规定该字段显示时的标题，同样不会改变字段的名称。

4) 字段有效性

规定该字段输入值的合法性，包括规则、信息、默认值三项。

(1) 规则：字段有效性规则在输入字段或改变字段值时发生作用。有效性规则是设置字段的有效性检查，它可以是一个逻辑表达式、函数或过程。例如，学生的性别只能是“男”或者“女”的有效性规则表达式为性别=“男” OR 性别=“女”。表达式可以直接在“规则”文本框中输入，也可以通过右侧的表达式生成器获得。对该字段输入数据时，Visual FoxPro 将根据表达式对其进行检验，若不符合规则，要修改输入数据，直到符合规则才允许光标离开该字段。

(2) 信息：当输入值非法(规则返回逻辑假.F.)时显示的提示信息，通常是一串用界定符引起来的字符，如对于性别字段的错误提示信息为“性别只能是男或女”。

(3) 默认值：若该字段大多数记录取相同值，则可以指定该字段默认值为该相同值。例如，医学院护理专业的学生绝大部分是女生，则可以将学生表中性别字段的默认值设为“女”。

【例 5-7】 设置性别字段的有效性规则，要求必须是“男”或“女”，并设置相关错误信息：教师性别默认值设为“女”，步骤如下。

在“学生管理系统”数据库中右击教师表，在快捷菜单中执行“修改”命令，进入表设计器界面。

在“字段”选项卡中，单击“性别”字段，然后在“规则”框中输入表达式：

性别='男' OR 性别='女'

在“信息”框中输入：'性别必须是男或女！'。

在“默认值”框中输入：'女'，如图 5-8 所示。

Teacher

教师编号	姓名	性别	职称	工资	政府津贴
T1101	周密	男	教授	4900	T
T1102	陈静	女	讲师	2800	F
T1103	孙力波	男	副教授	4100	F
T1104	女	肖	君	3000	F
T1105	赵辉	男	助教	2500	F

图 5-7　浏览设置显示标题结果

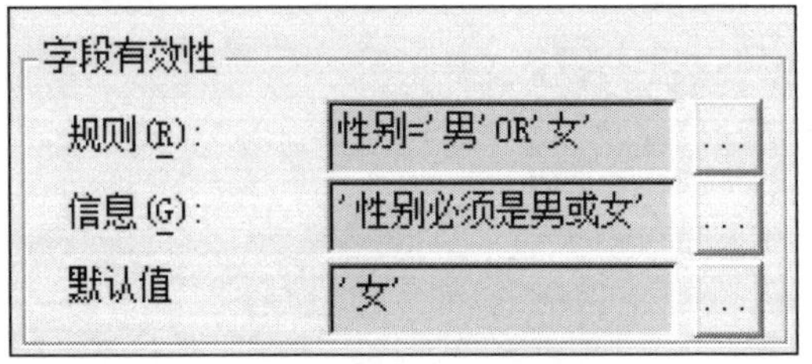

图 5-8　设置字段有效性

2. 记录规则

有时，从单个字段来看，都是正确有效的，但多个字段的值之间却可能是矛盾的、非法的。例如，规定班导师必须由副教授以上职称的教师担任，此时，仅使用字段有效性约束就不够了，还需要根据多个字段的组合值对记录进行有效性检查与约束，这就是记录规则。

记录规则包括记录有效性和触发器，它们在表设计器的“表”选项卡中设置。

1) 记录有效性

记录有效性由规则和信息构成，规则通常是一个逻辑表达式或自定义函数，当输入记录值时，若该表达式或函数返回一个逻辑假(.F.)，说明输入非法，系统将弹出对话框显示信息。信息是一个字符串，必须有定界符。

【例 5-8】 编辑记录规则，要求班导师必须由副教授以上职称的教师担任。

打开教师表，输入表设计器，在“表”选项卡的“记录有效性”区中，有“规则”和“信息”两个输入框。

(1) “规则”输入框：IIF(NOT 班导师，.T.，IIF('教授'$职称，.T.，.F.))。

(2) “信息”输入框：'班导师必须具有高级职称！'。

规则表达式的含义如下：

若不是班导师，记录规则为.T.，允许输入。

若是班导师，则判断教师职称是否含有“教授”。

若含有，说明至少是副教授，允许输入。

否则职称低于副教授，拒绝输入，如图 5-9 所示。

在设置了记录规则后，如果输入的记录不满足记录规则，则用户无法离开输入界面，直到输入合法的记录数据。

2) 触发器

字段有效性和记录有效性规则主要限制非法数据的输入，而数据输入后还要进行修改、删除等操作。若要控制对已经存在的记录所做的非法操作，则应使用数据库表的记录级触发器。触发器是在某些事件发生时触发执行的一个表达式或一个过程。这些事件包括插入记录、修改记录和删除记录。当发生这些事件时，将引发触发器中所包含的事件代码。

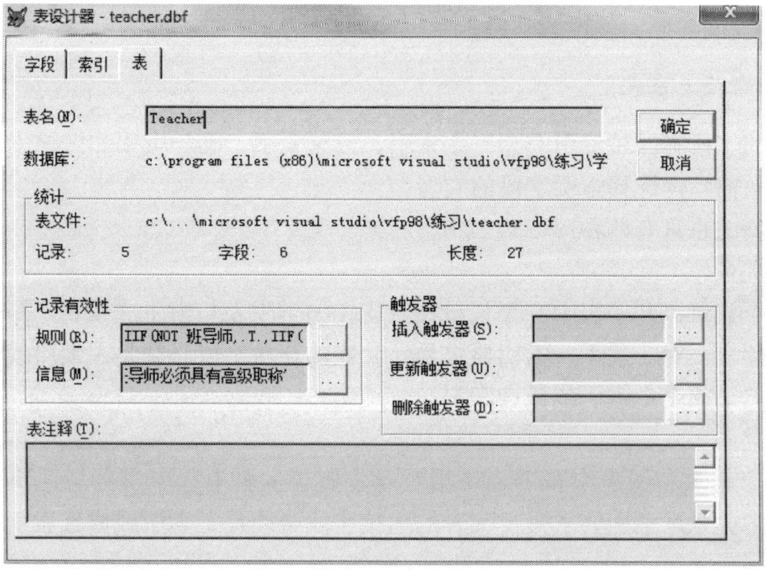

图 5-9　设置记录规则

触发器包括插入触发器、删除触发器和更新触发器，用于检查与约束对数据表进行插入、删除、更新是否合法，如图 5-9 所示。

触发器是一个逻辑表达式或存储过程，对表进行插入、更新或删除操作时，系统会执行相应的触发器监测，若结果返回逻辑真(.T.)，则操作合法，允许操作，若结果返回逻辑假(.F.)，则操作非法，不允许操作。例如，设置“删除触发器”的表达式为“EMPTY(学号)”，表示只有当相应记录的“学号”字段为空时才能删除该记录，这个触发器用于保证不误删记录。

5.3　永久关系与参照完整性

字段有效性规则和记录有效性规则用于保证字段和记录数据的正确有效，本节讨论的参照完整性则用于控制表间数据的正确性与有效性。参照完整性是建立在数据库表间永久关系的基础上的。

5.3.1　永久关系

1. 临时关系与永久关系

前面学习了自由表之间的关联，若干个建立了关联的自由表，能够通过关联实现记录指针的同步移动。数据库表之间也可以通过各个数据库表的索引关键字建立关联，并保存在数据库文件中，所以称为永久关系。相应地，自由表之间建立的关系称为临时关系。

永久关系可随数据库文件长期存在，直到被删除或数据库表被移出数据库，而临时关系将随着自由表的关闭而消失。

永久关系的作用体现为以下几方面。

(1)在查询设计器、视图设计器中，自动作为默认连接条件。

(2)表单、报表设计时，在相应的数据环境设计器中作为默认连接。

(3) 是建立表间参照完整性的基础。

2. 索引类型与关系类型

数据库表的字段有四种索引类型：主索引、候选索引、唯一索引和普通索引。在数据库中建立两表关系前，需选择索引字段的类型。

数据库表间关系只有两种：一对一和一对多。

1) 一对一关系

主表中一个记录只和子表中一个记录相对应，如学生表与学生成绩表，两个表的学号字段是唯一的，建立一对一关系。索引要求是：父表的连接字段必须是主索引或候选索引；子表的连接字段也必须是主索引或候选索引。

2) 一对多关系

主表中每个记录和子表中多个记录相对应，如学生表中一个学号与选课表多个学号对应，建立一对多关系。索引要求是：父表的连接字段必须是主索引或候选索引；子表的连接字段是普通索引。

3. 创建永久关系

表之间的永久关系在数据库设计器中显示为表索引之间的连接线。操作步骤是：打开数据库设计器，添加主表和子表，打开主表和子表的表设计器选择关联字段的索引类型并保存，最后拖动父表中的主索引字段到子表的对应字段处，数据库中的两个表就有了一个连线，“一”方的连线是单线，“多”方的连线是三线，于是便建立了两表的永久关系。

【例 5-9】 创建“学生”表与“学生成绩”表间一对一的永久关系，“学生”表与“选课”表间一对多的永久关系，步骤如下：

打开数据库文件“学生管理系统”的数据库设计器。

选中“学生”表，在快捷菜单中执行“修改”命令，进入数据库设计器。在“字段”选项卡中为“学号”字段设计升序索引，在“索引”选项卡中设置该索引为“主索引”。

类似的方式，为“学生成绩”表设计“学号”为“候选索引”，为“选课”表设置“学号”为“普通索引”。

在“学生”表下方的索引列表中，出现“学号”索引，该索引前有一个钥匙图标，表明是主索引，拖动“学生”表的“学号”索引到“学生成绩”表中索引列表的“学号”索引处，在“学生”表与“学生成绩”表之间出现一对一的单连线，表明是一对一的关系。

拖动“学生”表的“学号”索引到“选课”表中索引列表的“学号”索引处，在“学生”表与“选课”表之间出现一对多的连线，“学生”表一侧为单线，“选课”表一侧为三线，其操作结果如图 5-10 所示。

4. 删除、修改表间关系

如果需要删除或修改已建立的联系，可首先单击关系连线，此时连线变粗，然后从“数据库”菜单中执行“编辑关系”命令；或者右击连线，在弹出的快捷菜单中执行“编辑关系”或“删除关系”命令；或者双击连线，打开“编辑关系”对话框，如图 5-11 所示，在该对话框中，通过在下拉列表框中重新选择表或相关表的索引名可以修改指定的关系。

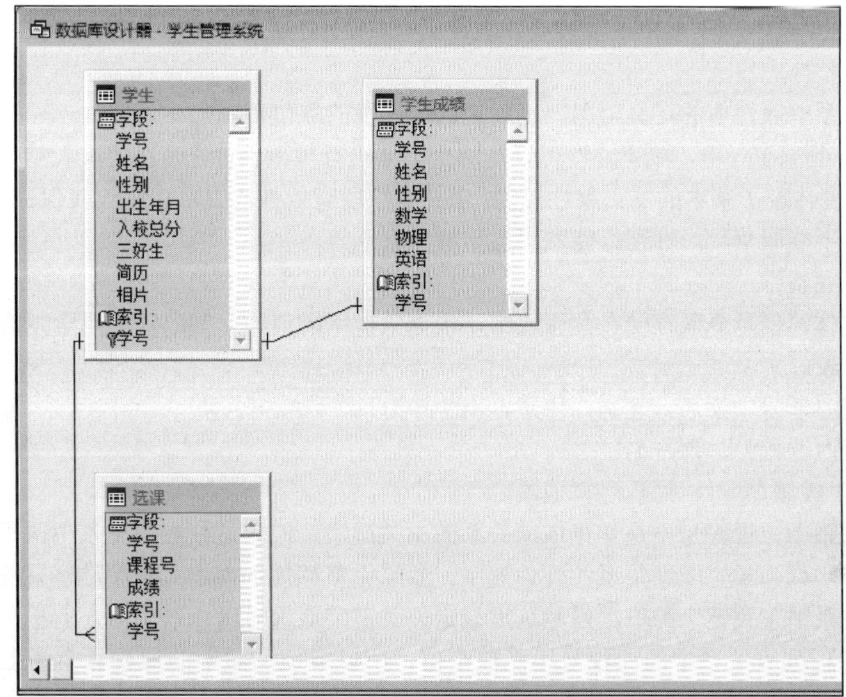

图 5-10　建立永久关系后的数据库设计器

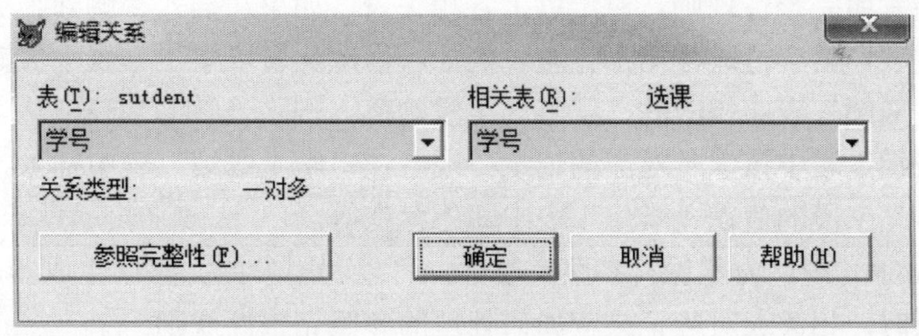

图 5-11　“编辑关系”对话框

5.3.2　参照完整性

1. 数据库的完整性控制

数据库中的数据是现实世界客观事物的描述，在数据库系统的运行中，由于主观或客观的原因，有可能产生数据的错误，数据库的完整性控制就是保证数据的正确、有效和一致。

完整性规则包括实体完整性、域完整性和参照完整性。

1) 实体完整性

关系数据库中，每一个元组(记录)反映的是一个客观实体，关键字是能够唯一标识每个实体的属性列。列入学生注册表中的学号，每个学生具有唯一的学号，则学号就是学生注册表中的主关键字。

实体完整性，就是主关键字不能取空值以确保实体的有效性。

在 Visual FoxPro 中，实体完整性是在表设计中，设置主关键字字段为 NOT NULL 实现的。

2) 域完整性

域是关系中属性值的定义范围，也就是表中字段的取值范围。

在 Visual FoxPro 中，域完整性可以从两个方面进行规范，首先，在定义表结构时，字段的类型、宽度体现了基本的域完整性控制；其次，字段有效性设置可以进一步保证域完整性。例如，年龄不能取负数，性别只能取“男”或“女”等。

3) 参照完整性

一个实体的信息分散存储在几张表中，根据关键字的值相互参照，如对学生信息的描述有以下三个表。

(1) 学生(学号，姓名，性别，班级，出生年月)。

(2) 课程(课程号，课程名)。

(3) 学生成绩(学号，课程号，成绩)。

上述关系中，课程号不是学生成绩关系的主关键字，但它是被参照关系中课程列表关系的主关键字，称为学生成绩关系的外关键字。参照完整性规则规定：外关键字只能取空值或者被参照关系中主关键字的值。虽然这里规定外关键字课程号可以取空值，但按照实体完整性规则，课程列表关系中的课程号不能取空值，所以成绩关系中的课程号实际上是不能取空值的，只能取课程列表关系中存在的课程号的值，若取空值，关系之间就失去了参照的完整性。

因此，按照参照完整性规则，对于以上各相关表，如果在插入、删除、更新记录时只改其一而不改相关表，就会造成数据不完整。例如，修改父表“学生”表中关键字值“学号”，而不修改“学生成绩”表中相应的“学号”字段的值；删除“学生”表中某学生记录，而没有删除“学生成绩”表中该学号对应的记录；或者在“学生成绩”表中插入一个新记录，但新记录的“学号”字段的值在“学生”表中却不存在等。

在 Visual FoxPro 中，为了保持参照完整性，可以利用参照完整性生成器，设置在插入、删除、更新记录时，相关表对应记录应如何处理的参照完整性规则。

2. 设计参照完整性

参照完整性规则包括更新、插入和删除三个参照完整性规则。

1) 更新规则

在改动主表中的记录时，子表中的记录将如何处理。处理方式有三种，分别为级联、限制、忽略。

级联：用新的关键字值更新子表中的所有相关记录。

限制：若子表中有相关的记录存在，则禁止更新父表中相应关键字段的值。

忽略：不管子表中是否存在相关记录，都允许更新父表中相应关键字段的值。

2) 插入规则

当在子表中插入一个新记录或更新一个已存在的记录时，父表对子表的动作产生何种响应。回应方式有两种，分别为限制、忽略。

限制：若父表中不存在匹配的关键字值，则禁止在子表中插入。

忽略：允许插入，不加干涉。

3) 删除规则

当父表中的记录被删除时，如何处理子表。该种规则处理的方式有三种，分别为级联、限制、忽略。

级联：当父表中删除记录时，子表中所有相关记录都被删除。

限制：当父表中删除记录时，若子表中存在相关记录，则禁止删除。

忽略：当父表中删除记录时，不管子表是否存在相关记录，都允许删除父表中的记录。

3. 参照完整性的设置

在建立参照完整性之前必须先清理数据库，具体方法是执行“数据库”菜单中的“清理数据库”命令。

参照完整性设置步骤如下：

(1) 设置表间永久关系。

(2) 清理数据库。

(3) 在参照完整性设计器中设置各规则。

下面以实例说明。

【例 5-10】 在学生管理数据库中建立学生、学生成绩、选课的参照完整性。这三个表之间的关系如图 5-10 所示。

具体步骤如下：

设置表的关联字段的索引类型，建立相关表的永久关系。

清理数据库：在数据库设计器中的右键菜单或“数据库”菜单中执行“清理数据库”命令。

进入参照完整性生成器：从数据库菜单或快捷菜单中执行“编辑参照完整性”命令。

设置插入、删除、更新规则，其更新规则设置如图 5-12 所示。

设置参照完整性后，不能再用 INSERT、APPEND 等交互式命令或菜单操作方便地修改、插入或追加记录，而必须用 SQL 的数据操纵命令进行记录操作。SQL 命令将在书中相关章节讲述。

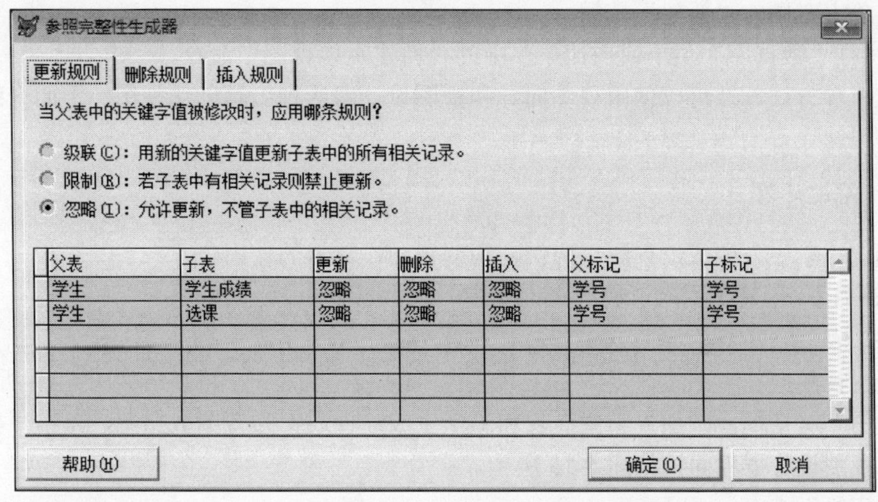

图 5-12　设置更新规则

5.4　视图的概念与操作

视图其实是从数据库表或视图中导出的“表”，与其他表不同，视图中的数据还是存储在原来的数据库表或视图中。因此可以把视图看成一个“虚表”，尽管它是一个虚拟表，但是在数据浏览、查询和更新方面却有着广泛的应用。

5.4.1　视图的概念

视图兼有“表”和“查询”的特点，与查询相类似的地方是，可以用来从一个或多个相关联的表中提取有用的信息；与表相类似的地方是，可以用来更新其中的信息，并将更新结果永久保存在磁盘上。可以用视图使数据暂时从数据库中分离成为自由数据，以便在主系统之外收集和修改数据。视图本身不包含数据，而只是一个定义，该定义存储在数据库中。

数据库中的表称为基表，可以从本地表、其他视图、存储在服务器上的表或远程数据源中创建视图，所以根据视图中数据来源的不同，视图可以分为本地视图和远程视图。

视图是数据库中特有的，它依赖于某一数据库而存在，只有打开与视图相关的数据库才能创建和使用视图。

5.4.2　创建本地视图

1. 创建视图的方法

创建视图可以用视图向导，或者视图设计器进行。

首先，打开要创建视图的数据库，然后，按下列方法建立视图。

(1) 执行“文件”菜单中的“新建”命令或单击“新建”按钮，在“新建”对话框中选择“视图”选项，如图 5-13 所示。

(2) 在“项目管理器”的“数据”选项卡中展开一个数据库后，从中选择“本地视图”选项，再单击右侧的“新建”按钮。

(3) 执行“数据库”菜单或快捷菜单中的“新建本地视图”命令。

以上三种方法，都可以使用视图向导和视图设计器两种工具创建视图，下面介绍视图设计器的使用。

2. 视图设计器

以创建“学生入校成绩视图”为例，说明视图设计器的使用。

【例 5-11】 创建学生入学情况查询视图。

1) 添加表

当新建视图或在视图设计器中右击并执行“添加表”命令时，将弹出如图 5-14 所示的“添加表或视图”对话框，添加“学生”表和“学生成绩”表作为视图数据源，单击“关闭”按钮，进入视图设计器界面，如图 5-15 所示。

2) “字段”卡

选择视图中的字段：用“可用字段”选中要进入视图的字段，单击“添加”按钮加入右

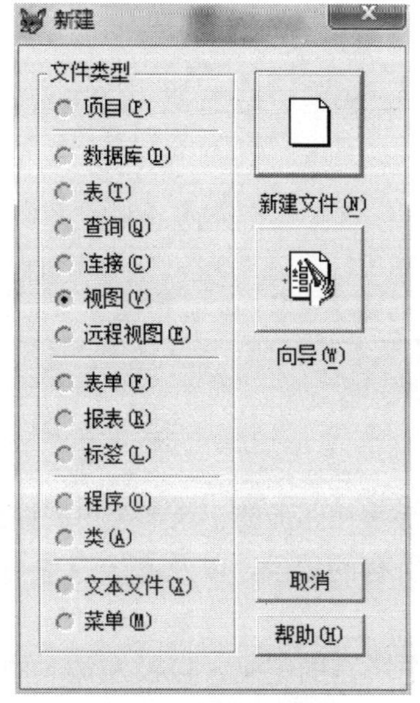

图 5-13　“新建”对话框

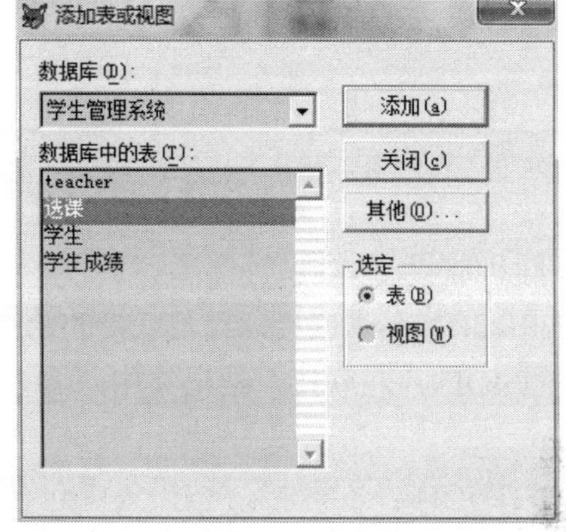

图 5-14　“添加表或视图”对话框

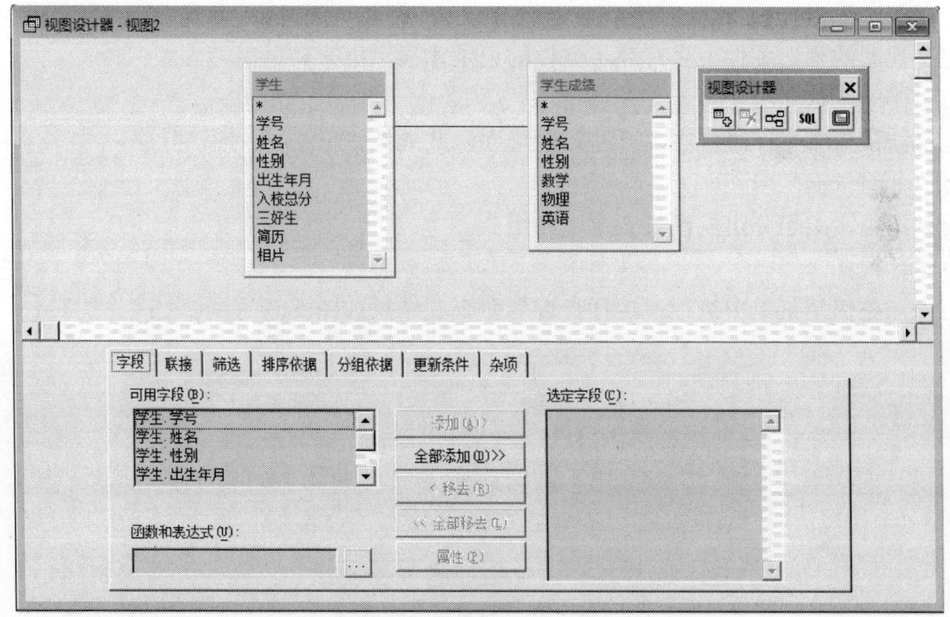

图 5-15　“视图设计器”界面

边的“选定字段”列表框中。此处选择“学生.学号”“学生.姓名”“学生成绩.学号”“学生成绩.姓名”，如图 5-15 所示。

3）“联接”卡

设置表间联接条件。当数据库中已经建立永久关系时，此卡不用手工设置，否则单击“视图”工具栏上的“添加联接”按钮，将打开如图 5-16 所示的“联接条件”对话框，在此手工添加联接条件。

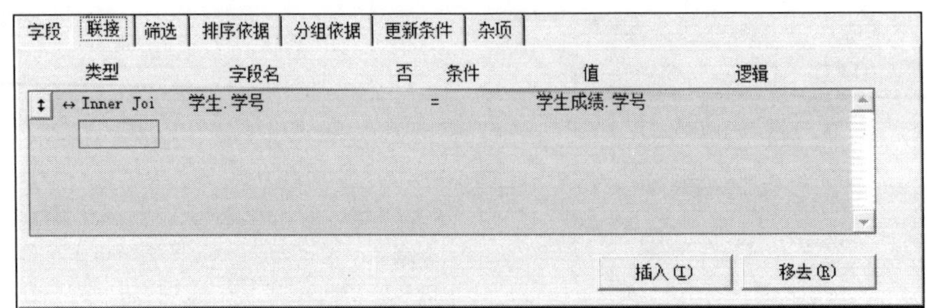

图 5-16　添加联接条件对话框

有以下四种联接方式：

(1) INNER JOIN：内联接，参与联接的两侧表中关键字相匹配的记录才会出现在结果集中。

(2) LEFT JOIN：左联接，结果集中包含左边表中所有的记录，以及右边表中与之相匹配的记录。

(3) RIGHT JOIN：右联接，结果集中包含右边表中所有的记录，以及左边表中与之相匹配的记录。

(4) FULL JOIN：完全联接，查询结果中包含两侧表中的所有记录。

4）“筛选”卡

定义视图的筛选条件，只有满足条件的记录才显示出来。

5）“排序依据”卡

定义结果按哪个字段排序，升序还是降序，此处选“学生.学号”，升序。

6）“分组依据”卡

此处不用，关于分组，在第 6 章中介绍。

7) 运行视图

右击，在快捷菜单中执行“运行查询”命令，结果如图 5-17 所示。

视图1

学号_a	姓名_a	学号_b	姓名_b
2010110001	王小明	2010110001	王小明
2010110002	陈钢	2010110002	陈钢
2010110003	李花	2010110003	李花
2010110004	刘敏	2010110004	刘民
2010110005	张小莉	2010110005	张小莉

图 5-17　视图运行结果

8) 保存视图

单击工具栏上的“保存”按钮，输入视图名“学生入校成绩视图”，单击“确定”按钮保存。

如果希望在视图上所做的修改能回送到源表中，则必须在视图设计器的“更新条件”页面中进行相应设置。图 5-18 是视图设计器的“更新条件”页面。

下面详细介绍“更新条件”页面中的各个部分。

表：列出视图字段所使用的所有基表，可以从中选择要更新数据的表。

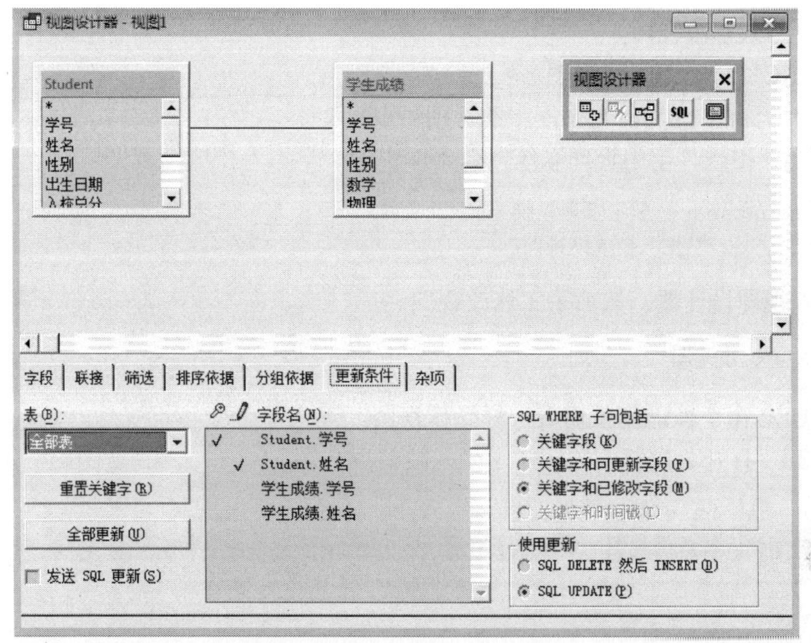

图 5-18 “更新条件”界面

字段名列：显示出当前视图的所有输出字段。

更新关键字列：在某字段前单击钥匙列，出现一个勾，该字段被设为更新关键字段。需要注意的是，关键字字段用来使视图中的修改与表中的原始记录相匹配，因此，必须设置可更新字段所在表的主关键字为更新关键字。

可更新字段：在某字段前铅笔列中单击，出现一个勾，该字段就被设为可更新字段。

“重置关键字”按钮：重新选择关键字段，如果选择的表中有一个主关键字段并且已在“字段”页面中，则“视图设计器”自动使用表中的该主关键字段作为视图的关键字段。

“全部更新”按钮：选择除了关键字段以外的所有字段进行更新，并在“字段名”列表的铅笔符号下打一个勾。

“发送 SQL 更新”选项：即使设定了主关键字段和更新关键字段，如果不选择“发送 SQL 更新”选项也不会把更新结果送回到基表中去。必须至少设置一个关键字段来使用这个选项。

5.4.3 视图的使用

对于建立好的视图，可以通过如下方式使用：

使用 USE 命令并指定视图名来打开一个视图。

用浏览显示视图数据。

在“数据工作期”窗口显示打开的视图。

在表单或报表中使用视图作为数据源。

1. 修改视图

1) 用菜单方式修改视图

使用“文件”菜单下的“打开”选项或工具栏上的“打开”按钮，打开已有视图进行修改。

2)用命令方式修改视图

【命令】MODIFY VIEW <视图名>

【功能】打开并修改当前数据库中的视图<视图名>。

【例 5-12】 更改“学生管理系统”数据库中的“学生入校成绩视图”。

```
open database 学生管理系统
modi view 学生入校成绩视图
```

这将进入视图设计器，然后手工修改视图。

2. 打开、关闭视图

可以用 USE 命令像操作普通表一样操作视图。

【例 5-13】 打开、浏览、关闭“学生入校情况视图”。

```
open database 学生管理系统
use 学生入校成绩视图
brow
use
```

说明：用 USE 命令打开视图时，视图作为临时工作表在当前工作区视图使用的基表也将在另外的工作区中自动打开，关闭视图时，基表不会自动关闭。

3. 删除视图

1)在数据库设计器中删除

在数据库设计器中选定要删除的视图，在右键菜单中执行“删除”命令或在“数据库”菜单中执行“移去”命令，可以从当前数据库中删除视图。

2)用命令删除

【命令】DELETE VIEW <视图名>

【功能】从当前数据库中删除视图<视图名>。

【例 5-14】 删除学生入校成绩视图。

```
open data 学生管理系统
dele view 学生入校成绩视图
```

5.4.4 创建远程视图

远程视图用于访问远程服务器的数据。可以从本地计算机操作选定的远程记录，然后把更改或添加的值回送到远程的数据源中。

1. 建立连接

建立远程视图的第一步是建立连接，连接也是数据库中的一个对象。

一般使用连接设计器来创建及修改命令连接。具体步骤如下：

打开数据库，在右键菜单或“数据库”菜单中执行“连接...”命令；在弹出的“连接”对话框中选择“新建”选项，就进入了连接设计器，如图 5-19 所示。

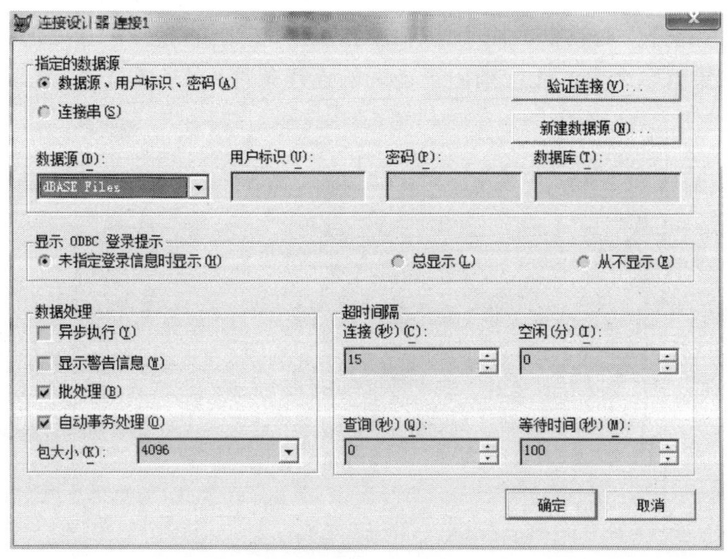

图 5-19　连接设计器界面

在连接设计器中，选择适当的数据源，如 dBase 表、FoxPro 表、Excel 数据表、Access 数据库、Visual FoxPro 的数据库、表等，当登录远程服务器时，可能需要输入用户标识及密码等。

立即验证连接，此时将弹出一个对话框，要求输入数据源文件，选择正确的数据源，当出现“连接成功”时，单击“确定”按钮离开连接设计器，然后按要求输入连接名，一个连接就正确建立了。

2. 创建远程视图

当已建好连接后，可以创建基于该连接的远程视图，步骤如下：

在数据库设计器中，在右键菜单或“数据库”菜单中执行“新建远程连接”命令，在弹出的“新建远程视图”对话框中选择“新建视图”选项，如图 5-20 所示。

出现“选择连接或数据源”对话框，如图 5-21 所示。选择“连接”单选按钮，在列表框中选取刚才建立的连接，然后单击“确定”按钮。

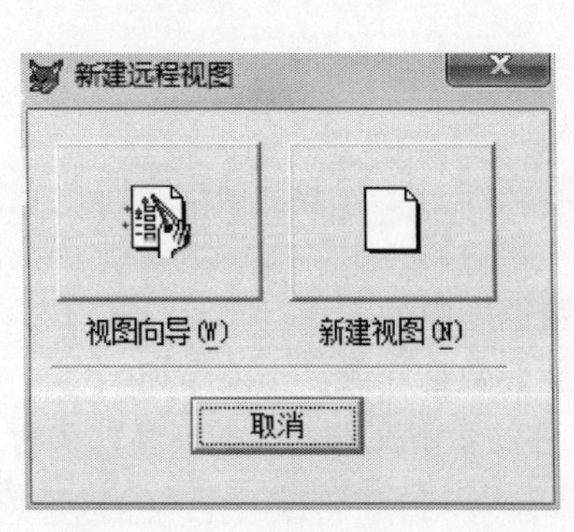

图 5-20　“新建远程视图”界面

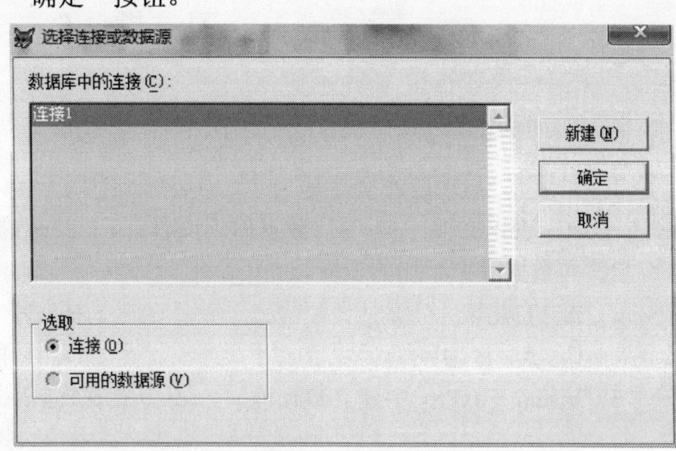

图 5-21　连接设计器界面

此时，出现“打开”对话框，用于选择由连接 1 所指出的连接位置处远程数据源表，如图 5-22 所示。如果有多个表，还应指出表之间的连接条件。

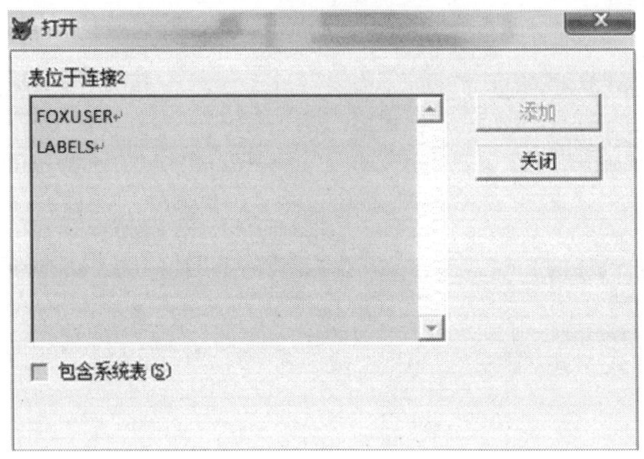

图 5-22　“打开”对话框

当以上步骤完成后，就进入了视图设计器的界面。以后的操作与本地视图的创建无异，在此不再一一介绍。

学 习 提 示

数据库是存储在一起的相关数据的集合，是存储数据的容器，里面包含表、索引、表之间的关系、视图、到远程数据源的连接、触发器和存储过程等数据库对象。

表分为自由表和数据库表两种，当自由表添加到数据库中时就成为数据库表；数据库表具有数据字典的功能，就使得表设计器的功能增大了。

视图是一种定制的虚拟表，是依附于基表上的寄生表；视图分为本地视图和远程视图两种，建立本地视图的方法与建立查询的方法相似，建立远程视图需要有远程连接。

可以通过视图更新源表中的数据，这是视图与查询的本质区别。

习 题 5

一、选择题

1．扩展名为 DBC 的文件是________。

A．表单文件　　B．数据库表文件　　C．数据库文件　　D．项目文件

2．向数据库中添加的表应该是________。

A．自由表　　B．另一数据库中的表

C．A、B 均可　　D．只能新建数据库表，不能添加

3．Visual FoxPro 中建立数据库时，还会生成数据库文件的索引文件，其扩展名默认为________。

A．.idx　　B．.dcx　　C．.cdx　　D．.ndx

4．对于数据库的建立，以下说法正确的是________。

A．在项目管理器中建立　　B．用“文件”菜单的“新建”命令

C．用命令 CREATE DATABASE　　D．以上说法都正确

5．数据库表的触发器有________。

A．删除触发器　B．插入触发器　C．更新触发器　D．以上都是

6．要控制两个表中的数据的完整性和一致性可以设置参照完整性，这两个表________。

A．是同一个数据库中的两个表　　B．是不同数据库中的两个表

C．是两个自由表　　D．一个是数据库表，另一个是自由表

7．打开一个数据库文件可以用________。

A．OPEN DATABASE <数据库名>　　B．USE <数据库名>

C．USE DATABASE <数据库名>　　D．OPEN <数据库名>

8．在 Visual FoxPro 中，下列关于视图的描述错误的是________。

A．通过视图可以对表进行查询　　B．通过视图可以对表进行更新

C．视图是一个虚表　　D．视图就是查询

9．在数据库设计器中，建立两个表之间的一对多关系是通过以下索引实现的________。

A．“一方”表的主索引，“多方”表的普通索引

B．“一方”表的主索引，“多方”表的普通索引或候选索引

C．“一方”表的普通索引，“多方”表的主索引或候选索引

D．“一方”表的普通索引，“多方”表的候选索引或普通索引

10．视图不能单独存在，它定义于________中。

A．视图　B．数据库　C.数据库表　D．查询

二、填空题

1．Visual FoxPro 中关闭数据库可以用________命令。

2．不允许记录中出现重复索引值的索引是________和________。

3．删除规则是指明删除________中记录时________应如何处理的规则。插入规则用于指定在________中插入新记录或更改已经存在的记录时________应如何处理的规则。更新规则是指明在________中的记录被改动时，________中的相应记录应如何处理。

4．参照完整性规则包括________规则、________规则和________规则。

5．视图分为________和远程视图，建立远程视图必须先建立与远程数据源的________。

三、上机操作题

1．建立“学生信息”数据库文件，将以前建立的学生.dbf、学生成绩.dbf、教师.dbf、选课.dbf 表文件添加进“学生学籍”数据库中。

2．进行数据库文件中表设计器的操作，选择数据库表，设置字段属性、记录有效性、触发器，建立各个数据库表之间的永久关系。

3．按照“学生信息.dbc”中的表文件创建本地视图“学生成绩”，显示“学号、姓名、课程名、成绩”。

第 6 章　数据库的结构化查询语言(SQL)

本章知识点：

(1) SQL 的数据定义功能。

(2) SQL 的数据更新功能。

(3) SQL 的查询功能。

(4) 查询设计器使用。

6.1　SQL 概述

SQL 是一门通用的、大型的关系数据库查询语言，它提供了数据库的数据定义、数据操纵、数据查询、数据控制功能，它分为独立式和嵌入式。本章介绍嵌入在 Visual FoxPro 中的使用。它提供的操作命令可以在 Visual FoxPro 命令窗口直接执行，也可以在程序和对象的事件代码中使用。

6.1.1　SQL 的发展

20 世纪 70 年代，IBM 公司以 Codd 的关系数据库理论为基础开发了 Sequel 并重命名为 SQL，后由 Oracle 公司发布了商业版 SQL。

1986 年，美国国家标准局(ANSI)对 SQL 进行了标准化，定为数据库语言的国家标准，它包括了定义和操作数据的命令。1988 年 4 月，国际标准化组织(ISO)提出了具有完整性特征的 SQL，并将其定为国际标准，推荐它为标准关系数据库语言。1990 年，我国也颁布了《信息处理系统数据语言 SQL》，将其定义为中国国家标准。

SQL 有各种版本，1986 年 ANSI 推出 SQL/86，其后的版本如下。

SQL/89：增加了引用完整性(referntial intergrity)。

SQL/92：被数据库管理系统(DBMS)生产商广泛接受。

SQL/1997+：成为动态网站(dynamic web content)的后台支持。

SQL/2003：包含了 XML 相关内容，自动生成列值(column values)。

SQL/2006：定义了 SQL 与 XML 的关联应用。

Fox 数据库语言系列从 FoxPro 2.5 开始支持 SQL。现在 MS Access、MS SQL Server、Oracle、Sybase 也支持 SQL。

6.1.2　SQL 的主要功能

1. 数据定义

完成数据库对象的创建、修改和删除，如表与视图的创建、索引的创建、存储过程的创建等。

2. 数据操纵

完成数据的插入、修改和删除，如表中记录的插入、修改和逻辑删除。

3. 数据查询

这是 SQL 的核心部分，它只有一条命令即 SELECT，但有很多选项，并且可以嵌套查询。可以完成单表、多表的复杂查询，也是 SQL 中使用最频繁的功能。

4. 数据控制

数据控制用于控制用户对数据的访问权限，也是对数据的一种保护作用，Visual FoxPro 没有权限管理功能，因此嵌入在 Visual FoxPro 中的 SQL 也就没有相关的功能。

6.1.3 SQL 的主要特点

1. SQL 是非过程化语言

使用 SQL 操作数据时，用户只需提出“做什么”，而不必指明“如何做”，一切都由系统自动完成。

2. SQL 是简洁、易用的结构化语言

SQL 结构简洁、功能强大、简单易学，所以自从 IBM 公司 1981 年推出以来，SQL 得到了广泛的应用。如今无论是像 Oracle、Sybase、DB2、Informix、SQL Server 这些大型的数据库管理系统，还是像 Visual FoxPro、PowerBuilder 这些 PC 上常用的数据库开发系统，都支持 SQL 作为查询语言。

3. SQL 是综合通用的语言

SQL 集数据定义、数据操纵、数据查询、数据控制功能于一体，可以独立完成数据库生成周期的全部活动。

4. SQL 是面向集合的操作方式

它以记录集合为操作对象，所有 SQL 语句接受集合作为输入，返回集合作为输出，这种集合特性允许一条 SQL 语句的输出作为另一条 SQL 语句的输入，所以 SQL 语句可以嵌套，这使它具有极大的灵活性和强大的功能，在多数情况下，在其他语言中需要一大段程序实现的功能只需要一个 SQL 语句就可以达到目的，这也意味着用 SQL 可以写出非常复杂的语句。

5. SQL 的两种使用方式

SQL 既可以作为自含式语言单独使用，也可以作为嵌入式语言嵌入到其他高级语言中使用，本书介绍的就是嵌入到 Visual FoxPro 中的使用。

6.2 SQL 数据定义

SQL 使用数据定义语言(Data Definition Language，DDL)完成其数据定义，SQL 数据定义包括表的定义、视图的定义和索引的定义，一共由以下 7 条命令完成。

(1)表的创建：CREATE TABLE。

(2) 表的修改：ALTER TABLE。

(3) 表的删除：DROP TABLE。

(4) 视图的创建：CREATE VIEW。

(5) 视图的删除：DROP VIEW。

(6) 索引的创建：CREATE INDEX。

(7) 索引的删除：DROP INDEX。

本章重点介绍表的定义。

6.2.1 创建表

1. 创建表的基本命令

SQL 用 CREATE TABLE 命令创建数据表的结构。

【命令】CREATE TABLE <表名>(<字段名 1><类型>[(宽度[,小数位数])][，…])

【功能】创建一个含有指定字段定义的数据表结构。

【说明】定义表的各个字段时，需要指定字段的名称、数据类型和长度，常用的字段数据类型如表 6-1 所示。

表 6-1　字段数据类型说明

字段类型	定义格式	字段宽度
字符型	C(*n*)	*n*
数值型	N(*n*,*d*)	长度为 *n*，小数位数为 *d*
日期型	D	系统定义为 8
日期时间型	T	系统定义为 8
逻辑型	L	系统定义为 1
备注型	M	系统定义为 4
通用型	G	系统定义为 4
整型	I	系统定义为 4
货币型	Y	系统定义为 8
浮动型	F(*n*,*d*)	长度为 *n*,小数位数为 *d*

【例 6-1】 创建表 student(学号 C(10)，姓名 C(8)，出生日期 D)。

操作步骤如下。

在 Visual FoxPro 命令窗口中输入并执行以下命令就可以建立数据表 student.dbf。

```
create table student(学号 c(10),姓名 c(8),出生日期 d)
```

新建的表是当前打开的表，用 MODIFY STRUCTURE 可以打开当前表设计器，查看表的结构如图 6-1 所示。

2. 创建表的同时定义完整性约束

Visual FoxPro 中的数据表分为自由表和数据库表，对于数据库表可以定义字段有效性和记录有效性约束。SQL 创建数据库表的同时也可以定义表、字段的完整性约束规则，命令如下：

【命令】CREATE TABLE <表名>(<字段名 1><类型>[宽度[，小数位数]])；

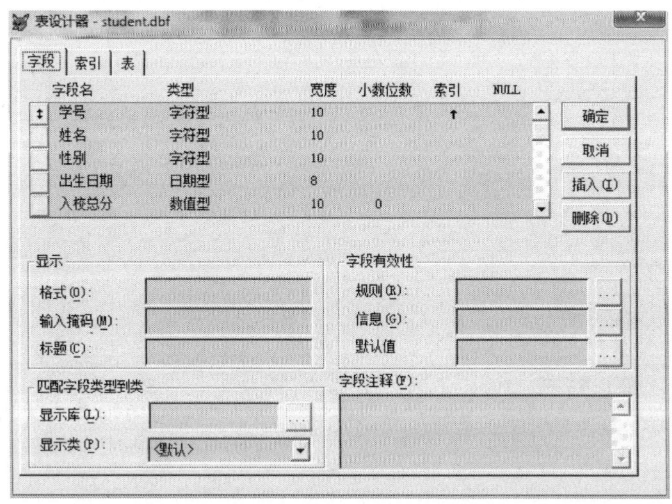

图 6-1　表 student.dbf 的结构

[NOT NULL/NULL][PRIMARY KEY/UNIQUE];
[DEFAULT <表达式 1>][CHECK <逻辑表达式 1>];
[ERROR <字符表达式 1>][,…]

【功能】创建一个表，可以是自由表或数据库表。

【说明】

(1) NOT NULL/NULL：定义字段是否可以为空值，NULL 允许为空值，NOT NULL 不允许为空值。

(2) PRIMARY KEY/UNIQUE：定义表的主索引或候选索引。

(3) DEFAULT：定义字段的默认值，注意定义的默认值的类型与字段的类型要一致。

(4) CHECK：定义字段的有效性规则，注意有效性规则表达式一定是一个逻辑表达式。

(5) ERROR：定义当表中记录违背有效性规则时系统提示的出错信息，注意提示信息是一串字符，且字符的定界符不能省略。

【例 6-2】 创建一个数据库“学生管理.dbc”，然后在该数据库中创建一个数据库表 student1(学号 C(10)，姓名 C(8)，性别 C(2)，入学总分 N(3,0))。要求将学号定义为主索引；性别字段默认值为“男”；入学总分的有效性规则为入校总分>0 分，否则出现错误提示信息“入学总分必须大于 0”。操作步骤如下：

建立数据库“学生管理.dbc”，在命令窗口中执行如下命令：

```
create database 学生管理
```

刚建的数据库是打开的，在命令窗口执行以下表创建的命令，建立的就是数据库表。

```
CREATE TABLE student1(学号 C(10)primary key,姓名 C(8),性别 C(2) DEFAULT ;
"男", 入校总分 n(3)check 入校总分>0 error "入学总分必须大于 0")
```

刚建的表是打开的，用 MODIFY STRUCTURE 打开当前数据表设计器，在“索引”选项卡的下面可以看到“学号”为主索引，“字段”选项卡下定位“性别”或“入校总分”字段时可以看到“性别”或“入校总分”的有效性规则设置，如图 6-2 所示。

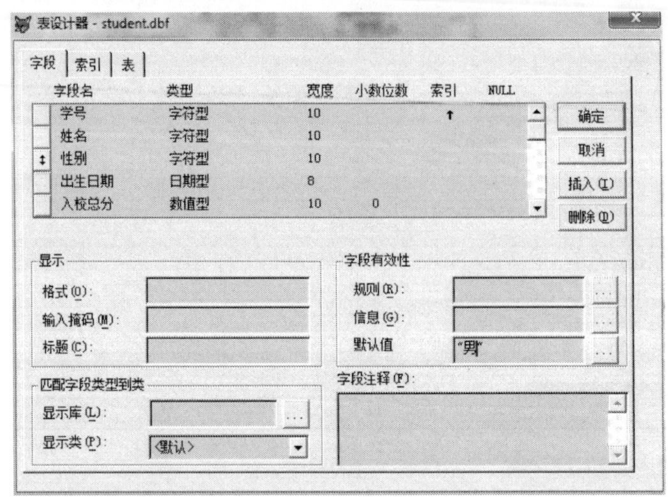

图 6-2　设置了字段默认值的数据库表设计器

6.2.2　修改表的结构

SQL 中，修改表的结构是通过 ALTER TABLE 命令完成的，可以对已有的表结构进行修改，包括增加字段、删除字段、修改字段的类型和宽度、修改字段名。对于数据库表，还可以设置、修改、删除字段有效性规则和默认值等。

1. 修改表结构的基本命令

【命令】ALTER TABLE <表文件名>;
[ADD[COLUMN] <字段名 1><类型>[(宽度[，小数位数])]];
[ALTER[COLUMN]<字段名 2><类型>[(宽度[，小数位数])]];
[DROP[COLUMN]<字段名 3>];
[RENAME[COLUMN]<字段名 4>TO<字段名 5>]

【功能】按要求修改指定的表。该命令相当于前面章节中讲到的打开表文件后，用 MODIFY STRUCTURE 打开表设计器来修改表的结构功能。而该命令对表结构的修改，可以事先不打开表文件，而且不进入表设计器界面，通过命令自动化完成表结构的修改。

注意：用 ALTER TABLE 命令一旦修改某表，某表即为打开状态。

【说明】

(1) ADD：增加一个字段，用多次 ADD 可以增加多个字段。

(2) ALTER：修改表中已存在的字段，可以修改字段类型、宽度，但不能修改字段的名称，注意字段类型、宽度的修改，如果表中原来已有记录，可能对原有记录数据造成丢失和缺席。

(3) DROP：删除一个字段。

(4) RENAME<原字段名>TO<新字段名>：修改字段名称，但不能修改字段类型和宽度。

【例 6-3】 向 student.dbf 表中追加两个字段：入校总分 N(6,1)，照片 G。

在命令窗口中依次输入并执行以下两条命令：

```
alter table student add 入校总分 n(6,1) add 照片 g
```

用 MODIFY STRUCTURE 可以看到 student.dbf 表结构已改成如图 6-3 所示。

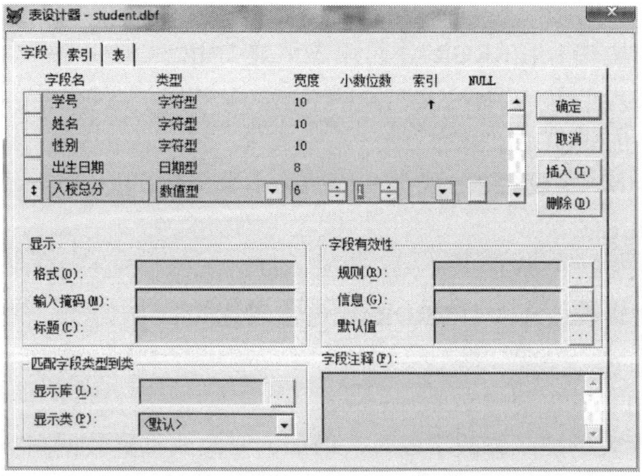

图 6-3　增加字段后的 student.dbf 表结构

注意：因为增加的字段有通用型，系统会自动产生表文件的备注文件 student.fpt。

【例 6-4】 修改 student.dbf 中的字段，将学号修改为 C(12)，入校总分修改为 N(7,2)。

在命令窗口输入并执行以下命令：

```
alter table student alter 学号 C(12) alter 入校总分 n(7,2)
```

同样可以用 MODIFY STRUCTURE 命令查看修改后的表结构。

【例 6-5】 修改 student.dbf 表中的字段名，将“出生日期”改成“出生年月”。

在命令窗口输入并执行以下命令：

```
alter table student rename 出生日期 to 出生年月
```

同样可以用 MODIFY STRUCTURE 命令查看修改后的表结构，注意“出生年月”的字段类型仍然是日期型。

【例 6-6】 删除 student.dbf 表中的“照片”字段。

在命令窗口输入并执行以下命令：

```
alter table student drop 照片
```

同样可以用 MODIFY STRUCTURE 命令查看修改后的表结构，发现“照片”字段不存在了，同时系统会将备注文件 student.fpt 自动删除。

注意：一条命令可以同时跟上多个选项子句，一次性完成字段增加、修改或删除的功能。

2. 修改表结构时定义和删除数据完整性

针对数据库表，用 ALTER TABLE 定义数据表时，可以同时设置、修改或删除数据完整性。这主要表现在对数据库增加字段的同时增加设置该字段的有效性规则，修改字段时重设字段的有效性规则等。

ALTER TABLE 命令的完整格式如下：

【命令】ALTER TABLE <表名>;

[ADD[COLUMN<字段名 1><类型>[(宽度[,小数位数])]];
[NULL/NOT NULL];
[CHECK<逻辑表达式 1>[ERROR<字符串表达式 1>]];
[DEFAULT<表达式 1>];
[PRIMARY KEY |UNIQUE];
[ALTER[COLUMN]<字段名 2><类型>[(宽度[,小数位数])]];
[NULL/NOT NULL];
[SET DEFAULT<表达式 2>];
[SET CHECK<逻辑表达式 2>[ERROR<字符串表达式 2>]];
[DROP CHECK];
[DROP DEFAULT]

【功能】对数据库表增加或修改字段时，增加、修改或重置数据完整性规则。

【例 6-7】 向数据库表 student1.dbf 中增加一个“出生年月 D”，字段有效性规则出生年月中的年>=1990，违反规则时出现提示信息“必须是 1990 年及以后出生！”。

在命令窗口中输入并执行以下命令：

```
alter table student add 出生年月 d;
check year(出生年月)>=1990 error"必须是 1990 年及以后出生！"
```

用 MODIFY STRUCTURE 打开数据库表设计器，可以看到增加了“出生年月”字段，并且按要求设置了字段的有效性规则和提示信息。

【例 6-8】 修改数据库表 student1.dbf 中的字段，给“性别”字段加上字段有效性规则“性别$'男女'”。违反该规则会出现提示信息：“性别只能为男或女！”。

在命令窗口中输入并执行以下命令：

```
alter table student alter 性别 set check 性别$'男女' error"性别只能为男或女！"
```

用 MODIFY STRUCTURE 打开数据库表设计器，可以看到“性别”字段已按要求设置了字段的有效性规则和提示信息。

注意：对某一字段修改时，设置数据完整性(SET DEFAULT、SET CHECK)与删除数据完整性(DROP DEFAULT、DROP CHECK)选项不能同时使用！

6.2.3 删除表

在 SQL 中，删除表用 DROP TABLE 命令完成。被删除的表可以打开或不打开。

【命令】DROP TABLE <表文件名>/?[RECYCLE]

【功能】直接从磁盘上删除指定的表文件。

【说明】

(1)？：会打开删除对话框，让选择要删除的表文件，单击“删除”按钮，就可以将选定的表文件从磁盘上删除。

(2)[RECYCLE]：将删除的表文件放入回收站，是一种逻辑删除，如果不想删除，还可以从回收站中找到并恢复。

【例 6-9】 从磁盘上删除数据库表 student1.dbf。

在命令窗口中输入并执行以下命令：

```
open data 学生管理
drop table student1
```

注意：被删除的数据表可以是打开或不打开的，要彻底删除数据库表，需先将数据库打开。

6.3　SQL 的数据操纵

SQL 的数据操纵包括数据记录插入、记录修改、记录删除。由以下三条命令完成：记录插入为 INSERT INTO，记录更新为 UPDATE，记录删除为 DELETE FROM。

6.3.1　插入记录

插入数据是向已有的数据表中增加记录，SQL 中用 INSERT INTO 命令完成。

【命令】INSERT INTO <表文件名>[（<字段名 1>[,<字段名 2>，…]）]；

VALUES（<表达式 1>[,<表达式 2>，…]）

如果要插入的记录数据来自于数组，可用下面的 INSERT INTO 命令完成记录插入。

```
INSERT INTO <表文件名> FROM ARRAY <数组名>
```

【功能】在指定表的末尾增加一条记录。

【说明】

[（<字段名 1>[,<字段名 2>，…]）]：省略时，将按表结构的字段顺序依次插入新记录的字段值。不可省略部分字段插入数据。

（1）VALUES：子句中表达式值的排列顺序与指定字段的排列顺序一致，个数相同、数据类型相同。

（2）FROM ARRAY：将数组中数组元素的值依次插入到新记录的各字段。

注意：插入记录的数据表可以打开也可以不打开，但一经插入记录后就自动打开了，新插入的记录在表的尾部。

【例 6-10】 向 student.dbf 表中插入一条新记录（"2010110008","张三","男",{^1992-01-01},550），并对新增加的记录复制产生一条新记录。

在命令窗口输入并执行以下命令：

```
insert into student values("2010110008","张三","男",{^1992-01-01},550,,
"memo","gen")
```

用 LIST 命令可查看到 student.dbf 中有一条记录如图 6-4 所示。

记录号	学号	姓名	性别	出生日期	入校总分	三好生	简历	照片
1	2010110001	王小明	男	08/13/92	590.0	.F.	memo	gen
2	2010110002	陈钢	男	03/24/93	568.0	.T.	memo	gen
3	2010110003	李花	女	09/29/91	565.0	.F.	memo	gen
4	2010110004	刘敏	男	10/02/91	570.0	.F.	memo	gen
5	2010110005	张小莉	女	03/01/92	595.0	.F.	memo	gen
6	2010110006	李红	女	03/12/90	570.0	.T.	memo	gen
7	2010110007	王阳	男	03/18/92	586.0	.T.	memo	gen
8	2010110008	张三	男	01/01/92	550.0	.F.	memo	gen

图 6-4　插入一条记录的数据表 student.dbf

```
skip -1
scatter to abc      &&将当前记录各字段值复制成数组的数组元素值
insert into student from array abc
```

用 LIST 命令可查看到当前表 student.dbf 有两条记录如图 6-5 所示。

记录号	学号	姓名	性别	出生日期	入校总分	三好生	简历	照片
1	2010110001	王小明	男	00/13/92	590	.F.	memo	gen
2	2010110002	陈钢	男	03/24/93	568	.T.	memo	gen
3	2010110003	李花	女	09/29/91	565	.F.	memo	gen
4	2010110004	刘敏	男	10/02/91	570	.F.	memo	gen
5	2010110005	张小莉	女	03/01/92	595	.F.	memo	gen
6	2010110006	李红	女	03/12/90	578	.T.	memo	gen
7	2010110007	金阳	男	03/18/92	586	.T.	memo	gen
8	2010110008	张三	男	01/01/92	550	.F.	memo	gen
9	2010110008	张三	男	01/01/92	550	.F.	memo	gen

图 6-5　对插入记录复制产生新记录的 student.dbf

6.3.2　修改记录

在 SQL 中，用 UPDATE 对表中的一个或多个数据记录进行字段值有规律的修改。

【命令】UPDATE <表名> SET<字段名 1>=<表达式 1>[，<字段名 2>=<表达式 2>,…];
[WHERE <条件 1>[AND/OR<条件 2>…]]

【功能】对表中一个或多个记录的某些字段值进行修改。

【说明】

(1) SET：指明要修改的字段及其修改后的值。

(2) WHERE <条件>：指明哪些记录将被修改，如果省略，所有记录都要修改。

与前面章节讲的 REPLACE 命令对表中记录修改功能相同，但该命令对表中记录修改时可以不事先打开表文件。

【例 6-11】 修改“学生.dbf”表记录，将所有三好生的入校总分加 5 分。

在命令窗口中输入并执行以下命令：

```
update 学生 set 入校总分=入校总分+5 where 三好生
```

可用 LIST 命令查看修改的“学生.dbf”情况。

6.3.3　删除记录

SQL 中，用 DELETE FROM 命令删除表中的记录，这种删除只是一种逻辑删除，相当于前面章节中给记录打删除标记的命令 DELETE。但 DELETE FROM 命令在对记录打删除标记时，表可以不打开，一旦执行该命令后，相应的表会自动打开。

【命令】DELETE FROM <表文件名> [WHERE <条件 1>[AND/OR<条件 2>…]]

【功能】逻辑删除表中的一条或多条记录。

【说明】

<表文件名>：指要删除记录的表文件的名称。

WHERE <条件>：指明要删除的记录，省略时对所有记录打上删除标记，对记录条件多重限制时可以用 AND 或 OR 将条件连接起来。

【例 6-12】 逻辑删除“选课.dbf”中课程号为“C130”的记录。

在命令窗口中输入并执行以下命令：

```
set delete off
delete from 选课 where 课程号="C130"
```

可用 LIST 命令查看到的选课.dbf 表记录如图 6-6 所示。

记录号	学号	课程号	成绩
1	2010110001	C110	88.00
2	2010110001	C120	80.00
3	2010110004	C110	90.00
4	*2010110001	C130	86.00
5	2010110002	C110	86.00

图 6-6　打了删除标记的选课.dbf

表中课程号为“C130”的记录打上了删除标记“*”。

6.4　SQL 的数据查询

数据查询是指将数据库中的数据按指定的条件和顺序进行检索输出。在 SQL 中，数据查询是用 SELECT 命令完成的。SQL 数据查询是 SQL 的核心部分，它可以完成单表、多表数据筛选、统计、分组、排序等。SELECT 命令提供的众多选项及灵活的使用方法，使得其具有丰富的功能，也是 SQL 广泛使用的一条命令语句。

6.4.1　SELECT 查询语句格式

SELECT 命令语句的一般格式如下：

【命令】SELECT[ALL/DISTINCT][TOP<数值表达式>[PERCENT]];
[<别名>]<列表达式>[AS<列名>][,[<别名>]<列表达式>[AS<列名>],…];
FROM[<数据库名>!]<表名>[,[<数据库名！>]<表名>,…];
[INNER/LEFT/RIGHT/FULL JOIN[<数据库名>]<表名>[ON<联接条件>…]];
[INTO TABLE/DBF <新表名>]/[INTO CURSOR<临时表名>];
[TO FILE <文本文件名>]/[TO SCREEN]/[TO PRINTER];
[WHERE<联接条件>[AND]<联接条件>…];
[AND/OR<筛选条件>[AND/OR<筛选条件>…]];
[GROUP BY<列名>[,<列名>,…]][HAVING <筛选条件>];
[ORDER BY <列名>[ASC/DESC][,<列名>[ASC/DESC],…]]

【功能】从一个表或多个表中检索指定的数据，实现数据查询。

【说明】

(1) SELECT：选定查询结果记录中要输出的字段、常量、表达式。如果是所有字段都要输出可用“*”表示；对于多表查询，某表中的所有字段都要输出，可用“表名.*”表示。

(2) ALL/DISTINCT：此两项表示是输出全部查询记录还是消除重复记录。省略时指的是 ALL，要消除重复记录，DISTINCT 不能省略。TOP<数值表达式>[PERCENT]：指定查询结果中包括指定的行数，或者是包含行数的百分比。TOP 必须与 ORDER BY 同时使用才有效。

(3) [<别名>]<列表达式>[AS<列名>]：其中<列表达式>可以是 FROM 子句中指明的数据表中的字段名，也可以是表达式。AS<列名>表示可以给查询结果的列重新命名。当对多表进行查询，多表存在同名字段时，<别名>选项不能省略。

(4) FROM：列出查询要用的所有数据表。<数据库名！>指明包含该表的非当前数据库。

(5) INNER/LEFT/RIGHT/FULL JOIN：指明多表联接查询时多表联接的类型。INNER JOIN 为内联接，LEFT JOIN 为左外联接，RIGHT JOIN 为右外联接，FULL JOIN 为全外联接。ON <联接条件>：指明多表联接的条件。

(6) [[INTO TABLE/DBF <新表名>]/[INTO CURSOR<临时表名>][TO FILE <文本文件名>]/[TO SCREEN]/[TO PRINTER]]：指明查询的去向，如果省略，将在查询窗口输出结果。INTO TABLE/DBF<新表名>：指明输出到数据表，会创建一个新表文件(.DBF 及.FPT)。INTO CURSOR <临时表名>：指出输出到临时表，在内存中，但是当前可以立即操作。TO FILE <文本文件名>：指明将查询结果输出到文本文件(.TXT)；TO SCREEN 输出到屏幕；TO PRINTER 输出到打印机，同时，在打印机上打印出来。

(7) WHERE <条件>：用来指明多表联接的条件或查询结果记录必须满足的筛选条件。

(8) GROUP BY：将查询结果按指定的一列或多列的值进行分组，值相同的为一组。HAVING 指定查询结果中各组应满足的条件。

(9) ORDER BY：指定一列或多列的数据排序的依据。[ASC/DESC]：指明排序为升序还是降序，省略时为升序。

SELECT 语句中各子句的使用可分为简单查询、条件查询、计算查询、分组查询、统计查询、联接查询、嵌套查询和集合查询。

完成通常情况下的查询可以将 SELECT 语句简化成如下格式使用。

```
SELECT <表达式列表> FROM <表文件名列表>;
[WHERE <条件>];
[[INTO TABLE/DBF <新表名>]/[INTO CURSOR <临时表名>]/[TO FILE <文件名>]/[TO
SCREEN]];
[GROUP BY <列名 1>[,…]][HAVING]<筛选条件>;
[ORDER BY <列名 1>[ASC/DESC][,…]]
```

6.4.2 简单查询

一般把对单表进行部分列或全部列的查询称为简单查询，又称为投影查询。简单查询又分为带条件的和不带条件的查询两种，本书主要介绍无条件的简单查询。

1. 查询全部字段

要查询表中所有字段，SELECT 后的字段名列表可以用“*”表示所有字段，而不需要将字段名一一列出。

SELECT 语句简化成：SELECT * FROM <表名>。

【例 6-13】 查询“学生.dbf”表中所有数据。

在命令窗口中输入并执行以下命令：

```
select * from 学生
```

查询的结果如图 6-7 所示。

2. 查询部分字段

如果要查询表中的部分字段，将要查询的字段写在 SELECT 后，字段名之间用逗号分隔。

查询

学号	姓名	性别	出生日期	入校总分	三好生	简历	照片
2010110001	王小明	男	08/13/92	590	F	memo	gen
2010110002	陈钢	男	03/24/93	568	T	memo	gen
2010110003	李花	女	09/29/91	565	F	memo	gen
2010110004	刘敏	男	10/02/91	570	F	memo	gen
2010110005	张小莉	女	03/01/92	595	F	memo	gen
2010110006	李红	女	03/12/90	578	T	memo	gen
2010110007	金阳	男	03/18/92	586	T	memo	gen
2010110008	张三	男	01/01/92	550		memo	gen
2010110008	张三	男	01/01/92	550	F	memo	gen

图 6-7　查询“学生.dbf”的全部数据

SELECT 语句格式简化成：SELECT <字段名 1>[,<字段名 2>[,…]][FROM<表名>]。

【例 6-14】 查询“学生.dbf”表中的姓名、出生年月、入校总分。

在命令窗口中输入并执行以下命令：

```
select 姓名，出生年月，入校总分 from 学生
```

查询结果如图 6-8 所示。

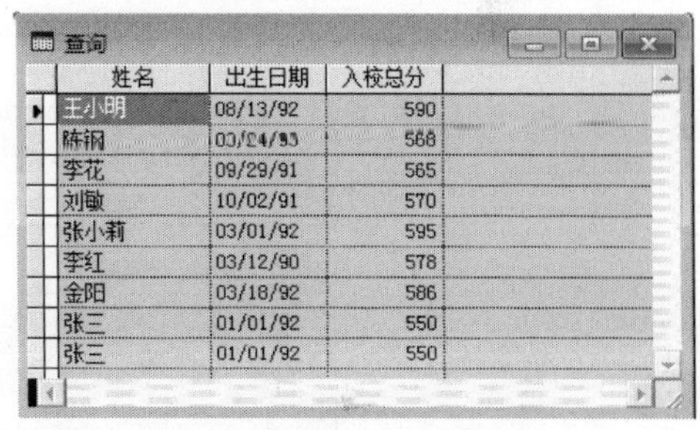

查询

姓名	出生日期	入校总分
王小明	08/13/92	590
陈钢	03/24/93	568
李花	09/29/91	565
刘敏	10/02/91	570
张小莉	03/01/92	595
李红	03/12/90	578
金阳	03/18/92	586
张三	01/01/92	550
张三	01/01/92	550

图 6-8　部分字段查询结果

3. 去掉重复记录的查询

在 SELECT 语句中可以使用 DISTINCT 子句来去掉查询结果中的重复记录。例如，选课.dbf 表，由于一个学生可以选择多门课程，因此在选课表中学号字段的取值有相同情况。而如果查询结果同一学号只想出现一次，SELECT 语句中的 DISTINCT 就不能省略。

【例 6-15】 查询“选课.dbf”表中的学号，要求在查询结果记录中相同的学号只能出现一次。

在命令窗口输入并执行以下命令：

```
select distinct 学号 from 选课
```

查询结果如图 6-9 所示。

注意：此处消除的重复记录，是指 SELECT 后各列取值完全相同的记录，而不仅仅是 SELECT 后某列的取值相同。

因此，下面的 SELECT 命令查询得到的结果如图 6-10 所示。

```
select distinct 学号，课程号 from 选课
```

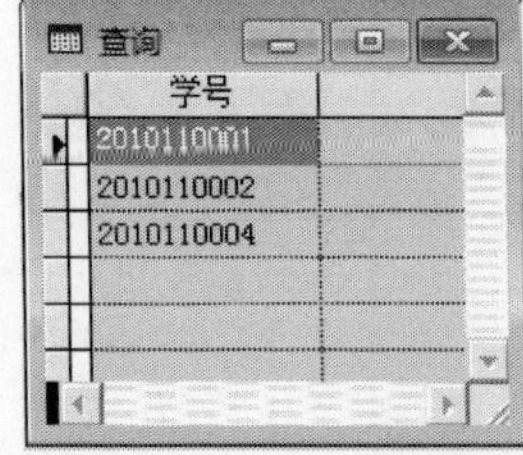

查询

学号
2010110001
2010110002
2010110004

图 6-9　去掉重复学号的查询

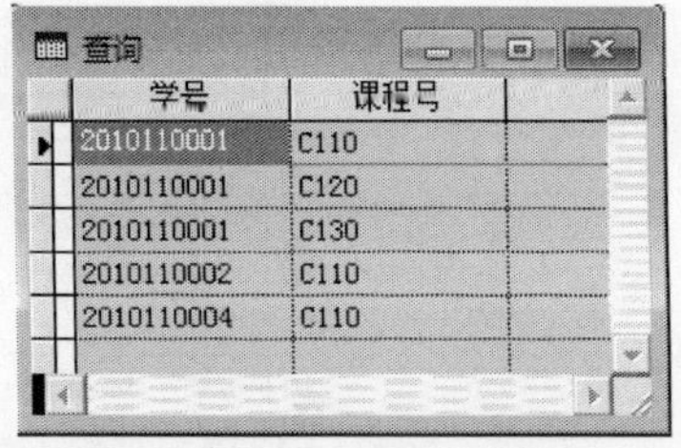

查询

学号	课程号
2010110001	C110
2010110001	C120
2010110001	C130
2010110002	C110
2010110004	C110

图 6-10　学号相同并未去掉

4. 查询结果的排序

若要查询结果按指定的一列或多列取值排序，ORDER BY 子句不能缺少。

【例 6-16】 查询“学生.dbf”表的全部数据，要求查询输出结果首先按性别升序排列，性别相同时按入校总分降序排列。

在命令窗口输入并执行以下命令：

```
select * from 学生 order by 性别，入校总分 desc
```

查询的结果首先按性别升序排列，性别相同时才按入校总分降序排列。

5. 筛选前若干条记录

当用 ORDER BY 对查询结果进行排序后，就可以用 TOP <数值表达式>[PERCENT]子句限制只查询输出前若干条记录。

【例 6-17】 查询“学生.dbf”表的全部数据，要求查询结果按入校总分降序排列，并且只输出前 3 条记录。

在命令窗口中输入并执行以下命令：

```
select  top 3 * from 学生 order by 入校总分 desc
```

查询结果如图 6-11 所示。

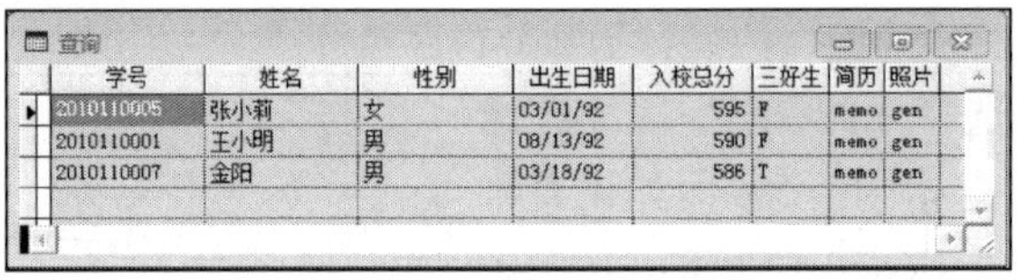

查询

学号	姓名	性别	出生日期	入校总分	三好生	简历	照片
2010110005	张小莉	女	03/01/92	595	F	memo	gen
2010110001	王小明	男	08/13/92	590	F	memo	gen
2010110007	金阳	男	03/18/92	586	T	memo	gen

图 6-11　查询学生.dbf 表中入校总分前 3 条记录

思考：上面的命令在 top 3 后加上 percent 的结果会怎么样？

6. 重设输出列的列名

查询输出列可以是字段，也可以是表达式，要重设输出列的标题，在输出的表达式后用 AS <列名>子句来完成。

【例 6-18】 查询输出“学生.dbf”表中的学号、姓名、年龄，并按年龄降序排列。

注意：学生.dbf 表中只有出生年月字段。

在命令窗口输入并执行以下命令：

```
select 学号，姓名，year(date())-year(出生年月)as 年龄 from 学生 order by 3 desc
```

查询的结果如图 6-12 所示。

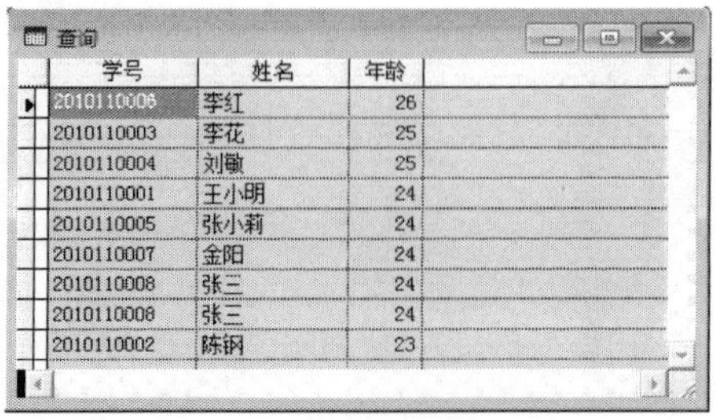

查询

学号	姓名	年龄
2010110006	李红	26
2010110003	李花	25
2010110004	刘敏	25
2010110001	王小明	24
2010110005	张小莉	24
2010110007	金阳	24
2010110008	张三	24
2010110008	张三	24
2010110002	陈钢	23

图 6-12　重设列名的查询结果

思考：如果上面的命令中没有“as 年龄”，输出的列名将是什么？能否将“order by 3”写成“order by 年龄”？

6.4.3　条件查询

若要在数据表中找出满足某些条件的记录，用 WHERE 子句来指明查询的条件。查询条件中常用的运算符如表 6-2 所示。

表 6-2　查询条件中常用的运算符

运算符	含义
=、>、<、>=、<=、<>、#、!=、==	比较大小
NOT、AND、OR	多重条件的连接运算符
BETWEEN AND、NOT BETWEEN AND	确定范围
IN、NOT IN	集合运算
LIKE、NOT LIKE	字符匹配
IS NULL、NOT IS NULL	控制查询

1. 比较大小

【例 6-19】 查询“学生成绩.dbf”表中英语比数学好的学生数据。

在命令窗口中输入并执行以下命令：

```
select * from 学生成绩 where 英语 > 数学
```

2. 多重条件查询

当查询条件是一个以上时，多个条件之间用 and、or 将其连接成复合条件。

【例 6-20】 查询“学生.dbf”中 1992 年出生的男生。

在命令窗口中输入并执行以下命令：

```
select * from 学生 where 性别="男".and.year(出生年月)=1992
```

【例 6-21】 查询“学生成绩.dbf”表中数学大于等于 80 或英语大于等于 80 并且性别为男的学生。

在命令窗口中输入并执行以下命令：

```
select * from 学生成绩 where 性别="男".and.(数学>=80.or.英语>=80)
```

查询的结果如图 6-13 所示。

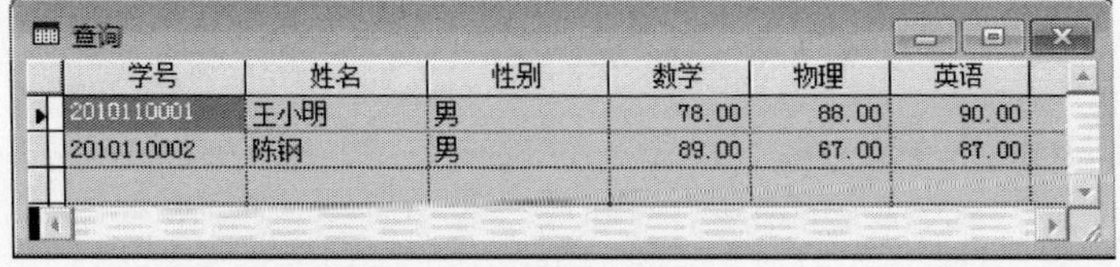
查询

学号	姓名	性别	数学	物理	英语
2010110001	王小明	男	78.00	88.00	90.00
2010110002	陈钢	男	89.00	67.00	87.00

图 6-13　多重条件查询

3. 确定范围查询

若查询条件在一个确定的范围内，条件可用 BETWEEN AND 子句进行。

确定范围的子句格式如下：

```
BETWEEN <下界表达式> AND <上界表达式>
```

其含义是“在下界和上界表达式之间，且含上界和下界的值”，若查询不在某范围之内，将 BETWEEN 换成 NOT BETWEEN 即可。

【例 6-22】 查询“学生.dbf”表中入校总分在 580~600 的学生。

在命令窗口中输入并执行以下命令：

```
select * from 学生 where 入校总分 between 580 and 600
```

【例 6-23】 查询“选课.dbf”表中成绩不在 80 到 90 之间的记录。

在命令窗口中输入并执行以下命令：

```
select * from 选课 where 成绩 not between 80 and 90
```

查询结果如图 6-14 所示。

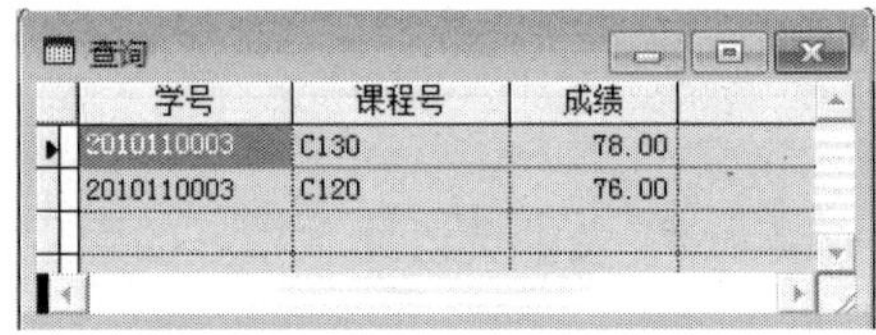

学号	课程号	成绩
2010110003	C130	78.00
2010110003	C120	76.00

图 6-14　确定范围的查询结果

与下面的命令是等价的。

```
select * from 选课 where 成绩 < 80 .or. 成绩 > 90
```

4. 确定集合

若查询字段的取值属于指定的集合，条件可用 IN 子句完成。查询不属于某集合用 NOT IN 子句。

【例 6-24】 查询“学生.dbf”表中姓“张”和“李”的记录。

在命令窗口输入并执行以下命令：

```
select * from 学生 where 姓名 in("张","李")
```

【例 6-25】 查询“学生.dbf”表中不姓“张”“李”“王”的记录。

在命令窗口中执行以下命令：

```
select * from 学生 where 姓名 not  in("张","李","王")
```

查询结果如图 6-15 所示。

学号	姓名	性别	出生日期	入校总分	三好生	简历	照片
2010110002	陈钢	男	03/24/93	568	T	memo	gen
2010110004	刘敏	男	10/02/91	570	F	memo	gen
2010110007	金阳	男	03/18/92	586	T	memo	gen

图 6-15　集合查询

5. 模糊查询

当用户不知道精确的比较条件时，可以用 LIKE 或 NOT LIKE 子句进行字符串的部分匹配查询，这种查询称为模糊查询。

LIKE 或 NOT LIKE 子句的一般格式如下：

```
<字段名> LIKE/NOT LIKE <字符串常量>
```

【说明】<字段名>：所指明的字段类型必须为字符型。字符串常量中可以包含以下两个通配符。

%：代表任意长度的字符串。

：下划线，代表任意一个字符，一个汉字也用一个“”表示。

【例 6-26】 查询“教师.dbf”中职称中含有“教”字的教师记录，如“教授”“副教授”“助教”。

在命令窗口中输入并执行以下命令：

```
select *from 教师 where 职称 like"%教%"
```

查询结果如图 6-16 所示。

查询

教师号	姓名	职称	工资	政府津贴
t1101	周密	教授	4900.00	T
t1103	孙立波	副教授	4100.00	F
t1105	赵辉	助教	2500.00	F

图 6-16　模糊查询

与下面的查询命令是等价的。

```
select * from 教师 where "教"$职称
```

【例 6-27】 查询“学生.dbf”表中姓名不是两个字的记录。

在命令窗口中输入并执行以下命令：

```
select * from 学生 where 姓名 not  like "_ _"
```

注意：两个字，可以是两个汉字，也可以是两个英文字符。

6. 空值查询

SELECT 查询其字段取值是否为空，用 IS NULL 或 IS NOT NULL 子句完成，注意这里的 IS 不能用“=”表示。

【例 6-28】 查询“教师.dbf”表中工资不为空的记录。

在命令窗口中输入并执行以下命令：

```
select * from 教师 where 工资 is not null
```

注意：此处 null 指明的空值不是空格和 0 值，因此，即使工资字段未填充或填充为 0，在查询结果中该记录还是会出现。

6.4.4 计算查询

在查询的实际应用中，往往还需要对查询的结果进行计算。SQL 提供了很多统计计算函数，以增强其数据查询的功能。常用统计计算函数如表 6-3 所示。这些函数的参数可以是字段名或表达式，还可以使用 DISTINCT 或 ALL，如果用了 DISTINCT，计算时将取消列中的重复值，若系统默认为 ALL，不取消重复值。

表 6-3　常用的统计计算函数

函数名称	功能
COUNT	统计查询结果的记录(行)数，参数可以为*
AVG	按列计算平均值。列的类型只能是数值型
SUM	按列计算总和。列的类型只能是数值型
MAX	按列求最大值
MIN	按列求最小值

注意：COUNT(*)用来统计记录的个数：不消除重复行，不使用 DISTINCT。

【例 6-29】 统计“选课.dbf”表选课人数、最高分及最低分，人数统计消除重复学号。

在命令窗口中输入并执行以下命令：

```
select count(distinct 学号) as 选课人数,max(成绩) as 最高分,min(成绩) as 最低分 from 选课
```

查询统计计算的结果如图 6-17 所示。

注意：as 子句中的 as 可以省略，查询结果显示是一样的！即与下述语句的执行结果相同。

```
select count(distinct 学号) 选课人数,max(成绩) 最高分,min(成绩) 最低分 from 选课
```

但是，如果整个 as 子句都省略，如下：

```
select count(distinct 学号),max(成绩),min(成绩) from 选课
```

以上查询的结果显示如图 6-18 所示，注意查询结果列的列名的变化情况。

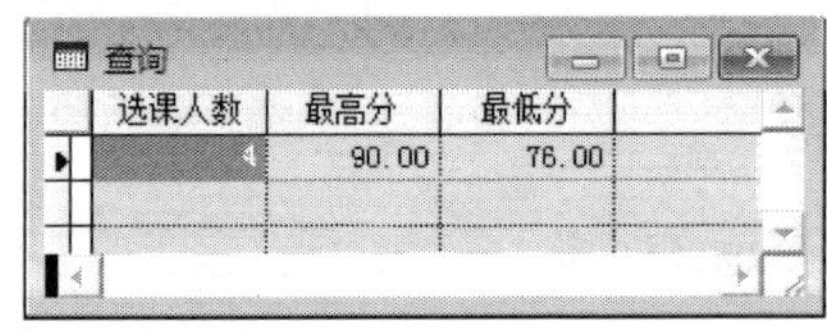

图 6-17　统计计算查询

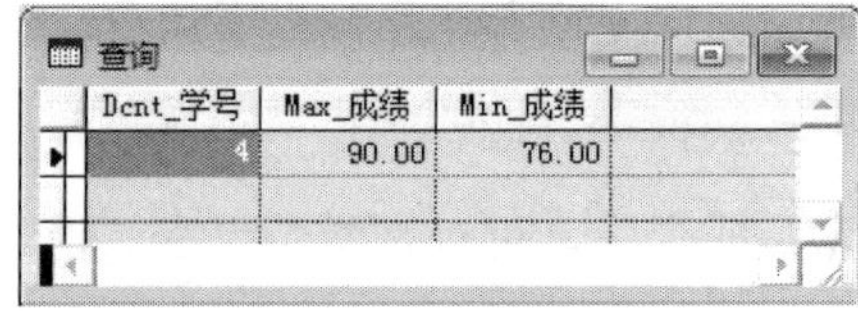

图 6-18　省略整个 as 子句的统计计算查询

思考：如果去掉子句 distinct 查询结果又将怎样？

6.4.5 分组与统计查询

1. 分组查询

用子句 GROUP BY 将查询的结果按照某个字段或多个字段取值进行分组，每组在某个字段或多个字段上取值相同，一组在查询结果中只出现一行。此时使用统计计算函数是对同一组的记录进行计算和统计。

【例 6-30】 查询“选课.dbf”表中每门课程的选课人数，并计算每门课程的平均分。

在命令窗口输入并执行以下命令：

```
select 课程号,count(*) as 选课人数, avg(成绩) as 平均分 from 选课 group by 课程号
```

查询结果如图 6-19 所示。

2. 限定查询

用子句 HAVING 来限定分组查询中的分组，该子句必须与 GROUP BY 配合使用，才能限定查询分组。

【例 6-31】 查询“选课.dbf”表中一门课程至少有三个人选课的课程号和选课人数，并计算课程的平均分。

在命令窗口输入并执行以下命令：

```
select 课程号,count(*) as 选课人数,avg(成绩) as 平均分 from 选课 group by 课程号 having count(*)>=3
```

查询结果如图 6-20 所示。

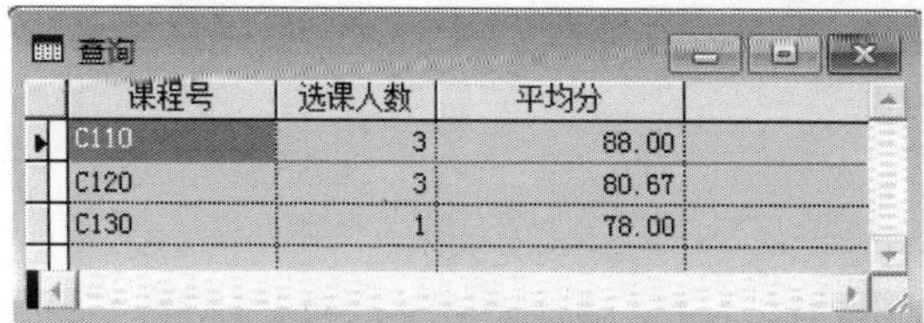

课程号	选课人数	平均分
C110	3	88.00
C120	3	80.67
C130	1	78.00

图 6-19　按课程号的分组查询

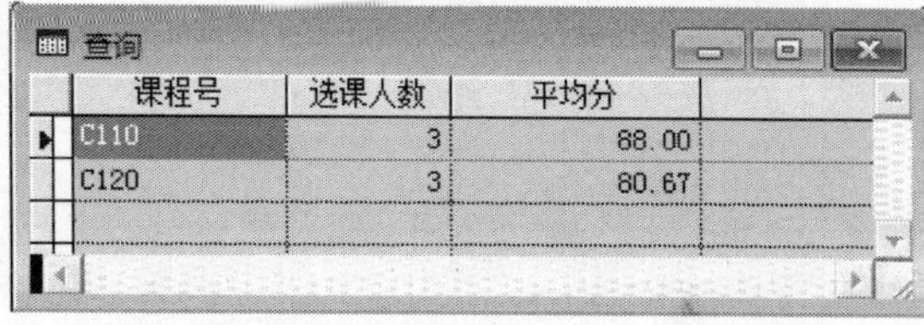

课程号	选课人数	平均分
C110	3	88.00
C120	3	80.67

图 6-20　限定至少有 3 人选课的分组查询

6.4.6 联接查询

当查询的数据来自多表时，称为联接查询。联接查询分为内联接查询和外联接查询。SQL 可以使用以下两种方法完成表的联接。

(1) 使用 WHERE 条件子句进行联接。

(2) 使用联接关键字 JOIN 进行联接。

用 WHERE 条件子句只能完成内联接，关键字 JOIN 可以完成内联接，也可以进行外联接。

联接的条件表达式通常为：表 1.公共字段=表 2.公共字段。

1. 内联接查询

内联接查询是多个表中满足条件的记录才出现在查询结果中的一种查询，可以用 WHERE 条件子句和 JOIN 完成。

【例 6-32】 在“学生.dbf”“选课.dbf”中查询学生选课情况，查询输出学号、姓名、课程号、成绩。在命令窗口输入并执行以下命令：

```
select 学生.学号，姓名，课程号，成绩 from 学生，选课 where 学生.学号=选课.学号
```

查询结果如图 6-21 所示，与下面用 join 联接完成的查询的结果一样。

```
select 学生.学号，姓名，课程号，成绩 from 学生 inner join 选课 on 学生.学号=选课.学号
```

语句中的 inner 可以省略，省略时 join 默认为内联接。

注意：“学生.学号”中的“学生.”不能省略，因为“学生.dbf”“选课.dbf”两表中都有学号字段，否则会出现“学号不唯一，必须加以限定。”的警告提示对话框，从而不能完成指定的查询。

【例 6-33】 在“学生.dbf”“选课.dbf”“课程.dbf”中查询学生选课情况，查询输出其学号、姓名、课程名、成绩。

在命令窗口中输入并执行以下命令：

```
select 学生.学号，姓名，课程号，成绩 from 学生，选课，课程;
where 学生.学号=选课.学号 .and. 选课.课程号=课程.课程号
```

查询结果如图 6-22 所示。

查询

学号	姓名	课程号	成绩
2010110001	王小明	C110	88.00
2010110001	王小明	C120	80.00
2010110002	陈钢	C110	86.00
2010110003	李花	C120	76.00
2010110003	李花	C130	78.00
2010110004	刘敏	C110	90.00
2010110004	刘敏	C120	86.00

图 6-21　两表内联接查询

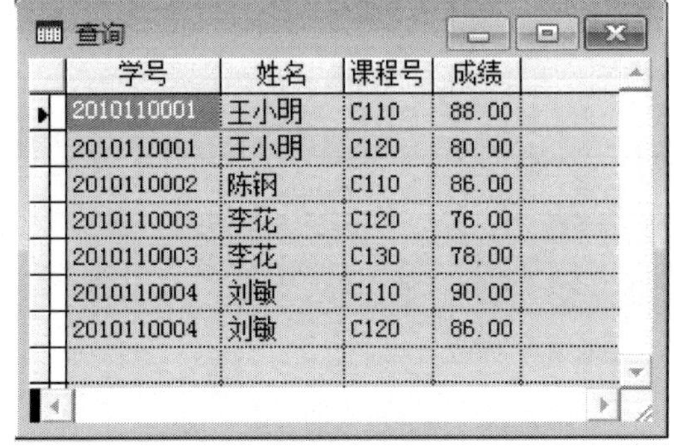

查询

学号	姓名	课程号	成绩
2010110001	王小明	C110	88.00
2010110001	王小明	C120	80.00
2010110002	陈钢	C110	86.00
2010110003	李花	C120	76.00
2010110003	李花	C130	78.00
2010110004	刘敏	C110	90.00
2010110004	刘敏	C120	86.00

图 6-22　三表内联接查询

等价于下面的 join 完成的三表内联接查询。

```
select 学生.学号，姓名，课程.课程号，成绩 from 学生 join 选课 join 课程;
on 学生.学号=选课.学号 on 选课.课程号=课程.课程号
```

注意：两个 on 子句不能交换位置。

2. 外联接查询

SQL 外联接查询分为左联接、右联接、全联接，通过 LEFT/RIGHT/FULL JOIN 子句完成外联接。不是满足条件的记录才在查询结果中出现，查询的数据记录在联接的两表中只要有一个出现，在结果中都有可能出现。

联接表达式：表 1.公共字段=表 2.公共字段。

表 1 联接两表的左边，表 2 为右边。

左联接(LEFT JOIN)：只要左表中有，在查询结果中都会有。

右联接(RIGHT JOIN)：只要右表中有，在查询结果中都会有。

全联接(FULL JOIN)：只要左、右两边任何一方有查询结果都会有。

【例 6-34】 对“学生.dbf”“选课.dbf”两表，进行左联接、右联接、全联接查询，查询输出其学号、姓名、课程号、成绩。

提示：“学生.dbf” 表中有七个学号不同的记录，其中只有五个学号在 “选课.dbf” 进行选课。

在命令窗口输入并执行以下三个命令：

```
select 学生.学号,姓名,课程号,成绩 from 学生 left join 选课 on 学生.学号=选课.学号
select 学生.学号,姓名,课程号,成绩 from 学生 right join 选课 on 学生.学号=选课.学号
select 学生.学号, 姓名,课程号,成绩 from 学生 full join 选课 on 学生.学号=选课.学号
```

左联接查询的结果如图 6-23 所示，注意课程号、成绩字段的填充情况。

3. 自联接查询

SQL 还支持将同一个表进行自身联接的查询，称为自联接查询。在自联接查询中必须将涉及的表定义别名，在查询涉及的字段前面用别名加以限制。相当于将一个表在多个工作区中同时以共享的方式打开的查询。

定义表的别名，通过 “FROM <表名> [AS] <别名>” 子句完成，如 FROM 学生 A。

【例 6-35】 查询 “学生.dbf” 表中与 “王小明” 同年出生的学生记录，查询输出其学号、姓名、出生年月。

在命令窗口输入并执行以下命令：

```
select a.学号,a.姓名,a.出生年月 from 学生 a,学生 b;
where year(a.出生年月)=year(b.出生年月).and.b.姓名="王小明"
```

查询结果如图 6-24 所示。

查询

学号	姓名	课程号	成绩
2010110001	王小明	C110	88.00
2010110001	王小明	C120	80.00
2010110001	陈钢	C110	88.00
2010110001	陈钢	C120	80.00
2010110001	李花	C110	88.00
2010110001	李花	C120	80.00
2010110001	刘敏	C110	88.00
2010110001	刘敏	C120	80.00
2010110001	张小莉	C110	88.00
2010110001	张小莉	C120	80.00
2010110001	李红	C110	88.00
2010110001	李红	C120	80.00
2010110001	金阳	C110	88.00
2010110001	金阳	C120	80.00

图 6-23　左联接查询

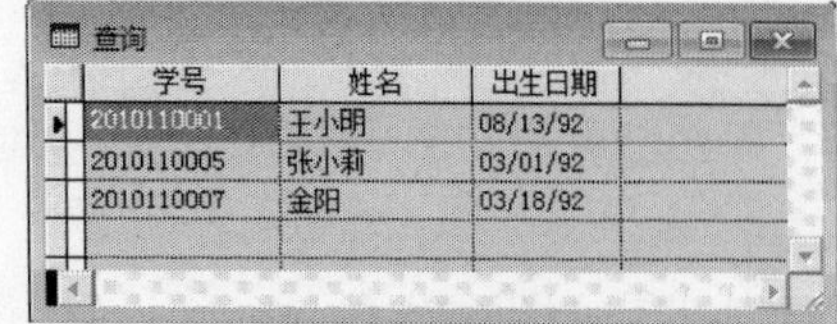

查询

学号	姓名	出生日期
2010110001	王小明	08/13/92
2010110005	张小莉	03/01/92
2010110007	金阳	03/18/92

图 6-24　自联接查询

6.4.7 嵌套查询

SQL 中，将 SELECT-FROM-WHERE 称为一个查询块，如果一个查询块(子查询或内层查询)嵌套在另一个查询块(父查询或外层查询)的 WHERE 条件或 HAVING 条件子句中，这种查询称为嵌套查询。即将子查询的结果作为父查询的条件查询。适合查询的条件未直接给出而必须来自于另外一个查询的结果的查询要求。

1. 比较运算的子查询

当子查询的结果是一个单值时，可以用比较运算符=、>、<、>=、<=、<>等生成父查询的条件。

【例 6-36】 查询“教师.dbf”表中职称与“陈静”职称相同的教师记录。

在命令窗口输入并执行以下命令：

```
select * from 教师 where 职称=(select 职称 from 教师 where 姓名="陈静")
```

查询结果如图 6-25 所示。

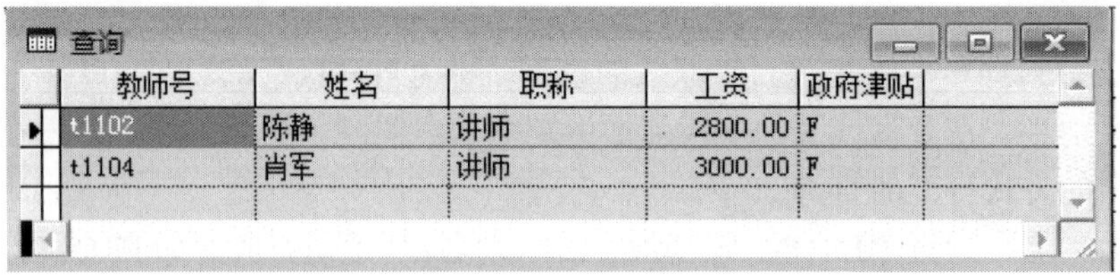

教师号	姓名	职称	工资	政府津贴
t1102	陈静	讲师	2800.00	F
t1104	肖军	讲师	3000.00	F

图 6-25　职称与“陈静”职称相同的查询

【例 6-37】 查询“学生.dbf”表中与“王小明”同年出生的记录。

在命令窗口输入并执行以下命令：

```
select * from 学生 where year(出生年月)=(;
select year(出生年月) from 学生 where 姓名="王小明")
```

2. IN 谓词子查询

子查询结果是一个集合，外层父查询可以用 IN 谓词来表示查询条件。一般格式如下：

```
父查询 WHERE 字段 [NOT] IN （子查询）
```

【例 6-38】 查询“学生.dbf”“选课.dbf”中“王小明”所选课程的选课情况，要求输出学号、姓名、课程号、成绩。

在命令窗口输入并执行以下命令：

```
select 学生.学号，姓名，课程号，成绩 from 学生，选课;
where 学生.学号=选课.学号 .and.课程号 in(;
select 课程号 from 学生,选课 where 学生.学号=选课.学号 .and.姓名="王小明")
```

查询结果如图 6-26 所示。

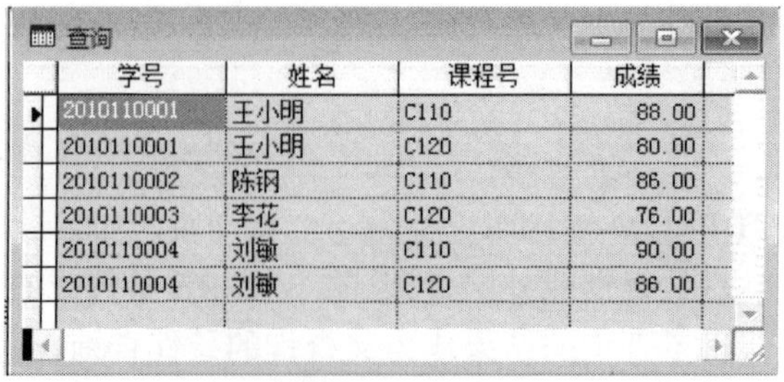

学号	姓名	课程号	成绩
2010110001	王小明	C110	88.00
2010110001	王小明	C120	80.00
2010110002	陈钢	C110	86.00
2010110003	李花	C120	76.00
2010110004	刘敏	C110	90.00
2010110004	刘敏	C120	86.00

图 6-26　IN 谓词嵌套查询

3. 带 EXISTS 谓词的子查询

在嵌套查询中，用 EXISTS 和 NOT EXISTS 来检查子查询是否有结果返回。使用 EXISTS，若子查询结果为空，外层父查询的 WHERE 条件为真，否则为假。使用的一般格式如下：

```
父查询 WHERE [NOT] EXISTS 子查询
```

【例 6-39】 查询“选课.dbf”“课程.dbf”表中学号为“201010003”所选课程的课程号、课程名、课时。在命令窗口输入并执行以下命令：

```
select * from 课程 where exist(select * from 选课;
where 选课.课程号=课程.课程号.and.学号="2010110003")
```

查询结果如图 6-27 所示。

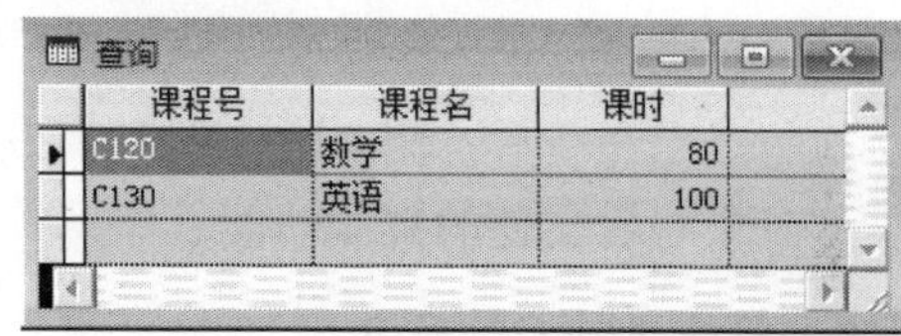

课程号	课程名	课时
C120	数学	80
C130	英语	100

图 6-27　带谓词 EXISTS 的嵌套查询

思考：该嵌套查询可否用联接查询完成？

4. 带 ANY、SOME 或 ALL 量词的子查询

ANY、SOME 或 ALL 都是量词，其中 SOME 与 ANY 等价。使用的一般格式如下：

```
父查询 WHERE<表达式><比较运算符>[ALL/ SOME/ANY] 子查询
```

【例 6-40】 查询“学生.dbf”表中入校总分大于任何一个三好生的男生信息。

在命令窗口输入并执行以下命令：

```
select * from 学生;
where 性别="男" .and. 入校总分>any(select 入校总分 from 学生 where 三好生)
```

查询结果如图 6-28 所示。

学号	姓名	性别	出生日期	入校总分	三好生	简历	照片
2010110001	王小明	男	08/13/92	590	F	memo	gen
2010110004	刘敏	男	10/02/91	570	F	memo	gen
2010110007	金阳	男	03/18/92	586	T	memo	gen

图 6-28　量词 ANY 嵌套查询

思考：将上述语句中的 any 换成 some 结果是否发生变化？换成 all 又会怎样？

6.4.8　查询结果输出

SQL 中 SELECT 语句查询输出默认在浏览的查询窗口中，可以使用输出子句重新指明输出的去向。常用的输出子句如下：

(1) INTO TABLE/DBF <表名>：将查询结果放入一个永久表文件中，系统会创建一个指定名称的表文件。

(2) INTO CURSOR <临时表名>：将结果输出到临时表，是在内存中一个工作区域，查询的表关闭时，该临时表自动从内存中清除。

(3) INTO ARRAY <数组名>：将查询结果输出到一个二维数组。

(4) TO FILE <文本文件名>：系统会创建一个文本文件(文件扩展名为.TXT)。

(5) TO SCREEN：输出到显示屏。

(6) TO PRINTER：通过打印机输出到打印纸上。

1. 将查询结果放入一个永久表

使用子句 INTO TABLE/DBF <表名>，将查询结果放入一个永久表中，执行这个查询后，永久表自动打开，成为当前表。

【例 6-41】 查询“学生.dbf”表，将查询结果放入一个表文件中，新表文件名为 stud.dbf。

在命令窗口输入并执行以下命令：

```
select * from 学生 into table stud
```

执行以上命令后，用 BROWSE 可以查看当前表 stud.dbf 与“学生.dbf”表一模一样，相当于达到了对表文件的复制功能。

2. 将结果放入临时表

使用子句 INTO CURSOR <临时表名>，将查询结果放入一个临时表中，该临时表自动成为当前表，当关闭查询相关的表文件时，该临时表自动删除。

【例 6-42】 查询“学生.dbf”“选课.dbf”的学生选课门数情况，查询结果放入临时表 Abcd，要求输出姓名、选课门数。

在命令窗口输入并执行以下命令：

```
select 姓名, count(*) as 选课门数 from 学生, 选课;
where 学生.学号=选课.学号 group by 选课.学号 into cursor Abcd
```

用 BROWSE 查看到的结果如图 6-29 所示。

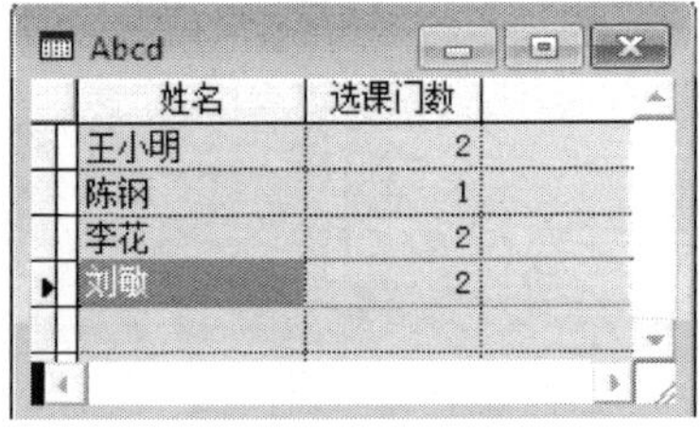
Abcd

姓名	选课门数
王小明	2
陈钢	1
李花	2
刘敏	2

图 6-29　输出到临时表

3. 将查询结果放入数组中

使用子句 INTO ARRAY <数组名>，将查询结果放入一个指定的二维数组，数组的行数由查询结果的记录数确定。

【例 6-43】 查询“学生.dbf”表中 1992 年出生的学生的姓名、出生年月，并将结果放入数组 ny 中。

在命令窗口输入并执行以下命令序列：

```
select 姓名,出生年月 from 学生 where year(出生年月)=1992 into array ny
clear
display memo
```

屏幕上查看的结果如图 6-30 所示。

4. 将查询结果放入文本文件中

使用子句 TO FILE <文本文件名>[ADDITIVE]，加上[ADDITIVE]选项可将查询结果追加到原有的文本文件中，否则会覆盖原有文本文件内容。

【例 6-44】 查询“学生.dbf”表中 1992 年出生的学生的姓名、出生年月、入校总分，结果放入文本文件 ny.txt 中。

在命令窗口输入并执行以下命令：

```
select 姓名，出生年月，入校总分 from 学生 where year(出生年月)=1992 to file ny
```

可以看到屏幕上输出结果如图 6-31 所示，同时当前文件夹上自动创建了一个名为“ny.txt”的文件。

```
NY              Pub      A
   (   1,    1)          C   "王小明     "
   (   1,    2)          D   08/13/92
   (   2,    1)          C   "张小莉     "
   (   2,    2)          D   03/01/92
   (   3,    1)          C   "金阳       "
   (   3,    2)          D   03/18/92
```

图 6-30　查询结果放入二维数组

姓名	出生日期	入校总分
王小明	08/13/92	590
张小莉	03/01/92	595
金阳	03/18/92	586

图 6-31　查询结果输出到文本文件

5. 将查询结果输出到屏幕、打印机

使用子句 TO SCREEN 或 TO PRINTER，可将查询结果输出到屏幕或打印机。

6.5　用查询设计器创建查询

在命令窗口中输入的 SELECT 语句可以完成查询，但系统关闭后，下一次还想用这个查询就需要重新输入查询命令。如果将 SELECT 语句放入文件中，就可以反复使用，Visual FoxPro 系统可创建查询文件(文件扩展名.QPR)，该文件中只保存 SELECT 语句。因为是磁盘文件，不会因系统关闭而消失。查询文件可以用查询设计器或查询向导直观地创建，特别适合初学者学习数据库查询。

有关查询文件创建、修改、运行的命令如下：

创建查询文件：CREATE QUERY <查询文件名>。

打开查询文件：MODIFY QUERY <查询文件名>。

运行查询：DO <查询文件名>。

6.5.1　查询设计器

新建查询，可以打开查询设计器。可以用菜单或命令建立查询进入查询设计器。执行“文件”→“新建”→“查询”→“新建文件”命令。

【命令】CREATE QUERY [<查询文件名>]

【功能】新建查询，并打开查询设计器。

图 6-32 是对“学生.dbf”表进行查询的查询设计器画面，未对查询文件命名时，自动以“查询 1”命名。

查询设计器打开后，Visual FoxPro 系统菜单有所变化，会增减“查询”菜单项，同时“显示”菜单中的命令也有变化。查询设计器窗口分为上下两部分。

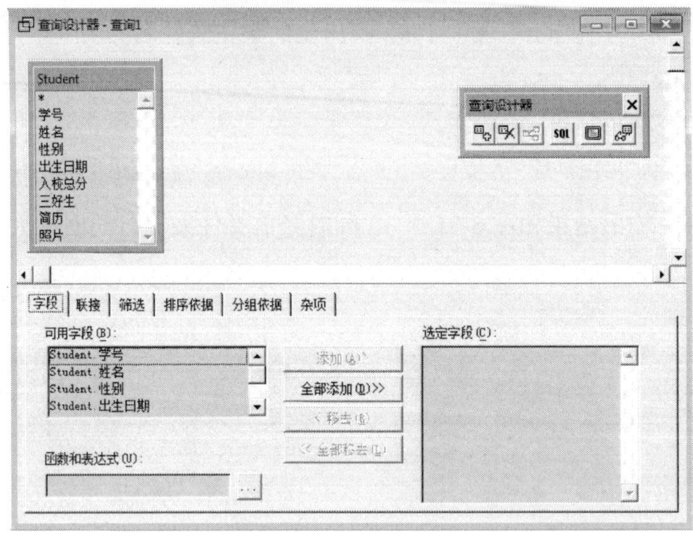

图 6-32　查询设计器

1. 上部窗格

上部窗格显示要查询的表或视图，如果是多表查询，表之间存在关联，还会显示表之间的关系直线。

1) 添加表或视图

上部窗格显示要查询的数据表或视图，可添加表或视图。添加表或视图的方法如下。

(1) 执行“查询”→“添加表”命令。

(2) 执行查询设计器右键快捷菜单→“添加表”命令。

(3) 单击查询设计器工具栏上的“添加表”按钮。

以上操作都会出现“添加表或视图”对话框，在对话框中选择要添加的表或视图。

2) 建立表间关系

当上部窗格中已有表，添加新表时，如果两数据表存在永久关系，此时两表之间会有直线关系线，否则将出现图 6-33 所示的“联接条件”对话框，可以设置两表之间的联接关系。

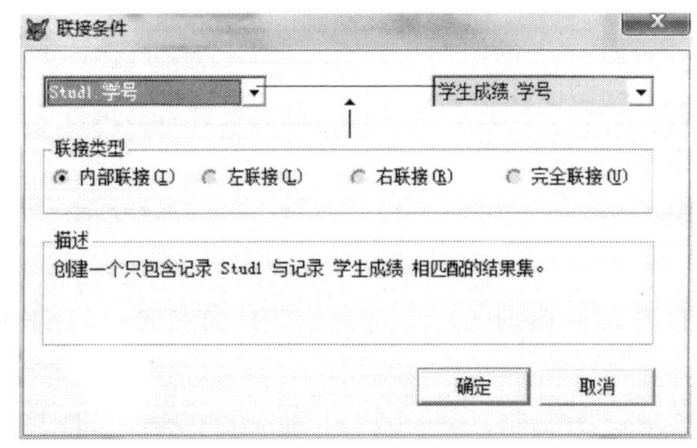

图 6-33　添加“选课.dbf”表时“联接条件”对话框

在图 6-33 中单击“确定”按钮，就会建立相应的两表联接关系，单击“取消”按钮则两表之间就不会建立关系。

如果此时单击“取消”按钮，今后还要建立两表之间的关系，也可用拖动的方法建立。具体操作：将“学生.dbf”的“学号”字段拖向“选课.dbf”的“学号”字段，就可以完成“学生.dbf”与“选课.dbf”之间按学号为关键字的临时关联建立。

3) 移去表

移去表的方法与添加表的方法类似，只不过必须先选定将要移去的表，然后执行“移去表”命令即可。

2. 下部窗格

下部窗格有字段、联接、筛选、排序依据、分组依据、杂项共 6 个选项卡，与 SELECT 语句的相应子句相对应。

1) 字段

通过“字段”选项卡可以指定要查询的字段、函数和表达式。与 SELECT<输出列表>相对应，其中的选项如下：

可用字段列表框：列出了查询可用的所有字段。

函数和表达式文本框：指定一个函数或表达式，可直接在文本框中输入，也可以通过右击旁边的对话框按钮后通过表达生成器生成。

添加按钮：把选定字段或产生的函数和表达式添加到“选定字段”列表框中。

全部添加按钮：把“可用字段”列表框中所有字段全部添加到“选定字段”列表框中。

选定字段列表框：列出在查询结果中要输出的列，可拖动选定字段左侧的箭头标记调整输出的顺序。

移去按钮：从选定字段列表框中移去所选字段。

全部移去按钮：从选定字段列表框中移去所有选项。

2) 联接

当要用查询设计器完成多表查询时，如果未在联接条件对话框中设置联接的类型和条件，可以在此选项卡下设置多表的联接、修改联接的类型与条件。

“联接”选项卡下的选项如下：

类型：INNER JOIN(内部联接)、LEFT OUTER JOIN(左联接)、RIGHT OUTER JOIN(右联接)、FULL JOIN(全联接)。

字段名：下拉列表框中选取左表中的关联关键字段或表达式。

条件：用于指定比较类型，有通常的比较运算符(>、< 、>=、<=、=、==)，以及 IN、BETWEEN、LIKE、IS NULL 集合、确定范围的运算符。

值：下拉列表框中选取右表关联关键字段或表达式。

3) 筛选

“筛选”选项卡，对应 SELECT 语句中的子句 WHERE<条件>，限制查询记录的条件。

4) 排序依据

“排序依据”选项卡用于指定查询结果的排序的字段或表达式，要排序的字段或表达式必须是“字段”选项卡中选定的。与 SELECT 语句中的 ORDER BY 子句相对应。

5) 分组依据

“分组依据”选项卡用于在分组查询时指定分组的字段，与 SELECT 语句中的 GROUP BY 子句相对应，其上的“满足条件”按钮与 HAVING 子句相对应，限定分组后的查询条件。

6) 杂项

限制输出的记录是否有重复记录，当勾选“无重复记录”选项时，在输出的记录中无重复记录，与 SELECT 语句中的 DISTINCT 选项相对应。还可限制输出记录的数量，与 SELECT 语句中的 TOP[PERCENT]选项相对应。

3. 查询设计器创建查询的步骤

(1) 选取要查询的表或视图。

(2) 对于多表联接查询时，设置联接的类型。

(3) 选取或设置查询输出的字段或表达式。

(4) 设置查询输出记录的筛选条件。

(5) 设置查询输出的排序字段或表达式。

(6) 设置分组查询的分组字段以及分组查询的筛选条件。

(7) 设置杂项，限制是否输出重复记录及输出记录的数量。

(8) 设置查询输出去向。

(9) 运行查询，查看查询设计的结果。

6.5.2 创建查询

创建查询可以用“查询向导”和“查询设计器”两种方法。查询向导创建的查询比较单一，而使用查询设计器可以灵活地根据用户需要创建查询，因此在 Visual FoxPro 中通常用查询设计器创建查询。

查询向导的打开方法如下：

单击“文件”菜单→执行“新建”命令→选择“查询”选项→单击“向导”按钮；或执行“工具”菜单→“向导”→“查询”命令。

查询向导一共分为以下五步。

(1) 字段选取。

(2) ① 为表建立关系(注：多表关联查询才有此步，如果单表查询，该步会跳过)。

② 字段选取。

(3) 筛选记录。

(4) ① 排序记录。

② 限制记录(注：设定排序关键字后，才会有此步)。

(5) 完成。

以下用一个实例来说明查询设计器创建查询的过程。

【例 6-45】 查询“学生.dbf”“选课.dbf”两表中所有同学的平均分，要求输出平均分前三名同学的学号、姓名、性别、平均分。将查询文件命名为 cx0728.qpr 保存。

分析：根据题目要求按平均分输出前三名同学信息，那么对查询的结果需进行排序；要求每个同学的平均分按学号进行分组查询；要计算并输出平均分，表中没有直接的平均分字段，输出的应该有对成绩字段进行运算的表达式，并对该表达式重新命名为“平均分”。

具体操作步骤如下：

(1) 新建查询。

用菜单：“文件”菜单→“新建”命令→“查询”选项→“新建文件”按钮，或命令 create query 都可以打开查询设计器。

(2) 添加表或视图。

执行“查询”菜单或快捷菜单中的“添加表”命令，在“添加表或视图”对话框中添加

“学生.dbf”“选课.dbf”，当添加第二个表时在出现的“联接条件”对话框中设置联接条件为学生.学号与选课.学号相匹配的“内部联接”。

(3) 查询输出的字段选取、表达式的输入。

在“字段”选项卡下，在“可用字段”下拉列表框中选择学生.学号后，单击“添加”按钮按学号添加到“选定字段”列表框中，同样将学生.姓名、学生.性别添加到“选定字段”列表框中；在“函数与表达式”文本框中输入“AVG(选课.成绩) as 平均分”后单击“添加”按钮将之添加到“选定字段”列表框中。字段选取、表达式输入完成后的字段选项卡如图 6-34 所示。

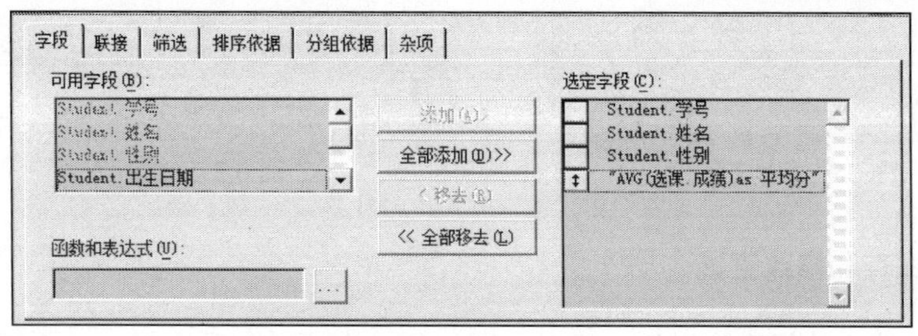

图 6-34　字段选取后的查询设计器下部窗格

(4) 联接。

由于在添加表时已设置多表的联接条件和类型，这里可以不设置；如果添加表时未设置多表的联接可在此选项卡下设置。

(5) 筛选。

该题目对查询结果无直接筛选要求，因此不设置筛选的条件。

(6) 排序依据。

因为按平均分高低只输出前三名，因此对查询结果需按平均分排序。在“排序依据”选项卡的“可用字段”列表框中选定“AVG(选课.成绩) as 平均分”，在排序选项中选定“降序”，单击“添加”按钮将排序的要求添加到“排序条件”列表框中，如图 6-35 所示。

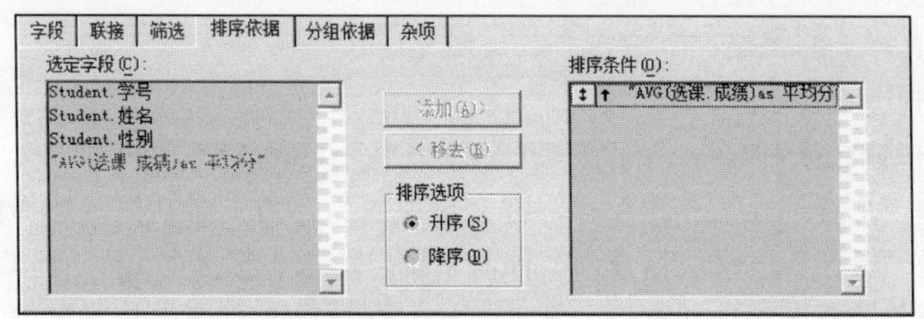

图 6-35　排序依据设定

(7) 分组依据。

因为要计算每个学生的平均分，因此在“分组依据”选项卡中设定分组字段为“学生.学号”。

(8) 杂项。

因为只输出前三名，因此要去掉“杂项”选项卡下的“全部”前面的勾选标志，并将下面的“记录个数”设置为 3，如图 6-36 所示。

(9) 保存并运行查询。

执行“查询”菜单或右击弹出的快捷菜单中的“运行查询”命令，查看到如图 6-37 所示的查询结果。执行“文件”菜单下的“保存”命令给该查询命名为 cx0728 (注：Visual FoxPro 系统会自动加上扩展名.qpr)。

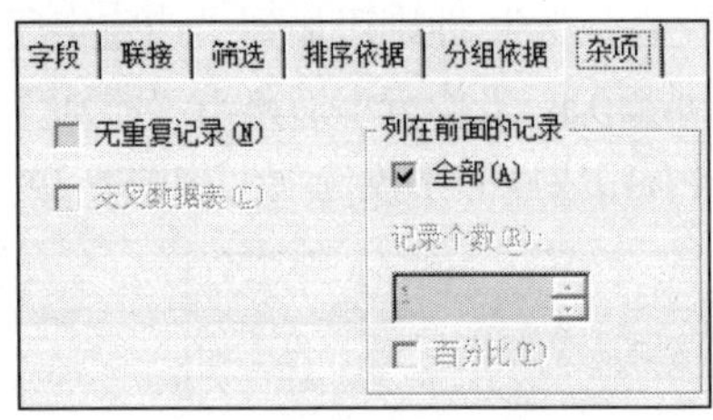

图 6-36　杂项的设置

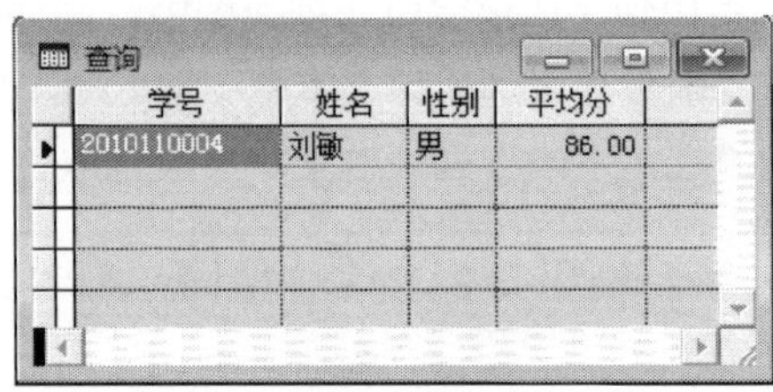

图 6-37　运行查询

6.5.3　运行、保存和修改查询

用查询设计器设计好查询以后，可以立即运行，也可以今后运行，对不满意的查询设计还可以进行修改。

1. 立即运行

用查询设计器设计好查询以后，可以用“查询”菜单或快捷菜单中的“运行查询”命令对当前设计的查询进行运行，如例 6-38 中运行查询的方法。

2. 保存、修改查询

查询可以保存为查询文件，以备将来使用方便，查询文件的默认扩展名为.qpr。

当查询设计器为当前窗口时，有以下保存和修改查询的方法。

1) 保存查询的方法

(1) 执行“文件”→“保存”命令。

(2) 常用工具栏上的“保存”按钮。

(3) 组合控制键 Ctrl+S。

(4) 组合控制键 Ctrl +W。

如果是新建一个查询，第一次保存，都会出现“另存为”对话框，选择保存的位置并设定文件名后单击“保存”按钮保存查询文件，系统自动加上扩展名.qpr。但 Ctrl+W 组合控制键保存查询后会关闭查询设计器窗口，其他方法保存后返回查询设计器窗口。

2) 修改查询

要对已存在的查询进行修改，首先要打开该查询，打开查询文件时自动打开查询设计器窗口。

打开查询文件的方法如下：

(1) 单击“文件”菜单→执行“打开”命令→文件类型为“查询(*.qpr)”→ 选定要打开的查询文件→单击“确定”按钮。

(2) 单击常用工具栏上的“打开”按钮。

(3) 使用命令 MODIFY QUERY [<查询文件名>]。

3. 运行查询文件

【命令】DO <查询文件名.QPR>
【功能】运行已存在的查询文件。
【说明】使用命令运行查询文件时，文件名称中的扩展名.QPR 不可省略。

4. 查看 SQL 语句

查询文件中保存的就是 SQL 的 SELECT 查询语句，可在查询设计器的快捷菜单中执行“查看 SQL”命令来查看用查询设计器操作产生的 SQL 命令。但显示的命令只能查看，不能修改，可以被复制到命令窗口或程序文件中执行。

例 6-45 中产生的 SQL 命令如图 6-38 所示。

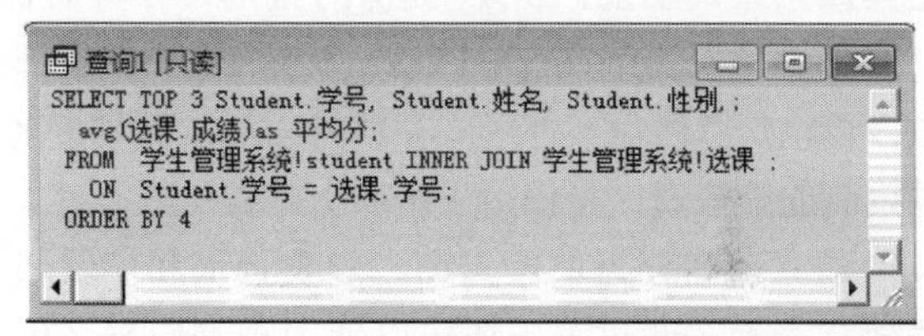

图 6-38　例 6-45 查询产生的 SQL 命令

6.5.4 设置查询去向

查询设计器设计的查询运行时默认在查询浏览窗口中输出，可以重新设计输出类型。

当查询设计器窗口打开时，用“查询”菜单中的“查询去向”命令，或用快捷菜单中的“输出设置”命令，都可以打开如图 6-39 所示的“查询去向”对话框。

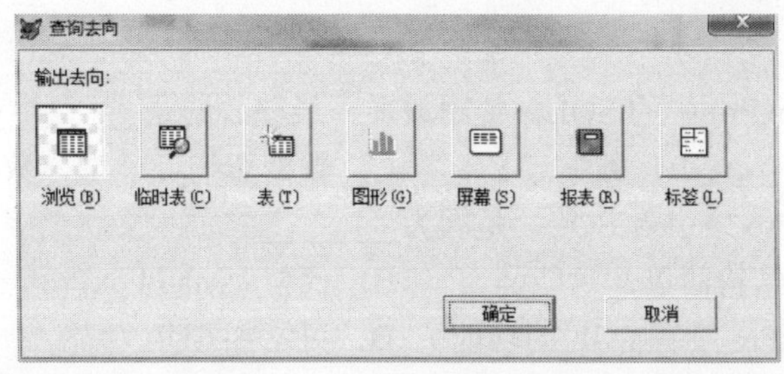

图 6-39　“查询去向”对话框

“查询去向”对话框中“输出去向”有七个按钮，表示查询输出的不同类型。

(1)“浏览”按钮：默认的输出方式，在查询浏览窗口中输出。

(2)“临时表”按钮：将查询结果放入临时只读表。与 SELECT 语句中的 into cursor <临时表>子句相对应。

(3)“表”按钮：将查询结果放入一个永久表中保存，系统按要求的表名建立一个新表存放查询的结果。与 SELECT 语句中的 INTO TABLE/DBF<表名>子句相对应。

(4)“图形”按钮：将查询的结果以直观的图形输出，即使得查询结果可用于 Micosoft Graph(Graph 是包含在 Visual FoxPro 中的一个独立的应用程序)。

(5)“屏幕”按钮：将查询结果输出在显示屏上，同时还可设置次级输出到打印机或文本文件，与 SELECT 语句中的 TO SCREEN 及 TO FILE<文本文件名>子句相对应。

(6)“报表”按钮：将查询结果输出到设计好的报表文件(.frx)

(7)“标签”按钮：将查询结果输出到已设计好的标签文件中(lbx)。

学习提示

本章从实用的角度出发，较全面地介绍了 SQL 语句的使用方法，包括用 SQL 语句实现对数据库表的建立、维护与查询等基本操作，特别是使用 SELECT 语句来进行查询工作的方法。通过对本章的学习，读者了解这种结构化关系型数据库的查询语言与 Visual FoxPro 的区别与不同，随着用户对 SELECT 语句研究的深入，可能会对使用 SQL 的大型数据库的管理方式产生兴趣。查询和视图都可以通过 SQL-SELECT 语句实现，查询和视图的 SQL 语句可以通过显示 SQL 窗口按钮查看。数据库操作中最常用的就是查询操作，因而 SQL 的核心就是其数据查询功能。SQL 提供的查询命令具有操作简便、功能丰富、使用灵活等特点。

查询和视图是 Visual FoxPro 6.0 的重要组成部分，是非常相似的一种查询数据库中数据的方法；查询是以磁盘文件形式存放的程序，其扩展名为.QPR，它通过 DO 命令来执行；视图是一种定制的虚拟表，是依附于基表上的寄生表。建立本地视图的方法与建立查询的方法相似。

建立查询分为单表查询、多表查询和交叉表查询三种；可以通过菜单、命令、项目管理器建立查询，通过菜单还可以使用查询向导，但查询向导的功能有限。

习 题 6

一、选择题

1．嵌入 Visual FoxPro 中的 SQL，使用最多、最核心的是________。

A．数据操纵　B．数据定义　C．数据查询　D．数据控制

2．在 Visual FoxPro 中引入 SQL，是因为________。

A．SQL 语句结构简单、功能强大　B．代替 Visual FoxPro 一些命令

C．Visual FoxPro 没有 SQL 的功能　D．可增加 SQL 功能

3．Visual FoxPro 中有关 SQL 使用的正确说法是________。

A．只能在命令窗口中使用　B．只能在程序文件.PRG 中使用

C．只能在事件代码中使用　D．以上都不正确

4．在 SELECT-SQL 查询时，使用 WHERE 子句指出的是________。

A．查询视图　B．查询去向　C．查询目标　D．查询文件

5．在 SQL 中，创建数据表的命令是________。

A．ALTER TABLE　B．CREATE TABLE

C．MODIFY TABLE　D．ADD TABLE

6．在 SQL 中，修改数据表的命令是________。

A．MODIFY STRUCTURE　B．MODIFY TABLE

C．ALTER TABLE　D．ALTER STRUCTURE

7．在 SQL 中，删除数据表的命令是________。

A．DELETE TABLE　B．DROP TABLE

C．DELETE DBF　D．ERASE TABLE

8．在 SQL 的 ALTER TABLE 语句中增加字段的子句是________。

A．ADD　　B．RENAME　　C．DROP　　D．ALTER

9．在 SQL 中，数据操纵语句不包括________。

A．INSERT INTO　　B．UPDATE

C．REPLACE　　D．DELETE FROM

10．在 SELECT-SQL 中，消除重复记录的子句是________。

A．DELETE　　B．DISTINCT　　C．ERASE　　D．CHANGE

11．在 SELECT-SQL 中，对查询结果排序的子句是________。

A．SORT　　B．INDEX ON　　C．ORDER BY　　D．GROUP BY

12．在 SELECT-SQL 中，要将查询结果输出到表文件的子句是________。

A．INTO TABLE　　B．INTO CURSOR　　C．TO TABLE　　D．TO DBF

13．在 SELECT-SQL 中，要对分组查询结果进行进一步限制的条件子句是________。

A．GROUP BY　　B．WHERE　　C．FOR　　D．HAVING

14．显示数学在 70～80 分同学的 WHERE 条件是________。

A．70<=数学<=80　　B．数学 BETWEEN 70 AND 80

C．数学=[70,80]　　D．数学={70,80}

15．显示职称为教授或副教授的条件书写不正确的是________。

A．职称 IN("教授","副教授")　　B．职称="教授".or.职称="副教授"

C．职称 IN(教授，副教授)　　D．职称="教授" or 职称="副教授"

二、填空题

1．在 SELECT-SQL 中，空值用________表示。

2．在 Visual FoxPro 中的 DELETE FORM-SQL 命令是________删除记录。

3．在 SELECT-SQL 中，用于计算和统计的函数有 COUNT、______、______、MAX、MIN。

4．用 CREATE TABLE-SQL 创建数据库表时，为某属性设置默认值的短语子句是________。

5．在 SELECT-SQL 中，将查询结果存放在数组的短语子句是________。

6．在 SQL 中，创建视图的命令是________。

7．在 SELECT-SQL 的嵌套查询中，量词 SOME 与________是等价的。

8．在 SELECT-SQL 中，进行字符串模糊查询时，其中"%"的含义是：________。下划线"_"的含义是________。

9．在 SELECT-SQL 中，要将查询结果放入一个文本文件中，子句短语是________。

10．在用 SELECT-SQL 进行多表查询时，多表的联接分为________和外联接，外联接又分为________、________、________。

三、上机操作题

用查询设计器创建一个名为cx01.qpr的查询文件，要求完成从"学生.dbf""选课.dbf""课程.dbf"三表中查询选了"计算机网络"课程的学生的学号、姓名、课程名、成绩，查询结果按成绩降序排列。

第 7 章　程序设计基础

本章知识点：

(1) 介绍程序文件的创建、修改、运行。

(2) 交互式输入语句。

(3) 面向过程程序设计的三种基本逻辑结构：顺序、选择、循环以及模块化程序设计，即主程序、子程序、变量的作用域。

程序设计是解决特定问题程序的过程，是软件构造活动中的重要组成部分。程序设计往往以某种程序设计语言为工具，给出该种语言下的程序。程序设计过程应当包括分析、设计、编码、测试、排错等不同阶段。Visual FoxPro 将过程程序设计与面向对象程序设计结合在一起，帮助用户创建出功能强大、灵活多变的应用程序。本章介绍过程化程序设计，又称为结构化程序设计。过程化程序设计的核心是将数据处理过程用前面所学的数据处理命令和本章将要介绍的程序控制命令描写出来。

7.1　程序文件的创建、编辑与运行

Visual FoxPro 程序是包含一系列命令的文本文件，又称为命令文件，其扩展名为.PRG，是 Visual FoxPro 中很重要的一类文件。可用任意一个文本文件的编辑器完成其创建和修改，Visual FoxPro 提供了程序代码文件的编辑器。

7.1.1　程序文件的创建和编辑

1. 程序文件的创建

可以用菜单方式、命令方式创建程序文件，也可以在项目管理器中创建程序文件，具体创建的方法如下：

(1) 菜单方式。

单击“文件”菜单→执行“新建”命令→选择“程序”选项→单击“新建文件”按钮。

(2) 项目管理器方式。

打开项目管理器：单击“代码”选项卡→选择“程序”选项→单击“新建”按钮。

(3) 命令方式。

【命令】MODIFY COMMAND [<文件名>/?]

【功能】打开创建或修改程序的编辑窗口。

【说明】

① 省略[<文件名>/?]时会打开一个“程序 1”编辑窗口，以便创建、编写一个新程序文件。多次使用可为程序文件自动命名为程序 2、程序 3……

② 文件名中可以含盘符、路径。如果省略盘符、路径，则会在当前工作文件夹建立程序文件，如果没有指定文件的扩展名，系统会自动加上默认扩展名.PRG。

以上三种方式都可以进入程序的编辑窗口，输入、修改程序后按 Ctrl+W 键将文件存盘并退出编辑窗口，若要放弃当前编辑的内容按 Ctrl+Q 或 Esc 键退出。

【例 7-1】 创建一个程序文件，完成打开“学生.dbf”表并显示其中的记录功能，将程序文件命名为 exam0701.prg。

操作步骤如下：

(1)在命令窗口中输入并执行下列命令：

```
modify command exam0701
```

(2)出现如图 7-1 所示的程序文件编辑窗口，并在编辑窗口中依次输入要完成程序功能的 3 个命令行。

图 7-1　程序编译窗口

(3)输入完语句后，用 Ctrl+W 键存盘退出，程序文件 exam0701.prg 创建完毕。也可以单击“关闭”按钮保存退出程序编辑窗口。

2. 程序文件的修改

要修改一个已存在的程序文件，先要打开该程序文件。打开程序文件的同时会自动打开程序编辑窗口。

打开程序文件的方法如下：

(1)菜单方式。

打开“文件”菜单→执行“打开”命令→文件类型“程序(*.prg；*.spr；*.mpr；*.qpr)”→选定文件→单击“确定”按钮。

(2)项目管理器方式。

打开项目管理器后单击“代码”选项卡→选择“程序”选项→选定程序文件→单击“修改”按钮。

(3)常用工具栏“打开”按钮。

(4)命令方式。

【命令】MODIFY COMMAND <程序文件名>

【功能】打开一个已经存在的程序文件的同时打开程序编辑窗口。

【说明】

<程序文件名>不能省略，但扩展名.PRG 可以省略。

Ctrl+Q 或 Esc 放弃的是本次修改，而不是废弃整个文件，即以前的文件内容仍存在。

7.1.2　程序文件的运行

当程序创建修改完成后，要计算机系统执行程序中的命令，则必须执行运行命令，才能让计算机系统按程序的要求完成相应的动作。

程序文件的运行可用命令，也可用菜单或项目管理器完成，对当前正在编辑的程序还可直接运行。

1. 运行一个未打开编辑的程序文件

(1) 菜单方式。

【菜单】“程序”菜单→执行“运行”命令→选定程序文件→单击“运行”按钮。

(2) 项目管理器方式。

打开项目管理器后：“代码”选项卡→选择“程序”选项→选定程序文件→单击“运行”按钮。

(3) 命令方式。

【命令】DO <程序文件名>

【功能】将指定的程序文件从外存调入内存并执行。

例如，在命令窗口中输入并执行命令 do exam0701，程序的运行结果就会在屏幕上显示。

2. 运行一个正在编辑的程序文件

(1) 菜单方式。

【菜单】“程序”菜单→选择“执行”选项。

(2) 常用工具栏上的运行按钮 ! 。

可直接运行当前正在编写的程序，适合初学者一边编写程序，一边运行、修改程序。

7.1.3　程序的书写规则

Visual FoxPro 程序是为实现某一功能的命令序列，可以是数据处理命令，也可以是控制语句命令。

1. Visual FoxPro 程序的语法成分

编写 Visual FoxPro 程序时，允许用户在程序中输入以下内容：

(1) 命令：在 Visual FoxPro 中可执行的命令，前面章节中与数据处理相关的所有命令，如 CREATE、USE、LIST 等。

(2) 交互命令：在程序执行过程中，可进行人机对话的交互式输入命令，如 ACCEPT、INPUT、WAIT 等。

(3) 控制命令：由关键字引导、控制程序执行的具有一定功能的文本行，如 IF-ENDIF、DO WHILE-ENDDO、EXIT 等。

(4) 过程：实现某一特定功能的命令序列。

(5) 命令要正确执行所需的函数、表达式等。

2. Visual FoxPro 程序的书写规则

Visual FoxPro 程序由很多命令行组成，命令书写时应注意以下几点：

(1)一行只能写一条命令，每条命令以回车键(Enter)结束。

(2)一条命令太长，分成多行书写时，需在行尾用“;”续行，击回车键后，在下一行继续输入命令的后面部分。在执行程序时，Visual FoxPro 会将“;”分开的多行命令作为一条命令行来执行。

(3)为提高程序的可读性，可在程序中加入适当的注释。整行注释以“*”或“note”开头来说明程序段的功能；也可在命令行尾用“&&”开始加以注释，说明该语句实现的功能。

(4)要在程序中增加新命令行，定位插入位置后，需在插入状态下按回车键。

7.2　程序中常用的命令

编写的程序，在程序运行过程中，有时需要临时从键盘上输入数据给变量赋值，则要用到交互式输入命令；有时为查看程序执行的结果，则要用到相应的输出命令，以及程序结束的专用命令。这些命令有的可在命令窗口直接执行，有的则只能在程序中使用。

7.2.1　交互式输入命令

程序执行到这些命令时会暂停下来，等待用户从键盘上输入数据后继续执行。

1. 字符串输入命令 ACCEPT

【命令】ACCEPT　[<提示信息>]　TO　<内存变量名>

【功能】显示提示信息后，等待用户从键盘上输入一串字符放入内存变量中，即给内存变量赋字符型的值。

【说明】

(1)键盘输入都作为字符，因此输入字符串时不能用定界符。

(2)敲回车键(Enter)结束输入。

(3)所定义的变量为字符型(C)。

【例 7-2】 创建一个程序，要求根据输入的学生姓名，在“学生.dbf”中查询并显示该同学的相关信息。程序文件命名为 exam0702.prg。

具体步骤如下：

(1)创建程序文件。在命令窗口输入并执行以下命令：

```
modify  command  exam0702
```

(2)在打开的程序编辑窗口中输入如下命令序列：

```
clear
use 学生
accept  "请输入查询学生的姓名:"  to  xm
locate  for  姓名=xm
display
use
```

(3) 保存并运行该程序。

运行该程序时会在屏幕左上角显示提示信息“请输入查询学生的姓名:”，等待用户输入学生的姓名后继续执行，如输入“李红”后，程序运行结果如图 7-2 所示。

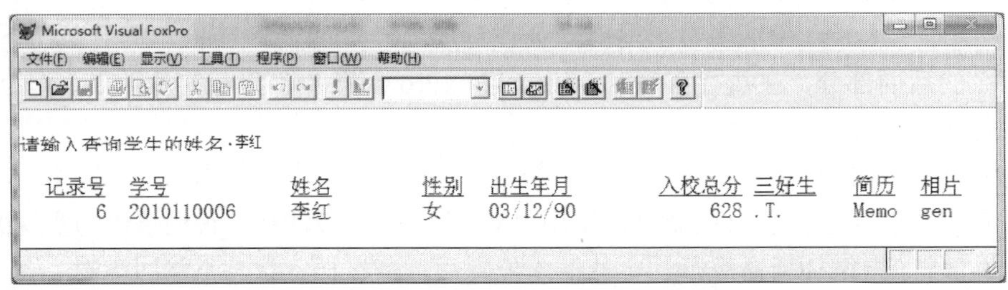

图 7-2　根据输入姓名进行查询的结果

2. 表达式输入命令 INPUT

【命令】INPUT　[<提示信息>]　TO　<内存变量名>

【功能】显示提示信息后，等待用户从键盘上临时输入表达式，并放入指定的内存变量，然后继续执行。

【说明】

(1) 输入的表达式可以是 C、N、L、D 等数据类型。

(2) 数值型可直接输入，但字符常量和逻辑常量输入时需加定界符，如逻辑常量则输入“.T.”或“.Y.”，注意左右的圆点不能漏掉；日期常量输入时则按日期常量的书写要求，如“{^1992-01-01}”，注意左右的大括号不能漏掉。

(3) 敲回车键(Enter)结束输入。

【例 7-3】 创建一个程序，要求程序运行时从键盘上临时输入圆的半径，计算并输出圆的面积。程序文件命名为 exam0703.prg。

具体步骤如下：

(1) 创建程序文件，在命令窗口输入并执行以下命令：

```
modify command exam0703
```

(2) 在程序编辑窗口中输入如下命令序列：

```
clear
input "请输入半径 R=" to r
s=3.14*r*r
?"圆面积 S=", s
```

(3) 保存并运行程序，程序运行时从键盘输入 4 后回车，运行结果如图 7-3 所示。

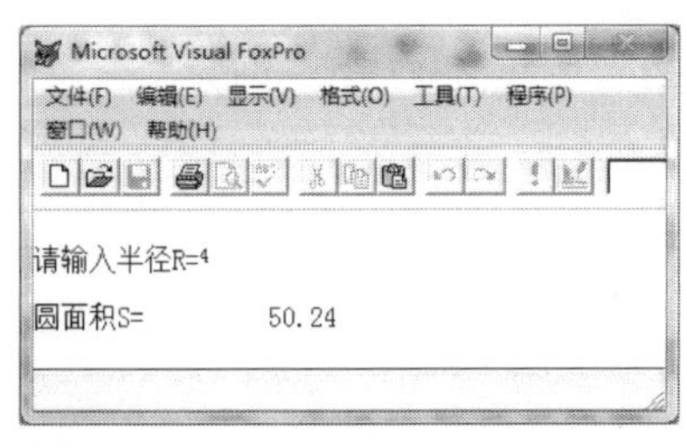

图 7-3　求圆的面积程序运行结果图

3. 接收单字符输入命令 WAIT

【命令】WAIT　[<提示信息>]　[TO <内存变量名>]

【功能】显示提示信息后，等待敲键后继续执行。

【说明】

(1) 所有可选项都省略时出现提示信息为“按任意键继续…”，且所敲键字符不保存到内存变量。

(2) 只能接收单字符，因此定义内存变量为 C 型。

(3) 不需要敲回车键结束，因为回车也认为是一个字符。

【例 7-4】 创建一个程序文件，要求根据键盘上输入的性别在“学生.dbf”表中查询并输出，而是否继续查询下一个同性别的同学由用户从键盘临时输入后决定。程序文件名命名为 exam0704.prg。

具体步骤如下：

(1) 创建程序文件，在命令窗口输入并执行以下命令：

```
modify  command  exam0704
```

(2) 在程序窗口中输入如下命令序列：

```
clear
clear  all
use  学生
accept  "请输入查询性别:"  to  xb
locate  for 性别=xb
display
wait  "是否继续查询(Y/N)?"  to  yn
if  upper(yn)="Y"  &&此命令行等号右边的只能是大写字母 Y
    continue
    display
endif
use
```

(3) 保存并运行程序，程序运行时查询女生的结果如图 7-4 所示。

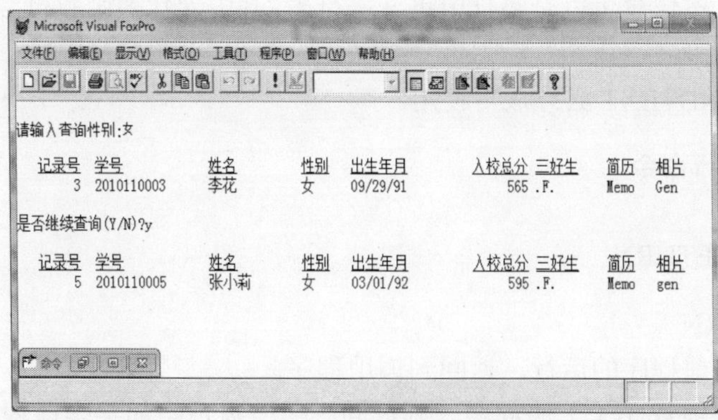

图 7-4　接收单字符输入

注意：程序运行时，键盘上输入的单字母 y 可大写也可小写。

7.2.2　定位输入与输出命令

前面章节介绍的常用输出命令“??/?”，是在当前屏幕行或当前行的下一行输出表达式的值。有时，程序设计的输入、输出需在屏幕指定位置上进行，这需用到定位输入、输出命令@。

1. 定位输入命令@…SAY…GET…READ

【命令】@<行，列> SAY <提示信息> GET <变量>
READ

【功能】在屏幕指定的行、列处，输出提示信息，再输出指定变量的值。若要给变量重新赋值，需在@命令序列之后加 READ。

【说明】

(1) <行，列>：是指输入、输出在屏幕上的位置。

(2) SAY <提示信息>：给出提示信息。

(3) GET<变量>：取得变量的值，当为字段变量时，相应的表需打开。

(4) 要修改变量的值，@序列之后需加 READ，否则就只能输出，不能输入修改。

2. 定位输出@…SAY 表达式

【命令】@<行，列> SAY <表达式>

【功能】在屏幕指定位置<行，列>，输出表达式的值。

【说明】表达式的类型可以为 C、N、D、L 类型。

7.2.3 文本输出命令

【命令】TEXT
<文本信息>
ENDTEXT

【功能】将 TEXT 与 ENDTEXT 之间的文本信息按书写形式在屏幕上原样输出。

【说明】

(1) 该命令只能在程序中使用，不能在命令窗口中使用。

(2) 要输出的文本信息可以是多行中英文字符串，其中宏代换函数符号&，只是普通字符，起不到宏代换作用。

(3) TEXT 与 ENDTEXT 必须成对使用。

7.2.4 其他程序运行命令

1. 返回命令 RETURN

【命令】RETURN

【功能】结束当前程序的运行，返回到调用程序。

【说明】如果当前程序无上级程序，则返回到命令窗口；如果当前程序是一个子程序，则返回到调用该程序的上级程序；如果程序或过程无 RETURN，则 Visual FoxPro 在程序或过程结束时自动执行 RETURN。

2. 终止程序运行命令 CANCEL

【命令】CANCEL

【功能】终止当前正在执行的程序，返回到命令窗口。清除局部变量，但不关闭数据文件。

3. 注释命令

【命令 1】*/NOTE [<注释内容>]

【命令 2】&& [<注释内容>]

【功能】用于在程序中加入说明文字，如程序功能、名称或其他备忘信息。

【说明】注释命令为非执行语句。*/NOTE 整行都是注释信息，&&可以放在命令行的右边加以注释。如果在本行注释末尾加“;”，表示下一行仍是注释信息。

4. 清屏 CLEAR

【命令】CLEAR

【功能】清除屏幕显示，让输出位于屏幕的左上角，即平面坐标原点。

7.3　程序的控制结构

Visual FoxPro 面向过程程序设计有三种基本逻辑结构：顺序、选择、循环。再复杂的问题都可以通过这三种结构组合完成。

程序设计的基本步骤如下：

(1) 对问题进行说明。开始解决问题前，需将问题说明清楚。有时调整问题的说明方式将有助于问题的解决，更容易找出要解决问题的根本所在。

(2) 分解问题。问题最终是以操作、命令和函数的方式将具体的指令提供给 Visual FoxPro，所以需要将问题分解为多个独立的步骤。将一个大的问题分解成多个小的问题，当每个小问题都实现时，最终这个大问题也就解决了。这就是程序设计的从上至下，逐步细化，模块化的设计准则。通过对问题的分解得到精炼后的很多小目标。

(3) 编制模块。明确了各模块要达到的精炼目标以后，便可开始使用 Visual FoxPro 的命令、函数和操作符来构造各模块。

(4) 测试并完善各模块。用与实际数据相近的测试数据测试各模块的功能，以使各模块的功能更趋完善。

(5) 组装全部模块。将各个小模块按要求组装成一个程序，达到问题的完善解决。

(6) 整体测试。整体测试是在软件开发完成之后，对软件进行系统完整的测试。可靠的程序不仅能完成设计所需的功能，还可预料程序中可能出现的错误并进行排错处理。因此对整个程序按实际数据输入和输出来进行整体的测试，以达到最终解决实际问题的目的。

在进行程序设计之前，应注意以下问题：

(1) 说明问题。在解决问题之前，需把问题说明清楚，否则会不断进行修改，丢弃已编好的代码并从头再来，而且最终也不可能得到满意的结果。

(2) 分解问题。将问题分解成可单独处理的几个步骤，而不是一下子解决全部问题。

(3) 调试代码。在开发过程中不断测试和调试已编好的代码。通过测试，检查代码是否实现所需的功能；调试则是找出代码哪里出错并纠正这些错误。

(4) 精炼数据的输入、输出。精炼数据和数据存储方式，便于程序对其进行处理，如需要正确构造表格的结构、输入数据类型等。

7.3.1 顺序结构

顺序结构是程序中最简单、最基本、最常用的逻辑结构。程序中包含的命令按书写的先后顺序依次执行，先写的先执行，后写的后执行，直到最后一条命令或遇到 RETURN 或 CANCEL 命令为止。前面所学的操作命令在程序中都是顺序执行的。

【例 7-5】 创建一个程序，程序运行时从键盘上输入上机时间和下机时间(输入格式为 hh:mm:ss)，计算上机费用。计费要求：1.5 元/小时，精确到分钟。程序文件命名为 exam0705.prg。

分析：程序运行时从键盘上输入上机时间和下机时间，Visual FoxPro 未提供输入时间型数据，因此从键盘上输入的 hh:mm:ss 是一串字符，需用到交互式输入命令 accept；要计算上机费用，需计算上机所用的时间，要从输入的字符串数据中提取上机、下机的小时和分钟，因此要用到求子串函数 subs( )；字符串不能完成算术加和乘的运算，因此需将字符串转换成数值型数据，用到转换函数 val( )；最后要输出上机费用，因此要用到输出表达式的命令“?”。

具体步骤如下：

(1) 创建程序文件。在命令窗口输入并执行以下命令：

```
modify command exam0705
```

(2) 在程序编辑窗口中输入如下命令序列：

```
clear
accept "请输入上机时间( hh:mm :ss) " to sj
accept "请输入下机时间(hh:mm :ss) " to xj
sj1 =val(subs(sj,1,2))                &&提取上机时间的小时数并转换成数值型
sj2=val(subs(sj,4,2))
xj1 =val(subs(xj,1,2))
xj2=val(subs(xj,4,2))
fy=(xj1-sj1)*1.5+(xj2-sj2)*1.5/60     &&计算上机费用并保存到内存变量 fy
?"精确到分钟应交的上机费用为",fy
```

(3) 保存并运行程序。运行程序，输入上机时间、下机时间后程序运行的结果如图 7-5 所示。

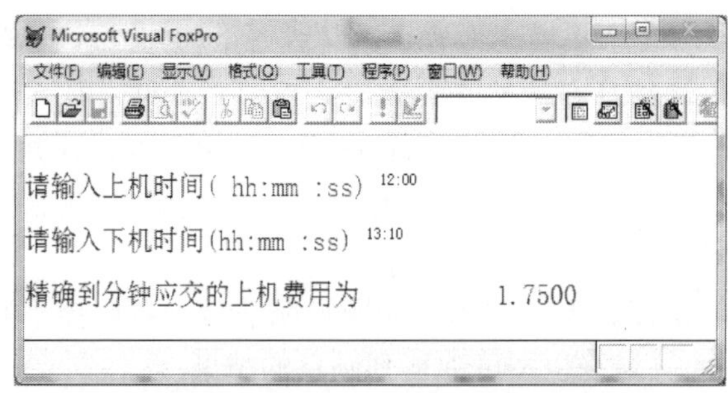

图 7-5　精确到分钟的上机费用程序运行效果

【例 7-6】 创建一个程序，修改“学生成绩.dbf”中的数值字段取值。修改要求：数学 80 分以上(含 80)数学加 5 分，80 分以下的数学加 6 分。程序文件命名为 exam0706.prg。

分析：要修改表文件中某字段取值，首先要打开表文件，打开表文件用 use 命令，有规律地修改某字段的值用 replace 命令。

具体步骤如下：

(1) 创建程序文件。在命令窗口输入并执行以下命令：

```
modify command exam0706
```

(2) 在程序编辑窗口中输入如下命令序列：

```
clear
clear all     &&保证程序中用到的表文件未在其他工作区打开
use 学生成绩
wait "按任意键，显示加分之前的表！"
list
replace all 数学 with 数学+5 for 数学>=80
replace all 数学 with 数学+6 for 数学<80
wait "按任意键，显示加分之后的表！"
list
use
```

(3) 保存并运行程序，可以看到加分前后的表中数据的变化，如图 7-6 所示。

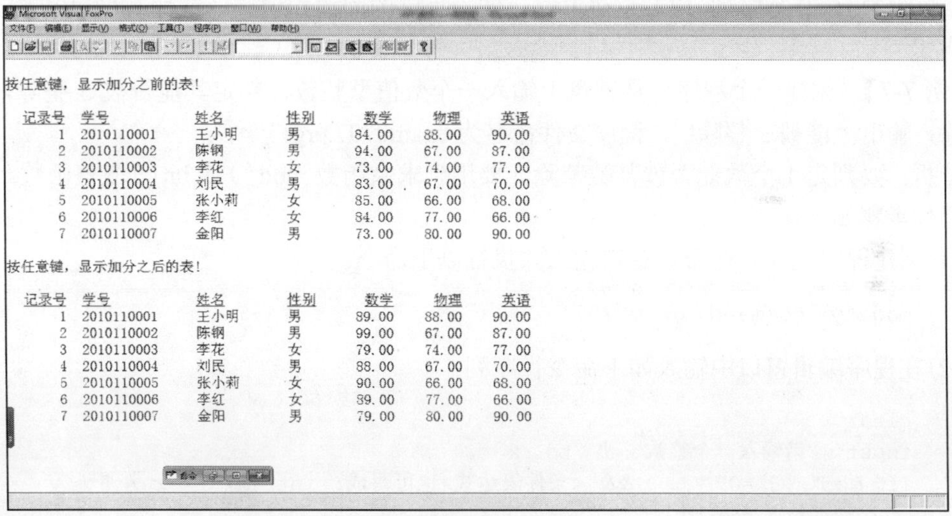

按任意键，显示加分之前的表！

记录号	学号	姓名	性别	数学	物理	英语
1	2010110001	王小明	男	84.00	88.00	90.00
2	2010110002	陈钢	男	94.00	67.00	87.00
3	2010110003	李花	女	73.00	74.00	77.00
4	2010110004	刘民	男	83.00	67.00	70.00
5	2010110005	张小莉	女	85.00	66.00	68.00
6	2010110006	李红	女	84.00	77.00	66.00
7	2010110007	金阳	男	73.00	80.00	90.00

按任意键，显示加分之后的表！

记录号	学号	姓名	性别	数学	物理	英语
1	2010110001	王小明	男	89.00	88.00	90.00
2	2010110002	陈钢	男	99.00	67.00	87.00
3	2010110003	李花	女	79.00	74.00	77.00
4	2010110004	刘民	男	88.00	67.00	70.00
5	2010110005	张小莉	女	90.00	66.00	68.00
6	2010110006	李红	女	89.00	77.00	66.00
7	2010110007	金阳	男	79.00	80.00	90.00

图 7-6　程序运行结果图

注意：为了调试程序方便，在程序中适当的位置加入输出(list)和提示信息(wait)是必要的。

思考：如果将两个 replace 语句交换位置，程序功能是否发生变化？

7.3.2　分支结构

程序在执行时，根据条件判断的结果执行不同的操作，又称为条件分支或选择结构。Visual FoxPro 提供了三种分支结构控制语句。

(1) 简单分支：IF…ENDIF。

(2) 双分支：IF…ELSE…ENDIF。

(3) 多分支：DO CASE…ENDCASE。

1. 简单分支

【格式】IF　<条件表达式>　[THEN]

　　<命令行序列>

　ENDIF

【功能】首先计算<条件表达式>的值，若值为真，执行<命令行序列>中的各条命令，若值为假，直接执行 ENDIF 后的命令。

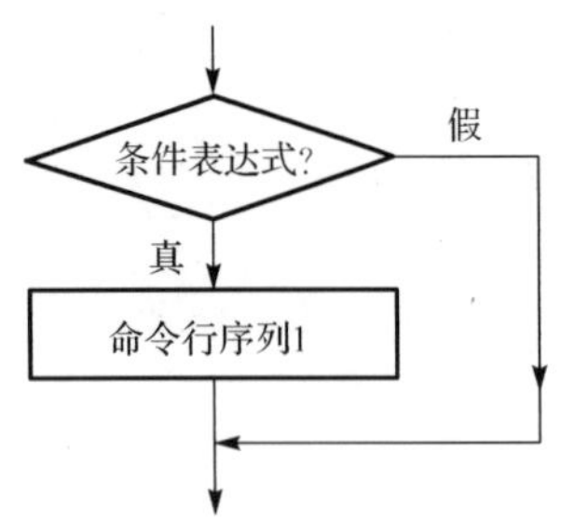

图 7-7　单分支选择结构执行流程

【说明】单分支选择结构执行的流程图如图 7-7 所示。

(1) IF…ENDIF 必须成对出现，只能在程序中使用，用于控制程序执行的流向。

(2) <条件表达式>其值为逻辑值。

(3) <命令行序列>可是一条或多条命令，也可无任何命令，当无任何命令时，分支语句就没有实际意义。

(4) IF 语句可以嵌套使用。

(5) 由于是有条件地执行<命令行序列>，因此条件为真时，要执行的<命令行序列>向右缩进书写，便于程序的阅读和调试，这种书写程序方式称为缩进格式。

【例 7-7】 创建一个程序，从键盘上输入一个数值型整数，判定其能否被 3 整除，如果能整除，输出“能被 3 整除!”。程序文件命名为 exam0707.prg。

分析：要判定 1 个数能否被某数整除，要用到求余函数 mod( )或 int( )取整函数。

具体步骤如下：

(1) 创建程序文件。在命令窗口输入并执行以下命令：

```
modify  command  exam0707
```

(2) 在程序编辑窗口中输入如下命令行序列：

```
clear
input  "请输入一个整数 x="  to  x
if  mod(x,3)=0          && <条件表达式>也可写成: int (x/3) =x / 3
    ?"能被 3 整除!"
endif
return
```

(3) 保存并运行程序。

注意： 本程序的缺点是若输入的整数不能被 3 整除，则没有任何输出。

【例 7-8】 创建一个程序，根据程序运行时输入的学生姓名在“学生.dbf”表中查询，如果找到的学生是女生，其入校总分加 5 分。程序文件命名为 exam0708.prg。

具体步骤如下：

(1) 创建程序文件。在命令窗口输入并执行以下命令：

```
modify  command  exam0708
```

(2) 在程序编辑窗口输入如下命令行序列：

```
clear
```

```
clear  all
use 学生
accept  "请输入查询同学的姓名：" to  xm
locate  for 姓名=xm
display
if  性别="女"
    replace 入校总分  with 入校总分+5    &&条件为真要执行语句缩进书写
endif
display
use
return
```

(3)保存并运行程序，程序运行时从键盘输入“李红”后的运行结果如图 7-8 所示。

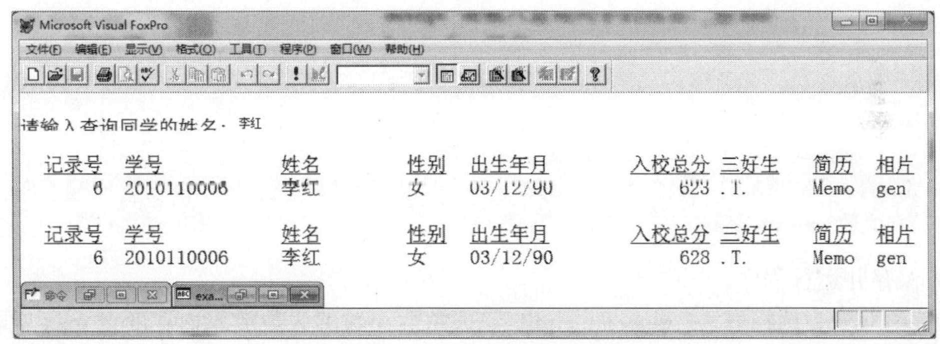

图 7-8　有条件加分程序的运行效果

思考：修改该程序，让“李红”的入校总分还原。

2. **双分支选择结构**

【格式】IF　<条件表达式>
　　　　　<命令行序列 1>
　　　ELSE
　　　　　<命令行序列 2>
　　　ENDIF

【功能】先计算<条件表达式>的值，若值为真，执行 IF … ELSE 之间的<命令行序列 1>；若值为假，则执行 ELSE … ENDIF 之间的<命令行序列 2>。

【说明】双分支选择结构执行的流程图如图 7-9 所示。

(1)IF … ENDIF 必须成对出现，ELSE 不能单独使用，只能在 IF … ENDIF 中间，但书写程序时需单独占一行。

(2)程序执行时，<命令行序列 1>与<命令行序列 2>只有一个被执行，因此为便于程序调试，采用缩进格式书写程序。

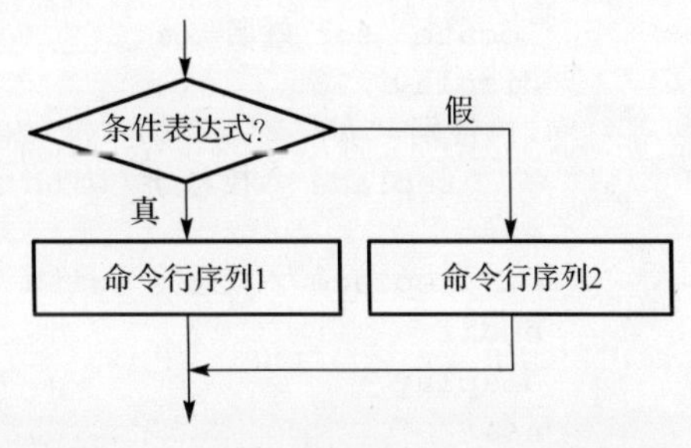

图 7-9　双分支选择结构执行的流程图

(3) IF … ELSE … ENDIF 中可以再嵌套 IF … ELSE … ENDIF，与 IF … ENDIF 可以相互嵌套。

【例 7-9】 创建一个程序，程序运行时从键盘上输入两个数，求其中的大数并输出。

程序文件命名为 exam0709.prg。

具体步骤如下：

(1) 创建程序文件。在命令窗口输入并执行以下命令：

```
modify  command  exam0709
```

(2) 在程序编辑窗口输入以下命令行序列：

```
clear
input  "请输入 A="  to  a
input  "请输入 B="  to  b
if  a>b
    max=a
else
    max=b
endif
?"大数 max=", max
```

(3) 保存并运行程序。

本例中双分支选择 if … else … endif 完成将两个数的大数放入内存变量 max 中。

【例 7-10】 创建一个程序，根据程序运行时输入的学生姓名在“学生.dbf”表中查询，如果找到的学生是女生，其入校总分加 10 分；若是男生，其入校总分加 5 分。程序文件命名为 exam0710.prg 。

分析：在例 7-8 基础上将 if … endif 简单分支改成 if … else … endif 构成的双分支即可。

具体步骤如下：

(1) 创建程序文件。在命令窗口输入并执行以下命令：

```
modify command exam0710
```

(2) 在程序编辑窗口输入如下的命令行序列：

```
clear
clear  all
use  学生
accept  "请输入查询同学的姓名："  to  xm
locate  for 姓名=xm
display
if 性别="女"
    replace 入校总分  with 入校总分+10
else
    replace 入校总分  with 入校总分+5
endif
display
use
return
```

(3) 保存并运行程序。

程序运行时通过键盘输入“刘民”，程序运行的结果如图 7-10 所示。

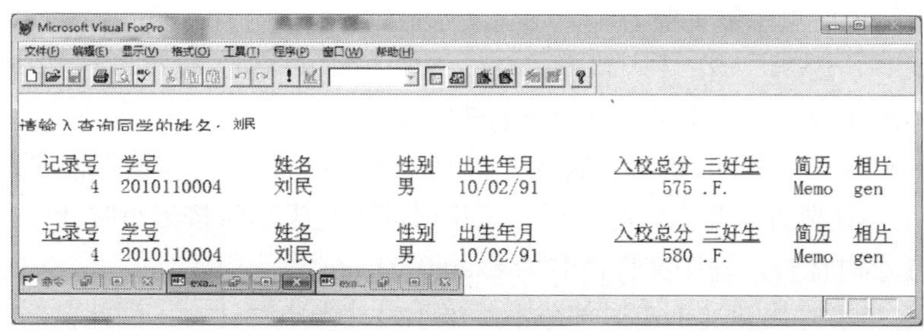

图 7-10　根据性别修改入校总分

思考：修改 exam0710.prg，让其运行将“刘民”的入校总分还原。

3. 多分支选择结构

```
【格式】DO  CASE
          CASE  <条件表达式 1 >
               <命令行序列 1 >
          CASE  <条件表达式 2>
               <命令行序列 2>
          CASE  <条件表达式 N>
               <命令行序列 N>
          [OTHERWISE]
               <命令行序列 N+1>
        ENDCASE
```

【功能】系统将从上到下依次计算判断条件表达式的值，当某条件表达式的值为真 (.T.) 时，则执行该 CASE 后的命令行序列，然后执行 ENDCASE 后的命令。当所有 CASE 后的条件表达式都为假时，如有 OTHERWISE 则执行<命令序列 *N*+1>，然后再执行 ENDCASE 后的命令，否则直接执行 ENDCASE 后的命令。

【说明】多分支选择结构执行的流程图如图 7-11 所示。

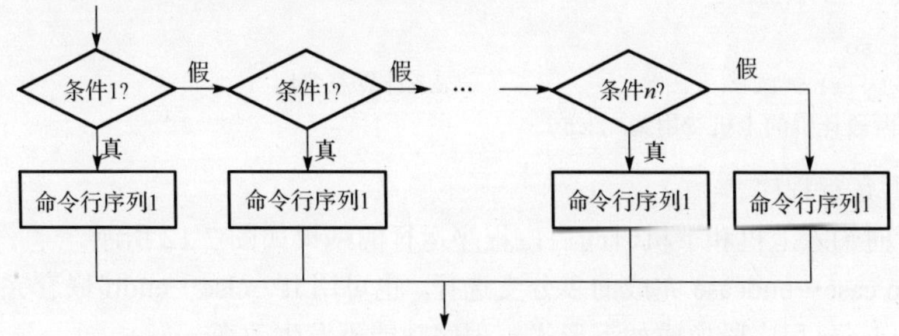

图 7-11　多分支选择结构执行的流程图

(1) DO CASE…ENDCASE 必须成对使用，且只能在程序中使用。

(2) DO CASE 与第 1 个 CASE 之间不能有任何命令，DO CASE 单独占一行。

(3) 在 DO CASE 与 ENDCASE 之间的<命令行序列 1> 、…、<命令行序列 *N*+1>，每次最多有一个被执行，从上到下只执行第 1 个<条件表达式>为真的<命令行序列>，因此<条件表达式>书写及其先后顺序很重要。

(4) DO CASE…ENDCASE 中可嵌套 DO CASE…ENDCASE，也可以与 IF…ENDIF、IF…ELSE…ENDIF 相互嵌套，以便完成更复杂的选择结构。

【例 7-11】 创建一个程序，键盘上输入上机时间和下机时间(时间输入格式为 hh:mm:ss)，计算上机的费用，计费方式为 1.5 元/小时，上机时间不足半小时按半小时计费，超过半小时不足 1 小时按 1 小时计费。程序文件命名为 exam0711.prg。

分析：不足半小时或超过 1 小时部分不足半小时按半小时计费，因此在例 7-5 的基础上需计算上机的总分钟数和整小时数，以便分段计费。

具体步骤如下：

(1) 创建程序文件，在命令窗口输入并执行以下命令：

```
modify  command  exam0711
```

(2) 在程序编辑窗口输入如下命令行序列：

```
clear
accept  "请输入上机时间(hh:mm:ss) "  to  sj
accept  "请输入下机时间(hh:mm:ss) "  to  xj
sj1 =val(subs(sj,1,2))
sj2=val(subs(sj,1,4))
xjl=val(subs(xj,1,2))
xj2=val(subs(xj,4,2))
zfz=(xjl-sj1)*60+xj2-sj2            &&计算上机总分钟数
zhn=int(zfz/60)                     &&计算上机整小时数
yzf=zfz-zhn*60                      &&计算不足整小时的分钟数
do  case
    case  yzf<=0
          fy=0
    case  yzf<=30
          fy=0.75
    case  yzf<60
          fy=1.5
endcase
zfy=fy+zhn*1.5                      &&计算总费用
?"分两段计费的上机费用为",zfy
```

(3) 保存并运行程序。

程序运行时输入上机和下机时间后，程序运行的结果如图 7-12 所示。

本例中 do case…endcase 完成的多分支选择，也可用 if…else…endif 嵌套完成。将本例中的 do case…endcase 程序段换成如下形式，程序功能不发生改变。

```
if  yzf<=0
    fy=0
else
```

```
        if  yzf<=30
            fy=0.75
        else
            fy=1.5
        endif
    endif
```

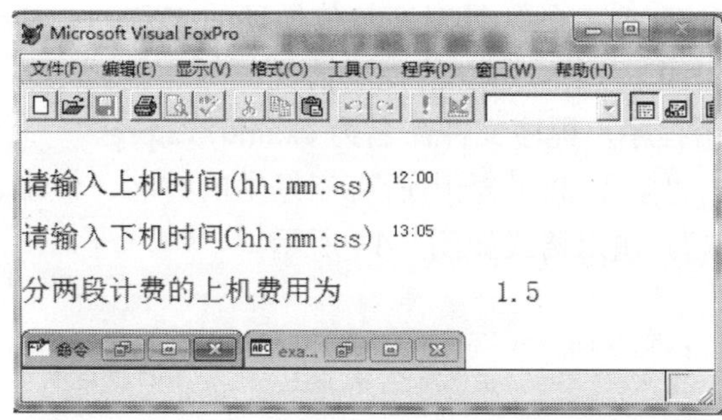

图 7-12　分阶段计费的上机费用计算程序运行效果

7.3.3　循环结构

循环结构可以按照需要多次重复执行一行或多行代码。在 Visual FoxPro 中有三种循环控制语句。

(1) 条件循环：DO　WHILE…ENDDO。

(2) 计数循环：FOR…ENDFOR/NEXT。

(3) 表记录扫描循环：SCAN…ENDSCAN。

1. 条件循环 DO　WHILE…ENDDO

条件循环是根据<条件表达式>的值决定循环体执行的次数。这是一种常用的循环方式，又称为当型循环。

【格式】DO　WHILE <条件表达式>

　　　　<命令行序列>

　　　　[LOOP]

　　　　[EXIT]

　　ENDDO

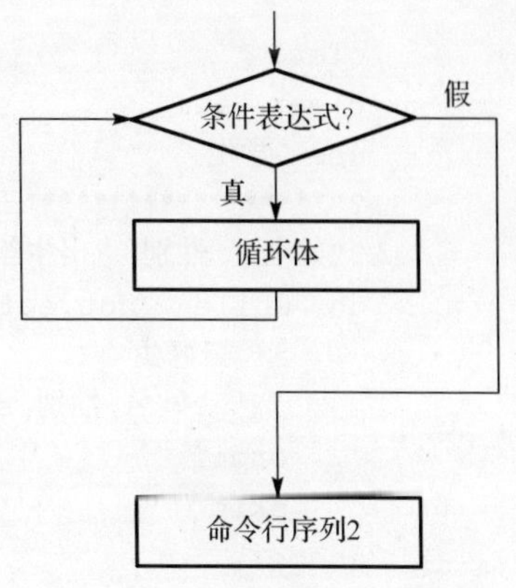

图 7-13　循环结构执行流程图

【功能】有条件地重复执行命令行序列。首先计算<条件表达式>的值，当<条件表达式>的值为真(.T.)时，则执行 DO WHILE 与 ENDDO 之间的<命令行序列>(又称循环体)，重复执行，直到<条件表达式>的值为假(.F.)时结束循环，执行 ENDDO 后面的命令。<条件表达式>是循环的条件。条件循环结构的执行流程图如图 7-13 所示。

【说明】

(1) DO WHILE…ENDDO 必须成对使用，且只能在程序中使用，用于控制程序执行流向。

(2) DO WHILE <条件表达式>为循环的起点（入口），ENDDO 是循环的终点（出口），中间为循环体。

(3) LOOP 和 EXIT 只能用在循环体内，LOOP 是返回到循环的起点，EXIT 是强行退出它所在的循环。LOOP 和 EXIT 语句，通常在条件选择 IF 和 DO CASE 中使用。

(4) 如果循环要正常结束，循环体内通常要有改变循环条件的命令，如针对表文件记录进行循环时的 SKIP、CONTINUE 等，针对变量值循环的 $K=K+1$、$K=K-1$ 等。

下面举例说明 DO WHILE…ENDDO 的使用情况。

【例 7-12】 创建一个程序，程序文件命名为 exam0712.prg。

程序设计要求：输出“学生.dbf”表中所有三好生的姓名、性别、出生年月、三好生，三好生字段输出“三好生”。输出格式如图 7-14 所示。

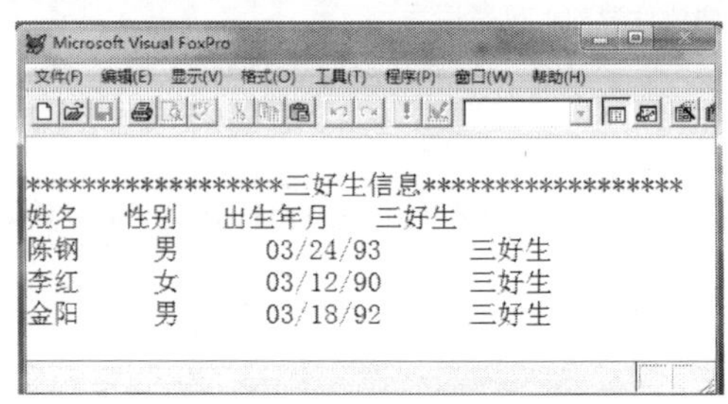

图 7-14　输出三好生

分析：因为要输出多个记录的相关信息，因此要用到循环，由于“三好生”才输出，因此在输出之前需要判断，判断之后才输出，要用到选择结构 if 控制结构。

具体步骤如下：

(1) 创建一个程序文件。在命令窗口输入并执行以下命令：

```
modify command exam0712
```

(2) 在程序编辑窗口输入如下命令行序列：

```
clear
clear all
use 学生
?"*****************三好生信息*****************"
?"姓名    性别    出生年月    三好生"
do while .not.eof( )    &&注意循环条件书写!
    if 三好生
        ?姓名,性别,space(4),出生年月,space(4),"三好生"
    endif
    skip
enddo
close all
return
```

(3) 保存并运行该程序可得到上述要求的结果。

也可以将上述循环结构部分改变成如下的形式，结果是一样的。

```
locate for 三好生
do while  .not.eof( )    &&此处循环〈条件表达式〉也可写成 found( )
    ?姓名,性别,space(4),出生年月, space(4),"三好生"
    continue                &&记录指针指向下一个符合条件的记录
enddo
```

注意：循环体内改变循环条件的语句 skip、continue 的使用，如果没有这些语句，程序将进入死循环。

【例 7-13】 创建一个程序，求 $1^2+3^2+5^2+\cdots+51^2$。程序文件命名为 exam0713.prg。

分析：加法要重复执行，要用到循环控制；每次加上的数据在发生变化，要用变量控制。

具体步骤如下：

(1)创建程序文件。在命令窗口输入并执行以下命令：

```
modify command exam0713
```

(2)在程序编写窗口输入以下命令行序列 4：

```
clear
clear  all
s=0                 &&累加求和变量赋初值为
k=1                 &&循环控制变量赋初值
do  while  k<=51
    s=s+k*k
    k=k+2           &&改变循环条件，无此语句，程序将进入死循环
enddo
?"s=",s , "k=" ,k
return
```

(3)保存并运行程序，程序运行结果如图 7-15 所示。

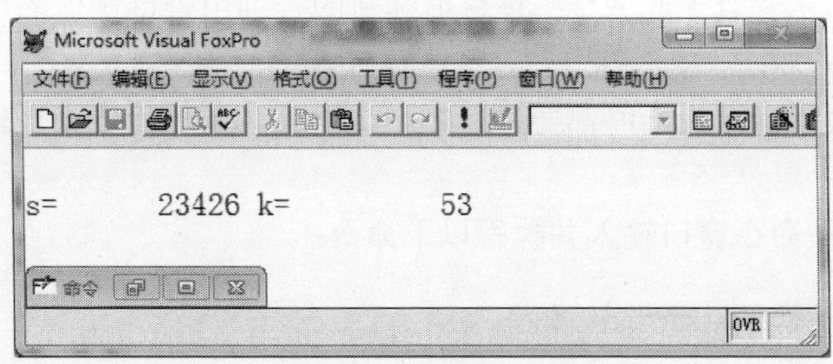

图 7-15　程序运行结果图

【例 7-14】 创建一个程序，从键盘上输入一个正整数 n，求 $n!=1*2*3*\cdots*n$。程序文件命名为 exam0714.prg。

分析：要求阶乘，在 Visual FoxPro 中未提供求阶乘的运算符，阶乘实质上是乘法运算重复执行，因此要用到循环。

具体步骤如下：

(1)创建一个程序。在命令窗口输入并执行以下命令：

```
modify command exam0714
```

(2)在程序编辑窗口输入以下命令系列：

```
clear
clear  all
fac=1
k=1
input  "请输入求阶乘的正整数 n="  to  n
do  while  k<=n
    fac=fac*k
    k=k+1
enddo
?"1*2*…*"+alltrim(str(n))+"=",fac
return
```

(3)保存并运行程序，程序运行结果如图 7-16 所示。

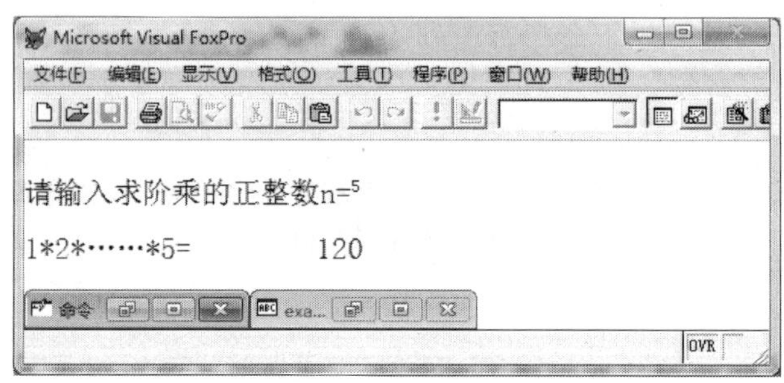

图 7-16　求阶乘运行结果

【例 7-15】 循环次数人为控制，如查询次数由用户根据情况控制。

创建一个程序，对“学生.dbf”表根据输入的姓名进行查询，如果找到了则显示查找人的相关信息，否则显示“查无此人!”；是否继续新的查询由查询操作的用户决定。程序文件命名为 exam0715.prg。

分析：循环次数不确定，始终都要进行循环，将循环条件设置为逻辑真常量(.t.)。

具体步骤如下：

(1)程序文件。在命令窗口输入并执行以下命令：

```
modify  command  exam0715
```

(2)在程序编辑窗口输入以下命令序列：

```
clear
clear  all
use  学生
do  while  .t.                    &&注意循环条件表达式的书写
    accept  "请输入查询同学的姓名： "  to  xm
    locate  for 姓名=xm
    if  found()
        display
    else
        ?"查无此人！"
```

```
    endif
    wait  "是否继续查询(Y/N?)"  to  yn
    if  upper(yn)="Y"
        loop
    else
        exit                              &&省略此语句程序会进入死循环
    endif
enddo
close  all
return
```

(3) 保存并运行程序，程序运行的效果如图 7-17 所示。

对于这种人为控制循环次数的情况，在循环体内必须有一处能执行 exit 语句的控制。

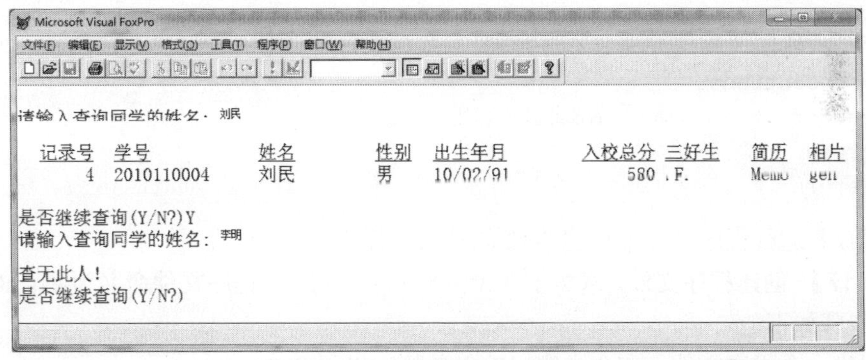

图 7-17　查询次数人为控制

2. 计数循环 FOR　ENDFOR/NEXT

【格式】FOR　<循环变量>=<初值>　TO　<终值>　[STEP<步长>]
　　　　<命令行序列>
　　　　[LOOP]
　　　　[EXIT]
　　ENDFOR/NEXT

【功能】将循环体执行指定的次数，循环体将执行的次数可以用以下公式初步确定：

循环次数=(终值−初值)/步长+1

执行过程：首先对循环变量赋初值，当步长为正时，将循环变量值与终值相比较，其小于等于终值时执行循环体；当步长为负时，循环变量大于等于终值时执行循环体。每执行一次循环体后循环变量按步长增加或减少相应的步长值。

【说明】

(1) FOR…ENDFOR/NEXT 成对使用，且只能在程序中使用。

(2) [STEP <步长>]可以省略，省略时步长为 1，即与 STEP 1 等价，步长可以为正，也可以为负。初值、终值、步长必须为数值表达式，因此循环变量是数值型。

(3) [LOOP]与[EXIT]与前面 DOWHILE…ENDDO 循环中的含义一样。

【例 7-16】 创建程序，完成“学生.dbf”表中三好生的输出。程序文件命名为 exam0716. prg。

具体步骤如下：

(1) 创建程序。在命令窗口输入并执行以下命令：

```
modify command exam0716
```

(2) 在程序编辑窗口中输入以下命令序列：

```
clear
clear  all
use  学生
?"***********三好生信息************"
?"姓名  性别  出生年月  三好生"
count  for 三好生 to  n   &&统计三好生人数，以便确定循环次数
locate  for 三好生      &&定位在第一个三好生，没有此语句，记录指针当前位于文件结束位置
for  k=1  to  n
    ?姓名,性别,space(4),出生年月,space(4),"三好生"
    continue
endfor                  &&此处也可用 next
close  all
return
```

(3) 保存并运行程序，结果与例 7-12 的结果一样。

【例 7-17】 创建程序文件，求 $s=1^2+3^2+5^2+\cdots+51^2$。程序文件命名为 exam0717.prg。

具体步骤如下：

(1) 创建一个程序文件。在命令窗口输入并执行以下命令：

```
modify command exam0717
```

(2) 在程序编辑窗口中输入以下命令序列：

```
clear
clear  all
s=0
for  k=1  to  51  step  2
    s=s+k*k
endfor
?"s=",s,"k=",k
return
```

(3) 保存并运行程序，运行结果与例 7-13 一样。

分析：此程序与例 7-13 相比，程序行少了变量初始化“*k*=1”、循环变量更改“*k*=*k*+2”两行命令，这两条命令的功能在 for 语句行中完成了。

3. *表文件扫描循环 SCAN…ENDSCAN*

【格式】SCAN [<范围>] [FOR <条件表达式>]

<命令行序列>

[LOOP]

[EXIT]

ENDSCAN

【功能】对当前表指定范围内符合条件的所有记录都执行循环体<命令行序列>的操作。记录指针会自动移动。

【说明】

(1) SCAN…ENDSCAN 必须成对使用，且只能在程序中使用。

(2) 当执行 ENDSCAN 时，记录指针自动移到 SCAN 指定的下一条记录。

(3) [<范围>]省略时，默认值为 ALL。

(4) [LOOP]与[EXIT]与前面 DO WHILE…ENDDO 循环中的含义一样。

【例 7-18】 创建程序，输出“学生.dbf”表中所有三好生的姓名、性别、出生年月、三好生等信息，三好生要求输出“三好生”。程序文件命名为 exam0718.prg。

具体步骤如下：

(1) 创建程序文件。在命令窗口输入并执行以下命令：

```
modify command exam0718
```

(2) 在程序编辑窗口输入以下命令序列：

```
clear
clear  all
use  学生
?" **********三好生信息********** "
?"姓名    性别    出生年月    三好生"
scan  for 三好生
    ?姓名,性别,space(4),出生年月,space(4),"三好生"
endscan
close  all
return
```

(3) 保存并运行程序，程序运行输出结果与例 7-12 一样。

思考：如果在 endscan 后加上语句“?recno()，eof()”，其显示结果是什么？

4. 多重循环

循环体可以是 IF…ENDIF、DO CASE…ENDCASE 等选择结构，称为循环结构嵌套选择结构。如果循环体本身又是另外一个循环，称为循环嵌套，又称多重循环。三种控制循环的语句可以相互嵌套，注意嵌套时不要交叉，要完整嵌套。循环结构与选择结构也可以相互嵌套。

【例 7-19】 输出如下的九九乘法表。

1*1= 1

2*1= 2　2*2= 4

3*1= 3　3*2= 6　3*3= 9

9*1= 9　9*2=18　9*3=27　9*4=36　9*5=45　9*6=54　9*7=63　9*8=72　9*9=81

分析：一共需要输出 9 行，每一行要输出的乘法算式个数根据第几行而变化，第 1 行输出 1 个乘法算式，第 2 行输出 2 个乘法算式，…。用外层循环控制输出行数，内层循环控制每行要输出的算式数目，而且这些算式输出在同一行上，因此要用“??”输出，当一行算式输出完后，要用“?”换行。可以用 do while…enddo、for…endfor 的嵌套或相互嵌套完成。

用 do while…enddo 嵌套 do while…enddo 完成的程序命名为 exam0719_1.prg；用 for…endfor 嵌套 for…endfor 完成的程序命名为 exam0719_2.prg，用 do while…enddo 嵌套 for…endfor 的程序命名为 exam0719_3.prg。

exam0719_1.prg 的程序内容如下：

```
clear
clear  all
r=1
do  while  r<=9
    c=1
    do  while  c<=r       &&注意循环条件表达式的书写
        ??str(r,1),"*",str(c,1),"=" ,str(r*c,2),space(1)  &&注意输出格式要求
        c=c+1
    enddo
    ?                       &&换行
    r=r+1
enddo
return
```

exam0719_2.prg 程序的内容如下：

```
clear
clear  all
for  r= 1  to  9
    for  c=1  to  r                &&注意循环变量终值的确定
        ??str(r,1),"*", str(c,1),"=" ,str(r*c,2),space(1)
    endfor
    ?                              &&换行
endfor
return
```

exam0719_3.prg 程序的内容如下：

```
clear
clear  all
r=1
do  while  r<=9
    for  c=1  to  r
        ??str(r,1),"*",str(c,1),"=" ,str(r*c,2),space(1)
    endfor
    ?           &&换行
    r=r+1
enddo
return
```

思考：使用 for…endfor 嵌套 do while…enddo 完成九九乘法表打印的程序应该怎样书写？

【例 7-20】 创建程序文件，输出如下由字符“*”构成的二维图形(等腰三角形)。程序文件命名为 exam0720.prg。

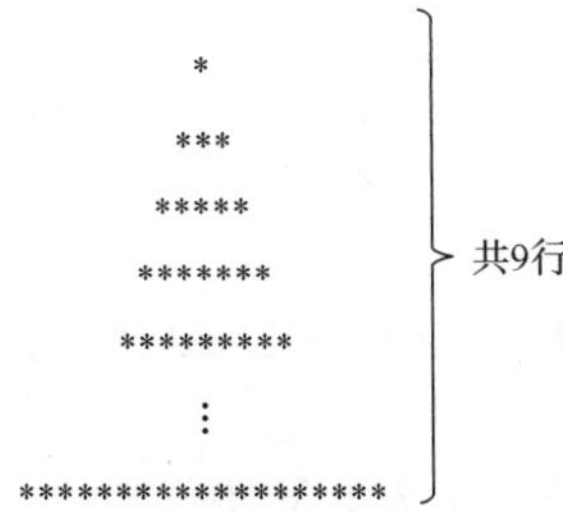

exam0720.prg 程序内容如下：

```
clear
clear  all
for  i=1  to  9
    ??space(9-i)          &&注意每行输出"*"之前要输出的空格数的确定方法
    for  j=1  to  2*i-1
        ??"*"
    endfor
    ?
endfor
return
```

思考：如果输出的行数是在程序运行时从键盘上临时输入的，应对程序进行哪些地方的修改？

【例 7-21】 创建程序，程序文件命名为 exam0721.prg。

要求：从键盘上输入 10 个数值型数据到数组 $x(10)$，按降序输出这十个数。

exam0721.prg 程序内容如下：

```
clear
clear  all
dimension  x(10)          &&定义数组 x
*以下循环完成数组 x 数组元素赋值
for  i=1  to  10
    input  "请输入第"+str(i,2)+"个数:"  to  x(i)
endfor
*以下双重循环完成将数组降序排列
for  i=1  to  9
    for  j=i+1  to  10
        if  x(i)<x(j)
            t=x(i)
            x(i)=x(j)
            x(j)=t   &&此上的三条命令完成 x(i)与 x(j)数组元素值的交换
        endif
    endfor
endfor
*以下循环输出排序后的数组 x
```

```
for  i= 1  to  10
    ??x(i)
endfor
return
```

思考：如果要升序输出，应修改程序的哪些语句？

7.4　多模块程序设计

大型应用系统的开发，通常由若干个人共同协作完成。参与开发的人又分成若干个小组，每组完成其中一部分。作为开发成员所编写的程序段称为大型程序中的子程序，最后由一个总控程序将各个子程序组装起来，完成一个大的应用，该总控程序称为主程序。开发成员在编写每段子程序时，开发小组、开发成员之间需协作，其间会有数据的传递。因此主程序可以调用子程序，子程序之间也可相互调用。每段子程序都能完成特定的功能，称为一个模块。因此，一个大型应用问题需分解成若干小问题，小问题逐个实现之后，大的问题也就实现了。

7.4.1　子程序

相对独立又能完成特定功能的程序段，称为子程序。调用子程序的程序称为调用程序(有时也称主程序)。子程序可被调用程序调用，它也可调用其他的子程序。在一个应用系统中处于最高层的调用程序称为主程序。

子程序：被调用的程序段。

主程序：调用子程序的程序。

1. 子程序的建立

子程序作为一个独立的程序，与程序文件建立方法一样，可用菜单、项目管理器、命令 MODIFY COMMAND 建立，其磁盘文件的扩展名为.PRG。

2. 子程序调用

【命令】DO　<子程序文件名>　[WITH <参数表>]
【功能】执行子程序。
【说明】
(1) 该命令放在调用程序或主程序中。
(2) [WITH <参数表>]，省略时不传递参数；若要传递参数，该项则不能省。
(3) 调用程序可调用任何一个子程序，但不能调用主程序。
(4) 该命令可在命令窗口使用，也可以在程序中使用。

3. 子程序的返回

【命令】RETURN　[<表达式>/TO MASTER]
【功能】终止该程序段的执行，返回到调用程序调用处的下一条可执行语句。
【说明】
(1) 该命令放在子程序中。

⑵ [<表达式>/TO MASTER]：省略时返回到调用处的下一条语句继续执行。<表达式>将其值返回到调用程序；TO MASTER 则返回到最高层调用程序(主程序)。

⑶ 为区分调用程序和子程序，一般在调用程序的最后用 CANCEL 作为结束语句，在子程序的最后用 RETURN 作为结束语句。

图 7-18 为程序调用的示意图。

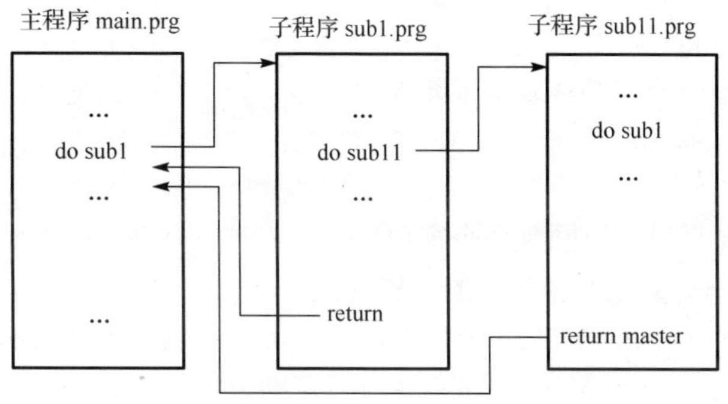

图 7-18　程序调用示意图

【例 7-22】 在同一工作文件夹下创建一个主程序 exam0722zu.prg 调用子程序 zi.prg 完成对“教师.dbf”表中教师工资的修改。

具体步骤如下：

⑴ 创建主程序。在命令窗口输入并执行以下命令：

```
modify command exam0722zu
```

⑵ 在程序编辑窗口输入以下主程序 exam0722zu.prg 的程序内容：

```
clear
clear  all
use 教师
list                                 &&查看修改之前的工资情况
go  top                              &&将记录指针定位在首记录
do  while  .noteof()
    do  zi
    skip
enddo
list                                 &&查看修改之后的工资情况
close  all
cancel
```

用 Ctrl+W 组合键存盘，返回到命令窗口。

⑶ 创建子程序。在命令窗口输入并执行以下命令：

```
modify  command  zi
```

⑷ 在程序编辑窗口中输入子程序 zi. prg 的程序内容如下：

```
do  case
    case 职称="教授"
```

```
            replace 工资 with 工资+500
        case 职称="副教授"
            replace 工资 with 工资+300
        case 职称="讲师"
            replace 工资 with 工资+200
        case 职称="助教"
            replace 工资 with 工资+100
        otherwise
            replace 工资 with 工资+80
    endcase
    return
```

用 Ctrl+W 组合键存盘，返回到命令窗口。

注意：子程序 zi.prg 完成一个教师的工资修改。

(5) 在命令窗口用 do exam0722zu 运行主程序，可以看到工资修改的情况。

7.4.2 过程文件与过程

主程序多次调用多个子程序，会增加计算机磁盘的开销，也会增加计算机工作时间。为提高计算机空间利用率及工作效率，将多个子程序放入一个过程文件中，打开过程文件，一次就将其包含的所有过程(子程序)调入内存，节约计算机工作时间和空间。

1. 过程文件的创建

过程文件的创建与程序文件的创建方法一样，可用菜单、项目管理器、命令 MODIFY COMMAND 完成，其扩展名为.PRG，过程文件中可包含多个过程。

2. 过程定义

【格式】PROCEDURE <过程名>
<命令行序列>
[RETURN [<表达式>]]
ENDPROC

【功能】定义一个过程，一个过程文件中可以包含多个过程。其中每个过程都有过程名，用 RETURN 可返回到调用程序。

3. 过程文件的打开与关闭

(1) 过程文件的打开。

【命令】SET PROCEDURE TO <过程文件名>

【功能】打开<过程文件名>指明的过程文件，即可将过程文件调入内存，以便调用程序能直接调用其中的过程。

(2) 过程文件的关闭。

【命令】SET PROCEDURE TO
CLOSE PROCEDURE

【功能】关闭当前打开的过程文件。

4. 过程调用

【命令】DO　<过程名>

【功能】放在调用程序，调用<过程名>指定的子程序段。

【例 7-23】 设计一个主程序调用过程的菜单，菜单可以反复使用，其中菜单项的功能用过程实现。其主程序文件命名为 exam0723.prg，过程文件命名为 guo.prg。

具体步骤如下：

(1) 主程序文件。在命令窗口输入并执行以下命令：

```
modify  command  exam0723
```

(2) 在程序编辑窗口输入如下的 exam0723.prg 的内容：

```
clear
clear  all
set  procedure  to  guo       &&打开过程文件 guo.prg
use  学生
do  while  .t.                &&注意反复选菜单的循环控制条件书写
    ?" ***********学生信息管理系统***********"
    ?"1 -录入"
    ?"2-查询"
    ?"3-删除"
    ?"4-退出"
    input  "请选择(1-4): "  to  ch
    do  case
        case ch=1
    do  lu
        case ch=2
    do  ca
        case ch=3
    do  sc
        case ch=4
        exit
    endcase
enddo
close  all       &&所有文件关闭，包括打开的过程文件 guo. prg 也关闭
cancel
```

用 Ctrl+W 组合键存盘，返回命令窗口。

(3) 创建过程文件。在命令窗口输入并执行以下命令：

```
modify  command  guo
```

(4) 在程序编辑窗口输入以下过程文件 guo.prg 的内容：

```
*录入记录过程 lu
procedure  lu
append
return
```

```
*查询记录过程 ca
procedure  ca
accept  "请输入要查询同学的姓名: "  to  xm
locate  for 姓名=xm
display
return
*删除记录过程 sc
procedure  sc
accept  "请输入要删除同学的姓名: "  to  xm
locate  for  姓名=xm
delete
pack
return
endproc
```

用 Ctrl+W 组合键存盘，返回命令窗口。

(5)用命令 do exam0723 运行主程序，运行结果如图 7-19 所示。

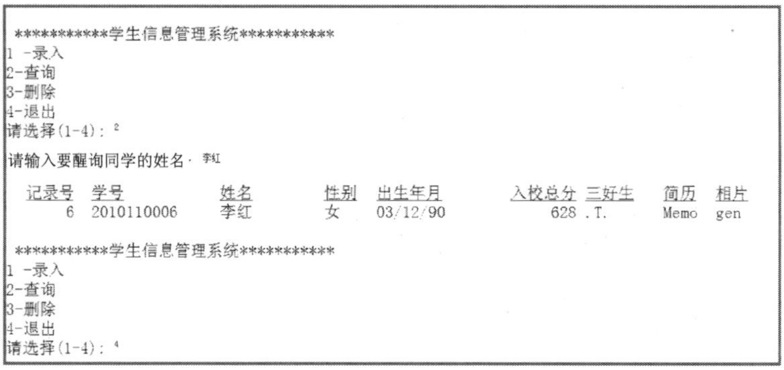

```
***********学生信息管理系统***********
1 -录入
2-查询
3-删除
4-退出
请选择(1-4): 2
请输入要醒询同学的姓名· 李红
  记录号  学号          姓名       性别  出生年月        入校总分 三好生  简历  相片
       6  2010110006    李红       女    03/12/90             628 .T.     Memo  gen

***********学生信息管理系统***********
1 -录入
2-查询
3-删除
4-退出
请选择(1-4): 4
```

图 7-19　过程调用菜单设计

7.4.3　变量作用域及带参数调用子程序

在多模块程序设计中，模块之间的数据传递可通过变量作用域和带参数调用子程序(或过程)完成。

1. 内存变量的作用域

在多模块程序设计中，经常会用到许多变量，有的变量在程序整个运行过程中都起作用，有的则只在某些程序段中起作用，变量起作用的范围称为变量的作用域。根据作用域的不同，可将内存变量分为 3 种类型：全局变量、局部变量和本地变量。

2. 内存变量的一般性质

在多模块程序设计中，程序分为主程序、调用程序、子程序。程序调用时有上下级的关系，在不同程序中的变量有其一般性质，具体如下：

(1)上级程序生成的变量，调用的下级程序可以使用；反之，下级程序生成的变量，上级程序则不可使用。

(2)返回上级程序时，保留下级程序重新赋的值。

【例 7-24】 下面是一个主程序调用子程序时内存变量作用域一般性质的体现。主程序文件命名为 exam0724.prg，子程序文件命名为 zl.prg。

具体步骤如下：

(1)创建主程序文件。在命令窗口输入并执行以下命令：

```
modify  command  exam0724
```

(2)在程序编辑窗口中输入以下 exam0724 .prg 程序的内容：

```
clear
clear  all
a=11
b=22
display  memory     &&显示 a=11， b=22
do  z1
display  memory     &&显示 a=11， b=44
```

用 Ctrl+W 组合键存盘，返回到命令窗口。

(3)创建子程序文件。在命令窗口输入并执行以下命令：

```
modify  command z1
```

(4)在程序编辑窗口输入如下 z1.prg 程序内容：

```
b=44
c=33
display  memory   &&显示 a=11,b=44,c=33
return
```

用 Ctrl+W 组合键存盘，返回到命令窗口。

(5)用命令 do exam0724 运行主程序，可观察到三条 display memory 内存变量输出的结果，其中变量作用域均为“Priv”局部变量。因此当未指明变量作用域时，默认为局部变量。

3. 局部变量

【命令】PRIVATE　<变量名列表>

【功能】将<变量名列表>中指明的变量定义为局部变量。

【说明】

(1)某变量在主程序或调用程序定义，在子程序中又定义为 PRIVATE 的变量，则在子程序中，只有子程序中定义的变量有效，而在主程序或调用程序中定义的变量就被屏蔽(隔离)，返回主程序(或调用程序)释放恢复。简言之，内部(子程序定义的变量)屏蔽外部(主程序或调用程序定义的变量)。

(2)未宣布 PRIVATE 的变量不屏蔽。

4. 全局变量

在程序运行的过程中，上下级或任何程序模块中都可以使用，一旦定义，其他地方都可以使用，并且程序运行结束返回命令窗口，其值仍然保留。

【命令】PUBLIC　<变量名列表>

【功能】将<变量名列表>中指明的变量定义为全局变量。

【说明】

(1)在任一程序定义的全局变量，在其他程序可以使用。

(2)保留重新赋的值。

(3)Visual FoxPro 中局部变量没有设置默认初值。

【例 7-25】 创建下面的主程序和子程序，理解变量的作用域含义。主程序文件命名为 exam0725. prg，子程序文件命名为 z2.prg。

(1)创建主程序和子程序。

主程序 exam0725.prg 内容如下：

```
clear
clear  all
a1=11
a2=22
display  memo        &&显示 a1=11， a2=22
do  z2
display  memo        &&显示 a1=11， a2=22， a4=55
cancel
```

子程序 z2.prg 内容如下：

```
private  a2       &&主程序中定义了 a2，主程序中 a2 将隔离，不能进入子程序
public  a4        &&将 a4 定义为全局变量
a2=44
a3=33
a4=55
display  memo     &&显示 a1=11， a2=44， a3=33， a4=55
return
```

(2)用命令 do exam0725 运行主程序。可以观察到子程序 z2.prg 中 display memo 命令输出的结果有一部分如图 7-20 所示。

```
A4        Pub     N  55     (     55.00000000)
A1        Priv    N  11     (     11.00000000)  exam0725
A2        (hid)   N  22     (     22.00000000)  exam0725
A2        Priv    N  44     (     44.00000000)  z2
A3        Priv    N  33     (     33.00000000)  z2

已定义    5个变量，    占用了0个字节
 1019个变量可用
```

图 7-20　全局变量和局部变量的作用域

从图 7-20 中可以看出主程序中的内存变量 A2 在进入子程序时被屏蔽(hid)。

5. 本地变量

【命令】LOCAL　<变量名列表>

【功能】将<变量名列表>中指明的变量定义为本地变量。

【说明】

(1)只在定义的程序段起作用，初始值为逻辑假(.F.)。

(2)上、下级程序均不可使用。

(3)只能在本程序段使用该变量。

【例 7-26】 将例 7-25 修改成如下主程序 exam0726.prg，子程序 z3.prg。

(1)主程序 exam0726.prg 内容如下：

```
clear
clear  all
a1=11
a2=22
display  memo     &&显示 a1=11,  a2=22
do  z3
display  memo     &&显示 a1=11,  a2=22,  a4=55
cancel
```

子程序 z3.prg 内容如下：

```
local  a2          &&重新定义 a2 为本地变量，初始值为.F.
public  a4         &&将 a4 定义为全局变量
a3=33
a4=55
display  memo     &&显示 a1=11，a2=22,a2=.f.(本地)，a3=33，a4=55
return
```

(2)用命令 do exam0726 运行主程序。可以观察到子程序 z3.prg 中 display memo 命令输出的结果有一部分如图 7-21 所示。

```
A4          Pub     N   55              (        55.00000000)
A1          Priv    N   11              (        11.00000000)  exam0726
A2          Priv    N   22              (        22.00000000)  exam0726
A2          本地    L   .F.   z3
A3          Priv    N   33              (        33.00000000)  z3

已定义     5个变量,      占用了0个字节
 1019个变量可用
```

图 7-21　本地变量作用域

从图 7-21 中看出本地变量 A2 的值为逻辑假(.F.)。如果在子程序 z3.prg 的 display memo 后加入命令“?A2”，该命令输出的结果为.F.。

6. 带参数调用子程序或过程

多模块程序设计，有时需将主程序中的数据传递给子程序，子程序对接收到的数据经过处理后又需回传到主程序(调用程序)，此时就需要带参数调用子程序。

用到的相关命令如下：

(1)带参调用子程序。

【命令】DO　<过程名>/<过程名>　WITH　<参数表 1>

【功能】将指定参数传递给子程序并执行子程序或过程。

【说明】

①放在主程序(调用程序)中。

②<参数表 1>参数可以是常量、已赋值的变量、表达式，称为实参。

(2) 参数接收语句。

【命令】PARAMETERS　<参数表 2>

【功能】指明接收主程序(调用程序)传递数据的局部变量名。

【说明】

①放在带子程序或过程的第一条语句位置。

②<参数表 2>中参数是局部变量，称为形式参数。

③通常 DO…WITH 中的<参数表 1>中的参数个数与 PARAMETERS 中<参数表 2>中的参数个数、类型相同。按顺序依次将<参数表 1>中的值传递给<参数表 2>中的局部变量，与变量名称无关。其中<参数表 1>的数据称为实参，<参数表 2>中的变量称为形参。当形参多于实参时，形参的初始值为逻辑假(.F.)。

④参数的传递有两种方式，如果<参数表 1>中的参数是常量或经过运算的变量、表达式，只将相应值传进子程序，这种数据传递是单向的，称为只进不出或值传递；如果<参数表 1>中的参数是变量名称，调用子程序时将值传递给子程序<参数表 2>中的相应局部变量，执行子程序中的 RETURN 命令后可以将数据回传到主程序(调用程序)，这种数据传递是双向的，称为可进可出或地址传递。

【例 7-27】 以下通过主程序调用过程文件中的过程完成圆面积的计算，主程序文件命名为 exam0727.prg，过程文件命名为 exl.prg。

具体步骤如下：

创建主程序和过程文件。

主程序 exam0727.prg 的内容如下：

```
clear
clear all
set proc to ex1
s=0
do area with 2,s
?"半径为 2 的圆面积=",s
cancel
```

过程文件 ex1.prg 的内容如下：

```
procedure area
    parameters r,x
    x= 3.14*r*r
    return
```

用 do exam0727 运行主程序，得到结果为：半径为 2 的圆面积= 12.56。

注意以下两点。

(1) 参数传递：$2\rightarrow r, s\leftrightarrow x$。

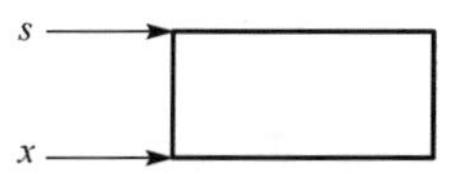

图 7-22　实参为变量名的数据传递

(2) s 将值传递给变量 x，同时，将存储单元地址也传递给 x，相当于该单元在主程序中是 s，而在子程序或过程中是 x，因此在过程中对 x 进行修改，返回到主程序时，就将修改的数据传递给 s 变量。共用内存单元示意图如图 7-22 所示。

7.4.4　自定义函数

Visual FoxPro 系统提供了几百个标准函数，如果这些函数还不够用户使用，用户对自己经常使用的功能也可以定义成函数。用户以子程序的格式定义函数，结果可以按普通函数的格式在主程序中引用。

依附式函数定义格式如下：

【格式】FUNCTION　<函数名>

　　　　[PARAMETERS　<形式参数表>]

　　　　<命令行序列>

　　　　[RETURN　<表达式>]

　　[ENDFUNC]

【功能】定义一个依附式的自定义函数，依附在调用函数的程序中。

【说明】

FUNCTION <函数名>：定义一个函数的开始。自定义函数名不能与系统函数和已定义的内存变量同名。

函数可以有参数，如果函数调用时有参数，那么函数定义中有接收参数的语句 PARAMETERS<参数表>。

[RETURN <表达式>]：将<表达式>的值作为函数值返回到调用程序。省略此命令，函数返回值为逻辑真(.T.)。

【例 7-28】 创建程序文件，调用一个自定义函数计算圆的面积，程序文件命名为 exam0728.prg。

具体步骤如下：

(1)创建程序文件。在命令窗口中输入并执行以下命令：

```
modify  command  exam0728.prg
```

(2)在程序编辑窗口中输入以下 exam0728.prg 的内容：

```
clear
clear  all
r=2
s=area(r)                    &&调用自定义函数 area
? "半径为 2 的圆面积=" ,s
function  area               &&定义依附式自定义函数 area
    parameters  r
    s=3.14*r*r
    return s
endfunc
```

(3)保存并运行该程序，结果与例 7-27 一样。

注意：也可以定义非依附式函数，将函数写成一个子程序文件单独存放。将例 7-28 改成非依附式函数定义格式，即调用程序文件命名为 exam0728_1.prg，定义函数的子程序文件命名为 area.prg。调用程序和子程序内容如下。

主程序 exam0728_1. prg 内容如下：

```
clear
clear  all
s=0
do  area  with  2,s
?"半径为 2 的圆面积=", s
```

子程序 area.prg 内容如下：

```
parameters  r,s
s=3.14*r*r
return
```

在命令窗口中，用 do exam0728_1 运行程序的结果与例 7-28 运行的结果一样。

学 习 提 示

本章是程序设计的基础，需认真学习并牢固掌握程序的基本语句和基本结构，同时了解多模块程序设计的方法，以下问题值得注意。

(1) 程序创建的几种方法：菜单方式、命令方式以及项目管理方式。

(2) 书写方式：采用缩格方式增强程序的可读性。

(3) 程序的运行方式。

(4) 程序的三种基本结构及其执行流程：顺序结构、单分支选择结构、双分支选择结构、多分支选择结构、条件循环、计数循环和表记录扫描循环。

(5) 多模块程序设计时变量的作用域、子程序和函数的定义及其调用及参数的传递。

习 题 7

一、选择题

1. 在 Visual FoxPro 中，创建或修改过程文件的命令是________。
   A．MODIFY PROCEDURE　　B．MODIFY COMMAND
   C．MODIFY　　D．B 和 C 都可以
2. 以下关于带参数调用过程的叙述中，正确的是________。
   A．实参的个数与形参个数必须相同
   B．形参数量多于实参时，多余的形参取逻辑假
   C．实参多于形参时，多余的实参被忽略
   D．以上说法都不正确
3. 如果过程或自定义函数中没有 RETURN 语句，或其中没有指定表达式，那么________。
   A．没有返回值　　B．返回 0
   C．返回 1　　D．返回.T.
4. 结构化（面向过程）程序设计的三种基本逻辑结构是________。

A．顺序、选择、循环　　B．顺序、选择、模块
C．顺序、循环、分解模块　　D．顺序、层次、网状

5．关于分支选择 IF…ENDIF 说法不正确的是________。
A．IF 与 ENDIF 必须成对使用　　B．只能在程序中使用
C．可以嵌套使用　　D．IF 与 ENDIF 之间必须有 ELSE

6．循环结构 FOR…ENDFOR 中的 EXIT 的作用是________。
A．退出过程，返回程序开始处
B．回到循环的开始，进行下一次判断和循环
C．终止程序执行
D．终止循环，将控制转移到本循环结构 ENDFOR 后面的第一条语句继续

7．循环结构 DO WHILE…ENDDO 中的 LOOP 的作用是________。
A．退出过程，返回程序开始处
B．回到循环的开始，进行下一次判断和循环
C．终止程序执行
D．终止循环，将控制转移到本循环结构 ENDDO 后面的第一条语句继续

8．关于变量的作用域，以下说法正确的是________。
A．在程序中用 PRIVATE 宣布的变量是全局变量
B．用 LOCAL 声明的变量是本地变量
C．命令窗口中用命令“x=5”定义的变量是局部变量
D．PUBLIC<变量名表>，该命令不可直接在命令窗口中使用

9．将变量定义为局部变量的 Visual FoxPro 命令是________。
A．GLOBAL　　B．PUBLIC　　C．PRIVATE　　D．LOCAL

10．在 Visual FoxPro 中，如果希望变量只能在本程序段使用，说明这种内存变量的命令是________。
A．PRIVATE　　B．LOCAL　　C．PUBLIC　　D．DECLARE

二、读程序，选择填空

1．针对如下的“学生.dbf ”表，阅读下面的程序并回答问题。

```
use 学生
yn=.t.
do  while  yn
    display
    if  eof()
        exit
    endif
    skip
enddo
use
```

(1)程序的功能是________。
A．查询　　B．查询并连续输出表中所有记录

C. 逐条输出表中所有记录　　D. 没有输出结果

(2) 循环体执行的次数为________。

A. 0　　B. 1　　C. 2　　D. 比表中记录数多 1

2. 阅读下面的程序。

```
clear
n=1
do  while  n<=40
    n=n*3
    ??n
Enddo
```

程序运行的结果显示为________。

A. 3　9　27　　B. 9　27　81

C. 3　9　27　81　　D. 死循环，无限输出 1

3. 阅读以下程序。

```
clear
input   "请输入 a=" to  a
input   "请输入 b=" to  b
input   "请输入 c=" to  c
if  a>b
    t=a
    a=b
    b=t
endif
if  a>c
    t=a
    a=c
    c=t
endif
if  b>c
    t=b
    b=c
endif
```

运行程序时，从键盘上输入 5，3，7 分别给变量 *a*, *b*, *c* 赋值，程序运行的结果是________。

A. 5　3　7　　B. 7　5　3　　C. 3　5　7　　D. 7　3　5

4. 读程序。

```
aa=0
for  i=2  to  100  step  2
    aa=aa+1
endfor
?aa
return
```

该程序得到的结果为________。

A．1～100 中奇数的和　　　　　　　　　　B．1～100 中偶数的和
C．1～100 中所有数的和　　　　　　　　　D．没有意义

5．有如下程序。

```
store  0  to  b,k
do  while  .t.
    k=k+1
    b=b+k
    if  k>=10
        exit
    endif
    enddo
?'B='+str(b,4)
retu
```

(1) 该程序的功能为________。
A．计算 1～10 的整数之和　　　　　　　　B．计算 1～9 的整数之和
C．计算 1～11 的整数之和　　　　　　　　D．计算 1～10 以内数的和

(2) 该程序运行的结果为________。
A．55　　　　B．66　　　　C．B= 55　　　　D．B= 66

6．假设表文件“学生.dbf”中有 7 条记录，有以下程序。

```
clear  all
use 学生
go  bottom
n=3
do  while  n>=1
    display
    skip  -1
    wait
    n=n-1
enddo
use
return
```

(1) 程序的功能是________。
A．显示所有记录　　　　　　　　　　　　B．分别显示前 3 条记录
C．显示第 3 条记录　　　　　　　　　　D．分别显示后 3 条记录

(2) 退出循环后，*n* 的值是________。
A．0　　　　B．1　　　　C．3　　　　D．4

7．有以下三段程序。

```
* main.PRG
k1 =10
k2=20
do sub
```

```
?k1,k2     &&(1)
do  sub1  with  k2+10,k1
?k1,k2     &&(3)
cancel
* sub.prg
private  k1
k1=k2+10
k2=k1+10
retu
* sub1.prg
Proc  sub1
Para  x1,x2
x1=str(x1,2)+str(x2,2)
x2=x1+str(x2,2)
?x1 ,x2    && (2)
retu
```

(1)程序运行到(1)处显示的结果是________。

A. 10　20　　B. 20　30　　C. 10　30　　D. 10　40

(2)程序运行到(2)处显示的结果是________。

A. 5010　501010　B. 60　70　　C. 70　60　　D. 3010　301010

(3)程序运行到(3)处显示的结果是________。

A. 3010　40　　B. 5010　40　　C. 501010　40　　D. 301010　20

8. 有如下程序。

```
set  talk off
dimension  k(2,3)
i=1
do  while  i<=2
    j=1
    do  while  j<=3
        k(i ,j)=i*j
        ??k(i,j)
        j=j+1
    enddo
    ?
    i=i+1
enddo
return
```

运行此程序的结果是________。

A. 1　2　3
　2　4　6

B. 1　2　3
　3　6　9

C. 1　2　3
　1　2　3

D. 1　2　3
　2　4　9

三、程序填空

1．键盘输入 x，当 $x \geqslant 0$ 且 $x \leqslant 1$ 时，$y=1$；当 $x>1$ 且 $x<0$ 时，$y=0$。

```
clear
input  "输入 x 的值"  to  x
if  x>=0
    if _______
        y=1
    else
        y=0
     _______
else
    y=_______
endif
?"y=",y
return
```

2．在“学生.dbf”表中按姓名查询学生情况，若未找到，显示“未找到该同学!”，每次查询完毕，询问“是否继续查询(Y/N)？”，输入大小写的“Y”都继续查询，否则结束。

```
use  学生
do  while  _______
    accept  "请输入查询同学姓名： "  to  xm
    locate  for _______
    if  found()
        display
    else
        ?"未找到该同学！ "
    _______
    wait  "是否继续查询(y/n)?" to  yn
    if _______
        loop
    else
        exit
    endif
enddo
close all
```

3．下列程序的功能是通过字符串变量操作数竖向显示“伟大祖国”，横向显示“祖国伟大”，请填空。

```
clear
store  "伟大祖国"  to  xy
n=1
do  while  n<8
    ?substr(_______)
  n =_______
enddo
?_______
?substr(xy,1,4)
return
```

4．以下是一段将十进制整数转换成八进制数的程序，请完善填空。

```
clear
input  "请输入要转换的十进制整数：" to x
do while _______
    q=str(mod(x,8,1))
    st=_______
    x=(x-mod(x,8))/8
enddo
?st
```

5．以下程序完成求 10 以内奇数的阶乘之和。

```
clear
s=0
i=1
do while _______
    fac=1
    for j=1 to i
        fac=fac*j
    endfor
    s=s+_______
    i=i+2
    _______
?"s=",s
return
```

6．有学生.dbf(学号，姓名，性别，出生日期)、选课.dbf (学号，课程号，成绩)两表，完成以下程序段：根据输入的学生姓名查询并统计输出该生平均成绩。

```
clear
clear all
set safe off
select 1
use 选课
index on 学号 to xh
use 学生
set relation to 学号 into a
_______       &设置一对多关联，一个学生可以选多门课程
accept "请输入查询朵计同学姓名：" to _______
locate for 姓名=xm
_______
n=0
do while .not. eof()
s=s+a.成绩
n=n+1
_______
enddo
?xm+"同学平均成绩为："+str(s/n,5,2)
close all
```

7．以下是通过参数传递求圆的面积程序，请完善。

```
*主程序：main.prg
_______
```

```
do  sub  with  s,2
? "圆的面积为：",s
*子程序：sub.prg
para  _______, r
n=3.14*r*r
return
```

8．以下是一个求方阵 $a(n, n)$ 两条对角线上元素之和的程序，将程序补充完整。

```
clear
n=5
dimension  a(n,n)
for  i=1  to  n
    for  j=1  to  n
        a(i,i)=int(rand()*10)
        _______
    _______
store  0  to  s1,s2
for  i=1  to  n
    s1=s1+a(i,i)
endfor
?"sum1=",s1
_______
    s2= s2+a(i,n-i+1)
endfor
?"sun2=" ,s2
```

四、上机操作题

1．程序运行时，从键盘输入 3 个数值型数据，求其和与平均值并输出。

2．程序运行时，从键盘输入 4 个数值型数据，按降序输出它们。

3．根据输入学生的姓名，在“学生 dbf”表中查找，找到则显示该同学信息，否则显示“查无此人!”

4．输入存款年限、计算存款利率，分别用 IF 嵌套、DO CASE 语句实现。利率计算方法如下。

年限 NX<1 年，利率 LL= 2%。

年限 NX≥1 年或 NX<3 年，利率 LL=3%。

年限 NX≥3 年或 NX<5 年，利率 LL=4%。

年限 NX≥5 年，利率 LL=5%。

5．输出表“学生. dbf”中入校总分大于等于 580 分学生的学号、姓名、性别、入校总分、年龄。要求分别用三种循环实现。

6．编程求 s=1!+3!+…+51!。

7．分别编写求立方数的过程和自定义函数，在主程序中调用过程或函数求 1～10 的立方之和。

8．对“学生.dbf”表进行复制，产生 100 个文件名为 studl.dbf、stud2.dbf、stud3.dbf、…、studl00.dbf 的表文件。

9．用循环方式给二维数组 xy(3，3)赋值，其数组元素的值依次为 1、2、3、…、9。

10．用 input 命令给数组 x(50)赋值，找出其中的最大数和最大数在数组中的位置。

第 8 章　面向对象程序设计

本章知识点：

(1) 介绍面向对象程序设计的基本概念。

(2) Visual FoxPro 中的对象与类。

(3) 对象的访问与引用以及如何创建用户自定义类。

Visual FoxPro 不仅支持过程化编程，也支持面向对象编程，本章的目的是为初学者树立面向对象程序设计的概念。

8.1　面向对象程序设计概念

面向对象程序设计(Object Oriented Programming, OOP)是自 20 世纪 80 年代以来逐渐发展起来的一种新的程序设计方法，该方法尽可能按照人类认识世界的方法和人类解决问题的思维方式来分析问题、解决问题，具有简单、直观、实用、自然等优点。

面向对象程序设计从所处理的数据入手，以数据为中心而不是以功能为中心来描述系统。在面向对象程序设计中，采用对象、类、方法、事件、继承等基本概念，从分析问题领域中实体的属性、行为及其相互关系入手。程序设计人员不再是单纯地从代码的第一行一直编写到最后一行，而是考虑如何创建对象、利用对象来简化程序设计。

下面，介绍面向对象程序设计的一些基本概念。

8.1.1　类与对象

1. 对象

“对象”(object)是面向对象程序设计方法学中最基本的概念。简单地说，对象是一种将数据和操作过程结合在一起的数据结构，是现实世界中客观实体的抽象表达。在应用领域中有意义的、与所要解决问题有关系的任何事物都可以称为对象。它不仅能表示具体的事物，还能表示抽象的规则、计划或事件。例如，一辆车、一台计算机、一个表单、一个文本框等都可以作为一个对象。

从可视化编程的角度来看，对象是一个具有属性(数据)、能处理相应事件、具有特定方法(行为方式)、以数据为中心的统一体。一个对象建立以后，其操作就通过与该对象有关的属性、事件和方法来描述。

2. 类

类(class)是具有共同属性、共同操作性质的对象的集合。类和对象概念接近，但并不相同。类是对同一类对象的抽象描述，类包含了同一类对象的共同特征和行为信息，而对象是类的实例。

例如，城市是一个抽象化的概念，它只描绘了所有城市的基本特征，我们把这种抽象的“城市”看成类，而北京市、成都市就是具体的实例。

8.1.2　对象的属性、事件与方法

1. 属性

属性(property)是一组用于描述对象的特征或状态的物理值。例如，手机有品牌、型号、尺寸、颜色等属性。不同的对象可以拥有各种相同或不同的属性，用户可以通过控制对象的属性来操作对象。属性值可以预先定义，也可以在程序运行过程中由程序修改。

2. 事件与事件响应

事件(event)就是对象识别的一个动作。例如，有电话拨入到手机，或者是手机电源耗尽，这些情况就是一个“事件”。当事件发生时，可以事先设定对象要作出相应的反应。例如，当“电话拨入到手机”的事件发生时，可以指定是直接“接听”，还是“拒接”操作。

事件可以由用户动作产生，也可以由程序代码或者系统产生，如计时器在一定的时间激发某个事件就是由系统产生的。

在 Visual FoxPro 中，可以激发事件的用户动作包括单击(Click)、双击(DblClick)等。

3. 方法

方法(method)是与对象相关联的过程，对象的事件可以具有与之相关联的方法。方法是用来处理或操纵对象的途径，对象通常会提供一些方法，以便应用程序可以使用对象所提供的服务。

同理，只要通过对象对外提供的方法，就可以得到它的服务，根本不需要知道对象内部的实际运作方式。所以，用面向对象的程序设计方法来开发应用软件，不仅可以提高效率，更重要的是可以保证软件的质量。

4. 事件过程

在每一个对象上面，都已经设定了该对象可能发生的事件，而每一个事件都会有一个对应的空事件过程(也就是还没有规定如何处理该事件的空程序)。在写程序时，并不需要把对象所有的事件过程填满，只要填入需要的部分就可以了。当对象发生了某一事件，而该事件所对应的事件过程中没有程序代码(也就是没有规定处理步骤)时，则表明程序对该事件“不予理会”，也就是不处理该事件，事件将交由系统预先设定的默认处理方式处理，这样不会对程序造成影响。

8.1.3　面向对象编程

面向对象使程序员的观点从程序设计语言如何工作，转向注重于执行程序设计功能的对象模型，着重于建立能够模拟需要解决的现实问题的对象。

在面向对象的程序设计中，对象是组成软件的基本单元。每个对象可看成一个封装起来的独立单元，在程序里担负某个特定的任务。因此，在设计程序时，不必知道对象的内部细节，只是在需要时，对对象的属性进行设定和控制，书写相应的事件代码即可。图 8-1 示范了对象和应用程序的关系。

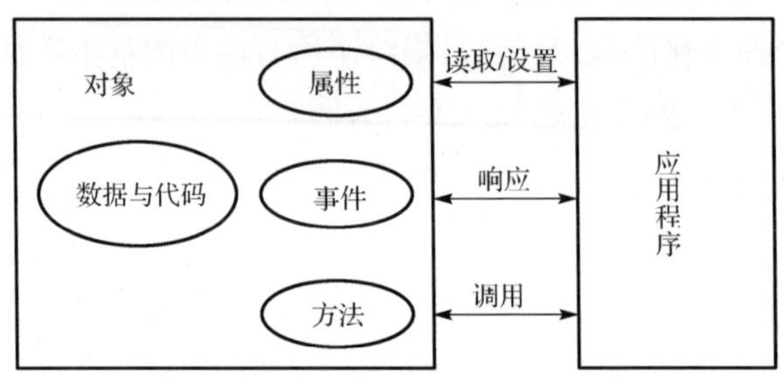

图 8-1 面向对象编程模型

例如，要使用手机，只要知道操作方法就行了。当要拨打电话时，只需按下相关的功能操作键就能拨打出电话。而普通的用户根本就不需要去了解电话的内部的电路结构与运转方式。

程序设计者在使用对象时，虽然不需要知道对象的内容，但是必须要了解对象对外所提供的属性、方法和事件，就好比用户必须知道手机上按钮的作用和操作步骤才能够使用它。

程序执行时，会先等待某个事件的发生，然后再去执行处理此事件的事件过程。事件过程要经过事件的触发才会执行，这种动作模式就称为事件驱动程序设计，也就是说，由事件控制整个程序的执行流程。

面向对象编程的基本过程是：创建表单对象→定义数据环境→摆放控件对象→设置对象属性→编写事件代码。

8.1.4 面向对象编程实例

下面，通过一个简单的程序，初步了解面向对象程序设计的基本方法。

【例 8-1】 一个简单表单程序的编写示例。

表单上有两个按钮对象，一个标签对象。一个按钮是“显示英文”，另一个按钮是“退出”，运行时，标签先显示一行文字“欢迎光临!”，当单击“显示英文”按钮时，文字变成英文的“WELCOME!”。当单击“退出”按钮时，关闭表单，程序结束。

1) 创建容器对象：表单

操作步骤如下：

打开“文件”菜单→执行“新建”命令，弹出“新建”对话框→选取“表单”选项→单击右上方的“新建文件”按钮，进入表单设计器。

2) 定义数据环境

本例没有涉及数据库与表操作。

3) 摆放控件对象

(1) 放置命令按钮。

在“表单控件”工具栏中单击命令按钮 ，再用鼠标在表单上画合适大小的命令按钮 Command 1，再重复画第二个命令按钮 Command 2。

(2) 放置标签。

从“表单控件”工具栏单击“标签” A 按钮，用鼠标在表单画相应大小标签控件 Label 1。表单 Form 1 如图 8-2 所示。

4) 设置对象属性

“属性”窗口如图 8-3 所示。

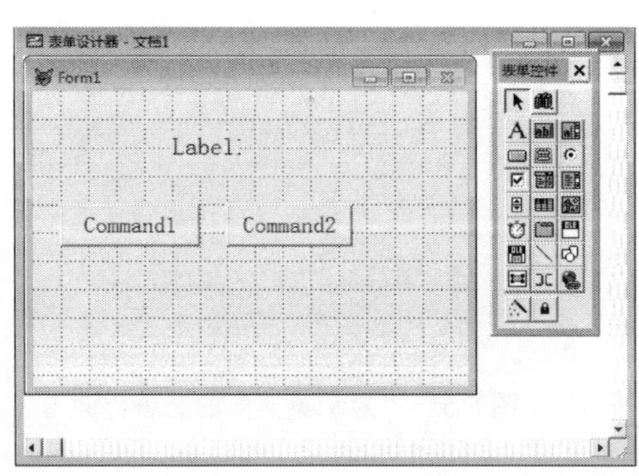

图 8-2　Form1 窗口

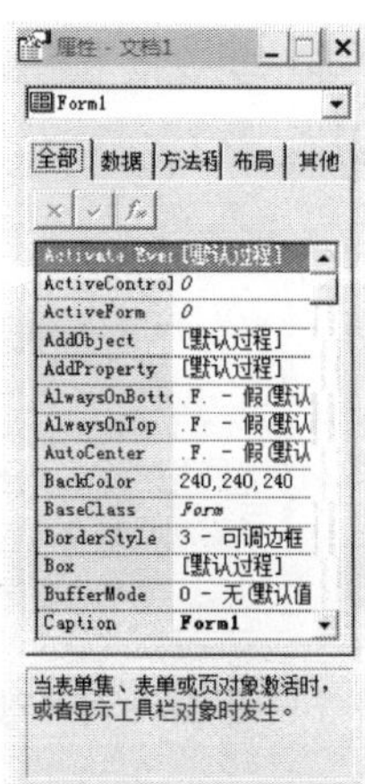

图 8-3　“属性”窗口

对象的属性设置方法是先在表单上选中对象，然后在“属性”窗口设置对象属性。本例需进行以下对象的属性设置。

(1) Form1 表单的属性设置。

AutoCenter .T.：运行时窗口自动居于 Visual FoxPro 主窗口中央。

Caption form1：运行时窗口标题文本。

(2) Label1 标签的属性设置。

Caption：欢迎光临! 标签显示的文本内容。

FontSize 24：文本字体大小(字号)。

Alignment 2—中央：文本居中对齐。

(3) Command 1 按钮的属性设置。

Caption：显示英文命令按钮上的文本内容。

FontSize 14：命令按钮上文本字体大小(字号)。

(4) Command 2 按钮的属性设置。

Caption：退出命令按钮上的文本内容的文字。

FontSize 14：命令按钮上文本字体大小(字号)。

5) 编写事件代码

针对事件进行编程，从而实现对用户鼠标事件的响应。

(1) Command 1 的 Click 事件。

双击 Command1，在 Click 事件代码窗口中输入以下内容。

```
ThisForm.Label1.Caption= "WELCOME!"
```

(2) Command 2 的 Click 事件。

```
Thisform.Release
```

应用程序编写完成后，在工具栏上单击“保存”按钮，在出现的“另存为”对话框中输入文件名 myform1，单击“保存”按钮，保存完毕。

在“程序”菜单中执行“运行”命令，所设计的表单将出现在屏幕中央，如图 8-4 所示。

单击“显示英文”按钮，将显示出“WELCOME!”这行字，如图 8-5 所示。最后，单击“退出”按钮，程序运行结束。

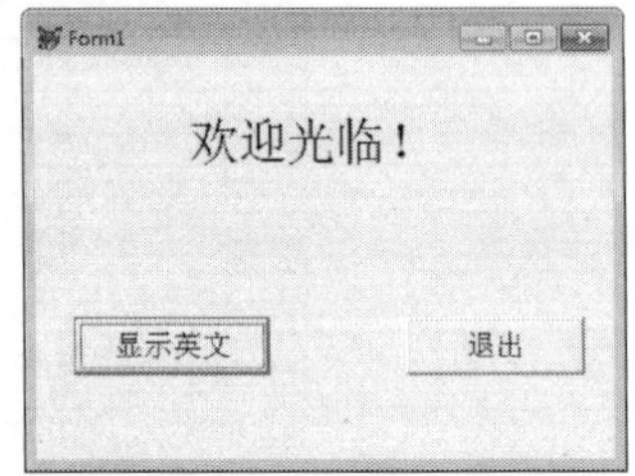

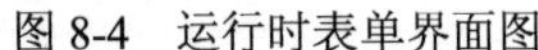
图 8-4　运行时表单界面图

图 8-5　“显示英文”的表单界面

可以看出，面向对象程序设计有两个鲜明的特点。

(1) 编程方式是可视化的，即所见所得。

(2) 程序运行没有一定的顺序，而由事件驱动，随事件的出现(如用户击键)而执行相应的代码。

8.2　Visual FoxPro 中的类

类是对某种类型的对象定义变量和方法的原型。它表示对一类具有共同特征的对象的抽象，就像是一个模板，对象都是由它生成的。类定义了对象所有的属性、事件和方法，从而决定了对象的属性和它的行为。本节重点介绍 Visual FoxPro 中的类。

8.2.1　Visual FoxPro 的基类

基类是 Visual FoxPro 预先定义好的类，Visual FoxPro 为用户提供了 29 个基类，用户既可以从中创建对象，也可以由基类派生出子类。

Visual FoxPro 的类有两大主要类型，它们是容器类和控件类。因此 Visual FoxPro 对象也分为两大类型，即容器类对象和控件类对象。

1. 容器类与容器类对象

容器类可以容纳别的对象，并允许访问所包含的对象。例如，表单是一个容器类，当创建一个具体的表单(如 form1)时，就是由表单这个容器类生成的一个容器类对象 forml，同时，又可以把命令按钮、文本框、表格等放在表单中，无论在设计还是在运行时，都可以对其中任何一个对象进行操作，访问、修改它们的属性值。表 8-1 列出了 Visual FoxPro 的容器类及其能包含的对象。

表 8-1　Visual FoxPro 的容器类及其能包含的对象

容　器	名　称	能包含的对象
Command Group	命令按钮组	命令按钮
Container	容器	任意控件
Control	控件	任意控件
Custom	自定义	任意控件、页框、容器和自定义对象
Form Set	表单集	表单、工具栏

续表

容　器	名　称	能包含的对象
Form	表单	页框、任意控件、容器或自定义对象
Grid	表格	表头和除表单集、表单、工具栏、计时器、其他列以外的任一对象
Column	表格列	表格列
Option Group	选项按钮组	选项按钮
Page Frame	页框	页面
Page	页面	任意控件、容器和自定义对象
Tool Bar	工具栏	任意控件、页框和容器

2. 控件类与控件类对象

控件类不能容纳其他对象，如命令按钮(Command Button)就是一个控件类，在命令按钮中就不能包含其他对象。

当把一个具体的命令按钮 Command1 放置到某个表单上时，该命令按钮 Commandl 就是一个由控件类 Command Button 生成的控件类对象。控件类对象不能单独使用和修改，而只能作为容器类中的一员，通过容器类创造的对象修改或访问。

控件类的最大好处是它的封装性比容器类更为严密，因此使用起来比较方便，特别是对初学者。不过正是由于封装严密，它没有容器类灵活。表 8-2 列出了 Visual FoxPro 中的控件类。

表 8-2　控件类

控件类名称	名　称	控件类名称	名　称
Check Box	复选框	OLE bound Control OLE	OLE 绑定控件
Combo Box	组合框	OLE Container Control OLE	OLE 容器控件
Command Button	命令按钮	Option Button	选项按钮
Edit Box	编辑框	Separator	空白空间
Header	标题行	Shape	形状
Image	图像	Spinner	微调控制器
Label	标签	Text Box	文本框
Line	线条	Timer	定时器
List Box	列表框		

8.2.2　类的特性

所有对象的属性、事件和方法程序在定义类时被指定。此外，类还有如下特征，这些特征对提高代码的可重用性和易维护性很有用处。

1. 封装：隐藏不必要的复杂性

封装就是指将对象的方法程序和属性代码包装在一起。例如，用于确定命令按钮外观、位置等的属性和单击该命令按钮时所执行的代码是被封装在一起的。封装的好处是能够忽略对象的内部细节，使用户集中精力来使用对象的外在特性。

2. 继承：充分利用现有类的功能

1) 子类与父类

类是对客观事物的抽象，而抽象的层次是可以不同的。子类又称为派生类，是指以其他已有类定义为起点所建立的新类，该已有类称为新类的父类。

例如，学生是一个类，它是所有学生的总称，学生中可以包含大学生、中学生、小学生、研究生等，它们都属于学生类，具有学生的共性，而又各有其不同特点。可以从学生类出发，分别构造大学生类、中学生类、小学生类、研究生类等，称为学生类的子类，又称为派生类。相应地，学生类就是这些子类的父类。

2) 继承性

继承性是子类自动共享父类的数据结构和方法，子类不但具有父类的全部属性和方法，而且允许用户根据需要对已有的属性和方法进行修改，或添加新的属性和方法。这种特性称为类的继承性，继承性的概念是使在一个类上所做的改动反映到它所有的子类当中。有了类的继承，通过类的继承关系，使公共的特性能够共事，提高了软件的重用性，即用户在编写程序时，可以把具有普遍意义的类通过继承引用到程序中，只需添加或修改较少的属性、方法。

8.3　对象的操作

如前面所述，Visual FoxPro 中的对象根据它们所基于的类的性质可分为两类：容器类对象和控件类对象。

8.3.1　对象的包容层次

当一个对象被一个容器类对象包含时，称该对象是容器类对象的子对象，而容器类对象称为该对象的父对象。图 8-6 是一种可能的对象包容关系示意图。

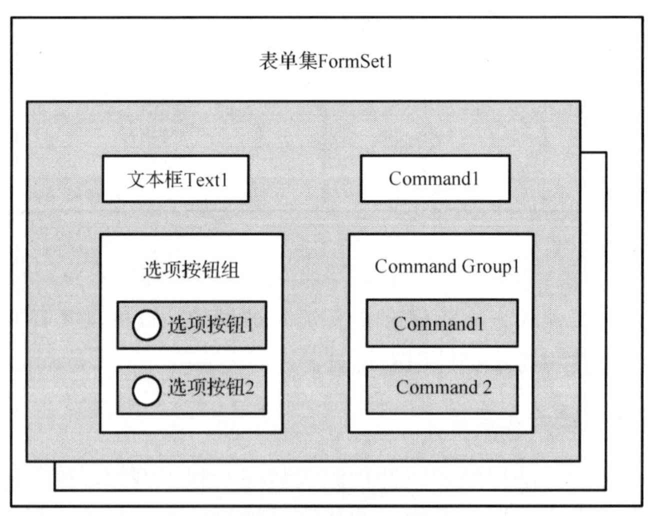

图 8-6　一种可能的对象包容层次示意图

表单集是一个容器类对象，包含子对象表单 1。表单 1 作为容器类对象，是放在其上的文本框、命令按钮、选项按钮组、命令按钮组的父对象；命令按钮组又是其所包含的命令按钮 Command1、Command2 的父对象。

控件类对象可以包含在容器类对象中，但不能作为其他对象的父对象。例如，文本框就不能包含其他任何对象。

注意在图 8-6 中，作为表单 1 子对象的命令按钮 Command1 和作为命令按钮组子对象的命令按钮 Command 1 处于不同的对象层次上。

8.3.2 对象的引用

若要引用一个对象，需知道它相对于容器类对象的层次关系。在对象层次中引用对象恰似给 Visual FoxPro 提供这个对象的地址。例如，当给一个外乡人讲述一幢房子的位置时，需要根据其包含关系，指明这幢房子所在的城市、街道甚至这幢房子的门牌号码，否则将引起混淆。

1. 绝对引用

通过提供对象的完整容器层次来引用对象称为绝对引用。例如，图 8-2 中，用绝对引用方式引用标签 Label1，格式如下：

```
MyForm1.label1
```

需要注意的是，当表单是最高层对象时，绝对引用中表单名必须是相应表单文件的文件名。图 8-2 中，表单的名字(Name 属性)是 Forml，表单的标题(Caption 属性)是 Form1，而表单文件名是 myform1.scx，如果使用如下格式：

```
Form1.Label1
```

是错误的，系统将会报错：“找不到对象 Forml”。

2. 相对引用

在容器层次中引用对象时(如表单集中某表单上命令按钮的 Click 事件里)，可以通过快捷方式指明所要处理的对象。表 8-3 列出了一些属性和关键字，这些属性和关键字允许更方便地从对象层次中引用对象。

表 8-3　相对引用关键字及其意义

属性或关键字	引　用	属性或关键字	引　用
Parent	包含该对象的直接容器	THISFORM	包含该对象的表单
THIS	该对象	THISFORMSET	包含该对象的表单集

注意：只能在方法程序或事件代码中使用 THIS、THISFORM 和 THISFORMSET。

表 8-4 提供了使用 THISFORMSET、THISFORM、THIS 和 Parent 来引用对象的示例。

表 8-4　相对引用示例

对象引用	使用的地方
THISFORMSET.Form1.Command1	在此表单集的任意表单的任意子对象的事件或方法程序代码中访问 Commandl
THISFORM.Command1	在 Commandl 所在的同一表单的任意子对象的事件或方法程序代码中访问 Commandl
THIS	在某对象的事件或方法程序代码中访问本控件
THIS.Parent	在某对象的事件或方法程序代码中访问父对象

注意：Parent 语句不能单独使用，前面必须有其他关键字或对象名。

8.3.3 设置对象属性

既可以在设计时通过属性窗口对对象属性进行设置，也可以在程序运行中，通过赋值语句设置对象属性。

1. 设置单个属性

在事件或方法程序中用命令设置属性，语法如下：

【格式 1】<对象引用>.<对象属性>=<值>

【格式 2】<对象引用>-><对象属性>=<值>

【功能】设置对象的属性值。

【说明】<对象引用>既可以使用绝对引用，也可以使用相对引用。

常见的属性值类型有数值型、字符型、逻辑型、颜色 RGB 值等。例如，对于图 8-2 中的标签 Label1，下列语句用绝对引用方式设置它的各种属性，注意引用格式和属性值类型。

```
MyForm1.Label1.width=50                 &&数值型，设置标签宽度
MyForm1.Label1.FontName="宋体"           &&字符型，设置字体
MyForm1.Label1.Visible=.T.              &&逻辑型，使控件可见
MyForm1.Label1.ForeColor=RGB(0,0,0)     &&颜色格式，标签为黑色文本
```

如果在命令按钮 Command1 的 Click 事件过程中设置标签 Label1，也可使用相对引用格式。

```
ThisForm.Label1.Enabled=.T.             &&控件有效
ThisForm.Label1.ForeColor=RGB(0,0,0)    &&黑色文本
ThisForm.Label1.Visible=.T.             &&控件可见
```

该例中的 ThisForm 可用 this.parent 代替，指当前对象(Command1)的父对象(表单 MyForm1)。

2. 设置多个属性

当对某个对象一次设置多个属性时，WITH…ENDWITH 结构可简化设置过程，语法如下：

【格式】WITH <对象引用>
　　　　.<属性 1> = <值 1>
　　　　.<属性 *n*> = <值 *n*>
　　ENDWITH

【功能】一次设置指定对象的多个属性值。

【说明】<对象引用>既可以使用绝对引用，也可以使用相对引用。属性前的“. ”绝对不能缺少。

例如，上面例子中设置标签 Label1 的多个属性，可以使用以下语句实现。

```
with  MyForm1.Label1
    . Enabled=.T.               &&控件有效
    . ForeColor=RGB(0,0,0)      &&黑色文本
    . Visible=.T.               &&控件可见
endwith
```

8.4　Visual FoxPro 中的事件与方法程序

8.4.1　事件

在 Visual FoxPro 中，对象可以响应 50 多种事件，当事件发生时，将执行包含在事件过程中的全部代码。

事件有的适用于专门控件，有的适用于多种控件，事件的发生大多由用户操作引发，部分由系统或其他对象引发。表 8-5 列出了 Visual FoxPro 的核心事件。

表 8-5　Visual FoxPro 的核心事件

事　件	触发事件操作
Click	按下并释放鼠标左键
Dblclick	双击，选择列表框或组合框中选项并回车
Destroy	从内存中释放对象时
GetFocus	对象接收到焦点（focus）
Init	创建对象
Interactivechange	使用键盘或鼠标改变控件的值时
KeyPress	当用户按下并释放一个键时
Load	在创建一个对象之前发生
LostFocus	当对象失去焦点时
MouseDown	当用户按下鼠标左键时
MouseMove	当鼠标移动到对象上时
Click	按下并释放鼠标左键
MouseUp	当释放鼠标左键时
ProgrammaticChange	以编程方式更改控件的值时发生
RightClick	在控件中按下并释放鼠标右键时
Unload	释放对象时
Valid	在对象失去焦点之前
When	在对象得到焦点之前

注意以下几点：

(1) 表单中所有控件的 Init 事件将在表单的 Init 事件之前执行，所以在表单显示以前，就可在表单的 Init 事件代码中处理表单上的任意一个控件。

(2) 若要在列表框、组合框或复选框的值改变时执行某代码，可将它编写在 InteractiveChange 事件（不是 Click 事件）中，因为有时控件的值的改变并不触发 Click 事件，有时控件的值没改变，而 Click 事件却会发生。

(3) 当拖动一个控件时，系统将忽略其他鼠标事件。例如，在拖放操作中 MouseUp 和 MouseMove 事件不会发生。

(4) Valid 和 When 事件有返回值，默认为“真”(.T.)。若从 When 事件返回“假”(.F.)或 0，控件将不能被激活。若从 Valid 事件返回“假”(.F.)或 0，不能将焦点从控件上移走。

8.4.2 方法程序的调用

如果对象已创建，便可以在应用程序的任何一个地方调用该对象的方法程序，语法如下：

【格式】<对象引用>.<方法程序>

【功能】调用对象的方法程序。

下列语句调用方法程序来显示表单，并将焦点设置在命令按钮 Command1 上。

```
MyForm1.Show
MyForm1.Command1.SetFocus
```

注意：如果被调用的方法程序具有参数，则传递给方法程序的实际参数必须放在方法程序名后面的圆括号中。

```
MyForm1.Show(nStyle)    &&将 nStyle 传递给 MyForm1 的 Show 方法程序代码
```

8.5 用户自定义类

用户从基类派生出子类，并修改或添加子类属性、方法，这样的子类称为用户自定义类。

在面向对象程序设计中，创建并设计合适的子类，修改、增加属性，编写、修改事件代码和方法代码，是程序设计的重要内容，也是提高代码通用性，减少代码的重要手段。Visual FoxPro 提供了如表 8-1、表 8-2 所示的基类，从这些基类可以直接创建对象或派生子类。

用户可以直接编码创建类，也可以使用类设计器新建类。

1. 使用“新建类”对话框新建类

有三种方法可以进入“新建类”对话框。

(1) 从项目管理器中新建类。

(2) 从“文件”菜单中新建类。

(3) 在命令窗口键入 Create Class 命令。

在如图 8-7 所示的“新建类”对话框中，为新建类指定所需类库、基类和类名。

(类库：类库可用来存储以可视化方式设计的类，其扩展名为.vcx，一个类库可包含多个子类，且这些子类可以是由不同的基类派生的。)

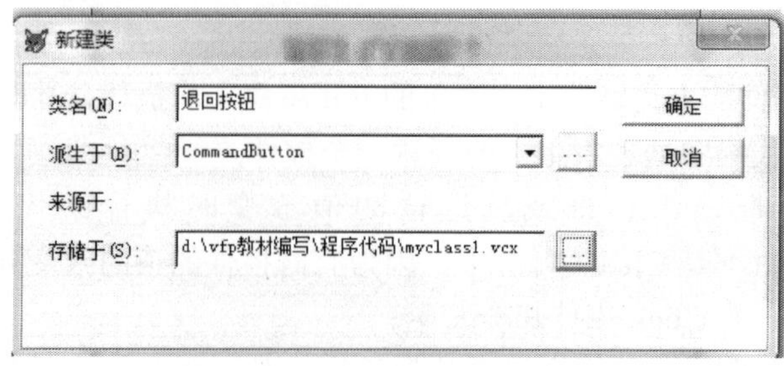

图 8-7　“新建类”对话框

(1)“类名”文本框：用于指定新建类的类名。该类将作为下一步“派生于”中指定类的子类。

(2)“派生于”下拉列表框，用于指定派生类的父类。当父类是自定义类时，列表框右侧的浏览按钮用于弹出“打开”对话框，以从磁盘文件中寻找该父类所在的类库文件(.vcx)。

(3)“来源于”：若在上一步打开一个类库文件，此处将显示该类库文件所在的盘符、路径和文件名。仅当父类是一个自定义类时显示。

(4)“存储于”对话框：其右侧的按钮可以弹出“另存为”对话框，以确定该新类将存储于哪个已有类库文件中，也可以直接输入新类库文件名。若指定的类库文件不存在，系统将自动创建。

完成以上各步后，单击“确定”按钮，即进入类设计器窗口。

2. 类设计器

类设计器的用户界面与表单设计器相似，在类设计器中，新类的属性、事件和方法主要通过属性窗口进行设计、定义和修改，如图 8-8 所示。

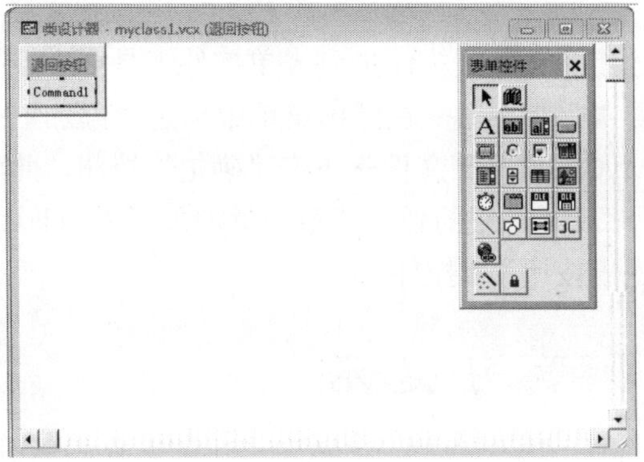

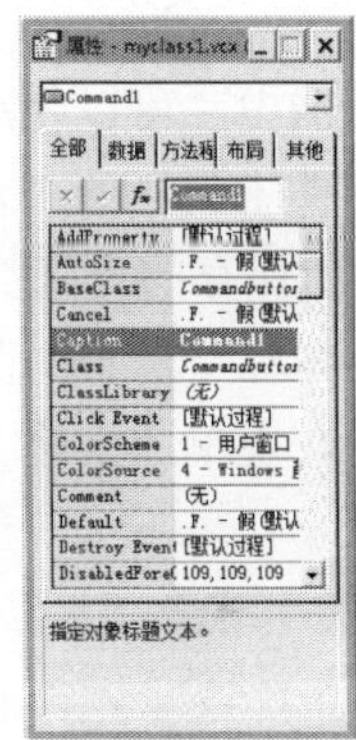

图 8-8　类设计器界面

新建的子类继承父类所有的属性、方法，子类又可对父类的属性和方法进行修改、扩充，使之具有与父类不同的特殊性。为子类增加新的属性和方法程序的步骤如下：

(1)新建属性：打开系统菜单“类”→单击“新建属性”按钮，会弹出“新建属性”对话框，可以为子类新增属性。

(2)新增方法程序：打开系统菜单“类”→ 单击“新建方法程序”按钮，弹出“新建方法程序”对话框。

【例 8-2】 创建一个带有确认功能的“退出按钮”类。

1)创建新类

操作步骤如下：执行“文件”菜单中的“新建”命令→在“新建”对话框中选中“类”→单击“新建文件”按钮。

在如图 8-7 所示的“新建类”对话框中，类名：“退出按钮”；派生十：“CommandGroup”；存储于：d:\VFP 教材编写\vfp98\MyClass1.vcx。单击“确定”按钮进入类设计器。

2)类设计器

(1)在属性窗口修改以下属性。

Caption：退出。

ToolTipText：Exit System。

(2) 修改方法程序：双击 Click Even，在弹出的代码窗口输入以下代码。

```
If  MESSAGEBOX("您确认退出吗?", 1+32+256, "退出")=1
          &&对话框包含"确定"和"取消"，因标为问号，按"确定按钮返回 1"
    Thisform.Release
Endif
```

(3) 修改该自定义类出现在工具栏的图标。

单击系统菜单的“类”→选择“类信息”选项，弹出“类信息”对话框→在“工具栏图标”编辑框右侧单击按钮搜索图标文件→选取“d:\vfp 教材编写\vfp98\gallery\graphics\class.ico”(也可以选取其他 ico 图标文件)→单击“确定”按钮。

保存修改，退出类设计器。至此一个控件类“退出按钮”就创建好了，并以 Myclass1.vcx 保存在“d:\vfp 教材编写\vfp98”文件夹内。

3. 将用户自定义类加入表单控件工具栏

在表单设计器中，可以将刚才用户自定义类添加到表单控件工具栏中，操作步骤如下：

选定表单控件工具栏的“查看类”按钮→在弹出菜单中选定“添加”→在打开的对话框中查找例 8-2 所保存的可视类 MyClass1.vcx 文件→单击“确定”按钮，此时控件工具栏上将显示自定义类图标。而“查看类”按钮的弹出菜单中就增加了 Myclass1 选项，用户从此可以按此按钮在表单上创建“退出按钮”控件。

学 习 提 示

本章详细介绍了面向对象程序设计的思想，需掌握以下几个知识点：

(1) 类和对象：类是对同一类对象的抽象描述，类包含了同一类对象的共同特征和行为信息，而对象是类的实例；对象是一种将数据和操作过程结合在一起的数据结构，是现实世界中客观实体的抽象表达。

(2) 对象的属性、事件和方法。

(3) 对象的操作：对象属性的设置和对象的引用，以及对象的包容层次。

(4) 对象事件的编写方法。

(5) 使用类设计器新建类。

习 题 8

一、选择题

1．面向对象程序设计中程序运行的基本单位是________。

A．对象　　B．类　　C．方法　　D．函数

2．关于 OOP 方法的描述中，说法错误的是________。

A．以对象及其数据结构为中心　　B．用对象表现事物，以类表示对象的抽象

C．用方法表现处理事物的过程　　D．设计工作的中心是程序代码的编写

3．关于属性描述，正确的是________。

A．属性只是对象的内部特性

B．属性是对象的固有特性，用各种类型的数据表示

C．属性是对象的特性，反映到程序中就是变量

D．属性是对象固有的方法

4．关于事件描述，错误的是________。

A．一种预先定义好的特定动作，由用户或系统激活

B．Visual FoxPro 基类的事件是系统预先定义好的，是唯一的

C．Visual FoxPro 基类的事件可以由用户自定义

D．可以激活事件的用户动作包括击键、单击、移动鼠标等

5．了解对象事件后，最重要的就是如何编写事件代码，关于编写事件代码，错误的描述是________。

A．就是编写.PRG 程序，文件名为事件名

B．将代码写入该对象的该事件过程中

C．可以从父类中继承

D．属性窗口的代码卡片中选择该对象的事件双击，在打开的事件代码窗口中输入代码

6．设有表单 frm2.scx，运行程序后，frm2.name 的值是________。设置表单的 Init 事件：

frm2.name='不是我的表单'

thisform.name='是我的表单'

A．frm2　　B．是我的表单　　C．不是我的表单　　D．form

二、填空题

1．在面向对象程序设计中，我们所说的类具有以下主要的特性：________、________和________。

2．类是一组具有相同属性和相同操作的对象的集合，类中的每个对象都是这个类的一个________；类之间共享属性和操作的机制称为________。

3．Visual FoxPro 提供了一系列基类来支持用户派生新类，Visual FoxPro 的基类有两种，即________和________。

4．Visual FoxPro 中，创建对象时发生的事件是________，从内存中释放对象时发出的事件是________，用户双击对象时发生的事件是________。

5．在 Visual FoxPro 中，可以用两种不同方式引用一个对象，以下第一、第二两条命令引用对象的方式分别称为________和________。

```
Form1.Command1.Caption="确定"
this.Caption="确定"
```

三、上机操作题

设计一个表单实现例 8-1 的功能。

第9章 表单设计

本章知识点：

(1) 表单的概念。

(2) 表单的属性、事件、方法与数据环境。

(3) 表单中常用控件对象的属性与代码设计。

在第 7 章程序设计中，所编写的程序文件采用的是面向过程的编程方法。本章介绍的表单设计是一种典型的可视化、面向对象的编程方法，使用户能方便、高效地设计出 Windows 风格的应用程序。

9.1 表单的概念

表单在 Visual FoxPro 中用英文 FORM 表示，一些文献把它译为“窗体”，实际上就是 Windows 操作系统支持的对话窗口。表单具有图形界面和人机交互操作方式等特点，为数据的输入、输出和其他功能的操作提供了直观、简便的操作方式。

从类的角度来看，表单是一个容器对象，里面既包括一些容器对象，如表格、命令按钮组等，也包括一些控件对象，如文本框、命令按钮等。表单和所含对象具有属性、事件、方法程序、数据环境等组成要素，表单的设计就是围绕这几个方面来进行的。

表单文件的扩展名是.SCX，其备注文件为同名的.SCT。一个数据库应用程序可包含多个表单文件，一个表单文件里面可含一个表单或多个表单，含多个表单的文件又称为表单集文件。

在 Visual FoxPro 中，常用表单向导和表单设计器两种设计工具来设计表单文件。

9.2 表单向导

表单向导用最简单的方式来创建表单文件，避免书写程序代码，用户只需按向导引导的步骤，用鼠标进行一些简单选择，就可以完成表单的设计。

9.2.1 表单向导的启动

有以下方法启动表单向导：

(1) “文件”菜单：单击“文件”菜单→执行“新建”命令→选择“表单”选项→单击“向导”按钮。

(2) “工具”菜单：单击“工具”菜单→执行“向导”命令→选择“表单”选项。

(3) 项目管理器：打开项目管理器窗口→选择“文档”选项卡→选择“表单”选项→单击“新建”按钮→在弹出的对话框中单击“表单向导”按钮。

以上方法都会出现一个“向导选取”对话框，如图 9-1 所示。在该对话框的列表框中有两项选择。

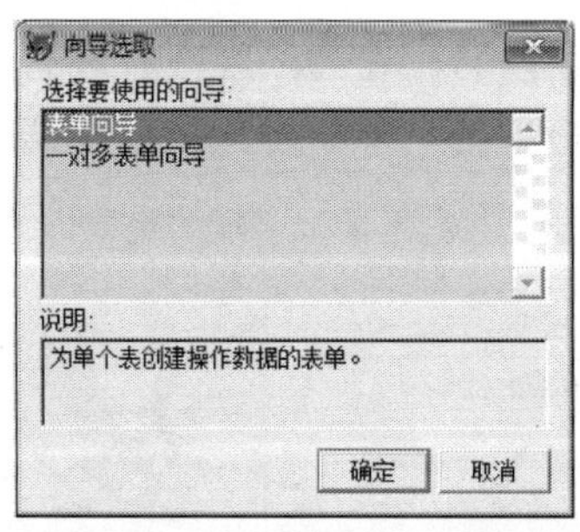

图 9-1　“向导选取”对话框

(1)表单向导：设计数据源为一个表的表单。

(2)一对多表单向导：设计数据源有多个表的表单，表之间有一对多的关系。

下面用表单向导创建维护数据表的表单，说明其操作步骤。

9.2.2　表单向导的操作步骤

1. 字段选取

在图 9-1 选择“表单向导”后单击“确定”按钮，会出现图 9-2 所示的对话框。这个对话框左边的浏览按钮“…”用来找到和打开表单的数据源，可以是自由表或数据库表，图 9-2 中已经打开了一个自由表 STUD1.DBF。把“可用字段”列表框中的字段移到“选定字段”列表框中，表示表单要输出的字段。然后单击“下一步”按钮，到第二步。

2. 选取表单样式

该步骤的操作界面如图 9-3 所示。完成对表单样式的选择，含两方面的内容：一是选表单中控件对象的样式，有浮雕式或阴影式等多种选择；二是选择表单中按钮类型，是用文字还是图案来表示其功能。这个步骤的默认是“标准式”的样式，“文本按钮”的按钮类型。然后单击“下一步”按钮到第三步。

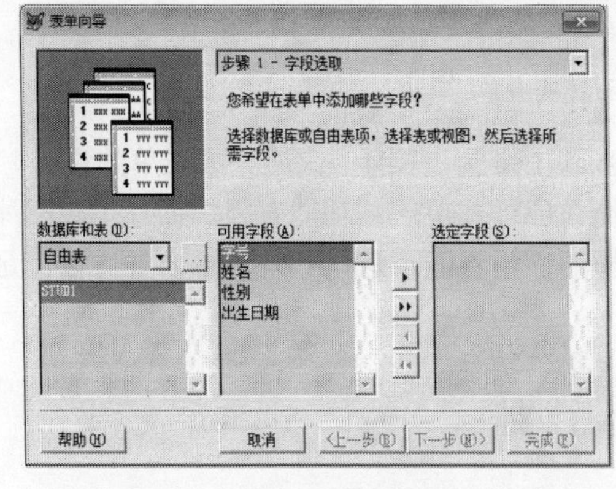

图 9-2　表单向导的步骤 1

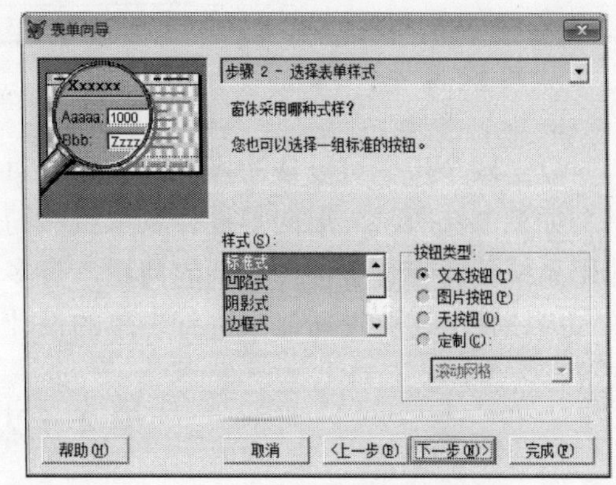

图 9-3　表单向导的步骤 2

3. 排序顺序

这个步骤是确定输出数据时是否需要对记录排序，可以是升序或降序。选择排序字段的方法是双击图 9-4 左边列表框的字段名，它会出现在右边的“选定字段”列表框中。如果不需要排序就不进行任何选择，直接单击“下一步”按钮到第四步。

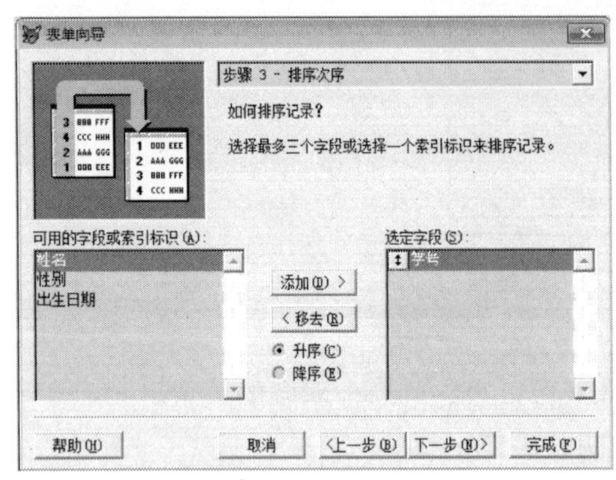

图 9-4　表单向导的步骤 3

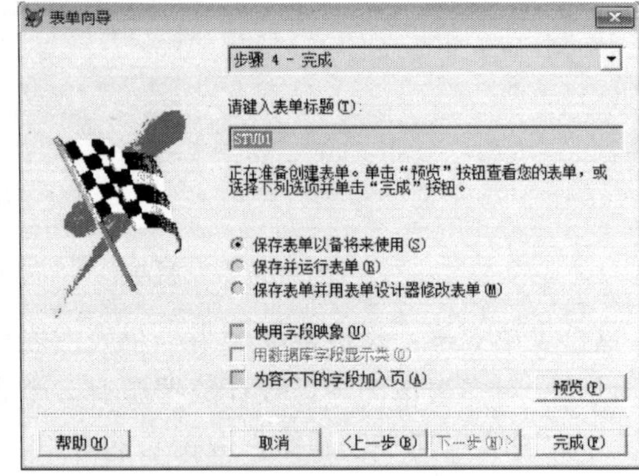

图 9-5　表单向导的步骤 4

4. 完成

这个步骤的操作界面如图 9-5 所示。从键盘上输入表单的标题，如果不输入，向导默认表文件名作为表单的标题名。可用“预览”按钮浏览所设计的表单样式，如满意认可就单击“完成”按钮，给表单文件命名后保存。

图 9-6 是单击“预览”按钮所见的表单。由于在步骤 2 中选择的按钮类型是“文本按钮”，每个按钮有中文标识功能，能上下翻动记录、追加新记录、删除记录。

图 9-6　表单向导设计的表单

以上四个步骤可以依次操作，也可以直接从步骤 1 跳到步骤 4，快速完成表单的设计。

如图 9-6 所示，用向导设计表单虽然简单快捷，但样式单一，功能有限。而一个数据库应用系统要面临解决各种复杂的问题，有多种多样的操作界面，这些都是表单向导难以满足的，应该使用表单设计器来进行表单的设计。

9.3　表单设计器

使用表单设计器不仅可以设计表单，也可以修改表单向导创建的表单。

用 Visual FoxPro 的表单设计器来设计表单就像在一张白纸上画画，启动设计器后的表单是一个空白的窗口，里面的一切内容都需要用户自己设计，用户可充分发挥自己的设计才能，设计出内容丰富、样式美观的表单。

9.3.1 表单设计器的启动和界面组成

1. 表单设计器的启动

启动表单设计器的方法有多种：

(1)“文件”菜单：单击“文件”菜单→执行“新建”命令→选择“表单”选项→单击“新建文件”按钮。

(2)项目管理器：打开项目管理器窗口→选择“文档”选项卡→选择“表单”选项→单击“新建”按钮→在弹出的对话框中单击“新建表单”按钮。

(3)命令窗口：CREATE FORM <表单文件名>。

2. 表单设计器的组成

表单设计器启动后，其界面如图 9-7 所示，由以下几个部分组成。

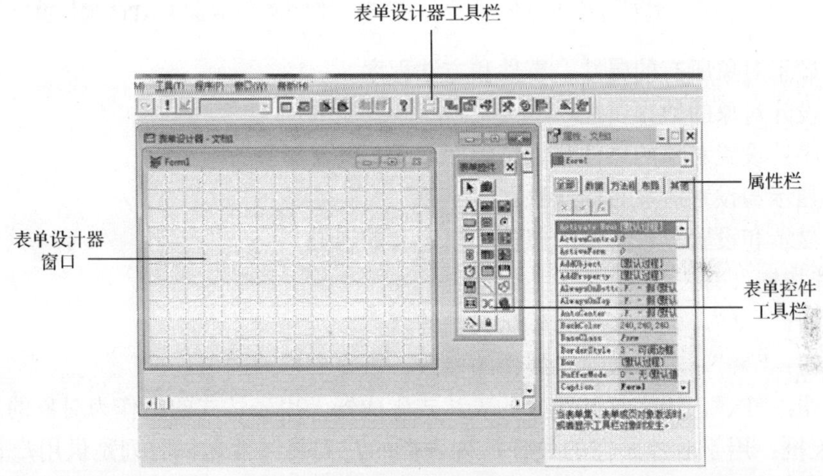

图 9-7 表单设计器的组成界面

1)表单设计器窗口

表单设计器窗口是表单的设计界面，该设计器上面标题栏的名称是表单文件名。表单设计器包含一个表单，其标题名(Caption)和对象名(Name)都是 Form1，可根据需要修改。

2)表单控件工具栏

表单控件工具栏是最重要的表单设计工具，设计者通过这个工具栏中的按钮向表单上添加所需的各类控件对象。该工具栏的控件按钮用图标表示，鼠标指向按钮会显示其中文名称，控件工具栏的按钮和名称如图 9-8 所示。

3)属性窗口

属性窗口主要用于设计对象的属性，也可以设计对象的数据环境、事件和方法程序。用表单快捷菜单或表单设计器工具栏按钮均可调出属性窗口。属性窗口如图 9-9 所示。

属性窗口组成如下：

(1)对象选择框：用来选定要设计的对象。

(2)选项卡：选项卡用分类方式显示对象的属性，有五部分。

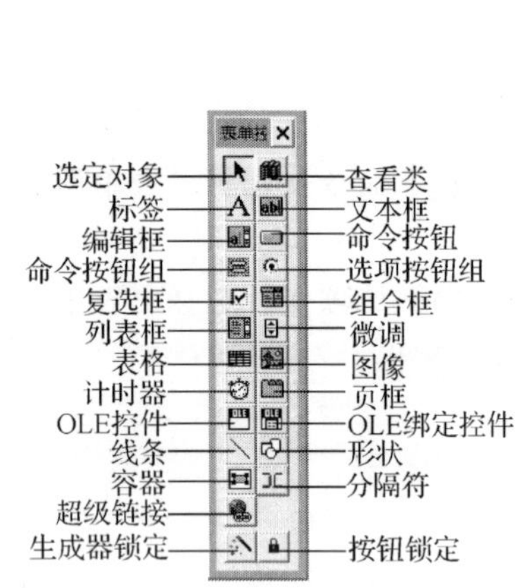

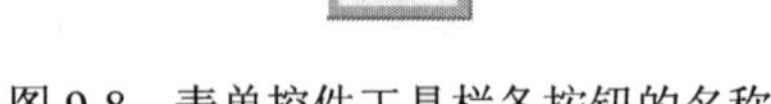

图 9-8　表单控件工具栏各按钮的名称

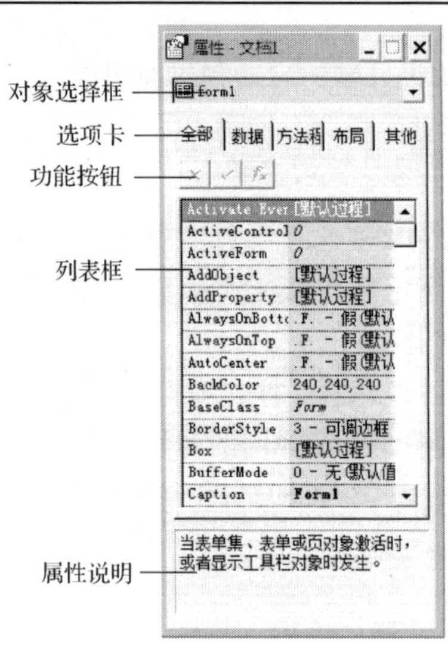

图 9-9　Visual FoxPro 属性窗口

全部：显示对象所有的属性、事件和方法程序。

数据：设计对象的数据属性。

方法程序：设置对象的事件和方法程序。

布局：显示和设置对象布局属性。

其他：显示和设置对象其他的属性和自定义的属性。

(3) 功能按钮：有三个。

确认按钮："√"，表示接受和确认属性的修改。

取消按钮："×"，表示取消对属性的修改，恢复到以前的值。

函数按钮："Fx"，用来打开对象的表达式生成器，用表达式的值作为对象的属性值。

(4) 列表框：用于对象属性的设计，列表框的左列是属性名，右列是供用户设置的属性值。英文属性名和属性值的格式可为编写属性代码提供参考。

(5) 属性说明：属性窗口最下面是属性说明。在列表框中选择不同的属性，会出现相应的中文说明信息。

(6) 快捷菜单：单击属性栏的边缘，会弹出一个快捷菜单，用来显示和隐藏属性说明，或设计列表框中的字体大小。

4) 表单设计器工具栏

图 9-7 所示的表单设计器工具栏用来显示和隐藏所有与表单相关的设计工具。工具栏是由图标按钮组成，鼠标指针指向这些按钮会显示相应的名称，如下：

设置 Tab 键次序：设置控件对象的焦点顺序。

数据环境：打开数据环境设计器。

属性窗口：显示和隐藏属性窗口。

代码窗口：打开事件代码窗口。

表单控件工具栏：显示和隐藏表单控件工具栏。

调色板工具栏：显示和隐藏调色板工具栏。

布局工具栏：显示和隐藏表单的布局工具栏。

表单生成器：调用“表单生成器”设计表单。

自动格式：启动“自动格式生成器”设计表单的样式。

9.3.2　表单中的对象

1. 表单的对象列表

用表单控件工具栏可向向导表单中添加控件类对象和容器类对象。表 9-1 列出了控件按钮和创建对象名称的清单。

表 9-1　表单控件工具栏控件按钮清单

按钮名(控件)	说明	按钮名(容器)	说明
标签	创建标签控件	命令按钮组	相关命令按钮的集合
文本框	创建文本框控件	选项按钮组	多个单选按钮的集合
命令按钮	创建命令按钮控件	表格	创建表格对象
编辑框	创建编辑框控件	页框	创建页框对象
复选框	创建复选框控件	容器	创建容器对象
组合框	创建组合框控件		
列表框	创建列表框控件		
微调控件	创建微调控件		
图像	创建图像控件		
计时器	创建计时器控件		
ActiveX 控件	创建 OLE 容器控件		
ActiveX 绑定控件	创建 OLE 绑定控件		
线条	表单上画线条		
形状	画矩形、圆、椭圆		
超级链接	创建超级链接控件		

表 9-1 中左边的按钮创建的控件类对象不能再包括其他对象。右边的按钮创建的是容器类对象，可包括其他的容器和控件。

2. 表单对象的引用

在程序代码中使用对象名来操作对象，引用格式是“父对象名.对象名”。父对象如有多层要逐级表明。对象引用分为相对引用和绝对引用，与表单相关的相对引用如下：

Thisformset：表示当前表单类。

Thisform：表示当前表单。

This：表示当前对象。

绝对引用要区别单表单文件(只含一个表单)和表单集文件(含多个表单)。单表单文件中，表单对象名的绝对引用是表单文件名，不能使用表单 Name 属性中的对象名，如有单表单文件名 Myform.scx，所含表单对象名是 Form1，表单上有文本框对象名为 Text1，操作这个文本框正确的引用格式如下：

```
Myform.text1
```

表单的对象名一般用在表单集文件中，如有表单集包含多个表单，其中一个的 Name 属性对象名为 Form1，该表单含有文本框 Text1，表单集文件名是 Myformset，其引用格式如下：

```
Myformset.form1.text1
```

9.3.3 表单的属性、事件、方法与相关设计

表单和表单中的对象有自己的属性、事件和方法程序，也有其不同的设计方法。

1. 表单对象的属性

1) 表单对象的常用属性

属性描述了对象的特征和性质。表 9-2 列出了表单中对象的常用属性和说明。

表 9-2　表单对象的常用属性

属性名	说明	属性名	说明
Name	指定对象名	Value	对象的当前值
Caption	对象的标题名	Visible	指定对象可见或不可见
Height	对象的高度	Enabled	指定对象能用或不能用
Left	对象左边离父对象的位置	Movable	指定对象能够移动
Top	对象上边离父对象的位置	Closable	窗口的关闭按钮是否有效
Width	对象的宽度	AutoSize	对象是否自动调整大小
FontName	对象文本的字体	AutoCenter	对象是否自动居中
FontSize	对象文本的字号	AlwayOnTop	是否处于其他窗口前面
ForeColor	对象的前景色	ControlBox	是否取消窗口的控制按钮
BackColor	对象的背景色	MaxButton	窗口是否可以最大化
BoderStyle	指定对象的边框样式	MinButton	窗口是否可以最小化

在表 9-2 中，注意区别 Name 和 Caption 属性，程序代码中对象的引用名是属性 Name 下的名称，而 Caption 表示对象的标题，只是起到标签的作用。

2) 属性设计方法

属性的设计不仅反映了表单的外观，也和数据能否正确操作密切相关。对象属性的设计方法有两种。

(1) 属性窗口。

选定对象后，属性窗口就对应该对象的所有属性，用鼠标在列表框的右列选择或用键盘输入属性值，从而完成属性设计。表单运行后，这些属性就会出现和起作用。

(2) 编写属性代码。

属性代码格式：对象名.属性名=属性值。

双击表单中的对象，打开事件代码窗口，在“过程”下拉列表框中选择事件，再用以上格式设计对象的属性。当表单在运行时，通过事件的触发，就会执行代码所设置对象的属性。

例如，表单上有一个命令按钮，对象名是 Command1，在 Click 事件窗口编写图 9-10 中的属性代码，用以设置按钮的属性。表单运行后单击命令按钮，就会执行该段代码，改变按钮属性。

图 9-10 所示的属性代码等号右边的数据说明了常用类型属性值的格式：字符型数据用引号，逻辑型数据用两点，数值型数据直接用，颜色数据用 RGB(红绿蓝)表示。括号中的数字是颜色值，最大是 255，最小是 0。

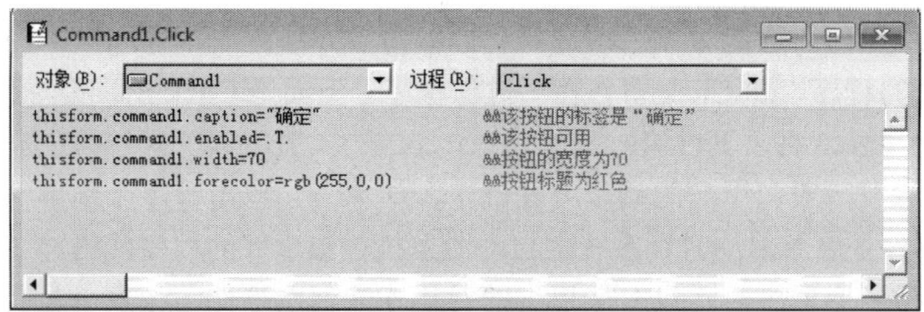

图 9-10 属性代码模式

2. 表单对象的事件

1)表单对象的常用事件

事件是由用户或系统激活的特定动作，能被系统识别和接收。选择事件和在事件窗口下编写程序代码，事件一旦触发，系统自动执行事件中的程序，这就是面向对象的事件驱动编程的概念。表单对象的常用事件在表 9-3 中列出。

表 9-3 表单对象的常用事件

事件名	事件的激发	事件名	事件的激发
Click	单击对象	GotFocus	对象得到焦点
Dblclick	双击对象	LostFocus	对象失去焦点
RightClick	右击对象	MouseDown	按下鼠标的作用
Init	对象创建时激活	MouseUp	释放鼠标的作用
Load	表单被加载在内存中	MouseMove	在对象上移动鼠标
Unload	从内存中释放表单	InteractiveChange	以交互方式改变对象的值
KeyPress	按下并释放键盘的某个键	Valid	控件失去焦点之前发生
Destroy	对象从内存中释放时	Move	对象移动位置时发生
Error	方法程序运行出错时	Timer	在指定的时间间隔发生

2)事件的设计

在事件代码窗口编写程序代码，首先要选择相关的事件，其方法有两种。

(1)双击对象：双击某个对象，会弹出事件代码窗口，如图 9-11 所示，单击该窗口“过程”的下拉箭头，展开该对象所有的事件，然后选择相关事件，在事件的代码窗口编写程序。

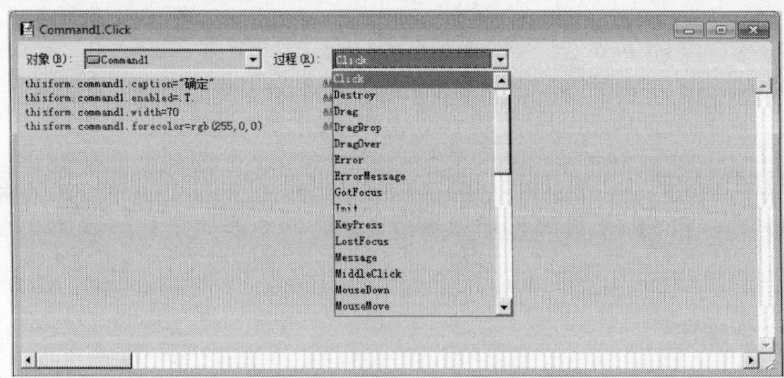

图 9-11 对象的事件与代码窗口

(2) 使用属性窗口：选定对象后，选择属性窗口“方法程序”选项卡，在列表框中选择相应的事件来编写程序，如 Click 事件在“方法程序”下面是 Click Event。

关于表单的事件，有以下讨论：

(1) 事件的激发一般由用户的动作方式确定，如单击、双击等。个别事件由系统激发，如表单的 Init 事件是表单启动时，系统会自动激发执行该事件的程序代码。

(2) 当对象位于容器中时，只有最里层的对象才能识别事件，如表单上有命令按钮，单击命令按钮，只会执行命令按钮的 Click 事件，不会执行表单的 Click 事件。

(3) 表单中有多个对象，一个对象又可选择多个事件。对各个事件程序段的执行顺序，不在设计时确定，而是在表单运行时由用户根据需要确定，没有主程序和子程序执行先后之分，这也是面向对象程序设计的特点。各程序段定义的内存变量都是局部变量，如内存变量在各程序段公用，最好在表单的 Init 事件中用 Public 命令定义为全局变量。

3. *表单的方法*

1) 表单的方法

方法是指能使对象作出响应的一组程序代码，放在对象的事件代码窗口中使用，在事件激发后得以执行。方法和对象密切相关，不同的对象有不同的方法。表 9-4 列出了表单的常用的方法。

表 9-4　表单的常用方法

方法名	功能	方法名	功能
AddObject	向表单中添加对象	Line	表单上画线
Hide	隐藏表单	Box	表单上画矩形
Show	显示表单	Circle	表单上画圆圈和圆弧
Refresh	刷新表单上控件的值	Cls	清除表单上的文本和图像
Release	释放表单或表单集	SetFocus	设置控件对象的焦点

2) 表单方法的设计

表单方法代码的使用格式如下：

```
对象名.方法名
```

例如，双击一个表单空白处，在 Click 事件窗口中按照该格式编写以下方法代码：

```
Thisform.refresh            &&表单刷新
Thisform.release            &&从内存中释放表单
Thisform.text1.setfocus     &&表单上文本框获得的焦点
```

方法代码后面可加括号，如 Thisform.release() 也是合法的。此外，要注意方法只能针对特定的对象，如 Hide 和 Show 只能显示和隐藏表单，而不能显示和隐藏如文本框和命令按钮这些对象。

9.3.4　表单的数据环境

表单中的数据来源于表单的数据环境，包括的内容有表、视图、表之间的关系，在表单运行时，数据环境中的表和视图自动打开，这就方便了用户的设计和使用。数据环境是用数据环境设计器来设计的，主要的设计内容有：添加表和视图作为表单的数据源，建立表之间的关联，向表单上添加控件。

1. 启动数据环境设计器

启动数据环境设计器的方法如下：

(1)快捷菜单：右击表单空白处，在弹出的快捷菜单中执行“数据环境”命令。

(2)表单设计器工具栏：在表单设计器工具栏(如图9-7所示)单击“数据环境”按钮。

以上方法都打开了表单的数据环境设计器，如图9-12所示，并在系统菜单栏上增加了“数据环境”菜单。

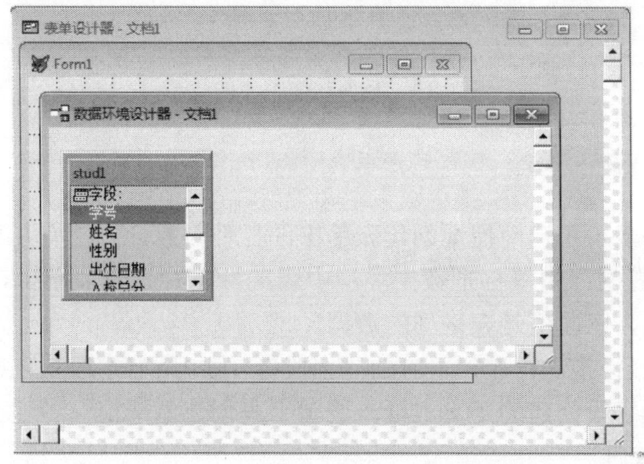

图9-12　数据环境设计器和快捷菜单

2. 在数据环境中添加、浏览表

在启动数据环境设计器后，可用数据环境设计器的快捷菜单或系统菜单“数据环境”来设置数据环境。主要操作内容如下：

(1)添加：右击数据环境设计器的空白处，在快捷菜单中执行“添加”命令，可把表、视图添加到数据环境中，如图9-12所示。

(2)浏览：右击数据环境中的表或视图，在快捷菜单中执行“浏览”命令浏览表或视图。

(3)移去：选择要移去的表或视图右击，在快捷菜单中执行“移去”命令，可把表或视图从数据环境中移去。

3. 创建表的关系

除了在数据库中用Set Relation命令可以创建表的关系，数据环境设计器也可方便地创建表之间的关系，事先可不必对关联字段建立索引。建立关系的方法是在数据环境设计器中添加相关的几个表之后，直接用鼠标把父表的关联字段名拖向子表的字段名，会出现两表之间的连线来指明它们的关联关系，如图9-13所示。如果表的关联字段没有建立索引，会提示创建索引。在数据环境中可方便地创建表之间的一对一、一对多、多对一的关系。

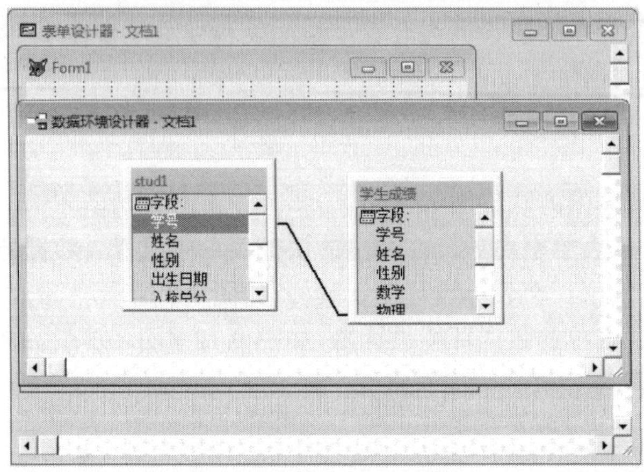

图 9-13　数据环境中表的关系

4. 向表单添加控件

用数据环境中的表可快速简便地创建表单中的控件对象，方法有几种。

(1) 拖动表的标题栏：用鼠标把数据环境中表的标题栏拖到表单上，创建表格，表的字段名是表格的列标题，字段值是表格列的数据。

(2) 拖动字段：鼠标拖动标题栏下方的“字段”，表中所有字段就创建了表单上的相应对象，字符型和数字型字段创建的是文本框，逻辑字段创建复选框，备注字段创建编辑，通用字段创建 OLE 绑定控件。

(3) 拖动单个字段名：可拖动表中的单个字段名到表单上，只创建一个控件对象。

用以上方法创建的表单控件对象，表字段名就是对象的 ControlSource 属性值，因此和数据源相互关联，数据源的数据改变时，控件数据会随着改变，当用户在表单上修改控件数据时，也就是修改了数据源中的数据。

9.4　表单的设计步骤与运行

表单设计采用的是面向对象的编程方法，在创建表单和添加表单中的对象后，围绕对象的数据环境、属性、事件、方法程序展开设计。

9.4.1　表单的设计步骤

表单的设计步骤一般如下：

(1) 创建表单。可用“文件”菜单的“新建”命令、项目管理器、“CREATE FORM <文件名>”命令等方法创建表单文件。

(2) 设置数据环境。设置表单的数据环境应该在这一步进行，把数据环境中表的字段拖向表单，可提高设计控件对象的效率。不需要数据源的表单可省略这一步。

(3) 添加控件对象。向表单中添加控件对象的方法有两种：一种如前面所说，把数据环境中表的字段直接拖向表单；另一种方法是使用表单控件工具栏的控件按钮添加控件对象。

(4) 设置对象的属性。用户根据表单运行的需要，选择属性窗口或属性代码两种方式来完成对象属性的设计。

(5) 编写程序代码。根据表单的操作方式，选择相应的事件，在事件代码窗口编写触发事件所执行的程序代码。Visual FoxPro 事件的程序代码包括如下几种：

①对象的属性代码。

②对象的方法代码。

③程序文件(.PRG)中的命令代码。

9.4.2 表单的修改与运行

1. 表单的修改

打开表单文件，可用多种方法来进行修改。

(1) 系统菜单：在“文件”菜单下执行“打开”命令→在“打开”对话框中选择文件类型为表单→选表单文件名→单击“确定”按钮。

(2) 项目管理器：打开项目管理器→选择“文档”选项卡→选择“表单”选项→选表单文件名→单击“修改”按钮。

(3) 命令窗口：MODIFY FORM <表单文件名>。

2. 表单的运行

表单设计完成后，需运行表单，以人机对话方式进行各方面的操作。表单运行的方式有多种。

(1) 系统菜单：在“程序”菜单下执行“运行”命令→在“运行”对话框中选择文件类型为表单→选表单文件名→单击“运行”按钮。

(2) 工具栏按钮：在系统工具栏中有个按钮，图标是“!”，单击这个按钮也可运行打开的表单。

(3) 项目管理器：打开项目管理器→选择“文档”选项卡→选择“表单”选项→选表单文件名→单击“运行”按钮。

(4) 命令窗口：DO FORM <表单文件名>。

(5) 可执行文件：在项目管理器中把表单编译成可执行文件，双击可执行文件的图标，也运行表单。

9.5 表单控件设计

表单上的控件对象分为两种，一种是与数据源绑定，如文本框、表格等；另一种不与数据源绑定，如标签、命令按钮等。与数据源绑定的控件可用数据环境中的字段直接生成，而这两种控件都可用表单控件工具栏的按钮来创建。控件工具栏有 25 个图形按钮，用来可视化地设计表单控件对象。在设计表单控件对象之前，应对控件的基本操作有所了解。

9.5.1 控件的基本操作

在表单设计器窗口的控件有添加、移动、删除等基本操作。

1. 启动表单控件工具栏

使用表单设计器工具栏的“表单控件工具栏”按钮可显示和隐藏表单控件工具栏。

2. 添加控件

表单控件工具栏所有的按钮已在图 9-8 中表示。单击表单控件工具栏的某个控件按钮(凹陷下去)后，再在表单上单击一下或拖动，即可创建相应的控件对象。

单击一次按钮在表单上只能画一个控件，若想单击一次按钮在表单画相同的多个控件，可单击图 9-8 所示的“按钮锁定”按钮。解除锁定的方法是再单击一次“按钮锁定”按钮或单击“选定对象”按钮。

3. 控件的编辑

1)选定控件

在对表单上的控件进行移动、删除前，首先选定要操作的控件。

(1)选定单个控件：单击某个控件，出现激活的 8 个黑色小方块。

(2)选定相邻的控件：用鼠标在表单上拖动，把几个控件圈起来。

(3)选定不相邻的控件：按住 Shift 键，单击选定的控件。

2)控件的缩放

拖动激活控件的四周的黑色小方块，可改变控件的大小。

3)移动控件

拖动激活控件(或用键盘的箭头键)，可改变控件的位置。按住 Ctrl 键拖动鼠标，可减缓移动的步长。

4)复制控件

在选定控件后，用快捷键 Ctrl+C 和 Ctrl+V(或“编辑”菜单的“复制”和“粘贴”命令)复制和粘贴控件，该操作是把控件连同属性和事件代码也一起复制，提高编程效率。

5)删除控件

选定控件后按 Delete 键(或“编辑”菜单的“剪切”命令)予以删除。

4. 设置控件的焦点顺序

对象的焦点是指表单运行后当前接收输入的控件，文本框的焦点是闪动的插入点，命令按钮的焦点是虚线框。用户可用 Tab 键或回车键移动焦点到下一个对象，焦点的移动顺序可在表单设计时设置，设置的方法可用交互方式和列表方式，步骤如下：

(1)打开“工具”菜单，执行“选项”命令，在弹出的对话框中选择“表单”选项卡，在“Tab 键次序”中选择交互方式或列表方式。

(2)然后在“显示”菜单中执行“Tab 键次序”命令，表单上出现图 9-14 所示的蓝色标号，称为 Tab 键次序盒，这是以交互方式设置 Tab 键次序的样式。

(3)单击表单上的 Tab 键次序盒，单击的顺序就是表单运行时焦点的顺序。

(4)单击表单空白处，结束控件焦点次序的设置。

上面介绍控件的基本操作是为表单的控件设计而准备。控件对象的设计是表单设计最主要的内容，设计者应从控件的用途、常用属性、相关代码这几个方面掌握表单控件的设计。

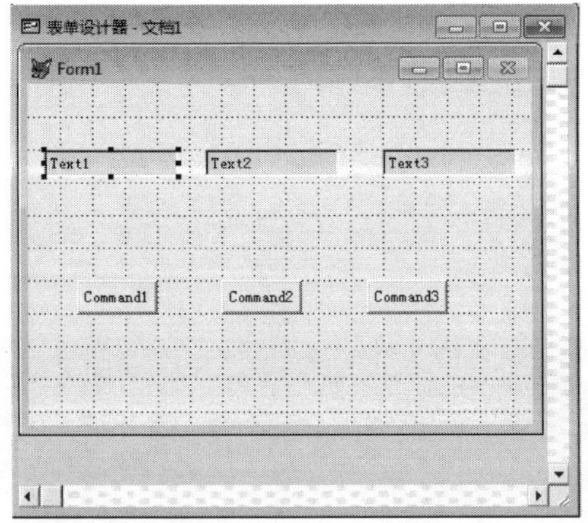

图 9-14 交互式设置 Tab 键次序

9.5.2 标签控件

1. 用途

标签在表单中用于信息说明、字段名以及不需要编辑的数据。

2. 说明

(1)标签不需要数据源，属于不与数据源绑定的控件。
(2)标签用于字符显示，不修改数据，不获得焦点。
(3)可设置 WordWrap 属性为 T，把标签文本设置为多行。

3. 常用属性

属性名和说明如下：
Name：标签的对象名(默认是 Label1，Label2，…)。
Caption：文本内容。
FontName：字体。
FontSize：字号。
ForeColor：前景色。
BackColor：背景色。
AutoSize：自动调整大小。
BackStyle：是否透明。
WordWrap：垂直方向变化大小以适应文本。
关于标签控件的使用有如下例子。

【例 9-1】 用标签标示应用程序标题名“学生信息管理系统”，并用复制方法叠加，显示立体效果，如图 9-15 所示。

设计如下：

用表单控件工具栏的标签按钮在表单上添加标签 Label1，在属性窗口设置 Label1 的属性，属性值如下：

Name：Label1。

Caption：学生信息管理系统。

AutoSize：.T.。

BackStyle：0-透明。

FontName：隶书。

FontSize：28。

ForeColor：0.0.255。

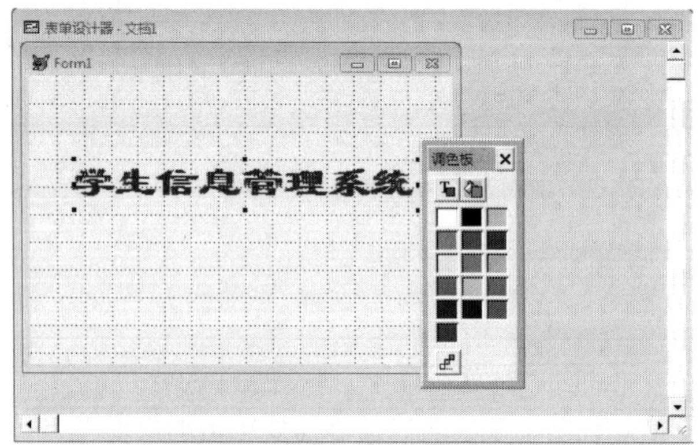

图 9-15　标签的叠加和调色板

ForeColor 属性用调色板来设计更为直观，选择表单设计器工具栏的“调色板工具栏”按钮，弹出调色板，如图 9-15 所示，选定标签后，单击调色板左上角的前景色(T)按钮，让它右边的背景色按钮凸出来，再选择调色板中的颜色按钮，可看见字体颜色的改变。这里把 Label1 的前景色设置为蓝色。

接下来对标签进行复制和粘贴，得到标签 Label2，把 Label2 的前景色设置为红色，再用鼠标或箭头键慢慢地移动它与 Label1 交错叠加，产生立体效果。注意要选择 Label1、Label2 的 BackStyle 属性为“0-透明”，才能看见立体效果。

【例 9-2】 用标签显示表单上的字段名。把数据环境中表的字段拖向表单，自动产生的字段名对应的控件对象是标签。对象名是“lbl+对象名”，如图 9-16 所示，在属性窗口中“学号”标签的 Name 名是“lbl 学号”。

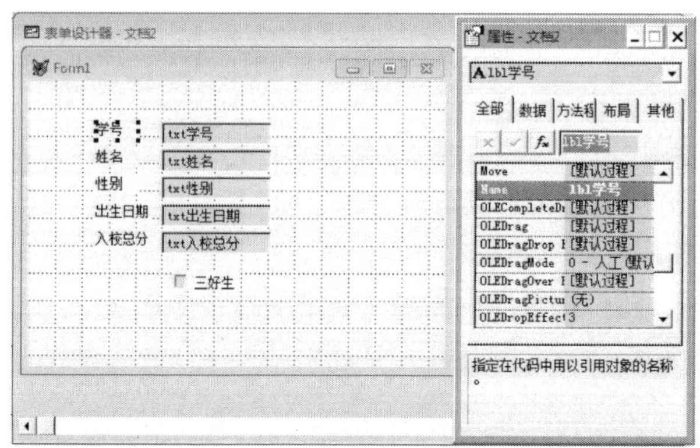

图 9-16　标签表示字段名

【例 9-3】 系统的当前日期和当前时间都是不需要编辑的数据，这里用标签显示当前日期。在表单上添加两个标签控件：Label1 和 Label2。在表单的 Init 事件的代码窗口输入以下代码。

```
Thisform.caption="标签应用"                  &&设置表单标题栏的标题
Thisform.label1.caption="今天的日期："
Thisform.label1.autosize=.t.
Thisform.label1.fontsize=20
Thisform.label2.caption=dtoc(date())         &&caption是字符型，dtoc()把日期转
                                                化成字符型
Thisform.label2.autosize=.t.
Thisform.label2.fontsize=20
```

表单运行后显示的结果如图 9-17 所示。

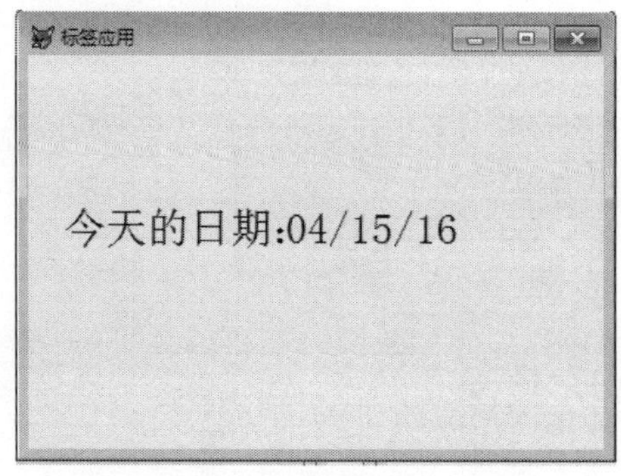

图 9-17　标签显示 DATE()值

9.5.3　文本框控件

1. 用途

文本框用来显示和编辑字段值、内存变量及数组元素。

2. 说明

(1) 文本框可表示字符型、数值型、逻辑型、日期型数据。
(2) 文本框可单行或多行显示文本，最多不超过 255 个字符。
(3) 设置文本框的 ReadOnly 属性为 T，数据为只读。
(4) 选择它的 PasswordChar 属性，以占位符表示输入字符，起密码作用。

3. 常用属性

属性名及其说明如下：
Name：文本框的对象名(默认 Text1、Text2、…)。
ControlSource：文本框的数据控制源。
FontName：字体。
FontSize：字号。

ForeColor：前景色。

BackColor：背景色。

Value：文本框的当前值。

ReadOnly：数据是否可读。

PasswordChar：设置文本数据的密码字符。

【例 9-4】 显示表的字段数据，可用两种方法在文本框中显示表的字段值。

1) 从数据环境拖放字段到表中

创建一个表单，打开数据环境，添加学生.DBF 到数据环境中，把表的“字段”拖到表单上(图 9-18 的箭头指向)。表中的字符型、数值型、日期型字段(学号、姓名、性别、出生日期、入校总分)生成文本框，这些文本框在表单运行后能显示对应的字段值。

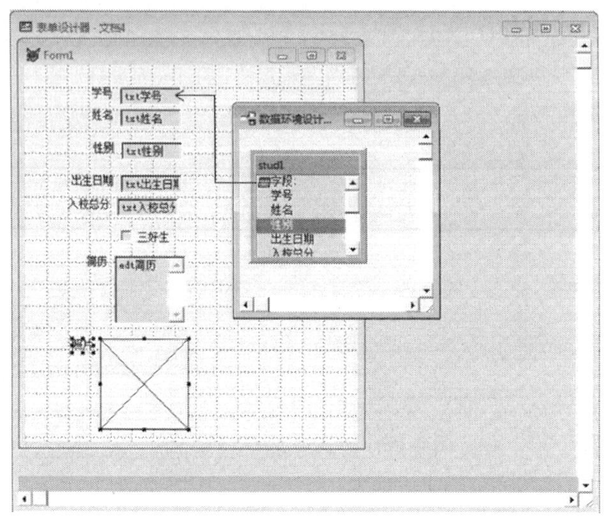

图 9-18　拖动字段生成表单对象

2) 用表单控件工具栏设计

用表单控件工具栏的“文本框”按钮设计三个文本框，对象名分别是 Text1、Text2、Text3，用来显示学生表的学号、姓名、入校总分。需在属性窗口设置以下属性值。

对象名	属性名	属性值
Text1	ControlSource	学生.学号
Text2	ControlSource	学生.姓名
Text3	ControlSource	学生.入校总分

表单运行后，可显示相应的字段值。

【例 9-5】 用文本框显示内存变量，也用文本框的 Value 属性值给内存变量赋值。在表单上用控件工具栏按钮设计三个文本框 Text1、Text2、Text3，一个命令按钮(Caption：求和)，双击命令按钮，编写它的 Click 事件代码。

```
x1 = val(thisform.text1.value)          &&文本框 Value 给内存变量赋值
x2 = val(thisform.text2.value)
x3 = x1 + x2
Thisform.text3.value=x3                 &&文本框显示内存变量
```

表单运行后，在 Text1 和 Text2 分别输入数字，单击“求和”按钮，在 Text3 显示两组数字的算术和，如图 9-19 所示。

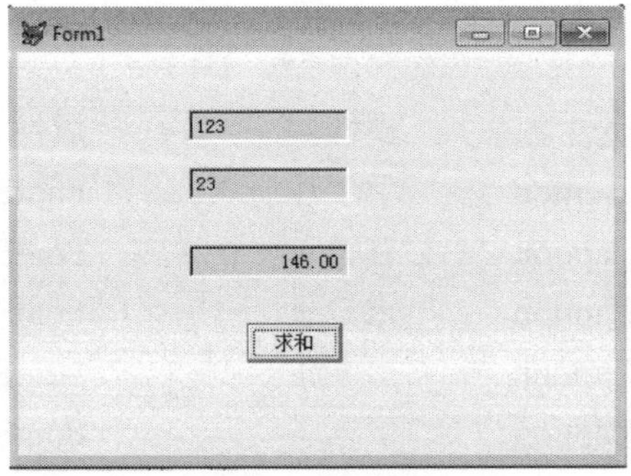

图 9-19　Text3 显示两组数字的算术和

9.5.4　命令按钮/命令按钮组

1. 用途

命令按钮起到控制作用，完成某些特定的操作。

2. 说明

(1) 命令按钮分为两种：单个“命令按钮”是控件类对象，“命令按钮组”是容器类对象。

(2) 命令按钮使用最多的是 Click 事件，单击命令按钮，执行指定的操作。

(3) 可在按钮的 Caption 属性中输入文字说明按钮功能，也可以将 Picture 属性设计成“图形按钮”。

(4) 命令按钮可用热键触发 Click 事件。方法是在 Caption 属性写入“\<”，后面跟热键名。

(5) 命令按钮可用 messagebox () 函数表示信息窗口相关。

3. 常用属性

属性名及其说明如下：

Name：命令按钮的对象名。

Caption：标题表示按钮功能。

Enabled：按钮是否能用。

FontName：字体。

FontSize：字号。

ForeColor：前景色。

BackColor：背景色。

ToolTipText：按钮的功能说明。

Picture：按钮的图形。

【例 9-6】 用表单显示学生.DBF 记录数据，有上下翻动记录和退出表单的命令按钮。

步骤如下：

创建表单，打开数据环境设计器，添加学生.DBF 表到数据环境中，把数据环境中学生表的“字段:”拖到表单上创建控件，重新排列各控件相对位置。

用表单控件工具栏在表单上方添加一个标签，下方添加五个命令按钮，在属性窗口设置各控件属性如下：

对象名	属性名	属性值	属性名	属性值
Label1	Caption	学生注册表	FontSize	24
Command1	Caption	首记录	FontSize	16
Command2	Caption	末记录	FontSize	16
Command3	Caption	上一条	FontSize	16
Command4	Caption	下一条	FontSize	16
Command5	Caption	退出	FontSize	16

各命令按钮的事件代码如下：

(1) Command1 (首记录) 的 Click 事件代码。

```
go top
thisform.refresh
```

(2) Command2 (末记录) 的 Click 事件代码。

```
go bottom
thisform.refresh
```

(3) Command3 (上一条) 的 Click 事件代码。

```
if !bof()
skip-1
thisform.refresh
endif
```

(4) Command4 (下一条) 的 Click 事件代码。

```
if !eof()
skip 1
thisform.refresh
endif
```

(5) Command5 (退出) 的 Click 事件代码。

```
thisform.release
```

该表单运行后如图 9-20 所示，单击命令按钮上下翻动记录和释放表单。

以上事件代码有两点说明。

(1) 凡是有指针移动 (Go、Skip 等命令) 的，表单应当刷新 (Thisform.refresh)，以保持控件显示的数据与记录指针同步。

(2) Bof() 和 Eof() 是判别指针是否指向表头和表尾的函数，如不用它们判别，指针到了表头 (尾) 还要移动，会出现“已到文件头 (尾)”的信息提示。

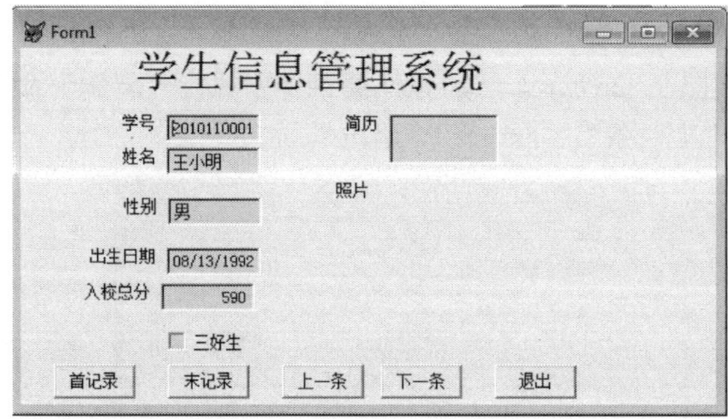

图 9-20　命令按钮的设计

4. 命令按钮组

命令按钮组是容器类对象，里面包括了命令按钮控件。按钮组容器有属性和事件，容器下的控件按钮也有自己的属性和事件。因此既可编写按钮组容器的事件代码，也可编写按钮控件的事件代码。方法分别如下。

1) 编写命令按钮控件 Click 事件

选择命令按钮组容器，右击弹出快捷菜单，执行“编辑”命令，如图 9-21 所示。双击选择的单个按钮，在事件窗口设计事件代码。也应在该编辑状态时，在属性窗口设计按钮控件的 Caption、FontName 等属性。

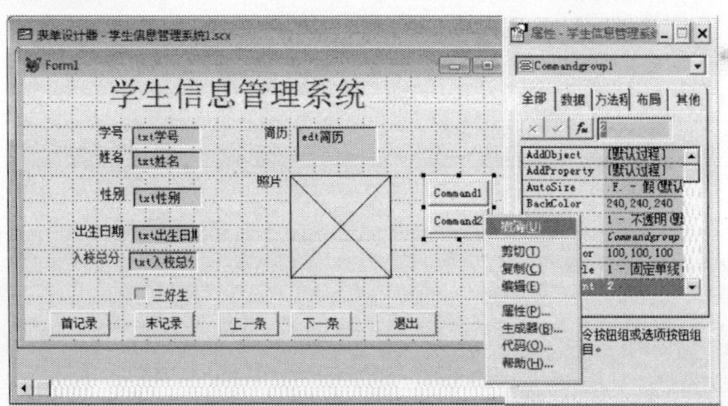

图 9-21　命令按钮组的快捷菜单

2) 编写命令按钮组控件 Click 事件

在命令按钮组的非编辑状态双击按钮组，就打开了按钮组的 Click 事件代码窗口，编写相关程序。命令按钮组有自身特殊的属性，Click 事件代码和这些属性相关。

属性名及其说明如下：

ButtonCount：按钮数目。

Value：用数字 *n* 表示单击的是第 *n* 个按钮。

Buttons：用 Buttons(*n*) 指定第 *n* 个按钮，用来设计该按钮的属性和方法。

【例 9-7】 用命令按钮组完成例 9-6 的功能，简化为上下翻动记录和“退出”3 个按钮。

设计步骤如下：

(1) 用控件工具栏的命令按钮组创建容器对象，在属性窗口设置该按钮组的 ButtonCount 属性为 3。

(2) 在命令按钮组的快捷菜单中选择“生成器”选项，用“布局”选项卡排列按钮，改“垂直”为“水平”，如图 9-22 所示。然后在快捷菜单中执行“编辑”命令，在属性窗口输入按钮的 Caption 属性：“上一条”“下一条”“退出”。

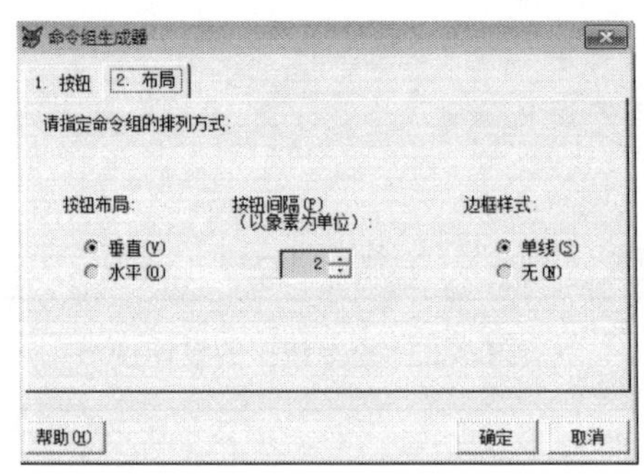

图 9-22　命令按钮组生成器

(3) 取消“编辑”状态，双击命令按钮组，编写 Commandgroup1 的 Click 事件代码。

```
x = this.value
do case
  case x = 1
    if !bof()
    skip -1
    endif
  case x = 2
    if !eof()
    skip 1
    endif
   case x = 3
    thisform.release
endcase
thisform.refresh
```

代码中的 this.value 是指命令按钮组的值，也就是单击第几个按钮。表单运行后，效果和前面一样。

5. 与命令按钮相关的信息窗口

通常在单击命令按钮时，弹出一个信息窗口以对话方式作出选择，这个信息窗口是函数 messagebox() 表示的。在图 9-23 中，单击“删除”按钮，不应马上删除当前记录，而是弹出一个信息窗口，在窗口单击“是”按钮才删除当前记录。

“删除”按钮的 Click 事件代码如下：

```
x= messagebox("是否删除当前记录？", 4+32+0, "信息提示")
   if x = 6
   dele
   pack
   thisform.refresh
   endif
```

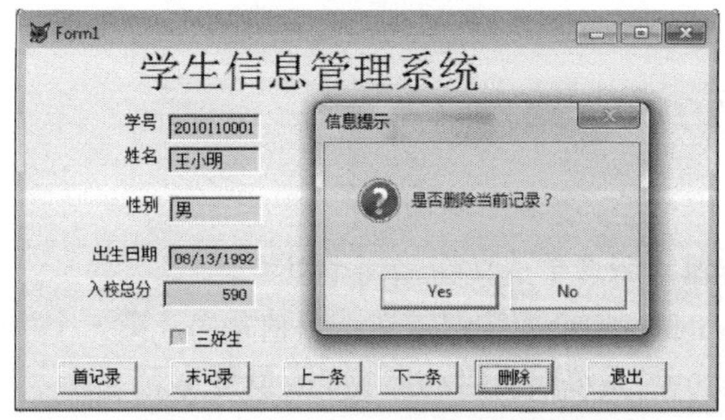

图 9-23　单击“删除”按钮弹出信息窗口

“信息提示”对话框是用 messagebox()实现的，该函数的使用格式如下：

messagebox(提示信息[,窗口类型][,窗口标题])括号中的“提示信息”是必需的参数，其他是可选项。窗口类型由三部分数字组成：按钮类型+窗口图标+默认的焦点按钮。

各部分的功能如表 9-5 所示。

表 9-5　数值型对话框功能的三种含义

(数字)按钮名称	(数字)图标样式	(数字)焦点按钮
0 “确认”	16 停止图标“×”	0 第一个按钮
1 “确认”和“取消”	32 问号图标“？”	256 第二个按钮
3 “放弃”“重试”和“忽略”	48 惊叹号图标“！”	512 第三个按钮
4 “是”和“否”	64 信息图标“i”	
5 “重试”和“取消”		

这个表中的数字可以进行加法运算，如本例函数括号中的 4+32+0 可直接写成 36，效果完全一样。

用户单击的按钮是 messagebox()函数的返回值，可以作为下一步操作的依据。表 9-6 用数字表示了该函数的返回值。

表 9-6　messagebox()函数的返回值

返回值	按钮	返回值	按钮
1	“确定”	5	“忽略”
2	“取消”	6	“是”
3	“放弃”	7	“否”
4	“重试”		

在本例对话窗口中，如果单击“是”按钮，函数的返回值是 6，满足 IF 语句的条件，会物理删除记录。

9.5.5　选项按钮组

选项按钮组也是容器，下一层是单选按钮，与命令按钮组类似，也是 ButtonCount 属性设置按钮的数目，用快捷菜单的“编辑”命令使容器处于编辑状态，以设计每个单选按钮组的属性和事件。

1. 用途

从多项选择中选择其一，作为操作的控制依据。

2. 说明

(1)选项按钮组是容器，所含单选按钮需两个以上。

(2)选项组有属性 Value，如全部按钮未选，其值是 0，第一个按钮选中，值是 1，第二个按钮选中，其值是 2，…，系统默认启动后 Value 值是 1。

(3)选项组中的每个单选按钮也有自己的 Value 属性，按钮被选中值是 1，未选中是 0。

3. 常用属性

属性名及其说明如下：

ButtonCount：单选按钮数目。

Caption：单选按钮的名称。

Value：选项按钮组的值表示选中的是第几个按钮；单选按钮的 1 表示选中，0 表示未选中。

【例 9-8】 在表单上设计三个单选按钮，Caption 分别是“宋体”“隶书”“黑体”，以控制标签的字体属性，如图 9-24 所示。

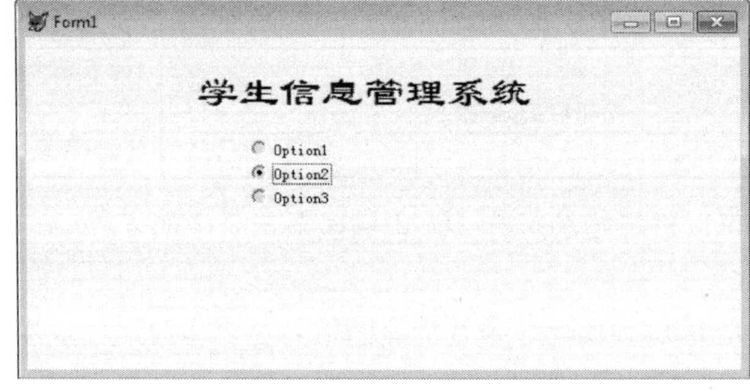

图 9-24　选项按钮组应用

步骤如下：

(1)用表单控件工具栏在表单上添加一个标签(Label1)和一个选项按钮组(OptionGroup1)，并用快捷菜单设计按钮水平排列。

(2)在属性窗口设计各控件的属性。

对象名	属性名	属性值	属性名	属性值
Label1	Caption	学生信息管理系统	FontSize	20
Optiongroup1	buttoncount	3		
Option1	Caption	宋体		
Option2	Caption	隶书		
Option3	Caption	黑体		

(3)编写选项按钮组的 Click 事件代码。

```
x = this.value
do case
```

```
        case x = 1
          thisform.label1.fontname="宋体"
        case x = 2
          thisform.label1.fontname ="隶书"
        case x = 3
          thisform.label1.fontname ="黑体"
    endcase
```

9.5.6 复选框

1. 用途

表单上的复选框可同时选择一项或多项，作为操作控制。

2. 说明

(1)是控件类对象，可以只有一个复选框存在。

(2)复选框被选中(“√”表示)，其 Value 属性值是 1，未选中，Value 是 0，2 或 NULL 表示复选框不可用。

(3)复选框是一个逻辑的反复开关，单击在选中和未选中两种状态之间转换。

(4)表的逻辑型字段与复选框对应。

3. 常用属性

属性名及其说明如下：

Caption：复选框的名称。

Value：1 表示选中，0 表示未选中，2 表示不可用。

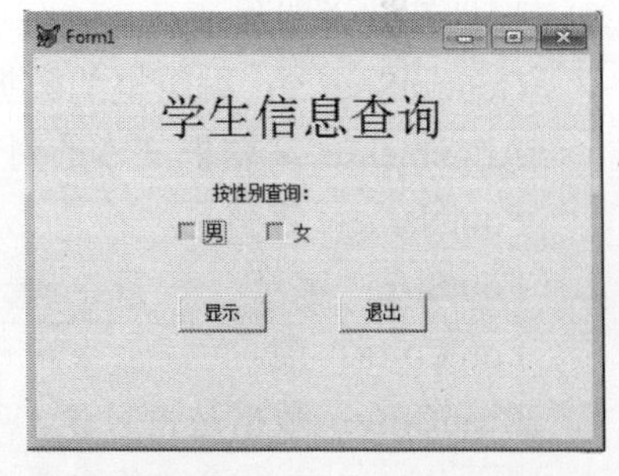

图 9-25 复选框的使用

【例 9-9】在表单设计两个复选框，其 Caption 是“男”和“女”，表单运行后，有三种控制：选中男、选中女、两个都选中。这三种选择作为 BROWSE 命令显示“学生.DBF”记录的条件。设计的表单如图 9-25 所示。

(1)步骤如下：

用表单控件工具栏在表单上添加标签、命令按钮、复选框，数据环境中添加学生.DBF。

(2)设计各控件的属性如下：

对象名	属性名	属性值	属性名	属性值
Label1	Caption	学生信息查询系统	FontSize	20
Label2	Caption	按性别查询：		
Check1	Caption	男		
Check2	Caption	女		
Command1	Caption	显示		
Command2	Capiton	退出		

(3)编写代码。

①Command1 命令按钮的 Click 事件代码。

```
do case
    case thisform.check1.value=1.and.thisform.check2.value=1
      brow
    case thisform.check1.value=1
      brow for 性别="男"
    case thisform.check2.value=1
      brow for 性别="女"
endcase
thisform.check1.value=0
thisform.check2.value=0
```

②Command2 命令按钮的 Click 事件代码。

```
thisform.release()
```

9.5.7 编辑框

1. 用途

编辑框专用于显示和编辑表的备注字段和长文本数据。

2. 说明

(1)编辑框默认有垂直滚动条，可移动其中的文本内容。若不要垂直滚动条，可把ScrollBar属性设置为None。

(2)编辑框最多接受2147483647个字符，可通过MaxLength属性限制其中的字符串长度。

3. 常用属性

属性及其说明如下：

ControlSource：编辑框的数据控制源。

Alignment：编辑框文本的对齐方式。

FontName：字体。

FontSize：字号。

ForeColor：前景色。

ReadOnly：数据是否只读。

ScrollBar：垂直滚动条设置。

MaxLength：编辑框文本长度限制。

【例 9-10】 编辑框应用。设计一个表单，在数据环境添加“学生.DBF”，把姓名字段和备注字段简历拖到表单上，表单运行后界面如图 9-26 所示。

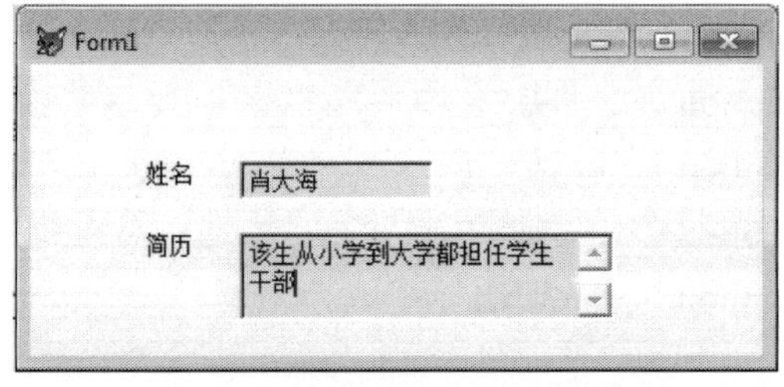

图 9-26　编辑框显示备注字段

9.5.8 组合框

1. 用途

组合框的下拉箭头可展开多项数据，用鼠标选择的方式可快速、准确地输入数据。

2. 说明

(1) 组合框在表单运行后只有单行，单击下拉箭头多行显示数据。

(2) 组合框分为下拉组合框和下拉列表框。区别是下拉组合框可输入数据，下拉列表框则不能。设置属性 Style=0 是下拉组合框，Style=2 为下拉列表框。

(3) 正确设置组合框的 RowSourceType（数据类型）和 RowSource（数据源）的属性值，才能显示所需数据。

RowSourceType 的属性的数据类型如下：

0-无，由程序代码添加列表项。

1-值，直接在 RowSource 属性中输入。

2-别名，数据源为数据环境的表。

3-SQL 语句，列表显示 SQL 查询结果。

4-查询，数据源为.QPR 查询文件。

5-数组，数据源为数组的数据。

6-字段，数据源为表的字段。

7-文件，数据源为磁盘目录和文件名列表。

8-结构，数据源为表的结构（字段名）。

9-弹出式菜单，显示弹出菜单的菜单名。

(4) 属性 ColumnCount（列数）默认为 0，只显示一列数据（一个字段）。要显示多个字段，就要重新设置列数，方法有两种：一种是设置 RowSourceType 为“2-别名”，RowSource 为表文件名；另一种是设置 RowSourceType 为“6-字段”，RowSource 为字段名表。前一种方法组合框中字段顺序和表一致，后一种方法更改表字段的顺序。

(5) BoundColumn 属性值默认为 1，即组合框 Value 值是第一列数据。若有多列数据，把 BoundColumn 属性值设置为 *n*，单击某行，该行第 *n* 列数据为组合框当前 Value 值，这就是绑定的概念。

3. 常用属性

属性名及其说明如下：

ColumnCount：组合框数据的列数。

ControlSource：选中数据保留何处。

RowSourceType：数据源的类型。

RowSource：数据源。

Style：指定组合框的样式（0-下拉组合框，2-下拉列表框）。

Value：指定组合框的当前值。

BoundColumn：绑定第几列为 Value 的值。

【例 9-11】 在表单上把组合框设计成下拉列表框，显示“教师表.DBF”的全部姓名，用鼠标选择这个列表框中某教师的姓名(Value 属性值)作为查询条件，显示该教师所有的字段值。步骤如下：

(1)创建表单，打开数据环境，把“教师表.DBF”添加到数据环境中，把“教师表.DBF”的“字段”拖到表单上。

(2)用控件工具栏在表单上添加一个标签，其 Caption 是“按姓名查询:”，一个“退出”命令按钮和一个组合框 Combo1，在属性窗口对这个组合框进行以下属性设计。

属性名及其说明如下：

Name：Combo1(系统默认)。

ColumnCount：0(系统默认)。

Style：2。

RowSourceType：6-字段。

RowSource：教师表.姓名。

注意：RowSourceType 和 RowSource 属性在属性窗口的“数据”选项卡下。

(3)双击组合框 Combo1，编写 Click 事件代码。

```
xm=this.value                    &&鼠标选中某人姓名给变量 xm 赋值
loca for 姓名=xm
thisform.refresh
```

如图 9-27 所示，在表单运行中，展开下拉列表框，单击某人姓名，在它左边显示了该姓名的字段信息。如果记录太多，最好事先建立姓名的索引排序，相同姓氏排在一起，以方便选择。

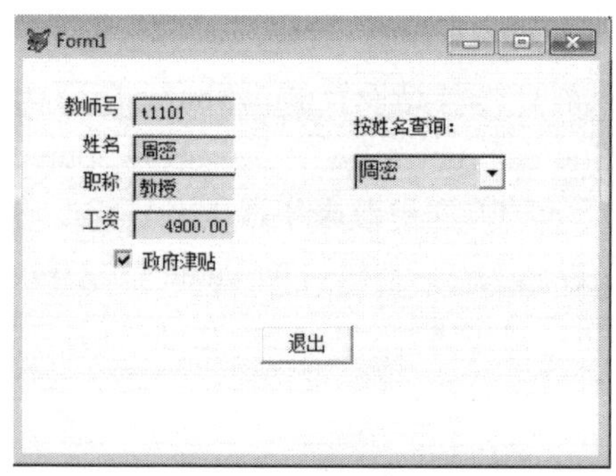

图 9-27　下拉列表框的应用

9.5.9　列表框

1. 用途

列表框和组合框一样，都是为了快速地选择数据，只是表单运行后，组合框只有一行，而列表框是多行显示数据。

2. 说明

(1)列表框和组合框具有几乎相同的属性和事件，其含义和操作方法相同。

(2)列表框常用到 ListCount(数据项的数目)、ListIndex(被选中数据项的索引)属性，以及 AddItem(添加数据项)和 RemoveListItem(删除数据项)等方法对列表框的数据进行移去和添加操作。

(3)列表框和组合框在属性上有一个区别：列表框可用 MultiSelect 属性一次选择多个数据项，组合框没有这个属性，只能选择一项数据。

3. 常用属性

列表框除了和组合框常用到相同的属性，如 ColumnCount(列数)、RowSourceType(数据类型)、RowSource(数据源)、Value(值)、BoundColumn(绑定)等，也用到以下属性。

ListCount：列表框所有数据项的数目。

ListIndex：被选中数据项的索引。

4. 常用方法

对列表框中的数据，常用到以下方法进行动态修改。

AddItem：对 RowSourceType 属性值为 0 或 1 的列表框按索引号添加一项。

AddListItem：对 RowSourceType 属性值为 0 或 1 的列表框按选项编号添加一项。

RemoveItem：对 RowSourceType 属性值为 0 或 1 的列表框按索引号删除一项。

RemoveListItem：对 RowSourceType 属性值为 0 或 1 的列表框按选项编号删除一项。

Requery：当 RowSource 属性值改变时更新列表。

【例 9-12】 用列表框显示“教师.DBF”的教师号和姓名，鼠标选择其中的姓名作为查询条件，需重新设置 BoundColumn 值把 Value 与第二列数据(姓名)绑定。步骤如下：

(1)创建表单，把表单数据环境中的“教师表.DBF”中的字段拖到表单上。

(2)用控件工具栏在表单上添加一个标签(Caption 是“用列表框查询：”)、一个“退出”命令按钮、一个列表框 List1，列表框 List1 的属性设置如下：

Name：List1(系统默认)。

ColumnCount：2(表前两个字段)。

RowSourceType：2-别名。

RowSource：教师表。

BoundColumn：2(第 2 列姓名绑定为 Value 值)。

(3)双击列表框 List1，编写 Click 事件代码。

```
xm=this.value
    loca for 姓名=xm
thisform.refresh
```

这里的 this.value 就是鼠标在列表框中所单击行的第 2 列的姓名值，是由 BoundColumn=2 绑定的。

表单运行后，单击列表框中某行，以该行的姓名作为查询条件，在表单左边显示其相关字段数据，如图 9-28 所示。

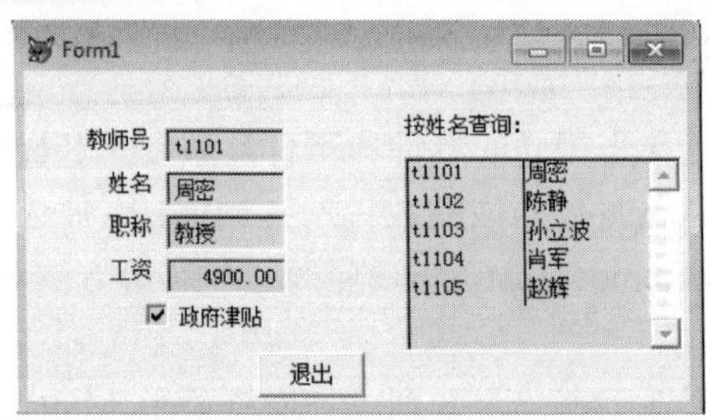

图 9-28　列表框数据的绑定

【例 9-13】 在表单上设计一个文本框、三个命令按钮和一个列表框，把文本框输入的字符用命令按钮“添加”加到列表框中，用“清除”按钮清除列表框选中的数据，用“全部清除”按钮清除列表框中所有的数据项。步骤如下：

(1) 创建表单，用控件工具栏添加标签 Label1、Label2，文本框 Text1，命令按钮 Command1、Command2、Command3，列表框 List1。

(2) 各控件属性设计如下：

对象名	属性名	属性值
Label1	Caption	文本框
Label2	Caption	列表框
Command1	Caption	添加
Command2	Caption	清除
Command3	Caption	全部清除

注意：Text1 和 List1 不需要设置属性。

(3) 事件代码设计。

①Command1 的 Click 事件代码如下：

```
thisform.list1.additem(thisform.text1.value)
thisform.text1.value=""      &&添加后文本框清空
thisform.text1.setfocus      &&焦点回到文本框
```

②Command2 的 Click 事件代码如下：

```
if thisform.list1.listindex>0  &&如果有选中的数据项
   thisform.list1.removeitem(thisform.list1.listindex)
        &&移去选中的数据项
endif
```

③Command3 的 Click 事件代码如下：

```
for i=1 to thisform.list1.listcount
  thisform.list1.removelistitem(i)              &&用循环移去所有的数据项
endfor
```

表单运行后，在文本框分别输入 aaa、bbb、ccc、…，输完一个单击一下“添加”按钮，就把文本框的数据添加到列表框中，用“清除”按钮移去列表框中选中的数据项，用“全部清除”按钮移去所有数据项，如图 9-29 所示。

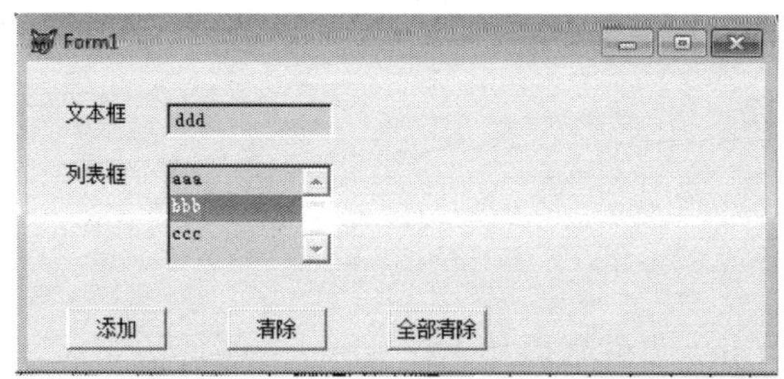

图 9-29　列表框数据的添加和清除

9.5.10　微调按钮

1. 用途

微调按钮简称微调，是通过微小增量或减量调节输入一定范围的数值数据。

2. 说明

(1)可单击微调的上下箭头选择数字，也可用键盘直接输入数字。
(2)微调按钮在缺省状态下，基准上限是 2147483647，基准下限是–2147483647。
(3)单击微调上下箭头一次，数字增减一次，其增减值用 Increment 属性设置。

3. 常用属性

属性名及其说明如下：
Increment：设置微调的数字增减值。
SpinnerHighValue：单击微调的最大值。
SpinnerLowValue：单击微调的最小值。
KeyboardHighValue：键盘输入微调的最大值。
KeyboardLowValue：键盘输入微调的最小值。

【例 9-14】 表单的数据环境是“学生.DBF”，在该表单上设计微调按钮，表示月份，用它的上下箭头选择月份，用 BROWSE 命令显示所选月份出生的同学，如图 9-30 所示。

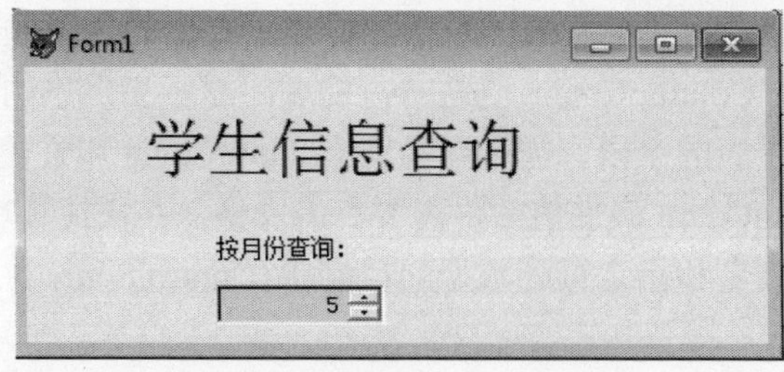

图 9-30　用微调按钮输入月份

步骤如下：

(1)设计表单，在数据环境中添加“学生.DBF”，在表单上添加两个标签 Label1(Caption 属性：学生信息查询)和 Label2(Caption 属性：按月份查询)、一个微调按钮 spinner1。

(2)在属性窗口设置微调按钮 spinner1 的属性。

属性名及其属性值如下：

SpinnerHighValue：12。

SpinnerLowValue：1。

Increment：1。

Value：1。

(3) 编写 spinner1 的 Click 事件代码如下：

```
yf=this.value
brow for month(出生日期)= yf
```

表单运行后，用微调的数字增减按钮选中月份，然后单击上下箭头左边的月份数字或空白处，该数字就是 this.value，同时激发微调的 Click 事件，显示了所选月份出生的同学信息。

9.5.11　表格

1. 用途

表格类似于浏览窗口，具有网格线，用来同时显示和操作多行多列数据。

2. 说明

(1) 表格是容器，里面包括列控件，列控件又包括标题(或列头 Header)和控制，控制是表格中显示数据的控件，可以是文本框、复选框、下拉列表框、微调和其他控件。

(2) 表格显示的数据源由 RecordSourceType(数据源类型)和 RecordSource(数据源)两个属性指定。RecordSourceType 数据类型有四种。

0-表：表格自动打开 RecordSource 属性指定的表。

1-别名：使用数据环境中的表。

2-提示：运行时，通过对话框提示打开表。

3-查询(.QPR)：显示.QPR 文件的查询结果。

4-SQL 语句：显示 SQL 查询结果。

(3) 如在表单的数据环境中添加一个表，就把表格的 RecordSourceType 设置为 1，RecordSource 设置为表名，表单运行后，表格就能显示该表的记录数据。

(4) 表格的默认属性 ColumnCount 值是–1，能顺序显示指定表的所有字段，若显示部分字段或一个表格显示两个表的字段，需重新设置 ColumnCount 属性值为指定列数。

(5) 重新设置 ColumnCount 属性值后，需要右击表格，在快捷菜单中执行“编辑”命令，在属性窗口输入每列的列名和指定每列数据的控制源(ControlSource)。

3. 常用属性

属性名及其说明如下：

ColumnCount：表格的列数。

RecordSourceType：数据源的类型。

RecordSource：数据源。

ReadOnly：数据是否只读。

LinkMaster：指定关系表中的主表。

RelationExpr：与父表相关联的关系表达式(关联的字段名)。

Caption：表格的列标题(默认 Header)。

ControlSource：表格列的数据控制源。

【例 9-15】 一个表格显示一个表的数据，有多种方法完成。创建一个表单，在表单的数据环境中添加“学生.DBF”后，采用以下方法。

(1)把数据环境中表的标题拖到表单上，自动创建表格，表单运行后就能显示该表的数据。

(2)用控件工具栏在表单上添加表格控件 grid1，在属性窗口设置 grid1 的属性如下：

RecordSourceType：1-别名。

RecordSource：学生.dbf。

ColumnCount：–1。

(3)用控件工具栏在表单上添加表格控件 grid1 后，右击表格，在弹出的快捷菜单中执行“生成器”命令，在“表格生成器”对话框(图 9-31)中打开自由表“学生.DBF”，再选择输出到表格的字段。

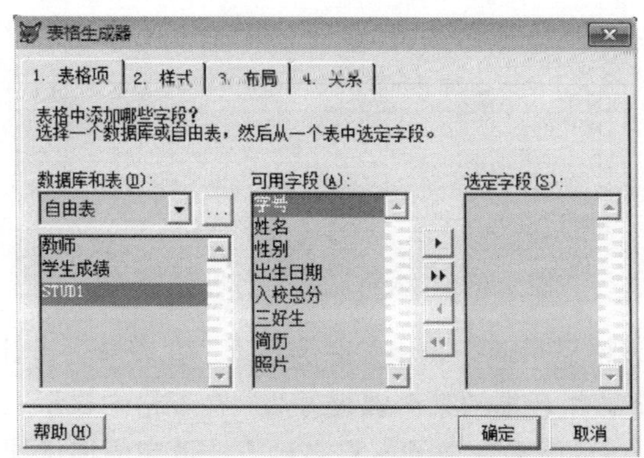

图 9-31　表格生成器输出字段

前两种方法在表格上输出表的全部字段，而用表格生成器既可以输出全部字段，又可以方便地选择部分字段输出。这三种方法设计的表格在表单运行后的效果都相同，如图 9-32 所示。

Form1

学号	姓名	性别	出生日期	入校总分	三好生	简历
2010110001	王小明	男	08/13/92	590	F	memo
2010110002	陈钢	男	03/24/93	568	T	memo
2010110003	李花	女	09/29/91	565	F	memo
2010110004	刘敏	男	10/02/91	570	F	memo
2010110005	张小莉	女	03/01/92	595	F	memo
2010110006	李红	女	03/12/90	578	T	memo
2010110007	金阳	男	03/18/92	586	T	memo

图 9-32　一个表格显示一个表数据

【例 9-16】 两个表格分别显示相关联的两个表。在一个表格中显示“学生.DBF”(学号，姓名，性别，出生日期)，另一个表格显示与学生相关的“学生成绩.DBF”(学号，姓名，性别，数学，物理，英语)，建立两表的永久关系。表单运行后，在学生表格中单击某个同学记录，相应在学生成绩表格显示该同学的成绩信息。步骤如下：

(1) 创建表单，添加两个标签表示表格的名称，即 Label1(Caption 属性：学生)、Label2(Caption 属性：学生成绩)。

(2) 打开数据环境，添加学生和学生成绩表，把学生表学号拖向学生成绩表学号，建立两表关联。

(3) 把两个表的标题分别拖到表单上，生成两个表格，调整好表格的位置。

该表单运行后，单击学生表第二个同学的记录，图 9-33 显示了该同学的成绩信息，表示两表关联后，记录指针按照学号同步移动。

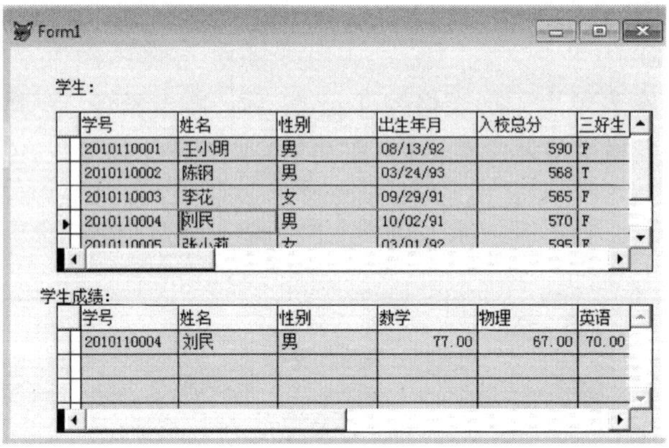

图 9-33　两表格记录指针的同步移动

【例 9-17】 用一个表格显示两个表相关联的数据。在表单上设计下拉组合框，显示“课程.DBF”的课程号，选择该组合框的某个课程号后，在表格中显示“课程.DBF”中的课程号和课程名，“选课.DBF”中的学号和成绩。有多种方法可完成该设计，这里介绍属性窗口设置和 SQL 查询的方法。

(1) 用属性窗口设计表格属性值，步骤如下：

①创建表单，打开数据环境，两个表添加到数据环境中，把父表(课程)的课程号拖向子表(选课)的课程号，建立两表关系。

②在表单上添加一个标签、一个组合框、一个表格。各控件属性设置如下。

a．标签 Label11 属性如下：

Caption：选择课程号。

FontSize：12。

b．组合框 Combo1 属性如下：

RowSourceType：6-字段。

RowSource：课程.课程号。

c．表格 Grid1 属性如下：

ColumnCount：4。

RecordSourceType：1-别名。

RecordSource：选课。

LinkMaster：课程(关系中的父表)。

RelationExpr：选课.课程号(子表的关联字段)。

d．表格 Grid1 中列的属性(执行“编辑”命令后设置)。

对象名	属性名	属性值
Column1	ControlSource	课程.课程号
Header1	Caption	课程号
Column2	ControlSource	课程.课程名
Header1	Caption	课程名
Column3	ControlSource	选课.学号
Header1	Caption	学号
Column4	ControlSource	选课.成绩
Header1	Caption	成绩

表单运行后如图 9-34 所示。由于下拉组合框和表格使用了相同的数据源(课程.DBF)，“课程.DBF”又和“选课.DBF”相关联，所以在组合框中选择某课程号，在表格中就能显示两个表的相关数据。

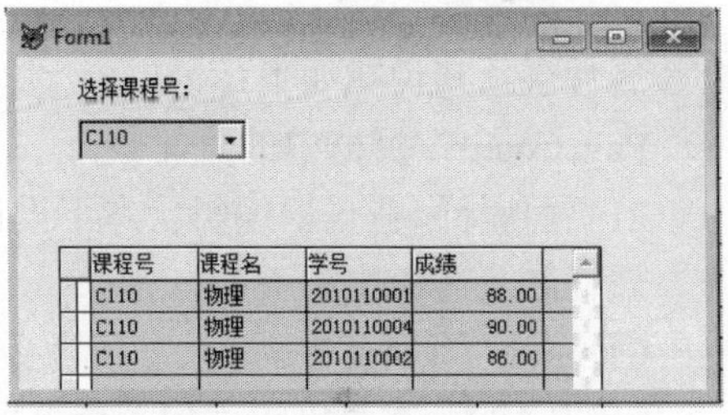

图 9-34 一个表格显示两个表的数据

(2)用 SQL 的 SELECT 查询作为表格的数据源。不需要设置数据环境，只需在下拉组合框的 Click 事件代码中使用 SQL 查询语句就可完成。步骤如下：

创建表单，表单上添加一个标签、一个组合框、一个表格。表格不进行任何属性设计，标签和组合框属性如下：

①标签 Label1 属性。

Caption：选择课程号。

FontSize：12。

②组合框 Combo1 属性。

RowSourceType：6-字段。

RowSource：课程.课程号。

③编写组合框 Combo1 的 Click 事件代码。

```
kh=this.value                          &&单击的课程号给变量 kh 赋值
thisform.grid1.recordsourcetype=4      &&表格数据源类型是 4-SQL 查询
thisform.grid1.recordsource="sele 课程.课程号，课程.课程名，选课.学号，选课.;
成绩 from 课程，选课 where 课程.课程号=kh.and.选课.课程号=kh into cursor ke1"
```

代码最后一行表示表格的数据源是 SELECT 命令对两个表查询的结果，查询条件是两表的共有字段“课程号”，是组合框选中的值 kh。into cursor ke1 是把查询结果放到临时表(游标)ke1 中，表格显示的是临时表的数据。表单运行后，操作方式和结果与前面一样。

9.5.12 页框

1. 用途

页框控件是在表单上设计选项卡，提供多个对话界面。

2. 说明

(1) 页框是容器类对象，所包含的页面就是选项卡，每个页面又包括命令按钮、文本框、表格等其他控件。

(2) 每个页框有两个以上的页面，表单运行时，只有一个是活动(当前)页面，只有活动页面上的控件是可见的。页面之间的切换是通过单击页面标签(Caption)进行的。

(3) 需执行页框快捷菜单的“编辑”命令后，才能进行每个页面上的控件设计。

3. 常用属性

1) 页框属性

属性名及其说明如下：

PageCount：页框中的页面数。

2) 页面属性(在页框编辑状态下设计)

属性名及其说明如下：

Caption：页面标签。

【例 9-18】 在表单上添加一个页框，含三个页面，每个页面显示一个表格的信息。步骤如下：

(1) 创建一个表单，用控件工具栏在表单上添加一个标签 Label1 和一个页框 Pagefram1。在表单的数据环境中添加三个表：学生.DBF、课程.DBF、选课.DBF。

(2) 在属性窗口设置标签和页框的属性。

对象名	属性名	属性值	属性名	属性值
Label1	Caption	学生信息查询	FontSize	20
Pagefram1	PageCount	3		

(3) 右击页框，执行快捷菜单的“编辑”命令，然后设计各页框标签属性和添加表格控件。

①各页面的标签属性。

对象名	属性名	属性值
Page1	Caption	学生注册
Page2	Caption	课程
Page3	Caption	选课

②在各页面上添加表格控件。

把表单数据环境中表的标题拖到页面上自动生成表格，学生.DBF 放到页面 Page1，课程.DBF 放到页面 Page2，选课.DBF 放到页面 Page3。

表单运行后，单击各页面标签，在三个表之间切换，如图 9-35 所示。

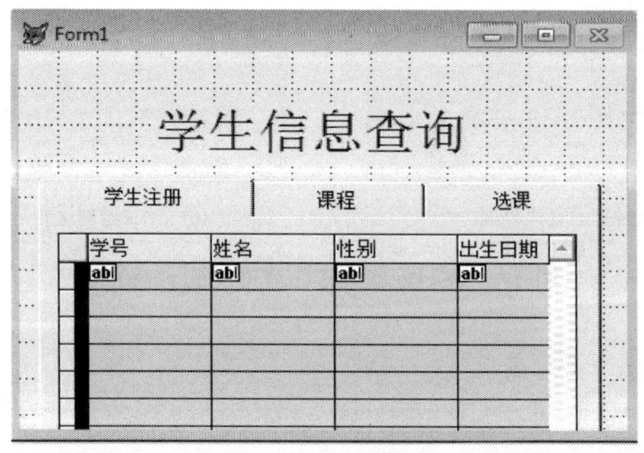

图 9-35　页框的设计

9.5.13　计时器

1. 用途

计时器利用系统时钟触发事件，在一定的时间间隔周期性地执行某些重复的工作。

2. 说明

(1)计时器的常用事件是 Timer，由系统激发。

(2)计时器的常用属性是 Interval，每个 Interval 值指定时间间隔，系统自动执行 Timer 事件的程序代码。

(3)计时器设计时可见，运行时是不可见的。系统默认计时器的 Enabled 属性为.T.，表单一启动，计时器就开始工作。

3. 常用属性

属性名及其说明如下：

Interval：Timer 事件触发的时间间隔，单位为 ms(1s=1000ms)。

Enabled：计时器计时的开始(.T.)和停止(.F.)。

【例 9-19】 用计时器控制表单的标签 Caption 属性，用来显示当前时间，步骤如下：

(1)创建表单，添加两个标签和一个计时器控件，各控件属性如下：

对象名	属性名	属性值	属性名	属性值
Label1	Caption	现在的时间	FontSize	24
Label2	Caption	Label2	FontSize	24
Timer1	Interval	1000(1 秒)		

(2)编写计时器的 Timer 事件代码。

```
Thisform.label2.caption=Time()          &&Caption 从"Label2"变成当前时间
```

图 9-36(a)设计表单时能看见计时器，图 9-36(b)表单运行后就看不见了，但计时器控制的标签所显示的秒数在不停地变化。

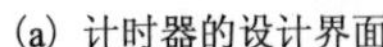
(a) 计时器的设计界面

(b) 计时器的运行界面

图 9-36　计时器的设计界面和运行界面

9.5.14　图像控件

1. 用途

在表单显示图片，使表单美观。

2. 说明

(1) 图像控件和其他控件一样，有自己的属性、事件和方法。

(2) 用 Picture 属性指明图像文件名，图像类型可以是 BMP、JPG 等格式。

图 9-37　Picture 控件的使用

【例 9-20】 在“学生信息管理系统”软件的首页，设置图像控件，以使软件美观。步骤如下：

(1) 在软件的第一个表单添加图像控件，在属性窗口选 Picture 选项，用右边的“浏览”按钮找到图像文件。

(2) 添加一个标签控件，设置属性为 Caption：学生信息管理系统；FontName：黑体；FontSize：28 磅；BackStyle：透明。

表单运行后，如图 9-37 所示。

9.5.15　OLE 控件

1. 用途

在表单显示 OLE 对象。OLE 指对象的嵌入和链接，是 Windows 环境下各程序之间实现资源共享的一种手段，OLE 对象包括文本数据、声音数据、图像数据、视频数据等。

2. 说明

(1) 表单上的 OLE 对象分两种：一种是 OLE 容器，用控件工具栏的“ActiveX 控件(oleControl)”按钮创建，其内容是各种 OLE 对象；另一种是 OLE 绑定控件，用控件工具栏的“ActiveX 绑定控件(oleBoundControl)”按钮创建，其内容只能是表中通用字段的 OLE 对象。

(2) OLE 绑定控件的创建方法有两种：一种是把表单数据环境中表的通用字段拖到表单上，自动生成 OLE 绑定控件；另一种是用控件工具栏的“OLE 绑定控件”按钮在表单上添加对象，设置 ControlSource 属性为表的通用字段名。

3. 常用属性

属性名及其说明如下：

ControlSource：OLE 对象所绑定的通用字段名。

【例 9-21】 把“学生.DBF”的通用字段照片作为“OLE 绑定控件”对象。创建一个表单，在数据环境中添加“学生.DBF”。然后把数据环境中表的姓名字段和照片字段拖到表单上。表单运行后，显示的结果如图 9-38 所示。

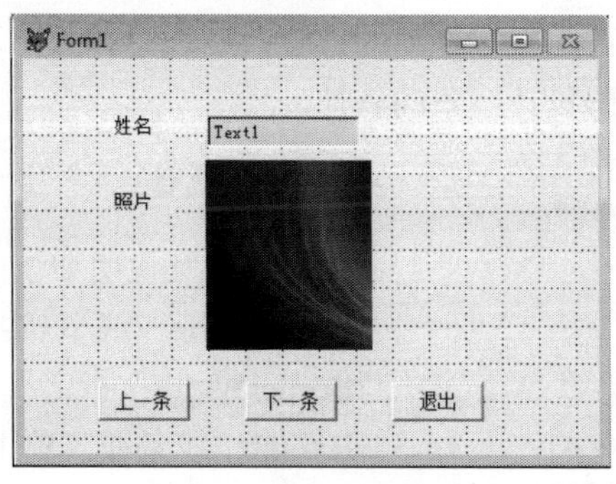

图 9-38　插入通用字段

9.5.16　超级链接

1. 用途

超级链接控件主要用于链接到 Internet 的目标地址，进入 Internet。

2. 说明

超级链接控件在表单运行时是不可见的。

该控件的网络的链接功能是通过其他控件的事件代码，调用 NavigateTo()方法来实现的。常用加下划线标签的 Click 事件代码来调用超级链接的 NavigateTo()方法。

【例 9-22】 在表单上设计标签，其 Caption 属性是“网易”，如果计算机已经上网，在表单运行后，单击“网易”就进入网易网站。步骤如下：

(1)创建表单，用控件工具栏添加一个标签 Label1 和一个超级链接 Hyperlink1。Hyperlink1 不需要任何设计，设计标签 Label1 的属性如下。

属性名及其属性值如下：

Caption：网易。

FontSize：20。

FontUnderline：T。

(2)双击标签 Label1，编写 Click 事件代码。

```
thisform.hyperlink1.navigateto("www.163.com")
```

该表单的设计界面如图 9-39 所示。表单运行后，单击“网易”，就进入了网易网站。

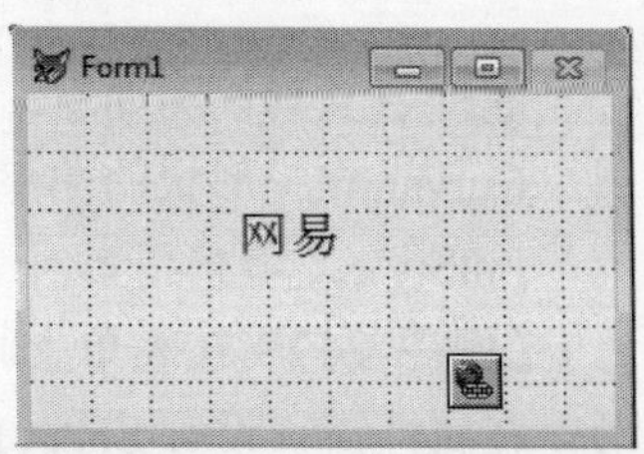

图 9-39　超级链接的设计界面

9.5.17　线条

1. 用途

在表单上画水平线、垂直线或对角线。

2. 说明

激活所设计的线条后，可用鼠标拖动的方法改变长短和方向。
可用属性窗口和属性代码设计线条的属性。

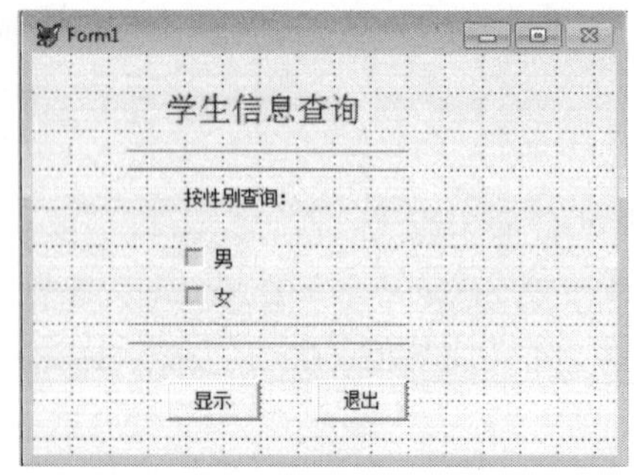

图 9-40　线条控件的应用

3. 常用属性

属性名及其说明如下：
BorderStyle：线型(实线、虚线等)。
BorderWidth：指定线条的粗细。
Height：线条在表单上的垂直距离。
Width：线条在表单上的水平垂直距离。

【例 9-23】 对“学生信息查询”表单再增加四根线条，以示美观。用控件工具栏在表单上添加线条后，激活线条，用复制(Ctrl+C)和粘贴(Ctrl+V)的方法再复制三根，调整好位置。表单的运行效果如图 9-40 所示。

9.5.18　形状

1. 用途

形状控件主要用于在表单上创建矩形、圆或椭圆形状的对象。

2. 说明

(1)用 Curvature 属性设置形状控件的曲率。最小值为 0 表示无曲率，为矩形。可设置最大曲率为 99，表示圆或椭圆。

(2)对表单设计的形状控件，用鼠标拖动的方法只能修改大小，不能直接改变曲率，改变曲率只能在属性窗口或用属性代码进行。

(3)可用 FillStyle 属性指定形状的填充图案。

3. 常用属性

属性名及其说明如下：
Curvature：形状的曲率(范围为 0～99)。
FillStyle：填充图案。

【例 9-24】 在表单上画一个圆，并在里面填充网格线。在表单上添加形状控件 Shape1 后，在属性窗口设置 Shape1 的属性如下。

属性名及其属性值如下：

Curvature：99。

FillStyle：6-交叉线。

表单运行后，该形状如图 9-41 所示。

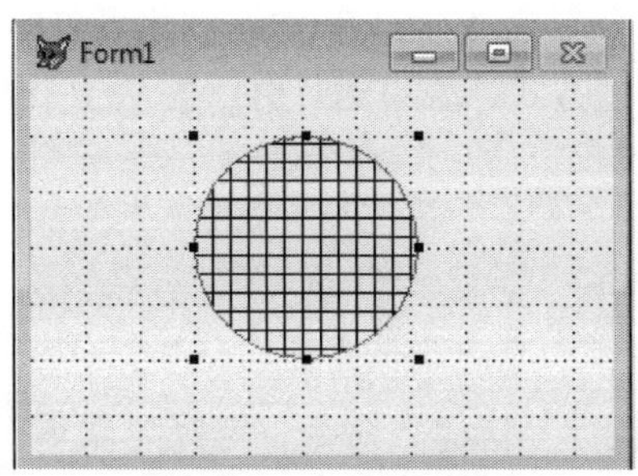

图 9-41　形状控件应用

9.5.19　容器

1. 用途

容器包含多个控件对象，便于统一操作和处理。

2. 说明

允许用户编辑和访问容器中的对象。

先创建容器，再向容器添加控件对象，容器中的对象就可以操作了。

3. 常用属性

容器除了具有 Top、Width、Height、Visible、Enabled 等属性，还具有以下常用属性。

属性名及其说明如下：

BackStyle：容器是否透明。

SpecialEffect：容器样式(0-凸起、1-凹下、3-平面)。

【例 9-25】 利用容器美化表单，表单的运行效果如图 9-42 所示。

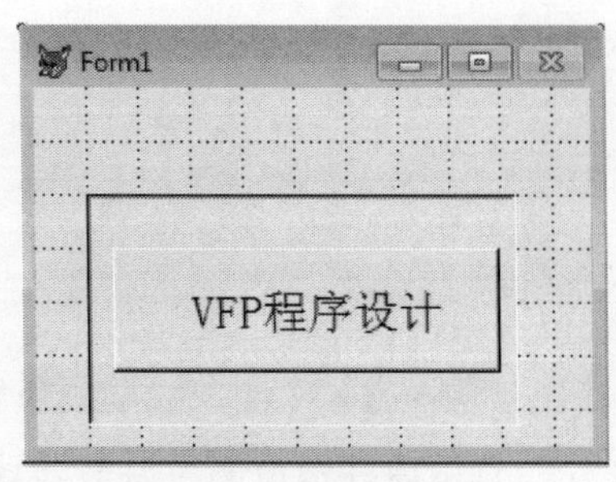

图 9-42　容器的应用

本例在表单上添加了三个控件，外层容器为凹下，内层容器为凸起，在凸起的容器上添加一个标签。各控件属性如下：

对象名	属性名	属性值
Container1	SpecialEffect	1-凹下
Container2	SpecialEffect	0-凸起
Label1	Caption	Visual FoxPro 程序设计

调整各控件的位置和大小后，就可运行表单。

9.6　表单集的设计

一个应用程序往往包括多个表单，Visual FoxPro 创建表单集文件来组织多个相关的表单，这是一种合理和方便的表单管理方式。表单运行时，需从一个表单切换到另外一个表单，可用表单属性 Visible 来完成。

9.6.1　表单集设计步骤

表单集文件的创建步骤如下：

(1) 单击“文件”菜单→执行“新建”命令→选择“表单”选项→单击“新建文件”按钮。这样创建的表单文件和以前一样，也只有一个表单。

(2) 这时系统菜单已经增加“表单”菜单(图 9-43)，执行该菜单“创建表单集”命令，原来一个表单的表单文件已变成表单集文件，再用“表单”菜单下的“添加新表单”命令，在表单集中添加若干个新表单，它们的对象名是 Form2、Form3、…，其父对象是表单集，表单集对象名的相对引用是 Thisformset。

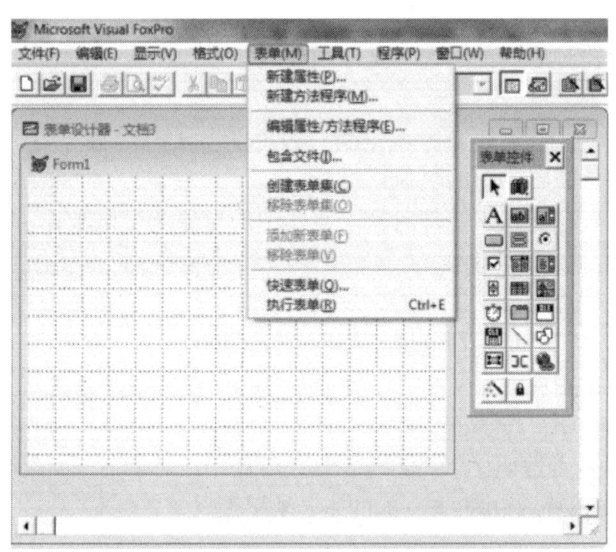

图 9-43　用“表单”菜单创建表单集

(3) 用属性窗口的“对象选择框”选择表单集的表单对象名，来进行表单编辑和设计。表单集中表单之间的切换用表单的属性代码 Visible，或者 Show 和 Hide 方法代码来实现。

9.6.2　表单集设计实现

【例 9-26】 设计一个表单集，在其中添加三个表单，运行第一个表单 Form1，单击“进入系统”按钮到表单 Form2，输入授权的密码，才能进入表单 Form3 显示学生信息。单击 Form3 的“返回”按钮回到 Form1，单击 Form1 的“退出系统”按钮释放表单集。要求同一时刻，屏幕上只出现一个表单，三个表单的运行样式分别如图 9-44、图 9-45、图 9-46 所示。

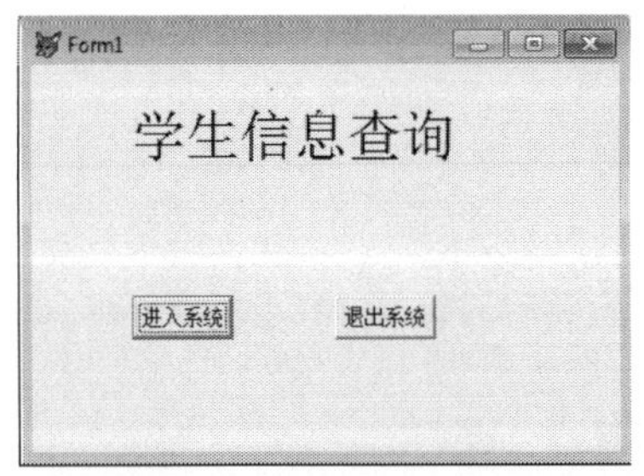

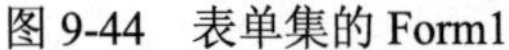

图 9-44　表单集的 Form1

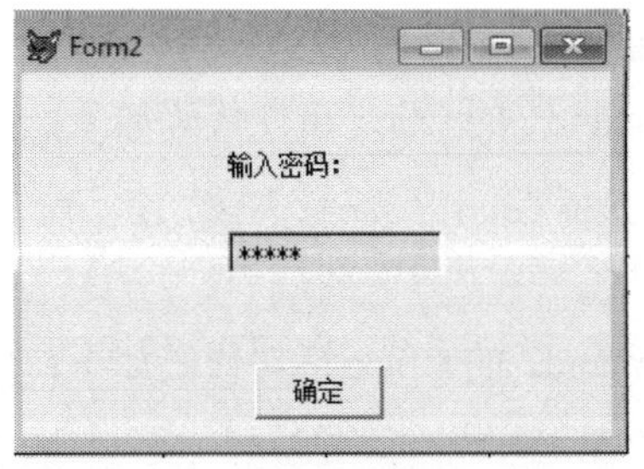

图 9-45　表单集的 Form2

学号	姓名	性别	出生日期	入校总分	三好生
2010110001	王小明	男	08/13/92	590	F
2010110002	陈钢	男	03/24/93	568	T
2010110003	李花	女	09/29/91	565	F
2010110004	刘敏	男	10/02/91	570	F
2010110005	张小莉	女	03/01/92	595	F
2010110006	李红	女	03/12/90	578	T
2010110007	金阳	男	03/18/92	586	T

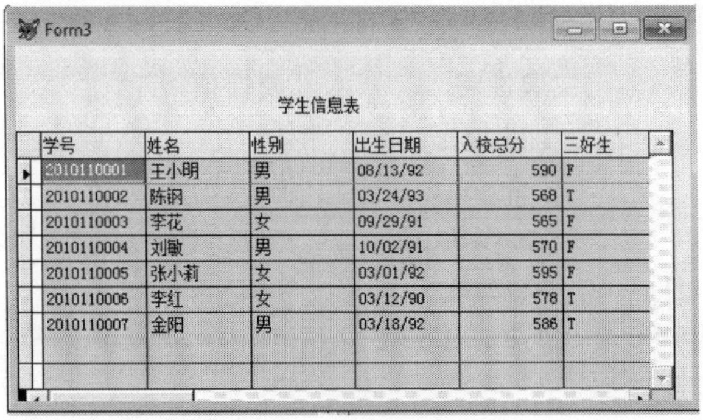

图 9-46　表单集的 Form3

设计步骤如下：

(1) 用“文件”菜单的“新建”命令创建表单，用“表单”菜单的“创建表单集”命令创建表单集，再用“表单”菜单的“添加新表单”命令在表单集中添加两个表单。这时表单集中有三个表单，它们的对象名(Name)分别是 Form1、Form2、Form3。

(2) 打开数据环境，把“学生.DBF”添加到表单集的数据环境中。

(3) 双击 Form1，在事件代码窗口左上方的“对象”列表中找到 Formset1(表单集名)，设置表单集的 Init 事件代码，使表单集文件运行后，屏幕上只有 Form1，代码如下：

```
thisformset.form1.visible=.T.
thisformset.form2.visible=.T.
thisformset.form3.visible=.T.
```

(4) 分别在 Form1、Form2、Form3 添加控件，设计各自属性和事件代码，如要编辑的表单被其他表单遮住，用属性窗口上方的“对象选择框”选表单名，使其激活后进行设计。

①Form1 的设计。

添加一个标签和两个命令按钮后，设计属性和事件代码。

a. 属性设计。

对象名	属性名	属性值
Form1	Closable	F(“关闭”按钮不可用)
Label1	Caption	学生信息查询系统
Command1	Caption	进入系统
Command2	Caption	退出系统

b．事件代码设计。

Command1 的 Click 事件代码如下：

```
thisform.form1.visible=.F.
thisformset.form2.visible=.F.
```

Command2 的 Click 事件代码如下：

```
thisform.release                &&释放表单集
```

②Form2 的设计。

添加一个标签、一个文本框和一个命令按钮后，设计属性和事件代码。

a．属性设计。

对象名	属性名	属性值
Form2	Closable	F
Label1	Caption	输入密码
Text1	PasswordChar	*(密码字符用“*”表示)
Command1	Caption	确定

b．事件代码设计。

Form2 的 Init 事件代码如下：

```
public n,mima
n = 0
mima="123456"                                  &&预设一个密码
Command1 的 Click 事件代码:
n = n + 1                                      &&单击一次"确定"n 加 1
if n>3
  thisformset.release                          &&密码错三次退出系统
else
  if alltrim(thisform.text1.value)=mima
    thisformset.form2.visible=.F.
    thisformset.form3.visible=.T.              &&密码正确第 3 个表单出现
    thisform.text1.value=""
  else
    messagebox("密码错误，重新输入！", 0)       &&用信息窗口提示密码错误
    thisform.text1.value=""
    thisform.text1.setfocus()
  endif
endif
```

③Form3 的设计。

添加一个标签、一个命令按钮，把数据环境中表的标题拖向表单，生成表格。设计属性和事件代码。

a．属性设计。

对象名	属性名	属性值
Form3	Closable	F

Label1	Caption	学生信息表
Command1	Caption	返回

b．事件代码设计。

Command1 的 Click 事件代码如下：

```
thisformset.form3.visible=.F.
thisformset.form1.visible=.T.
```

注意：表单集中的三个表单都设计了 Closable 属性值为 F，目的是在表单运行后表单右上角的“关闭”按钮不可用，要用第一个表单的“退出系统”按钮释放整个表单集，否则单击一个表单的“关闭”按钮只释放了一个表单，其他的还在内存中。

学 习 提 示

表单是 Visual FoxPro 6.0 人机交互的主要工具，表单设计器是 Visual FoxPro 6.0 中功能最强大的设计器。

本章从不同的角度说明了如何设计表单的问题。设计一个表单，第一步是如何选择数据源，也就是数据环境的问题，第二步是向表单或表单集中添加对象，第三步是对表单或表单集中的对象进行处理，最后是管理表单的问题。设计表单时可以使用表单向导或表单设计器，重点是使用表单设计器。

设计表单最重要的是掌握几种常用表单控件的使用方法，如标签、文本框、组合框、列表框、表格、命令按钮、命令按钮组、选项按钮组、复选框等。具体使用什么控件，要根据任务选择，在本章中介绍了使用命令按钮和命令按钮组控件、使用表格控件等的技巧。

习 题 9

一、选择题

1．在含一个表单的表单文件 MYFORM.SCX 中，其 Name 属性值是 FORM1，表单上有标签 LABEL1。在表单添加一个命令按钮来设置标签的字体，该按钮的 Click 事件代码是________。

A．FORM1.LABEL1.FONTNAME=“隶书”

B．MYFORM.LABEL1.FONTNAME=“隶书”

C．THIS.LABEL1.FONTNAME=“隶书”

D．THIS.FONTNAME=“隶书”

2．单击表单上的一个命令按钮，其 Name 属性名为 COM1，让它的字号改变，下面不正确的代码是________。

A．THIS.FONTSIZE=16　　B．PARENT.COM.FONTSIZE=16

C．THIS.PARENT.COM1.FONTSIZE=16　　D．THISFORM.COM1.FONTSIZE=16

3．使当前运行的表单从内存中释放的命令是________。

A．THISFORM.HIED　　B．THISFORM.VISIBLE=.F.
C．THISFORM.RELEASE　　D．THISFORM.ENABLED=.F.

4．可以用表单中的________来同时显示表的多条记录数据。
A．标签　　B．文本框　　C．编辑框　　D．列表框

5．当前表的学号字段宽度是 6 位，在文本框输完数字后回车，校验输入位数是否正确的程序代码如下：

```
IF LEN(ALLTRIM(THIS.VALUE))<>6
=MESSAGEBOX("输入位数错误！", 1)
ENDIF
```

设计以上代码应该选择的事件是________。
A．Click　　B．Valid　　C．Keypress　　D．GetFocus

6．用控件工具栏在表单上添加一个文本框 Text1，在文本框输入数据后，就能修改当前表当前记录的学号字段值，代码如下：

```
REPL 学号  WITH THIS.VALUE
```

设计以上代码应选择的事件是________。
A．Click　　B．Valid　　C．GetFocus　　D．InteractiveChange

7．下拉列表框和下拉组合框的主要区别是________。
A．下拉列表框可输入数据，下拉组合框不可以输入数据
B．下拉列表框不可以输入数据，下拉组合框可以输入数据
C．下拉列表框可以显示多列
D．下拉组合框可以显示多列

8．复选按钮如被选中，它的值 Value 就等于________。
A．0　　B．1　　C．2　　D．NULL

9．在属性窗口表示表格数据源的属性名是________。
A．RecordSourceType　　B．RecordSource
C．RowSourceType　　D．RowSource

10．若在表单上显示表中“通用”字段的图像值，应设计的控件是________。
A．ActiveX 绑定控件　　B．ActiveX 控件
C．图像　　D．超级链接

二、填空题

1．要修改表单和表单控件的对象名，应选择属性框中的“全部”或________选项卡。
2．要使表单运行后能居于屏幕中央，所设计表单的属性名是________。其属性值为 T。
3．使文本框中数据只能读不能写，所进行的属性选择是________。
4．要使表单上命令按钮组处于编辑状态，可用到的方法是右击命令按钮组后，在弹出的快捷菜单中执行________命令。
5．把一个下拉组合框变成一个下拉列表框，是在属性窗口设置属性________的值为________。

6．把列表框 List1 中选中的一项数据移去，所用到的方法代码是________。

7．选项按钮组中有三个单选按钮，该按钮组的 Value 值默认为 1，表单运行时选中第三个单选按钮，该选项按钮组的 Value 值改变为________。

8．表格的数据源类型属性名是________。

9．计时器的 Timer 事件是每隔一定的时间间隔由________触发的。

10．一个表单对另一个独立表单的调用命令是________。

三、上机操作题

1．设计一个表单，有三个命令按钮“大写”“小写”“还原”，把文本框输入的英文字符“Visual ForPro”变成大写或小写，“还原”是把字符还原为最初输入的字符，如图 9-47 所示。

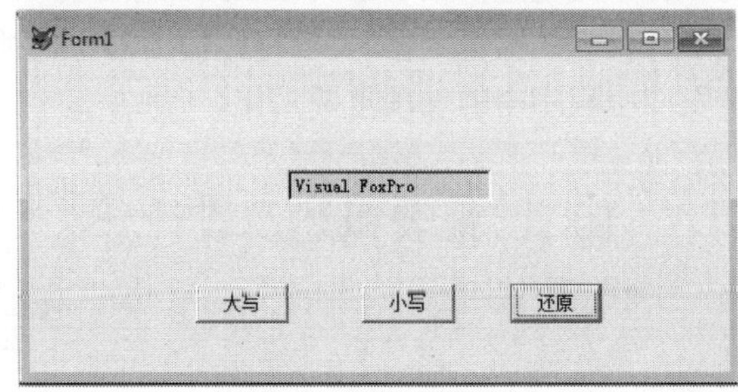

图 9-47　改变大小写

2．在表单上的三个文本框中输入 3 个数，单击“排序”按钮，用一个标签由小到大的顺序输出这三个数，如图 9-48 所示。

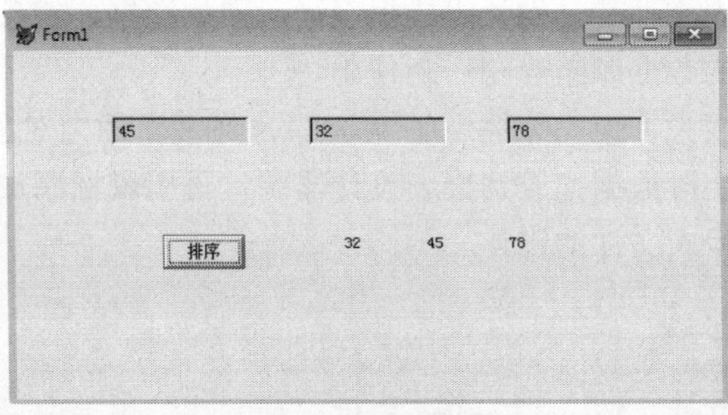

图 9-48　数字排序

第 10 章　报 表 设 计

本章知识点：报表与数据源，报表的设计方法与设计步骤，报表设计器的使用，域控件、报表变量的概念与使用，记录数据的分组统计，报表的打印输出命令。

在数据库应用系统中，常常需要为各种数据生成各种格式的报表，如定期的财务报表、工资表和产品清单表等。Visual FoxPro 常用两种方式输出应用程序处理的数据：一种是以表单方式在屏幕上输出，另一种方式就是以报表方式在纸张介质上打印输出。一个有一定规模的数据库应用系统会涉及各种类型的大量数据，要求打印输出的报表种类和样式也多种多样，因此报表文件的设计是开发应用程序中的一项重要工作。

10.1　报表概述及设计

10.1.1　报表的概念

Visual FoxPro 用报表文件设计在打印机输出的报表，报表文件的扩展名是.FRX，同时生成扩展名为.FRT 的备注文件。打印机输出的报表包括两部分内容：数据源和报表布局。数据源是报表输出的数据内容，常用的数据源有表、视图、SQL 查询等。而报表文件只包括报表的布局和样式，设计报表文件就是设计组成报表诸元素如数据、线条、说明文字等的布局。因此报表文件总是和它的数据源结合在一起使用。

Visual FoxPro 的报表设计也充分体现了 Windows 环境下面向对象程序设计的优点，设计者可直接把表文件中的字段数据拖放到报表设计器中，再用鼠标添加标签、线段这样的控件对象，很快就可以完成报表文件的设计。

10.1.2　设计报表的方法

创建一个新的报表文件，Visual FoxPro 提供三种方法：报表向导、快速报表、报表设计器。报表向导和 Visual FoxPro 的其他向导工具一样，用户只需按照屏幕界面提示的步骤，回答一些简单问题，就可完成报表文件的设计。此外，Visual FoxPro 还提供了另外一种称为“快速报表”的方法来创建报表文件。虽然这两种方法的操作快捷简单，但设计出来的报表样式都比较单一，若要设计内容和样式丰富的报表，就要使用报表设计器。

10.1.3　报表向导

用 Visual FoxPro 的报表向导创建报表，只需按照向导界面提示步骤，在设计界面用鼠标进行一些简单的选择，单击“下一步”或者“完成”按钮，就可创建一个报表文件。下面是使用报表向导创建报表文件的基本步骤。

1. 启动报表向导

启动报表向导常用以下方法。

【文件菜单】单击“文件”菜单→执行“新建”命令→选择“报表”选项→单击“向导”按钮。

【工具菜单】单击“工具”菜单→执行“向导”命令→选择“报表”选项。

使用以上方法后，首先出现的是图 10-1 所示的“向导选取”对话框。

在图 10-1 的对话框中的列表窗口中有两个选项，它们的意义如下：

(1)报表向导：报表的数据环境是单一的表文件。

(2)一对多报表向导：报表的数据环境有多个表，表之间建立了父表与子表的关系。

系统默认选择是“报表向导”，单击“确定”按钮，就进入了报表向导的第一个步骤，如图 10-2 所示。

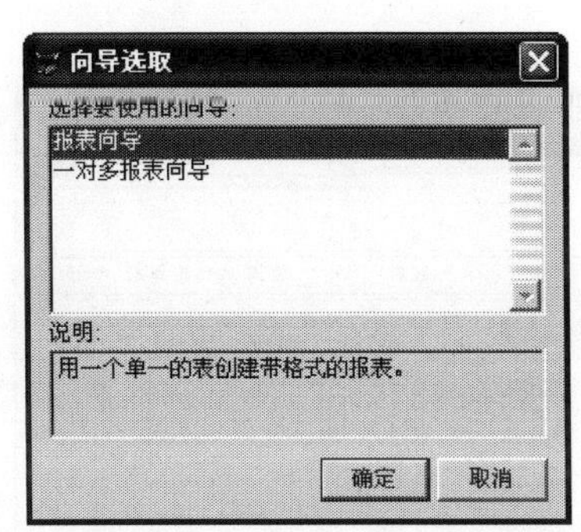

图 10-1 “向导选取”对话框

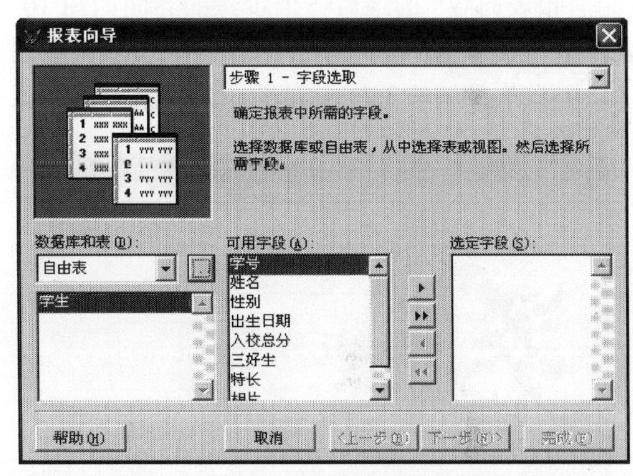

图 10-2 “报表向导”的步骤 1-字段选取

2. 报表向导的操作步骤

图 10-2 是报表向导创建报表的第一个步骤的界面，一共要经过 6 个步骤。

(1)步骤 1-字段选取。

图 10-2 所示是第一个步骤，选择输出报表的数据源和输出字段。从该图可以看出，在启动报表向导之前，已经打开了一个自由表“学生.DBF”作为报表的数据源，能看见表文件名和该表的所有字段。若事先没有打开过表，单击图中“数据库和表”右边的按钮，会弹出“打开”对话框选择报表数据源。

在选择报表的数据源后，在图 10-2 中的“可用字段”列表框能见到用于报表的字段，可选择其中一部分，也可选择全部字段打印输出，选择后单击“下一步”按钮进入报表向导的第二个步骤。

(2)步骤 2-分组记录。

这个步骤的设计界面选择是否把表中记录按照某字段值来分组输出，最多可以有三层分组。若不需要分组，直接进入下一步的操作。

(3)步骤 3-选择报表样式。

第三个步骤是选择报表的样式，一共有五种样式供选择，如经营式、账务式、简报式、带区式、随意式等，不同样式的报表是用不同格式的线条分隔数据的。报表样式的默认值是“经营式”。

(4) 步骤 4-定义报表布局。

报表向导的第四个步骤是定义报表布局，就是设置打印页面的字段布局和打印方向。字段布局有列方向或行方向的布局。打印方向的“横向”打印是指打印面积的长度大于宽度；“纵向”打印是宽度大于长度。系统默认的字段布局是“列”，打印方向是“纵向”。

(5) 步骤 5-排序记录。

排序记录是指表文件记录在报表输出时的排列顺序，最多可选择三个字段参与。同时也可选择该界面的单选按钮“升序”或者“降序”来排列记录。

完成这一步的设计后，就进入最后一个步骤的界面，如图 10-3 所示。

(6) 步骤 6-完成。

“报表向导”的最后一个步骤的界面如图 10-3 所示，是完成报表的标题设计，若不在“报表标题”文本框中输入新的标题，报表默认以表文件名作为整个报表的标题。用这个界面中的“预览”按钮查看报表向导的设计结果，如图 10-4 所示。

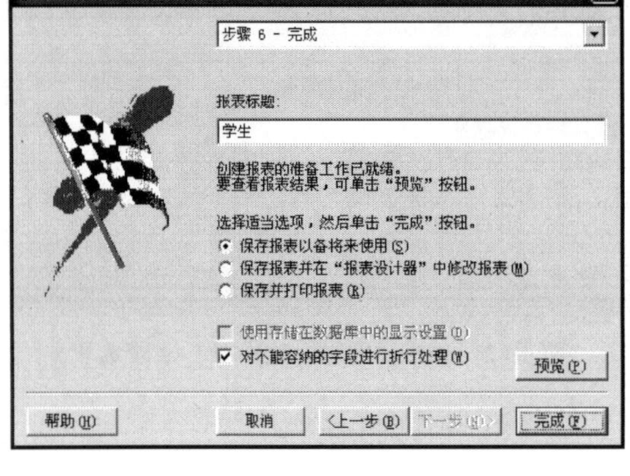

图 10-3　“报表向导”的步骤 6-完成

图 10-4　“报表向导”设计的报表预览

在图 10-4 中显示的是“学生.DBF”的报表打印格式，右上角有一个“打印预览”工具栏，可用其中的箭头图标上下翻动报表的页面，也可使用最右边打印机的图标来打印报表。

如果在报表向导的每一个步骤都选用系统的默认值，单击向导“下一步”按钮继续进行，就可在步骤 1 的时候，选择表的输出字段后，直接单击“完成”按钮，跳到报表向导的步骤 6-完成，其效果是一样的。

在关闭报表预览后，回到图 10-3 的“步骤 6-完成”界面，单击“完成”按钮，系统弹出一个大家都熟悉的“另存为”对话框，在对话框中选择报表文件的文件名及存放文件的磁盘和文件夹后，单击“保存”按钮，就创建好一个扩展名为.FPX 的报表文件。

10.1.4　快速报表

快速报表是一种以较快的速度建立报表的方法，具体步骤如下：

1. 在菜单栏增加"报表"菜单

这种方法使用的是菜单栏中"报表"菜单下面的"快速报表"命令，系统刚启动时是没有"报表"菜单的，要启动了报表设计器，才能使系统的菜单栏新增加"报表"菜单。启动报表设计器的方法是使用"文件"菜单的"新建"命令，在"新建"对话框中选中"报表"单选按钮，再单击"新建文件"按钮，就启动报表设计器，与此同时，系统也增加了"报表"菜单。

2. 启动"快速报表"设计界面

在启动了报表设计器后，执行"报表"菜单下的"快速报表"命令。这时，若事先已打开一个作为报表数据源的表文件，屏幕直接出现"快速报表"设计界面，如图 10-5 所示，若没有打开过表文件，则弹出一个在报表向导中提到过的"打开"对话框，让用户选择和打开报表所需的表文件，然后才出现"快速报表"的设计界面。

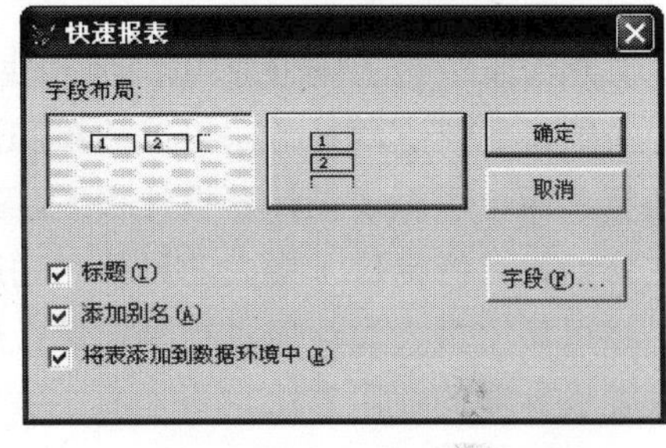

图 10-5　"快速报表"设计界面

3. 快速报表的设计

图 10-5 是"快速报表"设计界面，其中有两个很大的命令按钮，它们的用途是排列报表的字段布局，左边的"横排"布局是设置各个字段的横向排列，每个字段名和该字段所有数据在同列，这是表文件惯用的浏览格式。而右边按钮的"竖排"布局，是指一条记录的每个字段名和字段值占同一行，用多行显示完一个记录后，再在下面输出下一条记录。图 10-5 的左边按钮凹进去了，表示选择的是字段的"横排"布局，这是常规设置。

在图 10-5 的左下方有三个复选框，其中"标题"比较有意义，若选中，就在字段值的上边(横排)或左边(竖排)要显示字段名称，不选就只显示字段值。

右边有个"字段"按钮，不单击它，那么报表输出所有字段，单击它会打开一个对话框，让用户对报表输出的字段进行选择。

若承认"快速报表"界面的默认值，直接单击"确定"按钮后，给报表文件取名，就完成了用"快速报表"创建报表文件的工作。用"快速报表"方法设计的报表布局如图 10-6 所示。

右击这个设计布局的空白处，在弹出的快捷菜单中执行"预览"命令，可见到报表的打印样式。这时，图 10-6 中的"页标头"箭头上方的标签表示了表的字段名，"细节"箭头上方表示的是字段值，表中有多少条记录就显示多少行。

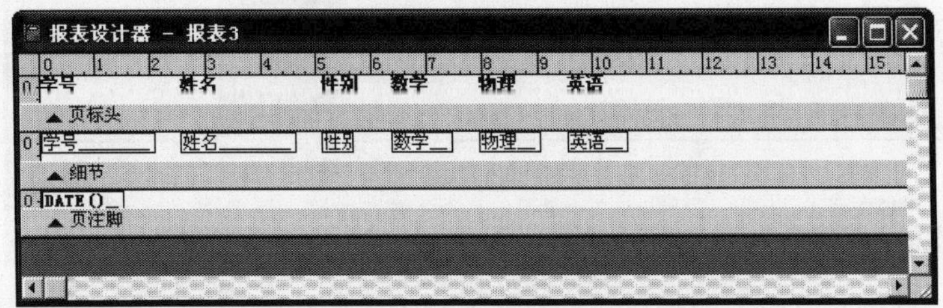

图 10-6　"快速报表"方法设计的报表布局

初学者可用“快速报表”的方法创建一个简单报表，再用报表设计器进行修改，或添加更丰富的内容，这样可提高工作效率。

需要提醒的是，在使用快速报表方法创建报表时，若报表设计器的细节区域已有字段内容，则“报表”菜单下的“快速报表”命令是不可用的。

10.2　报表设计器

用 Visual FoxPro 的报表向导和快速报表创建报表文件，各个报表带区的内容是自动添加上去的，尽管这两种方法可以简单和快速地完成设计，但不能满足内容和样式丰富的报表的需要。而使用报表设计器设计报表，采用的是由设计者向各报表带区添加控件对象的方法，这就给设计者提供了更大的设计自由度。另一方面，用报表向导和快速报表设计完成的报表，仍然可使用报表设计器进行再设计，删除和添加报表内容，这都需要我们很好地学习和掌握报表设计器的使用方法。

10.2.1　报表设计器的启动

常用以下几种方法启动报表设计器。

【命令】CREATE REPORT <报表文件名>

【菜单】单击“文件”菜单→执行“新建”命令→选择“报表”文件类型→单击“新建文件”按钮。

【项目管理器】单击“文件”菜单→执行“打开”命令→选择“项目”文件类型→选择“文档”选项卡→选择“报表”选项→单击“新建”按钮。

以上方法都可计入报表设计器界面。

10.2.2　报表设计器界面

报表设计器的界面组成如图 10-7 所示。

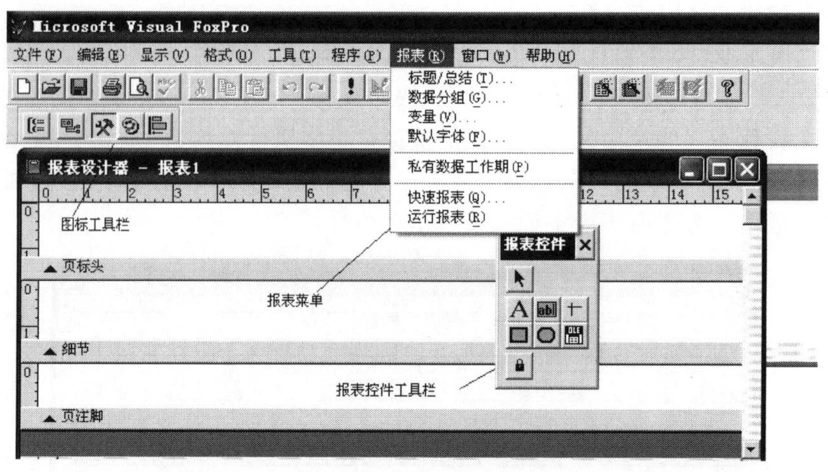

图 10-7　Visual FoxPro 的报表设计器的常规界面

从图 10-7 可看出，在报表设计器出现的同时，系统的界面也发生了变化，出现了一些新的内容。与报表设计器同时出现的有：一个用来进行报表设计的“报表控件”工具栏；在系统菜单栏新增加一个“报表”菜单；以及在工具栏的下方出现一个报表设计器的图标工具栏。这些新的内容都是针对报表设计提供的相关操作命令。下面说明报表设计界面的各部分组成。

1. 报表设计器

在图10-7中的报表设计器是用来设计报表输出的内容和格式的，它最基本的布局，是启动报表设计器后默认的报表格式，它分为三个区域，称为带区，不同的带区放置不同的报表输出内容。设计者可根据应用系统的实际要求，在报表设计器中添加另外的带区。

2. “报表控件”工具栏

“报表控件”工具栏(图10-7的右边)是进行报表设计的最重要的工具，它由一些图标按钮组成。设计者就是使用这些图标按钮向报表带区中添加各种控件对象，如标签、域控件、线条等。这个工具栏可用“显示”菜单下的“报表控件工具栏”命令来显示和隐藏。

3. “报表”菜单

在Visual FoxPro系统的窗口启动了报表设计器后，系统的菜单栏上也增加了专用于报表设计的“报表”菜单，单击这个菜单，它的下拉菜单如图10-7所示，有以下内容。

(1)标题/总结：作用是在报表设计器中添加“标题”带区和添加“总结”带区。

(2)数据分组：作用是添加分组带区，使表记录以分组格式输出。

(3)变量：设置报表中使用的报表变量。

(4)默认字体：设置报表中使用字符的字体、字形与大小。

(5)私有数据工作区：提供用户选择私有数据的输出。

(6)快速报表：提供生成报表文件的快速报表方法。

(7)运行报表：在打印机上输出报表。

4. 报表设计器的图标工具栏

在图10-7中可看到，在Visual FoxPro系统的常用工具栏下方，还会出现一个报表设计器的图标工具栏。它有五个按钮，位于前面的“数据分组”按钮的作用和“报表”菜单中的“数据分组”命令相同。“数据环境”按钮提供报表输出的数据源。后面按钮的功能是在屏幕上显示和隐藏报表控件工具栏、调色板工具栏、布局工具栏，关于这三个工具栏的显示和隐藏，还可以用系统的“显示”菜单下的相关命令进行操作。

5. 快捷菜单

右击报表设计器带区的空白处，可弹出一个快捷菜单，该菜单提供了报表的预览、打印、数据环境等命令。

右击带区中的控件对象，如标签、域控件等，弹出的快捷菜单提供了对该对象的复制、粘贴等操作命令。

6. 系统菜单栏的其他变化

需要指出，用户要注意的是在启动报表设计器后，不仅系统的菜单栏新增加了“报表”

菜单，而且原有的“显示”菜单和“格式”菜单的下拉菜单，以及“文件”菜单下的“页面设置”对话框都相应发生了变化，专门针对报表的设计进行了内容的设置，初学者应打开这些菜单和对话框进行观察，以利于今后的使用。

10.2.3　报表的布局

在启动报表设计器后不进行报表组成带区的添加，出现在报表设计器中的是报表的初始布局，由三个基本带区组成，如图 10-8 所示。该图与图 10-7 表示的布局相同，只是添加了报表的输出内容，以便说明报表各带区的功能。

图 10-8　报表设计的基本带区

1. 报表的基本带区

图 10-8 显示了报表设计器初始布局的三个基本带区，用这三个带区来设计报表的打印内容和格式，可以满足一些简单报表的打印需要。三个带区的功能如下：

1) 页标头带区

页标头带区是图 10-8 中的“页标头”箭头所指的上方区域，常用来显示表文件中的字段名称，或者是其他的文本标签，来对表中数据进行标识，在图 10-8 中，该带区的例子是显示“学生成绩.DBF”表文件的字段名称：学号、姓名、性别等。这些标识文本，在 Visual FoxPro 的报表设计中是使用“标签”控件进行设计的。页标头带区的内容在报表的每一页都要打印出来。

2) 细节带区

在图 10-8 中，“细节”箭头所指的上方区域是细节带区。细节带区是报表的主要内容，用来打印输出表文件中的数据。细节带区内容的多少由表文件的记录多少和用户所做的选择决定。在图 10-8 的细节带区中，横向排列的是“学生成绩.DBF”表文件的学号、姓名、性别等字段，字段名用方框加以标记，表示它是用“域控件”设计的对象，在运行报表时，它们会以字段值的形式显示出来。细节带区的内容对每一条记录只显示一次，并以这样的格式重复显示表文件所有的记录。

3) 页注脚带区

页注脚带区是图 10-8 中“页注脚”箭头所指的上方区域，用来在每页打印纸的下方显示页码、日期等注释信息。该带区的内容仍然使用“域控件”进行设计，若自动显示页码，“域控件”的表达式是用“_PAGENO”的系统变量，若显示当前日期，就用前面第 3 章讲过的当前日期函数 DATE()来表示。

2. 组成报表的各类带区

若基本带区不能满足需要，想要在报表中输出更丰富的内容和使用更复杂的格式，设计者可选择“报表”菜单下面的“标题/总结”“数据分组”等命令，来进行报表的标题、总结和数据分组设计，报表设计器就在原来默认布局的基础上新增了多个带区，报表各类带区的组成如图 10-9 所示。

图 10-9　报表的各类带区

在下面的表 10-1 中列出了各类带区的名称、功能以及使用时输出的情况，表中各带区名称排列的顺序和报表设计器的带区的排列顺序一致。

表 10-1　报表带区的功能及重复输出情况

名称	功能	输出情况
标题	输出整个报表的文本标题	每个报表一次
页标头	在报表每页抬头说明下面细节区的内容	每页一次
列标头	每列内容的说明	每列一次
组标头	分组内容的说明	每组一次
细节	输出表文件的数据	每记录一次
组注脚	对分组内容的注释和数值统计	每组一次
列注脚	对分列内容的注释和数值统计	每列一次
页注脚	每页尾部的注释	每页一次
总结	整个报表数值字段的统计值	每个报表一次

对表 10-1 来说，页标头、细节、页注脚三个带区是报表设计器的默认布局，标题、总结、组标头、组注脚带区是用“报表”菜单的下拉菜单产生的，这些都是前面提过的。而表中列标头、列注脚带区图 10-9 中没有显示，它们是用“文件”菜单中的“页面设置”命令设置的。

10.2.4　报表设计的步骤

用报表设计器设计报表，一般需要以下步骤。

(1) 启动报表设计器：需要在报表设计器界面进行报表设计。

(2) 设置数据环境：在报表数据环境中添加报表输出的数据源。

(3) 设置标题、总结、分组带区：不需要这些内容的简单报表可省略这一步。

(4) 添加控件对象：用“报表控件”工具栏向带区添加各种控件对象，确定报表的输出内容。

(5) 报表格式设计：设计报表中数据的格式、线条分布、各带区的大小。

(6) 预览：以打印报表的格式在屏幕上显示报表。

预览报表后对不满意的地方进行修改，直到样式合乎要求，完成设计。

报表设计的第一个步骤，即启动报表设计器的方法已在前面介绍，下面叙述报表设计的其他步骤和相关的操作方法。

10.2.5　设置报表的数据环境

在启动报表设计器之后，就要设置报表的数据环境，也就是选择报表输出的数据源，可用下面的方法打开报表的“数据环境设计器”窗口。

(1) 右击报表带区空白处，在快捷菜单中执行“数据环境”命令。

(2) 执行“显示”菜单下的“数据环境”命令。

(3) 单击报表设计器图标工具栏中的“数据环境”按钮。

以上方法都可以打开报表的“数据环境设计器”窗口，如图 10-10 所示。

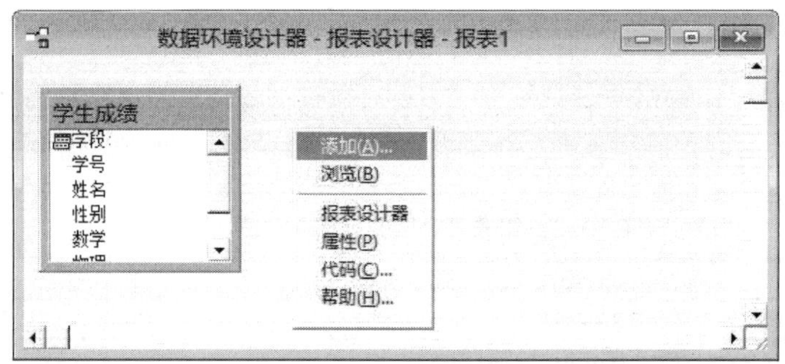

图 10-10　数据环境设计器中的表和快捷菜单

右击数据环境设计器的窗口区域，可弹出一个快捷菜单，如图 10-10 所示。执行快捷菜单的“添加”命令，就会弹出一个常见的“打开”对话框，供用户选择添加到数据环境中的表文件，在图 10-10 左边显示的是添加上去的“学生成绩.DBF”表文件。

右击数据环境设计器中已经存在的表文件，在弹出的快捷菜单中执行“移去”命令，可以把该表从数据环境中移去。

10.2.6　报表的控件设计

用报表设计器设计报表，其主要的工作是如何用“报表控件”工具栏在报表带区中设计输出内容和格式。启动报表设计器后，报表设计器界面如图 10-11 所示，同时出现的有“报表控件”工具栏。

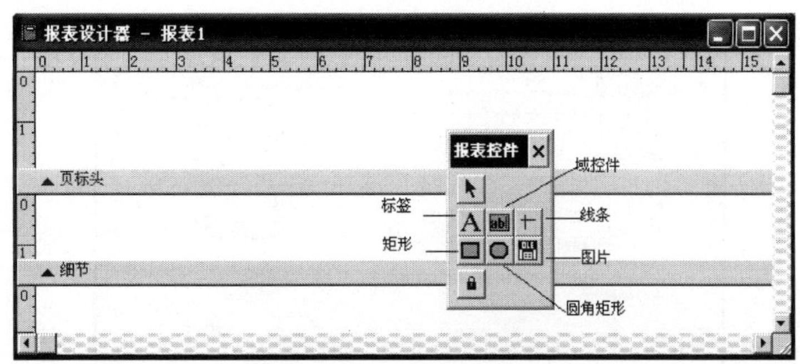

图 10-11　报表设计器界面

1. “报表控件”工具栏的组成和功能

用“报表控件”工具栏设计报表的内容和格式，是通过向报表带区添加控件对象的方法来实现的。添加的方法和前面学过的表单控件一样，先在“报表控件”工具栏中单击控件按钮，再在报表带区单击或拖动，即可完成控件的添加。

把鼠标箭头指向“报表控件”工具栏中的图标按钮，会显示各个控件的中文名称，图 10-11 标出了各控件的名称，其功能说明如下：

(1) 标签：“报表控件”工具栏中字母“A”表示的图标，在报表带区中添加文本标签。

(2) 域控件：用字母“ab|”表示的图标，用来输出报表中的各种类型的数据。

(3) 线条：用两条交叉线表示的图标，画报表中的线段。

(4) 矩形：矩形框表示的图标，在报表中画矩形框和报表的边界。

(5) 圆角矩形：形状是圆角矩形的图标，可在报表中画圆、椭圆、圆角矩形等。

(6) 图片/ActiveX 绑定控件：以 OLE 标识的图标，在报表中添加位图或者通用字段。

在了解各个报表控件的功能后，下面介绍各个控件的设计方法。

2. 域控件设计

域控件是设计报表最重要的控件，设计内容包括各种域控件表达式的设计以及域控件格式的设计。

1) 添加域控件

在域控件中，可以使用字段变量、报表变量、系统变量以及表达式来输出报表中各种类型的数据，这些都是通过一个域控件表达式生成器来实现的。

(1) 输出字段。

在报表中输出表文件的字段有两种方法。

①最简单的方法是在打开数据环境设计器(图 10-10)后，拖动表的“字段:”标识到细节带区放开，表文件的字段就作为域控件添加到报表设计器中，报表运行后会输出表的字段值。

②另一种方法是利用“报表控件”工具栏，单击工具栏中的“域控件”按钮，然后在带区相应位置单击，就弹出如图 10-12 所示的“报表表达式”对话框。

设计者可用键盘在图 10-12 中的“表达式”文本框中输入字段名，也可单击“表达式”文本框右边的“…”按钮，弹出图 10-13 所示的“表达式生成器”对话框。

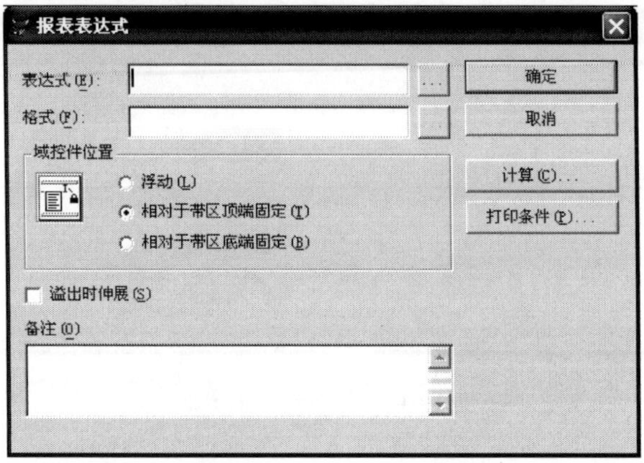

图 10-12　“域控件”的“报表表达式”对话框

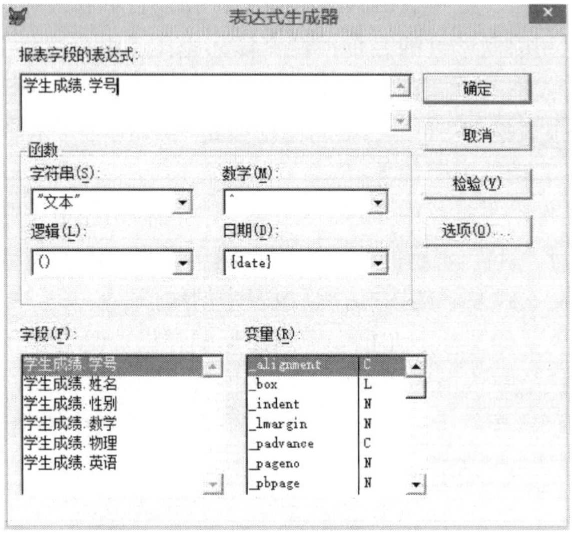

图 10-13　“表达式生成器”对话框

在图 10-13 左下方的“字段”列表框中，双击字段名就自动将该字段添加到上面的“报表字段的表达式”文本框中，本例选择的是“学生成绩.DBF”表的“学生成绩.学号”字段，选择完成后，单击“确定”按钮返回到图 10-12，该图的“表达式”文本框就已经有了“学生成绩.学号”字段。在报表打印时，输出的是“表达式”文本框中“学号”字段的字段值。

(2) 输出系统变量。

在域控件中可使用系统变量，如前面提到的，在每页的“页注脚”带区输出页码，使用 Visual FoxPro 的系统变量“_pageno”。其设计步骤和表的字段一样，在“页注脚”带区合适的位置设计一个域控件后，可在图 10-12 中“表达式”文本框中用键盘一个一个输入系统变量的字符，也可进入图 10-13 所示的“表达式生成器”对话框，在对话框的右下方“变量”列表框中选择“_pageno”选项。

(3) 输出函数和表达式。

在一个域控件中输出几个字符字段的连接结果，或者几个数值字段数值的计算结果，则要使用函数和表达式。

①字符字段的连接。

字符字段连接操作步骤的前几步和单个字段的操作相同，在进入图 10-13 所示的“表达式生成器”对话框后，先打开“函数”框下面的“字符串”下拉列表，选择 ALLTRIM(expC)函数，该函数就跳到上面的“报表字段的表达式”中，再双击“字段”列表框中的“学生成绩.学号”字段，上面的函数变成了“ALLTRIM(学生成绩.学号)”。要连接其他字段，就用键盘输入一个“+”号或选择“字符串”函数中的“+”号，再次选择 ALLTRIM(expC)函数，双击“学生成绩.姓名”，就完成这两个字段的连接表达式“ALLTRIM(学生成绩.学号)+ALLTRIM(学生成绩.姓名)”，这在图 10-14 中可看出。若连接更多的字段，只需重复先前的操作。使用 ALLTRIM(expC)函数是紧凑连接字符型字段，若表达式中有非字符型字段，要使用转换函数进行转换。

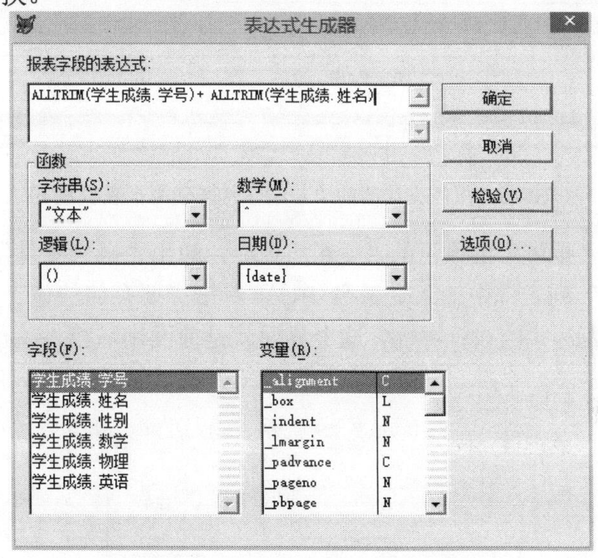

图 10-14 字符字段连接的表达式

②数值字段的计算。

在“学生成绩.DBF”表文件中有数学、物理、英语三个数值型字段，但没有总分字段，要在报表输出每个人三门功课的总成绩，可在“页标头”带区的相应位置设计一个“总分”标签，在紧挨着“总分”标签的下方的“细节”带区设计一个域控件，在这个域控件的“表达式生成器”对话框中，双击“字段”列表框中的“学生成绩.数学”，键盘输入“+”号，再对“学生成绩.物理”和“学生成绩.英语”重复这样的操作，最后使对话框的“报表字段的表达式”显示为：学生成绩.数学+学生成绩.物理+学生成绩.英语。

设计完成后，在报表预览时，就可看到每个同学三门课程的总分。

(4)输出报表变量。

若想在报表的总结带区输出全班同学的数学平均分，或者商品总销售量和总销售额这类具有统计结果的数据，则要使用报表变量。报表变量和普通内存变量不同的是，报表变量总是和表文件的字段相关联。

这里把“学生成绩.DBF”表的所有记录的数学平均值作为报表变量，用域控件输出报表变量有以下操作步骤。

①在“报表”菜单下执行“标题/总结”命令，在报表下面增加总结带区。

②在完成页标头设计字段标签，细节带区设计字段域控件后，在总结带区中添加一个域控件，域控件的表达式设计为一个变量名(如求平均分，取名 P1)，报表设计器布局如图 10-15 所示。

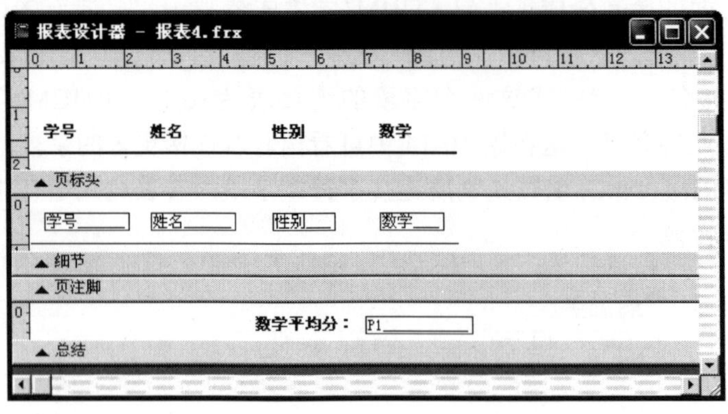

图 10-15　报表设计器的“总结”带区使用报表变量 P1

③接下来是执行“报表”菜单下的“变量”命令，弹出“报表变量”对话框，如图 10-16 所示。在图中“变量”列表框中输入变量名(P1)，单击“要存储的值”文本框右边的“…”按钮，进入报表变量表达式的设计界面，这个界面就是前面用域控件输出字段时出现的 “表达式生成器”对话框。

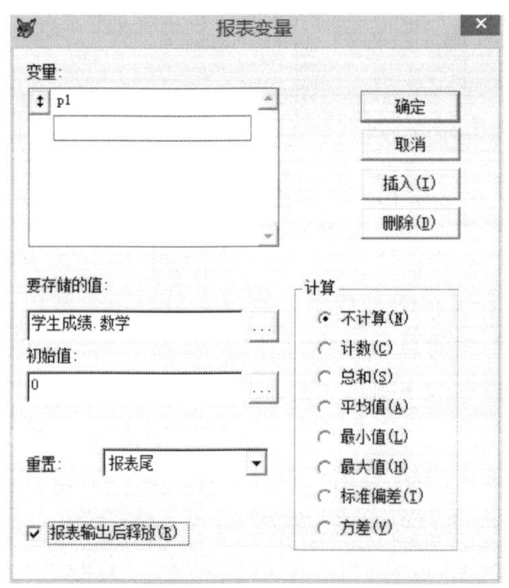

图 10-16　设计报表变量的对话框

④在“表达式生成器”对话框的“字段”列表框中，选择“学生成绩.数学”字段后，单击“确定”按钮返回到前面的“报表变量”对话框。

⑤然后双击报表设计器“总结”带区的 P1 域控件，在弹出的“报表表达式”对话框中单击“计算”按钮(图 10-17)，又弹出“计算字段”对话框(图 10-18)。在这个对话框中选中

"平均值"单选按钮，然后单击各个对话框的"确定"按钮结束设计。P1这个报表变量为"学生成绩.数学"字段的平均值。

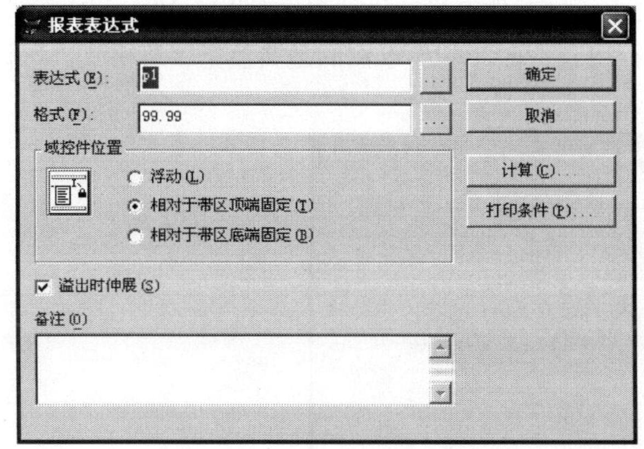

图10-17 "报表表达式"对话框

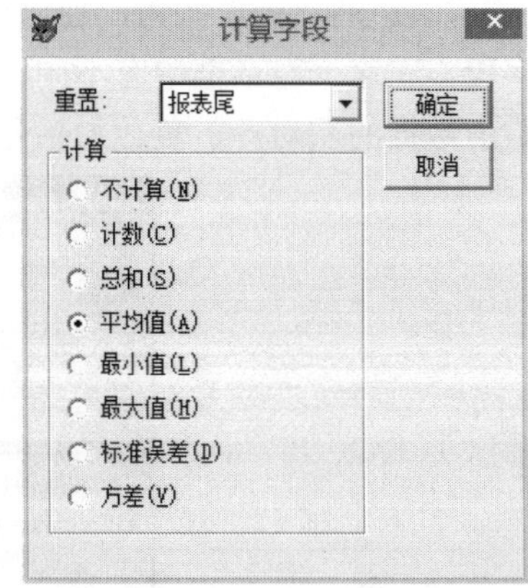

图10-18 "计算字段"对话框

⑥预览这个报表，就可在报表的末尾看到数学的平均分。

要说明的是，在"报表变量"对话框中可设计多个报表变量的表达式，若一个变量的表达式包含其他报表变量，就要讲究"变量"列表框中多个报表变量的前后顺序，被包含的其他变量就要放在这个变量的前面。它们的顺序是可以通过鼠标拖动来调整的。

2)域控件的编辑

域控件的编辑有以下内容：

(1)域控件的剪切、复制与删除。

添加的域控件激活后，再用键盘的Del键删除。

右击域控件，在它的弹出菜单中执行剪切、复制、粘贴命令。

带区中所有控件都可以用上面同样的方法，来进行剪切、复制、删除操作。

(2)域控件表达式修改。

在已经设计了表达式的域控件之后，可双击再次打开它的"报表表达式"对话框，重新设置它的表达式。

3)域控件的格式设计

域控件的格式设计有多方面的内容，如下：

(1)设置在带区中的摆放位置。

在图10-12所示的"报表表达式"对话框中，在"域控件位置"线框下有三个单选按钮：浮动、相对于带区顶端固定、相对于带区底端固定。它们的意思从字面理解是清楚的，是设计域控件在所处带区中的位置。

鼠标激活域控件后，拖动域控件或者用键盘上的箭头键移动它，常常用来改变域控件在带区中的摆放位置。

(2)溢出时伸展。

在"报表表达式"对话框中还有一个复选框"溢出时伸展"，是一个有用的选择。若选择了它，当字段值的宽度超过域控件的设计宽度时，报表运行时会自动增加一行来输出。否则会截去超出的字符。

(3) 域控件的格式对话框。

在前面提到的“报表表达式”对话框中，在“表达式”文本框中填充了字段名后，单击“格式”右边的“…”按钮，会出现一个关于该域控件的格式设计界面(图 10-19)。不同类型的字段，在这个对话框中有不同格式的设计内容，图 10-19 示例的是数值型字符格式，可设计数值数据的左对齐、负数加括号等格式。

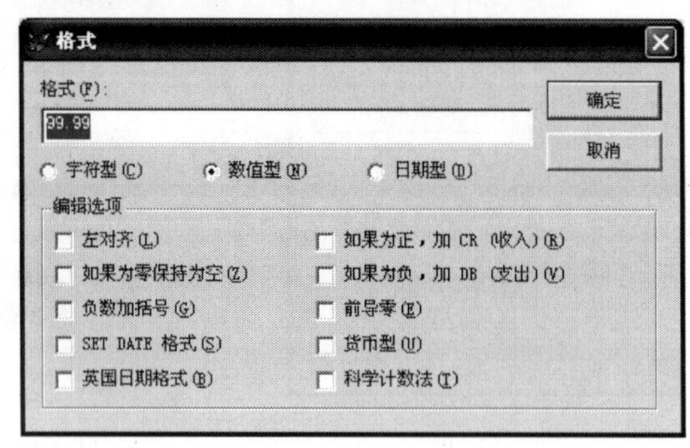

图 10-19 “域控件”字符数据的格式

在图 10-19 的“格式”文本框中或在“报表表达式”的“格式”文本框中是控制数据的打印输出格式，里面使用的是数据的格式输入/输出命令“<行号>,<列号>@ SAY/GET…”中的 PICTURE 引导的格式符号，如 9、#、*等。在图 10-17 的示例中，域控件的表达式是“学生成绩.数学”字段的平均分，小数位数保留太长，在“格式”文本框中用键盘输入 99.99，报表输出的数据是整数和小数各两位。

(4) 域控件大小的设置。

用鼠标在带区中激活域控件后，它的周围会出现 8 个小方块，可用鼠标拖动小方块改变该控件的长和宽。

(5) 域控件数据的字体、字号设计。

激活域控件后，用“格式”菜单下的“字体”命令设计域控件中字符的字体、字形、大小和颜色。“格式”菜单中还有其他的格式设计命令，如对齐、水平间距、垂直间距等。

3. 标签控件设计

标签控件用来在报表输出说明信息，如在“标题”带区显示报表的标题，在“页标头”带区显示字段名称等。

1) 添加标签控件

在“报表控件”工具栏单击“标签”控件后，在报表的相应带区单击一下，出现一个竖线“|”，称为插入点，即可用键盘输入字符，完成标签的添加。

添加在带区中的标签，单击激活后，出现四个黑色的小方块，可用 Del 键删除，也可用拖动方法来改变它在带区中的摆放位置。

另外，标签控件不具有编辑性，输入的标签字符不能修改，必须是删除后重新输入新的字符，这一点是和域控件不一样的。

2) 标签的格式设计

在激活标签控件后，可用“格式”菜单下的“字体”命令设置标签字符的字体、字形、大小和颜色。

4. 线条控件设计

要使报表打印输出时具有表格的外观，就用“线条”控件在带区中画上线段。

1) 添加线条控件

单击“报表控件”工具栏中的“线条”控件，然后在带区相应的位置拖动，就可以画上横线和竖线。Visual FoxPro 的报表设计不能画斜线。

由于细节带区格式是重复输出表文件中的每一条记录，所以只要在该带区画上一条横线，打印就可输出所有记录的表格线。在具体设计时采用的一般方法是，在细节带区的底部画一条横线，在页标头带区字段名标签的下面画一条较粗的横线就可以了。

关于细节带区的竖线，设计时要特别小心，若细节带区的高度不合适，所画的线段在打印时会上下连接不上，这是经常发生的，程序员可根据实际需要，通过调整线段长短或者带区高度的方法加以解决。若使用较多的同样长度的竖线，最好采用控件的复制手段。

2) 线条的编辑

在带区中画好的线段可单击激活，这时线段的两头有两个小黑块，激活后的线条有以下编辑操作。

(1) 删除：用键盘上的 Del 键可以删除不要的线条。

(2) 位置和长短调整：鼠标拖动线条或者使用键盘的箭头键可重新设置它的摆放位置，拖动线条两头的小黑块可调整它的长短，按住 Alt 键拖动可微调它的位置和长短。

(3) 线型选择：线型是指线条的粗细（磅值）和是否采用虚线等。对激活的线条，用“格式”菜单下的“绘图笔”级联菜单，可设置线条的线型。

5. 图片/ActiveX 绑定控件的设计

该控件用来在报表中添加位图或者通用字段等图片，在工具栏单击该按钮后，在带区的相应位置单击一下，会出现图 10-20 所示的“报表图片”对话框，以选择图片的来源。

图 10-20　用“报表图片”对话框选择图片来源

在图 10-20 中，“图片来源”框有两个单选按钮：“文件”是指图片来自文件，用它右边的浏览按钮就可以选择；“字段”是指图片来自表的通用字段。此外，还可以选择图片剪裁及在带区中位置的设置。

在报表带区中还有两个控件，即矩形控件的设计和圆角矩形控件的设计，它们的添加和编辑方法与线条控件相似。

10.2.7　报表的数据分组

Visual FoxPro 的报表设计器具有分组输出和分组统计的功能，在很多情况下都需要把表中记录按一定的条件分组排列，并在合适的位置输出分组的统计数据。例如，对“学生成绩.DBF”表文件的记录，可按照“性别”字段分组，分别显示男女同学的数学平均分，对一个商品销售的流水账表，可按照商品名分组，直观地输出每种商品一共卖了多少数量和多少金额。

这里，以分别输出“学生成绩.DBF”表文件的男女同学的数学平均分为例，来说明数据分组的操作步骤。

1. 设计数据分组

在启动 Visual FoxPro 的报表设计器后，在报表的数据环境中添加“学生成绩.DBF”表，然后执行“报表”菜单下的“数据分组”命令，弹出“数据分组”对话框，如图 10-21 所示。

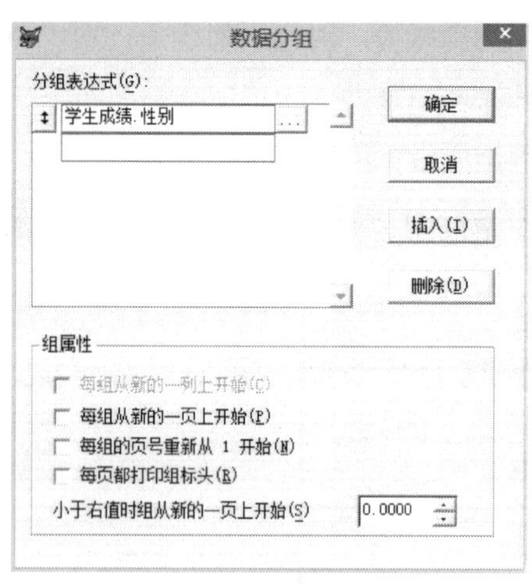

图 10-21　“数据分组”对话框

在该对话框中的“分组表达式”框中输入的表达式，是指记录分组所依据的字段名，这里示例的是“学生成绩.性别”。

Visual FoxPro 的分组可以分成很多级，也就是分组里面还可以再嵌套分组，最多可达到 20 级。

在完成以上的分组设置后，报表带区会添加“组标头”和“组注脚”两个带区，程序员可在这两个带区添加控件对象，来标识分组名称和输出分组统计的数据。如果就这样完成设计，在执行预览命令后，观察到的是相邻的性别相同的记录作为一组数据输出，若表文件原先按照学号的顺序排列，会分成太多的组。而要把所有的男同学记录连在一起成为一组，所有的女同学分成另一组输出，则在报表打印前应对表文件进行索引排序。

2. 分组字段的索引排序

在创建表文件时就应该在表设计器中建立索引字段，这是肯定的，但这样并不能使报表打印时排序记录，因为设置了多个索引字段，还需指定哪个索引字段为主控索引，才能使记录按照指定索引字段的升序或者降序输出。除了可在应用程序中用代码“SET ORDER TO TAG<标记名>”设置主控索引，在报表设计器的数据环境中也能指定主控索引，步骤如下：

打开报表的数据环境设计器→右击表文件→在快捷菜单中执行“属性”命令→弹出属性框→在属性框中选“数据”选项卡→选 Order 选项→输入索引字段名(如“性别”)。

完成这步操作后，“学生成绩.DBF”表的打印输出就分成男同学和女同学两组。

3. 设计分组的报表变量

在完成数据分组和记录排序后，可在组标头带区设置标签进行分组说明，在组注脚带区设置报表变量来输出分组的数据统计结果。若分组输出男女同学数学成绩的平均分，需经过以下操作步骤。

(1)执行“报表”菜单下的“变量”命令后，在“报表变量”对话框中设置报表变量 p1；它“要存储的值”为“学生成绩.数学”。

(2)用“报表控件”的域控件在组注脚带区添加一个域控件，随即在“报表表达式”对话框中输入 p1，单击“计算”按钮，在弹出的“计算字段”对话框中选中“平均值”单选按钮，单击对话框的“确定”按钮完成设计。

这些操作步骤和前面叙述的报表变量基本相同，唯一的区别是：这里把设计的报表变量 p1 放在组注脚带区，如图 10-22 所示，打印输出时，自动会在记录分组的下面分别有两个数学平均值显示，一个是男同学的，一个是女同学的，图 10-23 表示了图 10-22 的打印输出样式。而前面所举的例子，是把报表变量 p1 放在总结带区，页尾显示的数学平均值是全部同学的。由此看出 Visual FoxPro 报表的强大功能和使用方便，只要进行了数据分组操作，在“计算字段”对话框表示的数据统计就会自动进行分组计算。

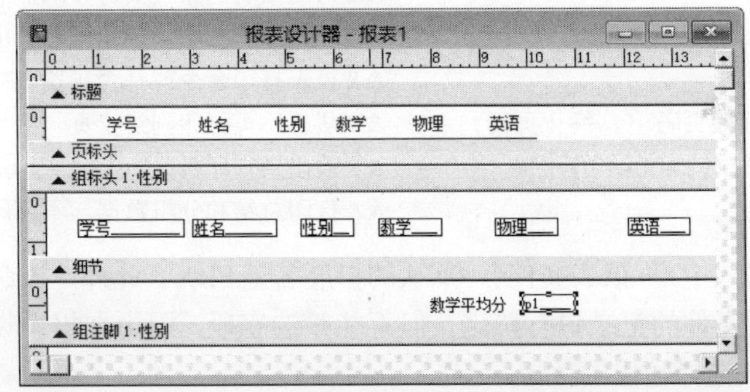

图 10-22　报表变量 p1 在“组注脚”

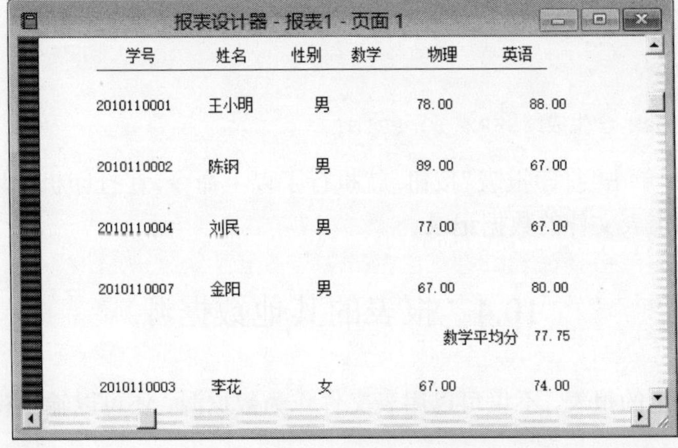

图 10-23　按性别分组统计数据的打印

10.3 报表的打印输出

在报表设计器中完成报表的设计和预览后，就可以打印输出报表，下面介绍在打印机输出报表的常用方法。

10.3.1 使用菜单输出报表

在安装和开启打印机后，执行 Visual FoxPro 菜单栏中“文件”菜单下的“打印”命令，会弹出一个“打印”对话框，可在这个对话框中打印已经打开的报表文件。若没有报表文件打开，也可用这个对话框选择要打印的报表文件，单击“确定”按钮开始打印。

10.3.2 编写程序命令输出报表

在用 Visual FoxPro 开发的数据库应用项目中，更多的是使用程序命令打印报表。程序命令格式和各子句的功能如下：

```
REPORT FORM <报表文件名> [<范围>][FOR<条件>]
[HEADING <标题文本>]                &&每页附加一个文本标题作为页眉
[PLAIN]                             &&只在报表的第一页打印附加的页眉标题
[NOCONSOLE]                         &&在纸张上打印，禁止同时输出在屏幕上
[PREVIEW]                           &&报表打印命令前是否预览
[RANGE <起始页码>[，终止页码]]      &&从起始页打印到终止页
[TO PRINTER[PROMPT]]                &&输出到打印机(PROMPT-提示打印机设置界面)
[SUMMARY]                           &&打印总结和分组数据，不打印细节带区内容
```

在以上的命令格式中，<报表文件名>默认的扩展名是.FRX。此外，该命令可使用[<范围>]和[FOR<条件>]对表文件的记录进行筛选，但不能筛选字段，因为在报表设计器设计报表时，已经使用了域控件来选择输出的字段。

在设计应用系统的表单时，可把以上打印命令封装在表单的控件对象中，如开发一个学生信息管理系统，设计了一个报表文件“学生成绩.FRX”来打印输出“学生成绩.DBF”表的记录。在该系统的表单上设计一个命令按钮“打印报表”，在“打印报表”按钮的 Click 事件代码中输入以下命令。

```
REPORT FORM 学生成绩.FRX TO PRINT
```

在运行表单后，单击“打印报表”按钮，就执行了以上命令，在打印机上以“学生成绩.FRX”报表文件的格式输出表文件的数据记录。

10.4 报表的其他数据源

在打印机上输出的报表，不仅可以用表文件作为数据源，还可以输出视图和 SQL 命令的查询结果。

10.4.1　报表与视图

视图源于表文件，是用查询方式从表中筛选出来一组记录的“虚表”，使用视图增加了数据操作的安全性和灵活性。这里举例说明视图在报表中的使用，先用“文件”菜单的“新建”命令创建一个“学生成绩.DBC”的数据库文件，在这个数据库的设计器中，添加前面使用过的“学生成绩.DBF”表，用“新建本地视图”命令创建一个名为“学生成绩”的视图，用这个视图为报表的数据源创建报表，其步骤如下：

1. 打开含视图的数据库

在创建报表前，先用“文件”菜单的“打开”命令打开“学生成绩.DBC”数据库文件。也可以在创建报表时再打开数据库，但事先打开，创建报表时的屏幕提示要简单一些。

2. 启动报表设计器

和前面用表作为数据源创建报表一样，用“文件”菜单的“新建”命令启动报表设计器。

3. 设置报表的数据环境

用“显示”菜单下的“数据环境”命令或者报表设计器的快捷菜单启动“数据环境设计器”，在执行“数据环境设计器”中的快捷菜单“添加”命令后，出现了图 10-24 所示的“添加表或视图”对话框。

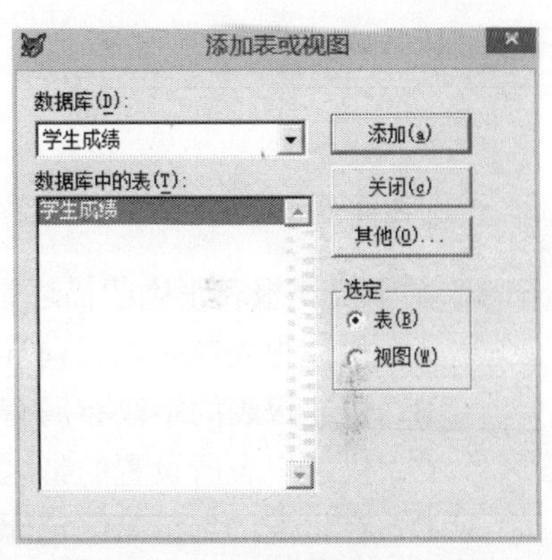

图 10-24　“添加表或视图”对话框

在这个对话框中选中“视图”单选按钮后，在左边的“数据库中的视图”列表框中显示出“学生成绩”视图名，再用对话框右上角的“添加”按钮，把“学生成绩”视图添加到报表设计器的数据环境中。

到了这一步以后，用视图创建报表的操作方法和步骤，就和前面讲过的表文件一样，不再重复叙述。

10.4.2　报表与 SQL 查询

报表也能方便地输出 SQL-SELECT 查询的结果。SQL 是具有强大功能的结构化查询语言，报表与 SQL 的查询语句相结合，就可打印出一个或多个表的满足一定查询条件的记录，还可以进行字段的筛选输出，给报表的输出提供了更为强大的功能和更高的灵活性。

用 Visual FoxPro 报表打印 SQL 查询的结果，是利用 SQL 命令产生的临时表文件 CURSOR，以“学生成绩.DBF”表文件为例，格式如下：

```
SELECT * FROM 学生成绩.DBF WHERE 性别="女" INTO CURSOR ls1
REPORT FORM 学生成绩.FRX TO PRINT PROMPT
```

前面的 SELECT 命令是从“学生成绩.DBF”表中筛选女同学记录，保存在一个取名为 ls1 的临时表中。后面的输出报表命令中“学生成绩.FRX”报表文件已经存在并设计好了格式，顺序执行这两条命令后就会打印输出临时表的内容，也就是 SQL 查询的结果。此时要注意的是，报表格式设计完成后，要把“学生成绩.DBF”表文件从“学生成绩.FRX”报表文件的数据环境中移去，否则 SQL 的查询是不起作用的。

学 习 提 示

本章介绍了 Visual FoxPro 6.0 报表设计的方法，其要点如下：

(1) 报表文件本身只是包括报表的布局，因此要和数据源结合在一起使用，数据源可以是表、视图、SQL 查询，重点是掌握用表作为数据源设计报表的方法。

(2) 熟练掌握用报表设计器设计报表的方法和步骤。理解报表中各个带区的组成和它们相应的输出功能，重点是细节、页标头、页注脚带区。

(3) 掌握如何在域控件的表达式中使用字段、函数和表达式、系统变量以及报表变量。

(4) 理解数据分组的意义和操作方法，学会用数据分组输出统计数据。

(5) 学会在应用程序中设计常规格式的报表，并用报表输出命令 REPORT 在打印机上打印报表。

习 题 10

一、选择题

1. 关于快速报表正确的描述是________。

   A. 快速报表就是报表向导

   B. 快速报表的字段布局有三种样式

   C. 快速报表所设置的带区是标题、细节、总结

   D. 在报表的细节带区已添加了域控件，就不能使用快速报表方法

2. 在启动了报表设计器后，报表设计的默认带区是________。

   A. 页标头、组标头、总结　　B. 页标头、细节、总结

   C. 页标头、细节、页注脚　　D. 标题、细节、总结

3. 在项目管理器创建一个新的报表文件，应选择该管理器的________选项卡。

   A. 数据　　B. 文档　　C. 类　　D. 代码

4. 在报表的数据环境中用快捷菜单的“添加”命令可添加的对象有________。

   A. 表、视图、查询　　B. 表、SQL 查询命令

   C. 表、视图　　D. 表、视图、SQL 查询命令

5. 用报表输出一个统计学生成绩的表文件，若细节带区中已有输出每个同学的数学、物理、英语等数值字段的域控件，在这些字段的右边设计一个域控件输出三门功课的平均分，该域控件的表达式是________。

   A. (数学+物理+英语)/3

   B. ALLTRIM(数学+物理+英语)/3

   C. STR(数学+物理+英语)/3

   D. AVERAGE(数学)+AVERAGE(物理)+AVERAGE(英语)

6．关于在报表带区中设计标签控件的错误说法是________。

A．带区中的标签可以用它的快捷菜单复制和粘贴

B．标签的字符可用“格式”菜单设计它的字形和大小

C．单击激活的标签，用出现的插入点删除错误的标签字符

D．激活的标签周围是四个小方块，而不是常见的八个小方块

7．要在报表中输出全班同学数学成绩的平均分，可在总结带区设计一个域控件，该域控件使用的表达式应该是________。

A．字段变量　　B．报表变量　　C．函数　　D．常量

8．在报表的页面设置中，把页面布局设置两列，意思是________。

A．每页只输出两列字段值

B．把每行记录从行方向输出转到列方向输出，且每页排两列

C．页的每行可输出两条记录

D．一条记录分成两列输出

9．关于报表的数据分组说法错误的是________。

A．数据分组命令是在“报表”菜单下面

B．进行数据分组设计之前，报表输出的表应该排序

C．若分别输出男女同学数学的平均分，则分组表达式的内容是“数学”字段

D．输出分组统计数据的域控件应设置在组注脚带区

10．在命令窗口打印输出报表文件“学生成绩.FRX”的命令是________。

A．REPORT FROM 学生成绩 TO PRINT

B．REPORT FORM 学生成绩 TO PRINT

C．DO REPORT 学生成绩 TO PRINT

D．DO FORM 学生成绩 TO PRINT

二、填空题

1．Visual FoxPro 提供了三种设计报表的方法：报表向导、________和________。

2．Visual FoxPro 报表文件的扩展名是________。

3．在报表中输出某个表文件的记录值，在设计报表时可直接把数据环境中表的字段拖放到报表设计器的________带区。

4．报表主要包括________和________两个部分。

5．用 Visual FoxPro 提供的报表向导设计报表一般经过________个步骤。

三、上机操作题

用报表设计器设计一个报表 F1.FRX，其数据源是“学生成绩.DBF”，包含的字段是：学号 C(10)、姓名 C(8)、性别 C(2)、数学 N(6.2)、物理 N(6.2)、英语 N(6.2)。报表的设计要求如下：

(1)在标题带区设计报表标题“学生成绩表”，黑体、三号字。在标题右边输出当前日期。

(2)在页标头带区设计报表的字段名标签，黑体、五号字。

(3)在细节带区输出所有记录值。

(4) 要求设计表格的横线和竖线。

报表的打印预览，如图 10-25 所示。

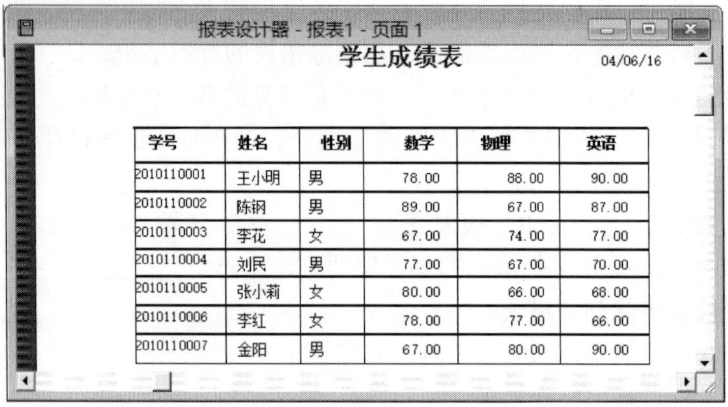

报表设计器 - 报表1 - 页面 1

学生成绩表　　04/06/16

学号	姓名	性别	数学	物理	英语
2010110001	王小明	男	78.00	88.00	90.00
2010110002	陈钢	男	89.00	67.00	87.00
2010110003	李花	女	67.00	74.00	77.00
2010110004	刘民	男	77.00	67.00	70.00
2010110005	张小莉	女	80.00	66.00	68.00
2010110006	李红	女	78.00	77.00	66.00
2010110007	金阳	男	67.00	80.00	90.00

图 10-25　上机操作题的报表

第 11 章　菜 单 设 计

本章知识点：Visual FoxPro 菜单系统概述，下拉菜单的设计、快捷菜单的设计，在顶层表单中引入菜单。

在应用程序中，菜单往往是最常用的人机交互界面，它可以将大量的用户命令和程序功能集成到若干个菜单项中。一个好的菜单系统不仅反映了应用程序中功能模块组织的水平，也体现了应用程序操作界面的友好性。

11.1　菜单系统概述

11.1.1　菜单系统的基本结构

Visual FoxPro 的菜单分为下拉菜单和快捷菜单两种。

1. 下拉菜单

如同 Windows 菜单一样，Visual FoxPro 的下拉菜单是一个树形结构，列出了一个应用系统的整个功能框架，如图 11-1 所示。

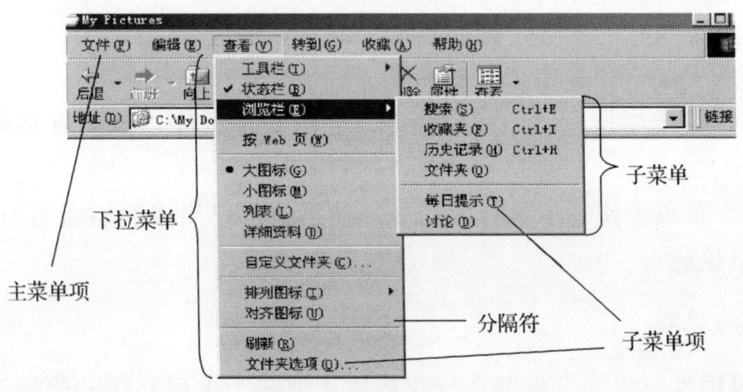

图 11-1　下拉菜单结构

菜单按层次可分为如下几种：

菜单栏：又称为主菜单项，这是下拉菜单系统最上面的一层。每个主菜单项的显示名称又称为菜单标题，如“文件”“编辑”等。单击主菜单项通常是打开一个下拉菜单，也可以是执行一个命令或过程。

下拉菜单：单击主菜单项可以打开一个下拉菜单，下拉菜单中包含若干菜单项，在下拉菜单中，可以用分隔线对逻辑或功能紧密相关的菜单项分组，方便用户使用。菜单项既可以对应一个命令或程序，也可以对应一个子菜单。

子菜单：在下拉菜单中用鼠标或键盘移动到带右向箭头“▶”的下拉菜单项时，会自动弹出子菜单。子菜单可以对应一个命令或程序，还可以是子菜单，从而形成多级菜单系统。

2. 快捷菜单

快捷菜单就是右键弹出式菜单，一般属于某个界面对象(如表单或表单上的控件)，当右击该对象时，就会在单击处弹出快捷菜单。快捷菜单通常列出与处理对象有关的一些功能命令，如图 11-2 所示。

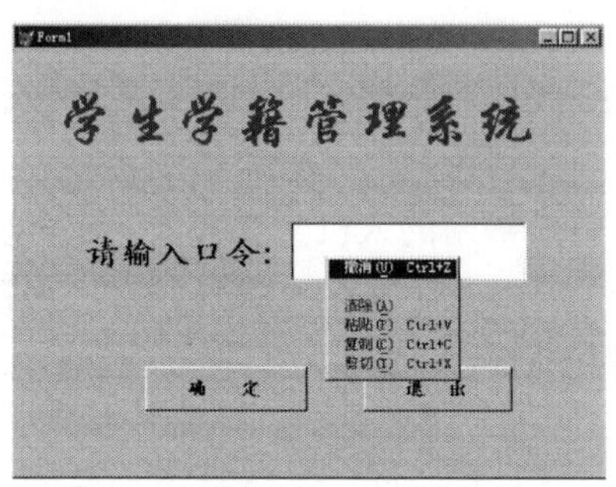

图 11-2　快捷菜单

11.1.2　菜单系统的设计步骤

不管应用程序的规模多大，打算使用的菜单多么复杂，创建一个完整的菜单系统都需要以下步骤：

(1) 规划系统，确定需要哪些菜单、菜单出现在界面中的位置以及哪几个菜单要有子菜单等。

(2) 利用“菜单设计器”创建菜单及子菜单。

(3) 指定菜单所要执行的任务，如显示表单或对话框等。

(4) 单击“预览”按钮预览整个菜单系统。

(5) 在“菜单”菜单中执行“生成”命令，生成菜单程序以及运行某菜单程序，对菜单系统进行测试。

(6) 在“程序”菜单中执行“执行”命令，然后执行已生成的后缀名为 MPR 的程序。

下面分别加以论述。

1. 菜单系统的规划

应用程序的易用性与界面友好性在一定程度上取决于菜单系统的质量。好的设计能很好地体现设计者的意图，易于为用户所接受和掌握，因此，花费一定时间仔细规划菜单，对应用系统的成功具有重要作用。在设计菜单系统时，需要考虑下列准则。

(1) 菜单组织。按照用户思考问题的方法和完成任务的方法来规划和组织菜单的层次系统，设计相应的菜单和菜单项。

(2) 给每个菜单一个有意义的菜单标题。按照估计的菜单项使用频率、逻辑顺序或字母顺序组织菜单项，以方便用户使用。

(3) 按功能将同一菜单中的菜单项分组，并用分隔线分隔。

(4) 适当创建子菜单，以减少和限制菜单项的数目。

(5) 为菜单、菜单项设置键盘快捷键。

(6) 为用户着想，针对一些常用功能，设计必要的快捷菜单。

2. 使用菜单设计器

菜单的设计使用“菜单设计器”进行。“菜单设计器”是 Visual FoxPro 提供的可视化菜单设计工具，既可以定制已有的 Visual FoxPro 菜单系统，也可以开发用户自己的菜单系统。

有如下几种方法打开菜单设计器。

(1) 在“常用”工具栏上单击“新建”按钮，从“文件类型”列表中选择“菜单”选项，然后单击“新建文件”按钮，出现“新建菜单”对话框，如图 11-3 所示。

(2) 通过“文件”菜单。

(3) 通过项目管理器，即从项目管理器中选择“菜单”选项，然后单击“新建”按钮。

(4) 使用命令 MODIFY MENU <菜单名>可以打开菜单设计器窗口，创建文件名为<菜单名>，扩展名为.MNX 的菜单文件。

在 Visual FoxPro 中可以创建两种形式的菜单：一种是普通菜单；另一种是快捷菜单。此时系统显示如图 11-3 所示的新建画面，单击“菜单”或“快捷菜单”按钮，可分别创建下拉菜单与快捷菜单。

在图 11-3 所示画面中单击“菜单”或“快捷菜单”按钮，都可打开菜单设计器。根据菜单设计时的规划，在菜单设计器中实现菜单系统。

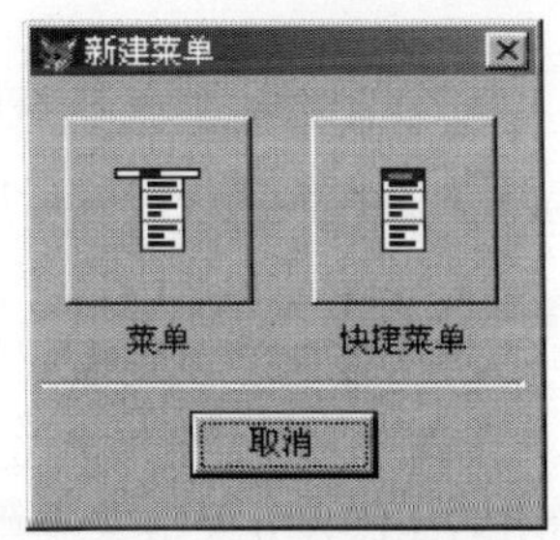

图 11-3　新建菜单选择窗口

3. 预览

在设计菜单时，可以随时利用“预览”按钮观察设计的菜单和子菜单，此时不能执行菜单代码。

4. 生成菜单程序文件(.MPR)

当通过菜单设计器完成菜单设计后，系统只生成了菜单文件(.MNX)，而.MNX 文件是不能直接运行的，必须将.MNX 菜单文件生成为.MPR 菜单程序，然后执行该菜单程序。

要生成菜单程序(.MPR)，应选择“菜单”中的“生成”选项。如果用户通过项目管理器生成菜单，则当在项目管理器中选择“连编”或“运行”选项时，系统将自动生成菜单程序。

5. 执行菜单

在“程序”菜单中执行“执行”命令，然后执行已生成的.MPR 程序。或用命令 DO <菜单文件名>.MPR 运行菜单程序文件。

11.2　下拉菜单设计

11.2.1　快速菜单

当新建一个下拉菜单时，系统在打开菜单设计器的同时，将会在 Visual FoxPro 系统菜单上增加一个名为“菜单”的新菜单栏，如果希望以 Visual FoxPro 菜单为模板创建自己的菜单，可从“菜单”菜单中选择“快速菜单”选项，此时画面如图 11-4 所示。

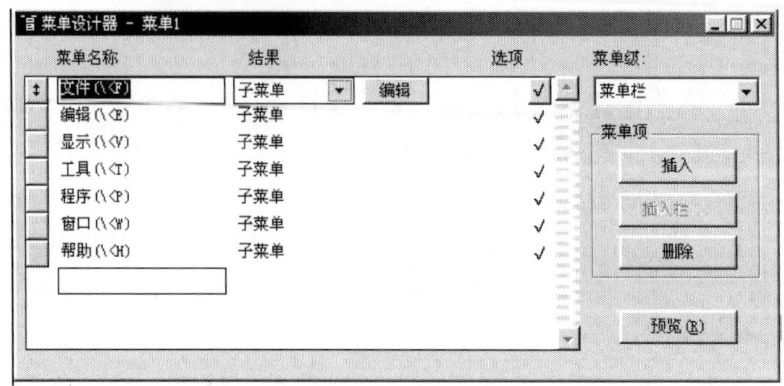

图 11-4　建立快速菜单后的菜单设计器界面

快速菜单将产生一个与 Visual FoxPro 系统菜单一模一样的菜单，这种方法可以快速产生高质量的菜单系统，然后用户可以在菜单设计器中对其进行修改，使之符合自己的需要。

需要注意的是，快速菜单只能对新建的空菜单有效，如果已经在新菜单中输入了内容，则“快速菜单”项变成灰色而不可用。

【例 11-1】 建立快速菜单，只保留“文件”“编辑”“程序”和“帮助”四项，以文件名 FMENU 保存并生成菜单程序。

操作步骤如下：

(1) 通过“文件”菜单的“新建”命令，创建新菜单，打开菜单设计器窗口。

(2) 选择“菜单”菜单中的“快速菜单”选项，产生如图 11-4 所示的新菜单。

(3) 选中不需要的菜单栏，然后通过设计器右侧的“删除”按钮，将其删除。

(4) 预览菜单：单击设计器右侧的“预览”按钮，当前 Visual FoxPro 窗口的系统菜单消失，取而代之的是新建的菜单，此时可以选择新菜单的任意一个菜单项，但不会执行，而只是在“预览”窗口显示当前选择的菜单项名称，如图 11-5 所示。

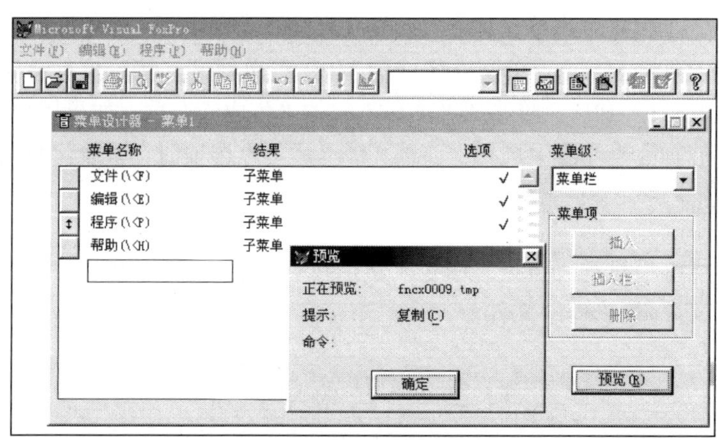

图 11-5　菜单的预览

(5) 保存菜单：单击工具栏上的“保存”按钮，在弹出的“另存为”对话框中，输入菜单名 FMENU，单击“保存”按钮，将新菜单保存为 FMENU.MNX。

(6) 生成菜单程序：选定“菜单”菜单的“生成”选项，将弹出如图 11-6 所示的“生成菜单”对话框。单击“生成”按钮，将生成 FMENU.MPR 菜单程序。

图 11-6 “生成菜单”对话框

(7)运行菜单程序：在“程序”菜单中执行“运行”命令，在“运行”对话框中选中并双击 FMENU.MPR，或者在命令窗口输入如下命令：

```
do fmenu.mpr
```

在 Visual FoxPro 窗口中就会显示所定义的菜单。要恢复系统菜单，应在命令窗口输入以下命令：

```
set sysmenu to default
```

快捷菜单只是系统菜单的复制，要实现用户自定义菜单，需要对其进行增、删、改等操作，下面结合菜单设计器的使用进行介绍。

11.2.2 菜单设计器的使用

1. 菜单设计器界面

参考图 11-4，菜单设计器主要由以下几部分组成。

(1)菜单名称：在此输入菜单的提示字符串，每个提示文本框的前面有一个小方块按钮，用鼠标拖动它可以上下改变当前菜单项在菜单列表中的位置。

(2)结果：用于选定子菜单命令，结果框中共有 4 个选项。

命令：如果当前菜单项的功能是执行一条命令，则选中该项，然后在其右侧的文本框中输入要执行的命令。

填充名称/菜单项#：在菜单栏中是“填充名称”，在子菜单中是“菜单项＃”，其功能是为当前菜单栏指定一个 Visual FoxPro 的内部名称，或为菜单项指定一个内部编号，以便在程序中引用。如果不指定，系统会自动产生菜单名和菜单项序号，而且每生成一次，就重新赋一个新的名字或序号，因此不利于在程序中引用。

子菜单：供用户定义当前菜单的下级子菜单，新建子菜单时，右侧出现“创建”按钮，修改子菜单时，右侧按钮标题变成“编辑”。

过程：如果当前菜单项的功能是执行一组命令，则应选择此选项。新建过程时，右侧出现“创建”按钮，修改时，右侧按钮标题变为“编辑”。

(3)菜单级：在弹出的列表框中显示当前所处的菜单级别。当菜单的层次较多时利用这项功能可得知当前的位置，并可方便地在菜单栏与各级子菜单之间切换。

(4)“菜单项”组框：包括“插入”“插入栏”和“删除”按钮，用于菜单设计操作。

(5)“预览”按钮：使用该按钮可观察所设计的菜单的外观，但不会执行菜单项指定的相应功能。

2. 在菜单设计器中设计下拉菜单

【例 11-2】 设计如图 11-7 所示的学籍管理系统下拉菜单，其中，“退出系统”将恢复系统菜单。

图 11-7　学籍管理系统下拉菜单

(1) 在命令窗口中输入 MODIFY MENU xjgl，打开菜单设计器。

(2) 在菜单名称中依次输入“学生管理”“教师管理”“教学管理”“打印输出”“退出系统”五个菜单标题，如图 11-8 所示。

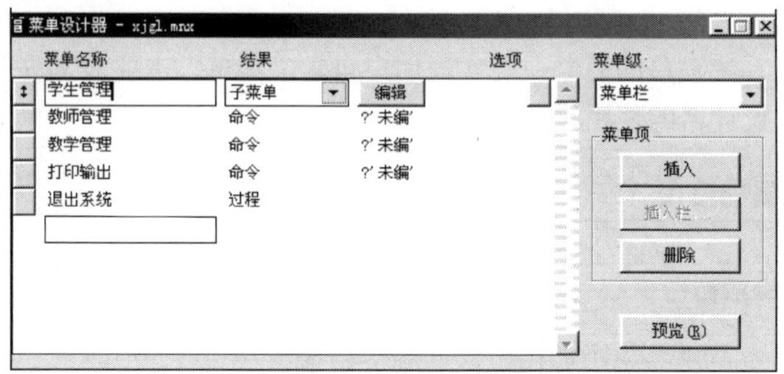

图 11-8　下拉菜单设计界面

(3) 单击“学生管理”菜单栏右侧的“编辑”按钮，进入“学生管理”子菜单设计界面，如图 11-9 所示。编辑完毕后，通过菜单级选择“菜单栏”回到菜单栏编辑界面。

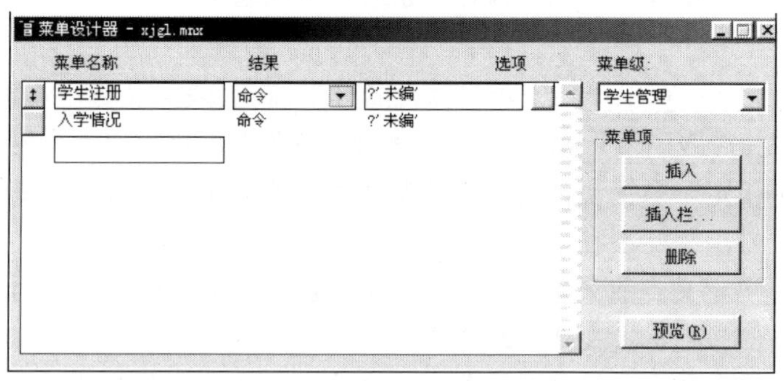

图 11-9　子菜单设计界面

(4) 在“退出系统”菜单栏右侧单击“创建”按钮，进入创建过程窗口，在窗口中进行编辑，如图 11-10 所示。

图 11-10　“退出系统”过程

(5) 按 Ctrl+W 组合键保存菜单。

11.2.3　菜单项相关设计

1. 菜单项分组

可以按功能对菜单项进行分组，方法如下：

在准备放置分隔线的位置用“插入”按钮插入一个新菜单项，然后在新菜单项名中输入“\-”，便可以创建一条分隔线。

拖动“\-”提示符左侧的按钮，将分隔线移动到正确的位置。

2. 指定菜单快速访问键与快捷键

对菜单的使用有三种方式，一是单击；二是使用快速访问键，如 Visual FoxPro 系统菜单的“文件 (F)”，带下划线的 F 就是快速访问键，使用方法是 Alt+F 键，可以立即打开“文件”菜单；三是键盘快捷键，用 Ctrl 或 Alt+快捷键立即调用该菜单项的功能。

快速访问键与键盘快捷键的区别是，快捷键无论菜单是否显示都可以使用。

1) 指定快速访问键

在希望成为访问键的字母左侧键入“\<”。

例如，要在“退出系统”菜单标题中设置 X 作为访问键，可在“菜单名称”栏中将“退出系统”替换为“退出系统 (\<X)”，则运行菜单时，该菜单标题显示为“退出系统 (X)”，当按 Ctrl+X 组合键时，立即执行“退出系统”菜单项指定的命令。

2) 定义快捷键

在菜单设计器界面中，每一个菜单栏或菜单项的右面都有一个“选项”按钮，单击“选项”按钮将弹出“提示选项”对话框，如图 11-11 所示。

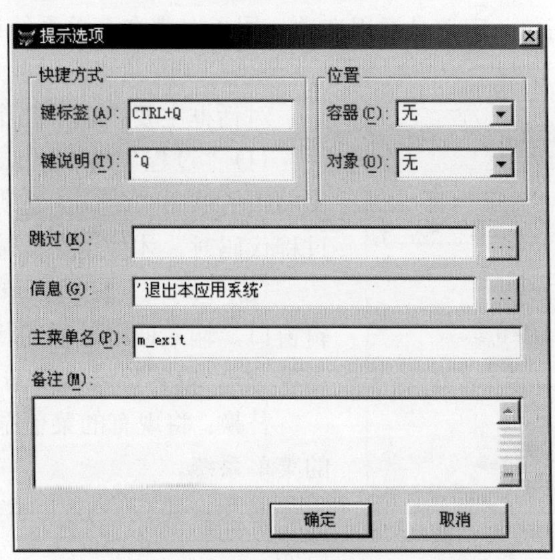

图 11-11　“退出系统”的提示选项

选择“键标签”中的“按下要定义的键”，再按下指定的快捷键，如 Ctrl+Q，“键说明”定义显示在该菜单项后的提示内容。默认就是按下的键，可以修改，如改为“^Q”。

这样，执行时可以用鼠标选取，可以用 Ctrl+Q，可以用 Alt+X，三种方式都可以选中该菜单项。

3. 提示选项中的其他内容

除定义快捷键外，图 11-11 所示的“提示选项”对话框中还有以下内容。

1) 跳过

跳过属于选择逻辑设计。在文本框中输入一个逻辑表达式，如果该表达式为.T.，表示当前菜单项不能被选中(呈灰色显示)。如果该表达式为.F.，表示该菜单项可以选择。

2) 信息

信息用来设计菜单项的说明信息，当鼠标或光标移动到该菜单项时，该说明信息将出现在状态栏中。要注意的是，输入的信息必须用引号括起来。

3) 主菜单名/菜单项#

当修改菜单栏时，显示“主菜单名”，当修改下拉菜单项时，显示“菜单项#”，图 11-11 是修改菜单栏的情况。其功能是为当前菜单栏指定一个 Visual FoxPro 的内部名称，或为菜单项指定一个内部编号，以便在程序中引用。

4) 备注

为菜单编写一些说明信息，主要是在检查与修改时使用。

11.2.4 显示菜单中选项设置

当菜单设计窗口处于活动状态时，在系统“显示”菜单中新增加两个选项，即常规选项与菜单选项。

1. 常规选项

英文是 general option，应该是通用选项，用于对整个菜单系统进行设置。“常规选项”对话框如图 11-12 所示。

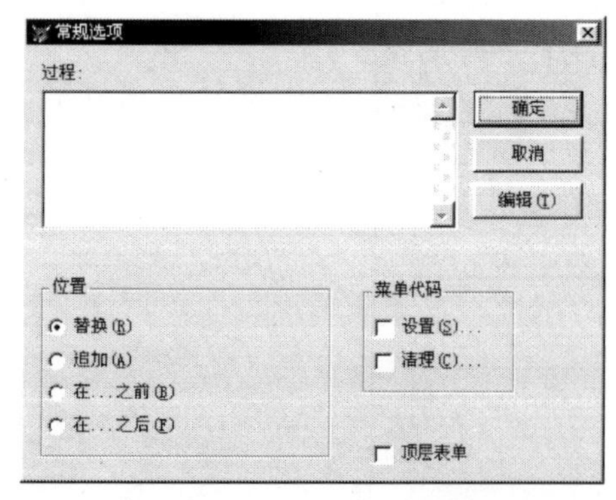

图 11-12　“常规选项”对话框

对话框主要由以下几个部分组成。

(1)“过程”编辑框：这不是必需的，仅当某菜单项的结果被定义为过程，而又没有编辑相应的过程代码时，才使用在此输入的过程代码。

(2)“编辑”按钮：单击此按钮将打开一个编辑窗口，输入通用过程的代码。

(3)“位置”区包括如下 4 个按钮。

替换：将现有的菜单系统替换成新的用户定义的菜单系统。

追加：将用户定义的菜单附加在现有菜单的后面。

在…之前：将用户定义的菜单插入到指定菜单的前面。

在…之后：将用户定义的菜单插入到指定菜单的后面。

(4) 菜单代码。它包括两个复选框。

①设置：也就是菜单系统的 Init 代码，选中这一项将打开一个编辑窗口，从中可为菜单系统加入一段初始化代码，用于定义初始变量，设置菜单工作环境等。要进入打开的编辑窗口，单击“确定”按钮关闭本对话框。

②清理：菜单系统的 Destroy 代码，选中这一项将打开一个编辑窗口，从中可为菜单系统加入一段结束代码，如释放变量、恢复环境等。要进入打开的编辑窗口，单击“确定”按钮关闭对话框。

(5) 顶层表单。如果选中该复选框，将允许该菜单在顶层表单(SDl)中使用；如果未选中，则只允许在 Visual FoxPro 窗口中使用该菜单。

2. 菜单选项

当选中菜单中的某菜单项时，在“显示”菜单中执行“菜单选项”命令，出现如图 11-13 所示的“菜单选项”对话框。

名称：当前菜单项名。

过程：显示当前菜单项的默认过程，可以通过“编辑”按钮进行编辑，同样，它也不是必需的。

图 11-13 “菜单选项”对话框

3. 引入系统菜单

利用“常规选项”对话框中“位置”区域的 4 个单选按钮，能够实现全部系统菜单、部分系统菜单及系统下拉菜单中的菜单项加入用户菜单中，从而将 Visual FoxPro 的许多功能直接引入用户系统中，以简化编程，提高应用系统的功能。

【例 11-3】 将用户菜单添加到系统的“帮助”菜单之后的操作界面如图 11-14 所示。

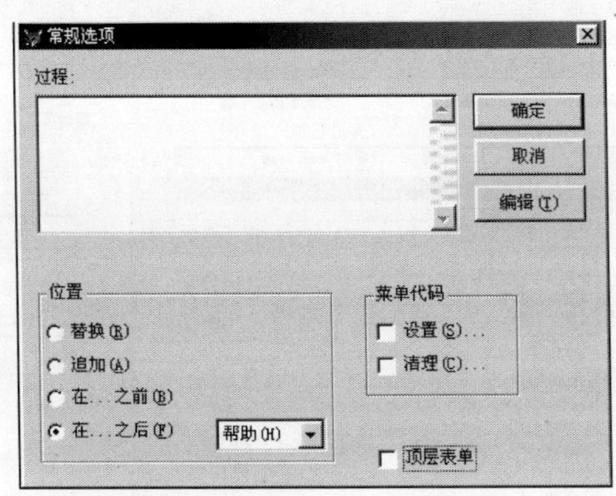

图 11-14 “常规选项”对话框

【例 11-4】 将系统的“编辑”菜单引入用户菜单 xjgl 中，如图 11-15 所示。

可以这样实现：首先，通过“设置”过程将当前系统菜单设为只有“编辑”菜单，这可以在菜单系统的设置过程中用命令实现；其次，“位置”设置为“追加”，将用户菜单追加到“编辑”的后面。

(1) 在命令窗口中输入并执行命令 MODIFY MENU XJGL，打开菜单生成器，执行“显示”菜单中的“常规选项”命令。

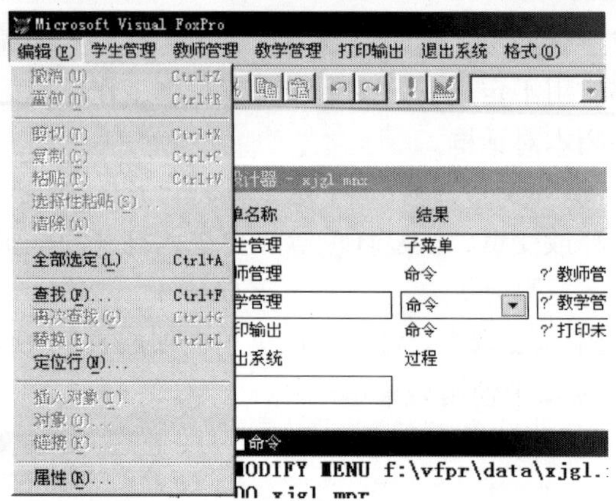

图 11-15　引入系统“编辑”栏后的用户菜单

(2) 选中“设置”复选框，单击“确定”按钮，在“设置”窗口中输入如下命令：

```
SET SYSMENU TO _MSM_EDIT
```

这里，_MSM_EDIT 是系统菜单中“编辑”的菜单名，每一个系统菜单项都有固定的名称，这些名称可以通过生成的快速菜单查看，本命令只让编辑菜单栏出现在系统菜单中。

(3) 选中“位置”区域中的“追加”单选按钮。

(4) 生成并保存菜单，执行命令 DO XJGL.MPR 运行菜单。

注意：图 11-14 中最后的“格式”菜单是由于有命令窗口而出现的。

【例 11-5】 将“复制”菜单项加入 XJGL 菜单的“学生管理”下拉菜单中，如图 11-16 所示。

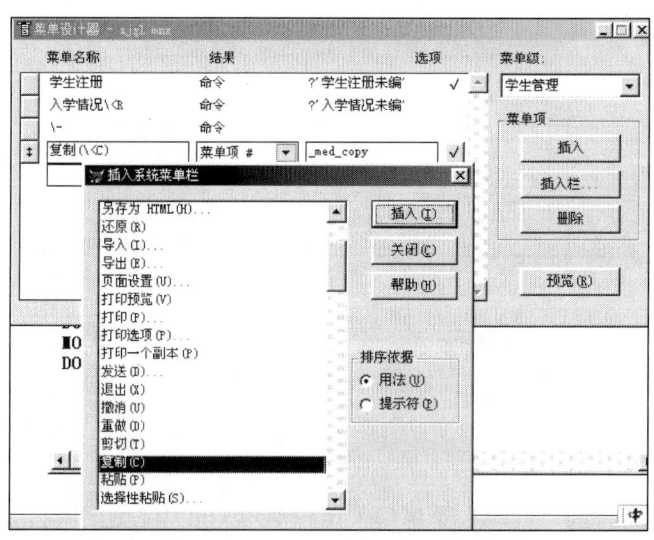

图 11-16　引入系统“复制”菜单项

(1) 在命令窗口中输入并执行命令 MODIFY MENU XJGL，打开菜单生成器，单击“学生管理”行，单击“编辑”按钮。

(2) 在子菜单设计窗口，单击“插入栏”按钮，在“插入系统菜单栏”对话框中选择“复制”选项，再单击“插入”按钮，单击“关闭”按钮，就将“复制”菜单项插入用户菜单中。

(3) 保存菜单，生成并运行。

11.2.5　在顶层表单中设计菜单

一般情况下，生成的下拉菜单出现在 Visual FoxPro 界面上，如果希望菜单出现在自己设计的表单界面上，必须设置菜单的顶层表单(SDI)属性。同时，在顶层表单中也必须进行相应设置，以调出菜单系统。

【例 11-6】 在学生注册表浏览表单中增加菜单，实现不同方式的浏览，如图 11-17 所示。

SDI1

排序　退出

按学号
按姓名
按综合测评
按出生日期

	姓名	性别	出生年月	综合测评
	刘星魂	男	03/18/83	94.8
	黄伟	男	07/12/83	93.8
200401007	李铭育	女	11/07/83	88.0
200401006	孙萧然	女	12/12/83	92.4
200401005	李立	女	05/12/84	95.2
200401004	刘红	男	07/24/84	91.2
200401002	张宇	女	08/12/84	91.0
200401001	肖大海	男	10/23/84	94.6
200401003	张济川	男	01/02/85	90.4
200401009	杨然	女	02/15/85	91.0

图 11-17　在顶层表单中加入菜单

(1) 设计菜单 sdimenu1.mnx，如图 11-18 所示。

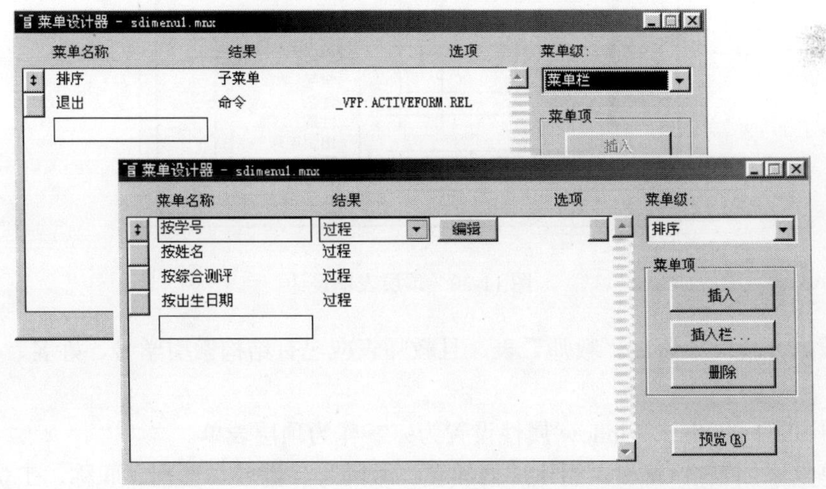

图 11-18　“顶层表单”菜单的菜单栏及子菜单设计

由于菜单系统位于 SDI 表单上，所以，“退出”菜单项应该能够关闭当前表单，因此，“退出”的结果为如下命令：

```
_Vfp.Activeform.Release
```

其中，_Vfp.Activeform 引用当前菜单所在表单。

“排序”子菜单的各菜单项结果都是过程，各过程设计如图 11-19 所示。

图 11-19　“排序”子菜单各菜单项过程设计

(2) 在“显示”菜单中选“常规选项”选项，打开“常规选项”对话框，在该对话框中，将“顶层表单”复选框选中。

(3) 生成菜单文件，以文件名 sdimenu1.mpr 存盘。

(4) 设计表单 sdi1.scx，如图 11-20 所示。

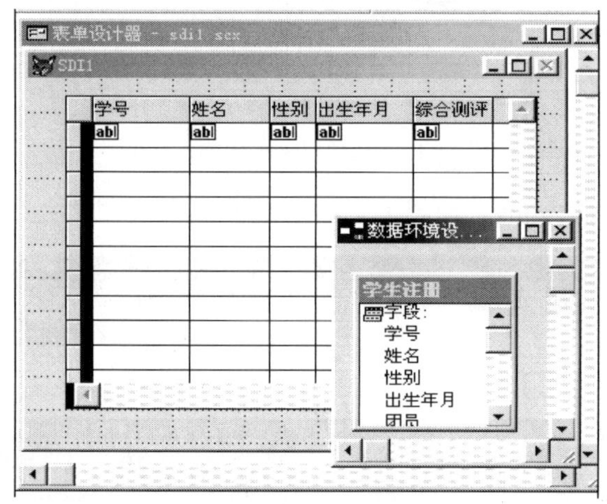

图 11-20　顶层表单设计

在“数据环境”中添加“教师”表，且教师表应已有结构索引学号、姓名、出生年月、综合测评。

将表单 SDI1 的 ShowWindow 属性设置为：2-作为顶层表单。

在表单上添加表格 Grid1，用生成器放置：教师号、姓名、性别、职称、工资各字段。

表单的 Init 代码中，调用菜单程序 SDIMENU1.MPR 如下：

```
do sdimenu1.mpr with this , .T.
```

表单的 destroy 代码中，释放菜单 SDIMENU1 如下：

```
release menu sdimenu1 extended
```

最后，保存并运行表单 SDI1.SCX，运行效果如图 11-17 所示。

11.3 快捷菜单设计

快捷菜单是右击才出现的菜单。菜单设计器只提供生成快捷菜单的结构，快捷菜单的运行需要从属于某个界面对象，如表单，需要编程来实现。

【例 11-7】 在表单 SDI1 的基础上，增加快捷菜单，实现不同关键字排序，如图 11-21 所示。

SDI1

排序 退出

学号	姓名	性别	出生年月	综合测评
200401008	黄伟	男	07/12/83	93.8
200401005	李立	女	05/12/84	95.2
200401007	李铭宵	女	11/07/83	88.0
200401004	刘红			91.2
200401010	刘星魂			94.8
200401006	孙萧然			92.4
200401001	肖大海			94.6
200401009	杨然	女	02/15/85	91.0
200401003	张济川	男	01/02/85	90.4
200401002	张宇	女	08/12/84	91.0

按学号排序
按姓名排序
按出生年月排序
按综合测评排序

图 11-21 表单上的快捷菜单

(1) 新建快捷菜单 popmenu1.mnx，如图 11-22 所示。

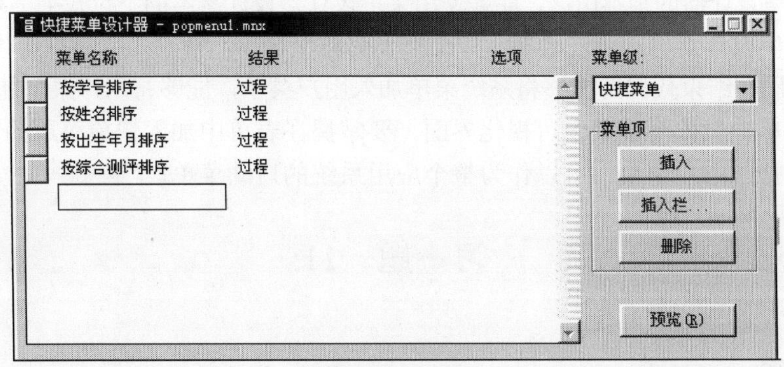

图 11-22 设计快捷菜单

(2) 各菜单项的过程定义与图 11-19 相同。

(3) 设计菜单常规选项，在“显示”菜单的“常规选项”中，编辑“设置”代码如下：

```
PARAMETERS mRef
```

这是快捷菜单的初始化代码。

编辑“清理”代码如下：

```
release popups popmenu1
```

这是快捷菜单的结束代码。

(4) 保存菜单，生成菜单文件 POPMENU1.MPR。

(5) 将快捷菜单加入表单 SDI1.SCX。

用表单设计器打开表单 SDI1.SCX，对表单的：

```
Grid1
Colume1.Text1
Colume2.Text1
Colume3.Text1
Colume4.Text1
Colume5.Text1
```

编辑它们的 RightClick 事件代码如下：

```
do popmenu1.mpr with this
```

最后，保存并运行表单 SDI1.SCX，运行效果如图 11-21 所示，在表格中任意位置右击，就会弹出快捷菜单，实现按指定关键字排序。

学 习 提 示

菜单分为下拉菜单和弹出式快捷菜单两类，两类菜单都通过菜单设计器设计。

要注意的是，用菜单设计器设计好的是菜单文件，后缀为.mnx，是无法执行的，必须将它生成后缀为.mpr 的菜单程序后，才能执行。Set sysmenu to default 命令用于恢复 Visual FoxPro 的系统菜单。

要掌握菜单设计器的基本用法，能够使用菜单设计器设计基本的下拉式菜单和弹出式菜单。

在打开菜单设计器后，通过“显示”菜单下的两个选项，特别是“常规选项”，能够设置菜单的初始代码和结束代码，能够将系统菜单加入用户菜单，能够将用户菜单加入顶层表单。

弹出式菜单一般依附于某个可视化界面，要掌握在表单中加入快捷菜单的方法。

顶层表单加入用户菜单，可以作为整个应用系统的启动菜单。

习 题 11

一、选择题

1．在“项目管理器”中管理菜单的选项卡是________。

A．数据　　B．代码　　C．类　　D．其他

2．用于定义一个“子菜单项”，应选择“菜单设计器”中“结果”项目中的________。

A．子菜单　　B．过程　　C．填充名称　　D．命令

3．执行“菜单”→“生成”菜单项后，生成的菜单程序的扩展名是________。

A．.mnx　　B．.dbf　　C．.mpr　　D．.idx

4．添加菜单项的“快捷键”，一般使用的辅助键是________。

A．Ctrl　　B．Alt　　C．Shift　　D．Delete

5．添加菜单项的“热键”，一般使用的辅助键是________。

A．Ctrl　　B．Alt　　C．Shift　　D．Delete

6．利用“菜单设计器”创建的原程序的扩展名是________。

A．.mnx　　B．.dbf　　C．.mpr　　D．.idx

7．为菜单选项加入热键的方法是在菜单设计器中该选项的名称后加________。

A．该字母的名称　　B．\—　　C．\<字母　　D．Ctrl+字母

8．设置菜单的整体属性需要选择“显示”菜单中的________命令。

A．常规选项　　B．菜单选项　　C．工具栏　　D．数据环境

9．为子菜单加入分隔线可使菜单的功能清晰，便于用户使用，加入子菜单分隔线的方法是在需要分隔的两个菜单选项的名称之间加入________。

A．该字母的名称　　B．\—　　C．\<字母　　D．Ctrl+字母

10．设计一个菜单的选项的功能为退出 Visual FoxPro，则应设置其结果为命令，并在其后输入命令________。

A．EXIT　　B．QUIT

C．SET SYSMENT TO DEFAULT　　D．THISFORM．RELEASE

二、填空题

1．用菜单设计器设计菜单文件的扩展名是________，生成的菜单程序文件的扩展名是________。有一个菜单程序文件为 mymenu.mpr，则运行该菜单程序的命令是________。

2．________控件只能放到工具栏上，而不能放到表单上。

3．某菜单项名称为 Save，要为该菜单设置热键 Alt+S，则在名称中的设置为________。

4．恢复 Visual FoxPro 系统菜单的命令是________。

5．当用户在选定的对象上右击时出现的菜单称为________。

6．在 Visual FoxPro 中，可以创建两种类型的菜单，它们分别是________、________。

7．使用________键可以在不显示、不选择菜单的情况下使用按键直接选择菜单中的一个菜单项。

8．最终生成的菜单程序文件的扩展名是________。

9．在 SET SYSMENU 命令中选项________允许程序执行时访问系统菜单。

10．在设计菜单时，可使用分隔线将内容相关的菜单项分隔成组。为了这个目的，可以在空的“菜单名称”栏中键入符号________创建一条分隔线。

三、上机操作题

1．创建一个内容如下的菜单并定义快捷键，快捷键用户自选。

信息录入	**数据查询**	**数据修改**	**课程管理**	**退出**
学生情况录入	成绩查询	成绩修改	课程修改	
成绩录入	学生情况查询	口令修改		
课程录入				

2．创建一个顶层表单，将该菜单加入顶层表单中。

3．建立一个在该顶层菜单中使用的具有“成绩查询”“学生情况查询”“退出”功能的快捷菜单。

第 12 章　应用系统开发实例

本章知识点：以“教工信息管理系统”的开发为例，阐述综合运用前面各章所讲述的知识，设计、开发、发布一个 Visual FoxPro 应用系统的过程。

本章内容是对全书学习内容的综合运用。本章实例是一个示范性系统，与真正的实用系统相比，尚有相当大的差距，但通过对它的分析，可以了解系统开发的基本方法与步骤。

12.1　开发 Visual FoxPro 数据库应用系统的基本步骤

一个实际的数据库应用系统通常包括：一个或多个数据库、应用系统主控程序、用户界面(表单、工具栏、菜单等)以及查询、标签、报表等。其开发过程是很复杂的，必须按照软件工程的原则，遵循一定的步骤有序地进行。

一般地，数据库应用系统的开发要经过需求分析、系统设计、软件测试、软件发布和系统运行与维护几个阶段。

1. 需求分析

软件开发从需求分析开始，通过对项目信息的收集，确定系统目标、软件开发的总体思路及所需的时间等。

系统需求包括两方面的内容。

(1) 数据需求：分析各个环节需要哪些数据、处理哪些数据、产生哪些数据，这个过程称为数据分析，数据分析的结果是系统的数据模型，它是数据库设计的基础。

(2) 功能需求：分析系统各个环节需要哪些功能和处理，这个过程称为功能分析，其结果是系统的功能模型，它是搭建应用程序框架的基础。

2. 系统设计

在需求分析的基础上，按照需求分析阶段得到的数据模型和功能模型，完成实际系统的设计。这个阶段又可以分为以下几方面。

1) 数据库设计

首先是数据库的逻辑设计，确定需要哪些字段、哪些表，表与表之间应建立怎样的关系。

其次是数据库的物理设计，根据逻辑设计的结果，在计算机上物理地建立数据库、表、索引等。

2) 程序结构总体设计

按照需求分析中的功能模型，确定整个系统的功能模块、模块间的层次关系；设计人机交互界面的外观，包括表单、菜单结构、报表的样式等。这个阶段不进行详细的编码设计。

3) 程序的详细设计

根据总体设计的结果，进行各个模块、界面的详细设计，最终形成实际系统。

3. 软件测试

测试的目的是尽可能发现程序中的错误，测试过程分为模块测试和综合测试两个阶段。模块测试是对每个模块进行的，综合测试则对全系统进行。一旦发现错误，通过 Visual FoxPro 提供的调试工具进行调试。

系统首先应投入少量数据试运行，考察在各种应用中能否达到预定的功能和性能。若不能满足，应返回前面的步骤，再次进行需求分析或修改设计。

4. 软件发布

应用程序应进行连编，形成可以独立在 Windows 下运行的.exe 文件。然后进行应用程序发布，制作安装盘。

5. 系统运行与维护

试运行的结束标志着软件开发的完成，系统正式投入运行后，就进入运行与维护阶段。本阶段的任务是：保持系统运行正常，调整和修正程序的缺陷，根据需要进行系统改进等。

以下各节结合学生信息管理系统的开发过程，介绍数据库系统开发的具体步骤。

12.2 需 求 分 析

1. 设计题目

教工信息管理系统。

2. 设计目的

学校的教工信息管理是学校管理中的一项重要任务，以往的手工操作已经不能适应现代办公的需要，为了摆脱烦琐的手工劳动，提高工作效率，避免人工失误，利用计算机进行信息处理成为必然。开发功能完善及安全可靠的管理系统可以大大提高学校资源的利用率，及时、准确地获取需要的信息。本系统是根据某学校的实际需要，设计的一套示例性的简单的教工信息管理系统。

3. 系统功能

本系统采用面向对象的设计思想，以菜单、表单等可视化界面实现人机交互，主要完成以下功能。

1) 信息录入功能

教工基本信息及工资表、部门信息、职称信息及授课信息录入。

2) 课程管理

管理课程信息。

3) 数据修改

修改教工相关信息、修改系统密码。

4) 查询功能

查询教工基本信息、教工工资及授课信息等。

5) 报表打印功能

包括各种信息统计表及授课表的预览、打印。

6) 其他

为了保证系统的安全性，在进入本系统前必须输入有效的密码，防止非法用户进入系统。

4. 数据分析

数据来自于输入与处理，分析数据的输入，对数据的输入操作体现为如下几个环节。

1) 部门信息、职称信息、教工基本情况

部门情况：包括部门号、部门名称、部门领导。

职称情况：包括职称号、职称名。

基本情况：包括职工号、部门号、职称号、姓名、性别、出生年月、党员、简历、照片等信息。

2) 教工工资情况信息

包括职工号、工资年月、基本工资、薪级工资、绩效工资、社会保险、房屋公积金、其他收入、其他支出、备注等。

3) 授课情况录入、修改

包括学期、职工号、课程号、课程名、授课地点、授课班级等。

4) 课程信息录入与维护

包括课程号、课程名、课时数等信息。

12.3　数据库设计

数据库设计的目的是确定系统所需的数据库，包括数据库中表的结构、索引以及表间关系。数据库设计分为两步，即逻辑设计和物理设计。

1. 逻辑设计

根据数据需求分析，从输入数据入手，确定所需要的表，每个表所需字段，然后结合系统数据处理需要，确定表的关键字、表间关系及其关系类型、关联关键字。

1) 确定所需要的表及其字段

职工基本表(<u>职工号</u>，部门号，职称号，姓名，性别，出生年月，党员，简历，照片)。

工资表(<u>职工号</u>，<u>工资年月</u>，基本工资，薪级工资，绩效工资，社会保险，房屋公积金，其他收入，其他支出，备注)。

部门(<u>部门号</u>、部门名称、部门领导)。

职称(<u>职称号</u>、<u>职称名</u>)。

课程表(<u>课程号</u>、课程名、课时)。

授课(<u>职工号</u>，<u>课程号</u>，学期，地点，班级)。

括号前为表名，括号中为字段名表，带下划线的是关键字，工资表具有两个字段名构成的组合关键字，也就是说，只有职工号与工资年月组合才能唯一确定表中的一条记录。授课表类似，也具有两个字段构成的组合关键字。

2) 确定各个表之间的关联关系

表间关系设计如图 12-1 所示。

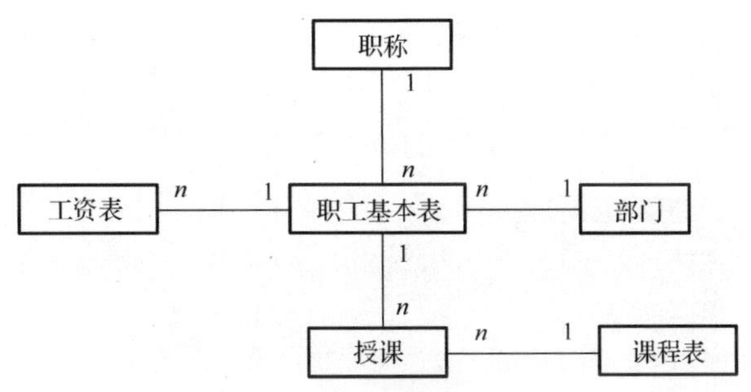

图 12-1　表间关系设计

2. 物理设计

根据逻辑设计，建立数据库，建立数据库表，创建索引，建立表间关系。

首先准备系统各类文件所需目录，在某磁盘根目录下(本例中选用 F: 盘)，创建“教工信息管理”文件夹，在该文件夹下分别创建三个新文件夹：data、form、others，用于分类放置不同性质的文件。

将数据库、数据表都创建到 e : \教工信息管理\ data 目录下。

创建数据库“教工信息.dbc”，在其中创建如下数据库表。

(1) 部门(部门号 C(4)、部门名称 C(10)、部门领导 C(10))。

主索引：部门号。

(2) 职称(职称号 C(4)、职称名称 C(40))。

主索引：职称号。

(3) 教工基本表(职工号 C(10)，部门号 C(4)，职称号 C(4)，姓名 C(10)，性别 C(2)，出生年月 D，党员 L，简历 M，照片 G)。

主索引：职工号。

普通索引：部门号，职称号。

(4) 工资表(职工号 C(10)，工资年月 D，基本工资 N(5，1)，薪级工资 N(5，1)，绩效工资 N(5，1)，社会保险 N(5，1)，房屋公积金 N(5，1)，其他收入 N(5，1)，其他支出 N(5，1)，备注 M)。

主索引：职工号+alltrim(dtoc(工资年月))。

(5) 授课(职工号 C(10)，课程号 C(4)，学期 C(15)，地点 C(20)，班级 C(10))。

主索引：职工号+课程号+学期。

普通索引：职工号，课程号。

(6) 课程列表(课程号 C(4)，课程名 C(10)，课时 N(5，1))。

主索引：课程号。

设计完成后的数据库“教工信息”如图 12-2 所示，其中工资表与授课中的主码就是对应的主索引关系。

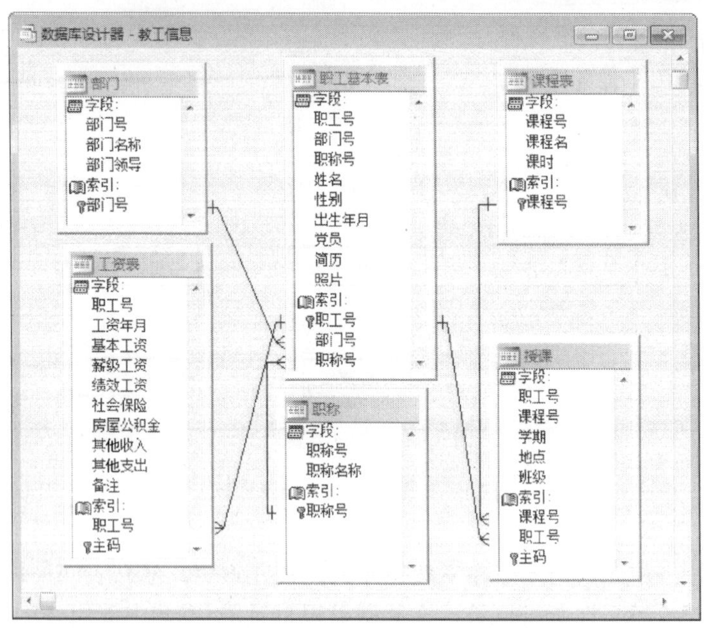

图 12-2　职工信息数据库设计

12.4　应用系统设计

系统设计分为总体设计和详细设计两个阶段。

总体设计注重全局，主要根据系统的功能需求，设计系统结构，确定整个系统的功能模块及人机交互界面的外观。这部分工作很重要，是后续软件编程的基础。

详细设计按照总体设计的方案，利用 Visual FoxPro 可视化编程工具，完成具体的编程工作。

12.4.1　应用系统的总体结构

应用系统的运行以封面表单开始，要求用户输入登录密码，并设置三次检查功能，若三次输入的密码均有错，则自动退出系统；否则出现用户菜单，接受用户的操作，操作完毕后用户可以从用户菜单中退出系统。

1. 应用系统的功能结构

应用系统的功能主要分成三个大功能模块，它们是系统功能、基础功能与信息管理。

系统功能子模块有系统登录、系统注销和系统退出。

基础功能子模块有职称管理、部门管理和管理员维护。

信息管理子模块有教职工人员管理、教职工工资管理、课程信息管理及授课信息管理。

信息管理系统的功能结构如图 12-3 所示。

2. 应用系统执行流程、菜单结构及相关表单

系统执行流程、菜单结构及相关表单如图 12-4 所示。

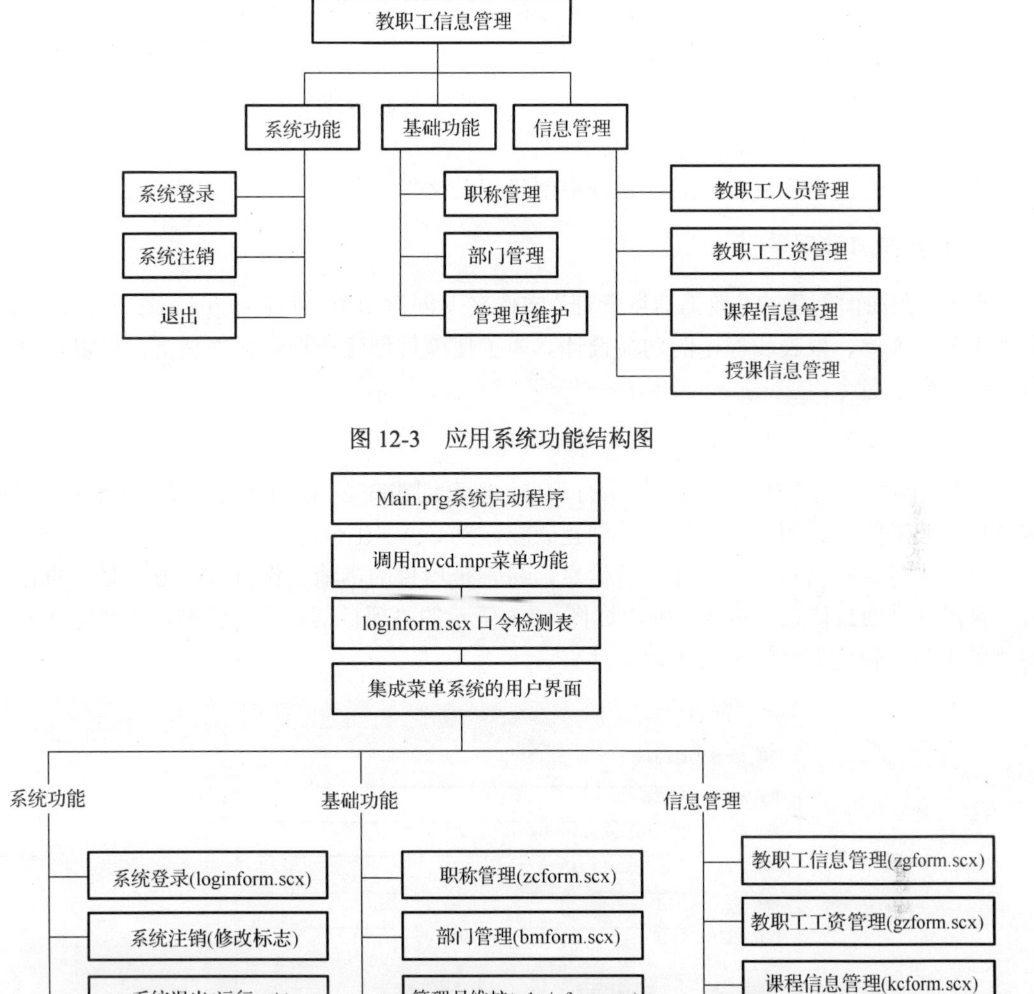

图 12-3　应用系统功能结构图

图 12-4　系统执行流程图

本系统通过启动主程序，首先初始化运行环境(如设置年月日显示格式)，调用系统设计菜单，一般应用开发还需要设计封面表单，再启动登录系统口令检测表单，当通过口令检测后，系统菜单才可激活使用。本系统菜单直接由 Visual FoxPro 主窗口调用，用户通过菜单调用相应表单，从而实现系统各项功能。

12.4.2　详细设计

1. 项目开发方法

在实际开发中，一个应用系统包含许多文件，如表单文件、菜单文件、报表文件、数据库文件及表文件等，项目管理器提供了一个管理应用系统的集成环境，它不但能方便地管理项目及各类文件，而且为软件的集成、发布提供了便捷的手段。关于项目管理器，我们已经在第 2 章进行了介绍，现在结合开发实例进一步说明其使用方法。

在开发过程中，可以通过两种不同的方法进行，一种是在基本开发完成后，创建项目，利用项目管理器将整个系统的文件统一管理起来。另一种方法是在一开始就首先用项目管理器建立项目，在项目中创建、修改所有文件，这些文件将自动存放在项目中。至于选用哪种方法，完全取决于开发者的习惯。

本系统首先创建项目，然后在项目中创建相关文件。

2. 使用项目管理器

首先，在前面创建的“教工信息管理”文件夹下创建一个项目：zg.pjx，在项目管理器中，实现表单、菜单、报表和程序的功能设计。为了使项目创建在指定文件夹下，可以在命令窗口中使用如下命令：

```
set default to  e : \教工信息管理
```

新建、添加项目中的文件时，将所有表单、报表创建在 e : \教工信息管理\form\文件夹中，将菜单、职工照片、图片等其他文件创建或复制到 e : \学生信息管理\ others \文件夹中。

打开项目管理器后，应设置项目信息，特别是项目的本地工作目录，方法是：执行“项目”菜单→“项目信息”命令，弹出如图 12-5 所示的“项目信息”对话框，应选定我们创建的“教工信息管理”文件夹为本地文件夹。

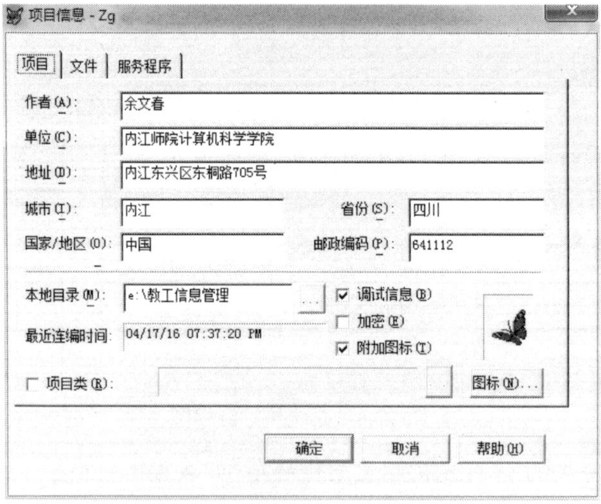

图 12-5　“项目信息”对话框

在项目管理器界面中，选择“数据”卡片，单击“数据库”，单击“添加”按钮，将创建好的“教工信息.dbc”数据库添加到项目中。

然后，根据总体设计方案，在项目的“文档”卡片中新建表单、报表，在“其他”卡片中设计菜单。以下各节介绍若干表单及报表的详细设计方法。

12.4.3 登录表单

一般登录一个系统需校验身份，传统的做法就是在登录时启动一个身份验证表单，本系统的登录账号与密码存储于数据表中，因此用户需要知道表中的账号登录信息，用户在启动主程序后，首先会加载系统菜单，然后再加载登录口令验证表单，如果系统第一次使用，用户账号与口令为空即可登入。

登录表单(login.scx)运行界面如图 12-6 所示。

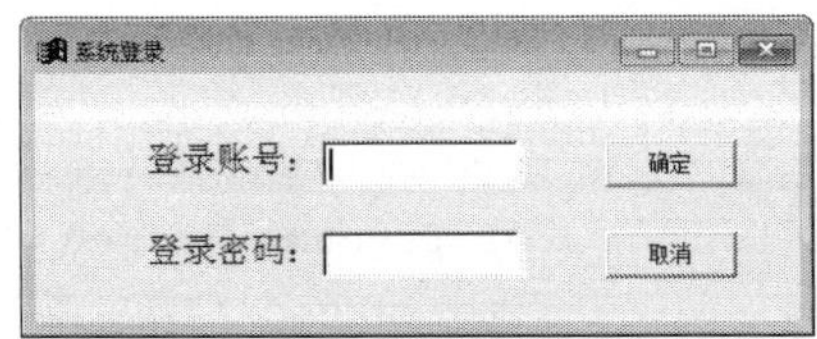

图 12-6　登录表单

表单中有两个重要属性变量。

loginflag=1，通过口令验证标志量，在输入正确账号密码时赋此值。

trynmb=0，重试次数，在表单的 load 事件中设置。

其中 loginflag 变量在主文件中设置为 public 类型，同时赋初值为 0。该变量也会影响系统菜单的运行。

建立表单时一般先设置表单的初始属性，这些属性在设计时就完成了，表单属性设置如表 12-1 所示。

表 12-1　口令检测表单属性设置

AlwaysOnTop	.T.	防止其他窗口遮挡表单
Autocenter	.T.	表单自动居中
BorderStyle	2一固定对话框	表单不能改变大小
Caption	系统登录	表单标题
Passwordchar	*	不显示输入的密码信息

表单的 load 事件代码如下：

```
if not  used("管理员") then  &&判断数据表管理员是否加载,未加载时在空闲工作区打开
    use 管理员 in 0
endif
select 管理员
public trynum      &&声明全局变量,用于口令输错时的次数限制
trynum=0
```

说明：本系统的口令存储于管理员数据表中，因此在验证口令时必须先打开数据表，防止数据表被多次打开，可使用 used()函数来判断，同时防止系统被暴力破解，密码输错三次退出系统，因此使用一个全局变量 trynum 来进行验证限制。

表单中“确定”按钮的 Click()事件代码如下：

```
loginname= alltrim(thisform.text1.value)
loginpwd= alltrim(thisform.text2.value)
select 管理员
if reccount("管理员")=0 then
       messagebox("登录账号现为空，请及时设置账户信息！",0,"提示")
       loginflag=1
       thisform.release
endif
 locat for alltrim(账号)==loginname and alltrim(密码)==loginpwd
                                          &&验证口令是否正确,采用精确比较
 if found() then                          &&口令正确时
```

```
    loginflag=1                    &&修改登录状态,该变量为全属变量时,在主程序中已
                                      设置,初始值为 0(未登录),为 1(已登录)
    thisform.release
   else
   trynum=trynum+1                 &&输错账号信息密码加 1
    if trynum>=3 then
     messagebox("账号或密码错已超过三次，请重新登录！",16,"警告")
     thisform.release
    endif
    messagebox("账号或密码错！",16,"警告")
    loginflag=0
 endif
```

表单的“取消”按钮 Command2 的 Click()事件代码如下：

```
thisform.release    &&关闭并退出该表单
```

12.4.4　系统菜单

系统菜单为 form\mycd.mnx，生成为同名的 mpr 菜单程序。图 12-7 为菜单设计的界面。其中“系统登录”菜单项中选项的跳过条件为 loginflag=1，也就是说，在正常登录系统后该菜单项功能不可用，而“系统注销”与“系统退出”两个菜单选项不设置跳过条件，其他子菜单选项的跳过条件为 loginflag=0，即未登录，不能使用其功能项。

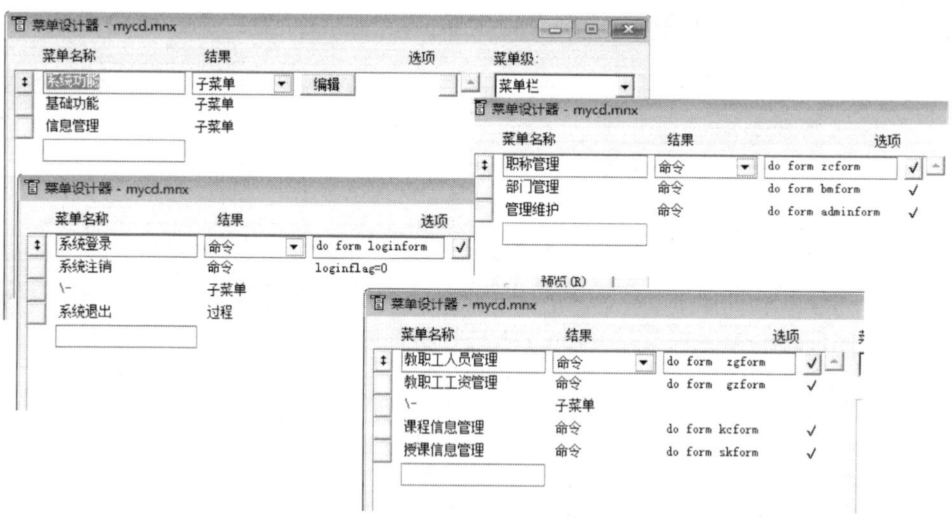

图 12-7　系统菜单设计

菜单的“退出”项是一个过程，内容如下：

```
abc=messagebox("是否退出程序?",32+1,"提示")    &&退出时加一个询问
if abc<>1
        return
endif
Quit    &&直接退出 Visual FoxPro 程序
```

12.4.5　基础信息录入表单

在高校中，职称、部门信息为常用的基础数据，一些其他数据经常依赖这些基础数据，因此，为这些基础数据提供单独的信息管理与维护还是有必要的，由于这些基础数据量不是很大，本系统在设计上不采用传统数据处理方式，直接使用表格控件来达到对数据的增删改查效果。其中职称表单的设计后运行界面如图 12-8 所示。

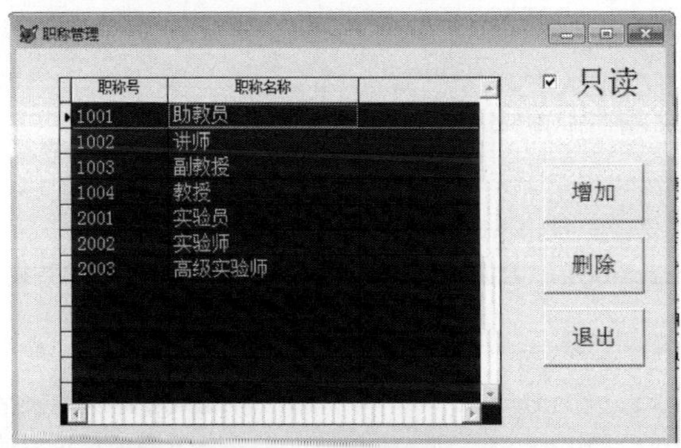

图 12-8　职称管理界面

表单相关属性设置如表 12-2 所示。

表 12-2　基础信息录入表单属性设置

Autocenter	.T.	表单自动居中
Caption	职称管理	表单标题

表单数据环境为职称。

表单的 Init 事件代码如下：

```
if used("职称") then
   select 职称
  else
   messagebox("数据库已关闭！",16,"提示")
   return
endif
thisform.grid1.forecolor =rgb(230,230,230)    &&设置表格控件工作时的颜色
thisform.grid1.backcolor =rgb(64,0,0)
thisform.grid1.columncount =-1               &&动态适应数据源的列数
thisform.grid1.recordsourcetype=1
thisform.grid1.recordsource=null             &&清除表格原有信息，动态适应数据源
thisform.grid1.recordsource="职称"            &&表格控件的数据源
thisform.grid1.column1.width=80
thisform.grid1.column2.width=160
thisform.grid1.readonly=.t.                  &&表格控件初始时为只读
return
```

由于表格控件直接绑定数据表，所以可以直接在表格中更改数据值，“只读”选项按钮可以切换表格的只读与可写状态，“只读”选项按钮的 InteractiveChange 事件代码如下：

```
if this.value=1 then
   thisform.grid1.readonly=.t.
   thisform.grid1.forecolor =rgb(230,230,230)&&提供可修改状态的颜色变化以示区别
   thisform.grid1.backcolor =rgb(64,0,0)
  else
   thisform.grid1.readonly=.f.
   thisform.grid1.forecolor =rgb(220,220,220)
    thisform.grid1.backcolor =rgb(64,56,0)
endif
```

“增加”按钮的 Click 事件代码如下：

```
select 职称
&&on error 在修改记录出错时给出的提示
on error messagebox("数据不能重复添加，请修改当前添加数据！",16,"提示")
append blank
thisform.grid1.refresh
thisform.check1.value=0                    &&使用当前表格控件可修改
thisform.check1.interactivechange          &&增加记录后使表格中数据可修改
thisform.grid1.setfocus                    &&设置增加过后数据修改的焦点
on error
```

“删除”按钮的 Click 事件代码如下：

```
on error
select 职称
if eof() then
   messagebox("待删除的记录为空,不能删除",16,"提示")
   return
endif
delnum=职称.职称号    &&被删除的记录主码
if not eof() then
   abc=messagebox("目前删除的职称号："+chr(10)+chr(10)+"职称号："+职称.职称号
   +chr(10)+chr(10)+"职称名："+职称.职称名称+chr(10)+chr(10)+"是否删除(删除后
   不能还原)?",32+1,"提示")
     if abc<>1
          return
     endif
      select 职称
      delete
endif
thisform.refresh
```

“退出”按钮的 Click 事件代码(后面模块相同)如下：

```
Release  thisform
```

采用此方式的数据管理在设计上简单实用，完全达到数据的增删改查效果。其部门信息数据也可使用此方法实现，部门管理的设计运行界面如图 12-9 所示，其代码描述不再赘述。

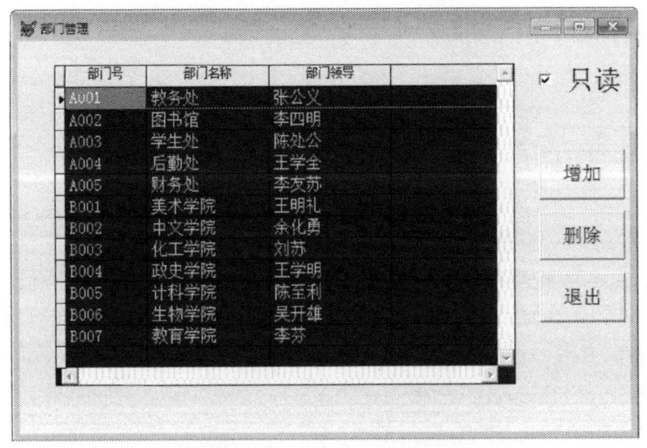

图 12-9　部门管理界面

12.4.6　数据修改表单

本系统为“教职工管理”，其核心数据为教职工的数据，因此职工信息管理是此系统的重点，结合前面基础信息的管理维护，在增加教职工信息数据时还要参考职称与部门信息数据，另外，教职工中的数据有图片格式，这也增加了信息处理的难度，以下为该管理表单模块的事件与相应代码，其表单设计运行界面如图 12-10 所示。

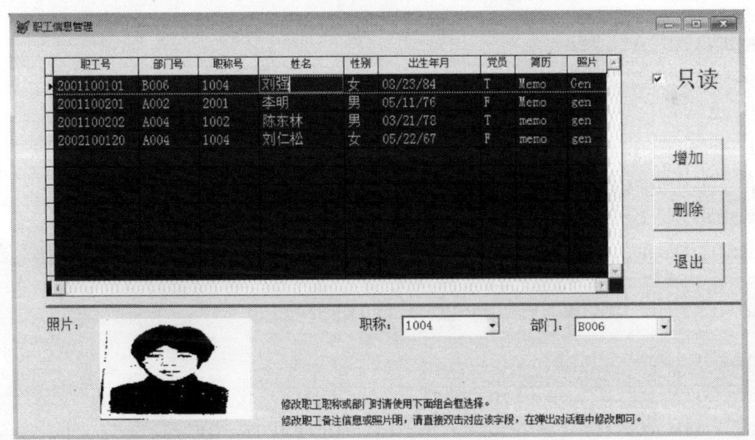

图 12-10　职工信息管理

该表单设计时其数据环境需加载职工基本表、职称和部门三个数据表。表单属性设置如表 12-3 所示。

表 12-3　数据修改表单属性设置

Autocenter	.T.	表单自动居中
Caption	职工信息管理	表单标题

表单的 Init 事件代码如下：

```
if used("职工基本表") then
   select 职工基本表
 else
```

```
    messagebox("数据库已关闭！",16,"提示")
    return
  endif
  thisform.grid1.forecolor =rgb(230,230,230)
  thisform.grid1.backcolor =rgb(64,0,0)
  thisform.grid1.columncount =-1
  thisform.grid1.recordsourcetype=1
  thisform.grid1.RecordSource=null
  thisform.grid1.RecordSource="职工基本表"
  thisform.grid1.column1.width=100
  thisform.grid1.column2.width=70
  thisform.grid1.column3.width=70
  thisform.grid1.column4.width=100
  thisform.grid1.column5.width=40
  thisform.grid1.column6.width=120
  thisform.grid1.column7.width=40
  thisform.grid1.column8.width=60
  thisform.grid1.column9.width=60
  thisform.grid1.readonly=.t.
```

表格控件的 AfterRowColChange 事件代码如下：

```
LPARAMETERS nColIndex
if  eof("职工基本表") then
  return
endif
thisform.combo1.value=职工基本表.职称号
thisform.combo2.value=职工基本表.部门号
thisform.Oleboundcontrol1.refresh  &&需要绑定此控件与职工基本表中的照片字段
```

“只读”选项按钮的 InteractiveChange 事件代码如下：

```
if this.value=1 then
   thisform.grid1.readonly=.t.
   thisform.grid1.forecolor =rgb(230,230,230)
   thisform.grid1.backcolor =rgb(64,0,0)
  else
   thisform.grid1.readonly=.f.
   thisform.grid1.forecolor =rgb(220,220,220)
   thisform.grid1.backcolor =rgb(64,56,0)
endif
thisform.grid1.column2.readonly=.t.     &&职工职称代码不能直接在表格中修改
thisform.grid1.column3.readonly=.t.     &&职工部门代码不能直接在表格中修改
thisform.grid1.column2.backcolor =rgb(64,0,0)
thisform.grid1.column3.backcolor =rgb(64,0,0)
```

“增加”按钮的 Click 事件代码如下：

```
select 职工基本表
on error messagebox("数据不能重复添加，请修改当前添加数据！",16,"提示")
```

```
append blank
thisform.grid1.refresh
thisform.check1.value=0
thisform.check1.interactivechange
thisform.grid1.setfocus   &&设置增加过后数据修改的焦点
on error
on error
select 职工基本表
```

“删除”按钮的 Click 事件代码如下：

```
if eof() then
  messagebox("待删除的记录为空,不能删除",16,"提示")
  return
endif
delnum=职工基本表.部门号
if not eof() then
  abc=messagebox("目前删除的职工，"+chr(10)+chr(10)+"职工号："+职工基本表.部门号+chr(10)+chr(10)+"姓名："+职工基本表.姓名+chr(10)+chr(10)+"是否删除(删除后不能还原)?",32+1,"提示")
   if abc<>1
       return
   endif
  select 职工基本表
  delete
endif
thisform.refresh
```

职称组合框按钮的 InteractiveChange 事件代码如下：

```
if thisform.check1.value=1 then
  messagebox("不能修改职工的职称，该数据只读！",0,"警告")
  return
endif
if eof("职工基本表") then
  messagebox("不能修改职工的职称，该数据为空！",0,"警告")
  return
endif
select 职工基本表
zgnum=职工基本表.职工号
replace 职工基本表.职称号 with this.value
locate  for 职工基本表.职工号=zgnum  &&修改完后表格中的指针不变动
thisform.grid1.refresh
```

部门组合框按钮的 InteractiveChange 事件代码如下：

```
if thisform.check1.value=1 then
  messagebox("不能修改职工的部门，该数据只读！",0,"警告")
  return
endif
```

```
if eof("职工基本表") then
   messagebox("不能修改职工的部门，该数据为空！",0,"警告")
   return
endif
select 职工基本表
zgnum=职工基本表.职工号
replace 职工基本表.部门号 with this.value for 职工基本表.职工号=zgnum
locate  for 职工基本表.职工号=zgnum
thisform.grid1.refresh
```

12.4.7 工资管理表单

工资信息是本系统中比较复杂的数据，该界面参照职工信息管理方式进行设计，其表单运行界面如图 12-11 所示。

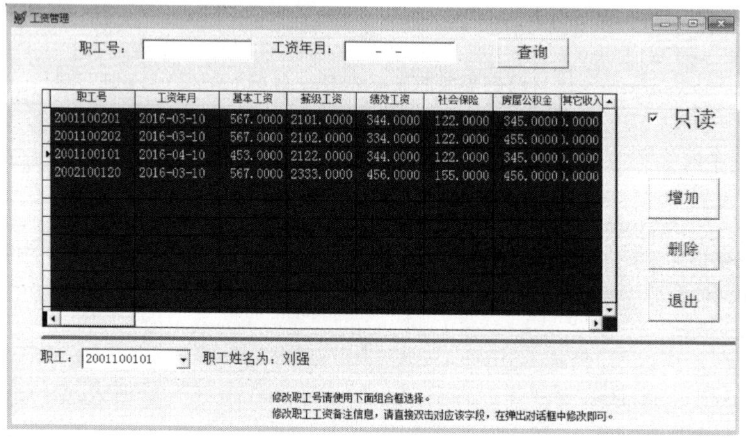

图 12-11　工资管理界面

数据环境中添加工资表和职工基本表。表单属性设置如表 12-4 所示。

表 12-4　课程修改表单属性设置

Autocenter	.T.	表单自动居中
Caption	课程修改	表单标题

表单的 Init 事件代码如下：

```
if used("工资表") then
   select 工资表
 else
   messagebox("数据库已关闭！",16,"提示")
   return
endif
thisform.grid1.forecolor =rgb(230,230,230)
thisform.grid1.backcolor =rgb(64,0,0)
thisform.grid1.columncount =-1
thisform.grid1.recordsourcetype=1
```

```
thisform.grid1.recordsource=null
thisform.grid1.recordsource="工资表"
thisform.grid1.column1.width=100
thisform.grid1.column2.width=100
thisform.grid1.column3.width=80
thisform.grid1.column4.width=80
thisform.grid1.column5.width=80
thisform.grid1.column6.width=80
thisform.grid1.column7.width=80
thisform.grid1.column8.width=80
thisform.grid1.column9.width=60
thisform.grid1.readonly=.t.
```

表格控件的 AfterRowColChange 事件代码如下：

```
LPARAMETERS nColIndex
if  eof("工资表") then
  return
endif
thisform.combo1.value=工资表.职工号
thisform.label2.caption="职工姓名为："+职工基本表.姓名
```

“只读”选项按钮的 InteractiveChange 事件代码如下：

```
if this.value=1 then
   thisform.grid1.readonly=.t.
   thisform.grid1.forecolor =rgb(230,230,230)
   thisform.grid1.backcolor =rgb(64,0,0)
  else
   thisform.grid1.readonly=.f.
   thisform.grid1.forecolor =rgb(220,220,220)
    thisform.grid1.backcolor =rgb(64,56,0)
endif
thisform.grid1.column1.readonly=.t.   &&职工号代码不能直接在表格中修改
thisform.grid1.column1.backcolor =rgb(64,0,0)
```

“增加”按钮的 Click 事件代码如下：

```
select 工资表
on error messagebox("数据不能重复添加，请修改当前添加数据！",16,"提示")
append blank
thisform.grid1.refresh
thisform.check1.value=0
thisform.check1.interactivechange
thisform.grid1.setfocus    &&设置增加过后数据修改的焦点
on error
```

“删除”按钮的 Click 事件代码如下：

```
on error
```

```
select 工资表
if eof() then
  messagebox("待删除的记录为空,不能删除",16,"提示")
  return
endif
delnum=工资表.职工号+alltrim(dtoc(工资年月))
if not eof() then
  abc=messagebox("目前删除的工资记录："+chr(10)+chr(10)+"职工及年月："+职工基本表.部门号+chr(10)+chr(10)+"姓名："+职工基本表.姓名+chr(10)+chr(10)+"是否删除(删除后不能还原)?",32+1,"提示")
   if abc<>1
       return
   endif
   select 工资表
   delete
endif
thisform.refresh
```

职工组合框按钮的 InteractiveChange 事件代码如下：

```
if thisform.check1.value=1 then
  messagebox("不能修改职工的工资，该数据只读！",0,"警告")
  return
endif
if eof("工资表") then
  messagebox("不能修改职工的工资，该数据为空！",0,"警告")
  return
endif
select 工资表
zgnum=工资表.职工号+alltrim(dtoc(工资年月))
replace 工资表.职工号 with this.value
locate  for 工资表.职工号+alltrim(dtoc(工资年月))=zgnum
thisform.label2.caption="职工姓名为："+职工基本表.姓名
thisform.grid1.refresh
```

“查询”按钮的 Click 事件代码如下：

```
select 工资表
if reccount()=0 then &&当数据表为空时，记录数为 0
  messagebox("待查记录为空,不需要查询",16,"提示")
  return
endif
recnum=alltrim(thisform.text1.value)+alltrim(dtoc(thisform.text2.value))
locate for alltrim(工资表.职工号)+alltrim(dtoc(工资年月))=recnum
if  eof() then
  abc=messagebox("无此记录!",0,"提示")
endif
thisform.grid1.setfocus  &&找到此记录后，焦点定位在当前记录上
```

12.4.8　课程管理表单

课程信息中学校中的数据量是比较多的，由于是基础数据，所以在设计上按照前面的部门信息设计操作表单，其表单运行界面如图 12-12 所示。

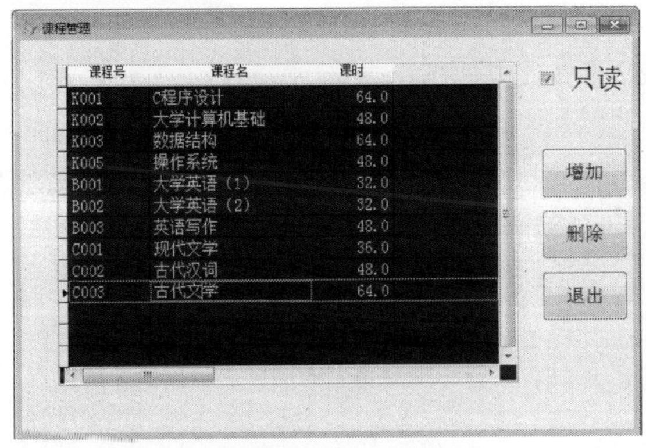

图 12-12　课程管理界面

数据环境中添加课程表。表单属性设置如表 12-5 所示。

表 12-5　课程管理表单属性设置

Autocenter	.T.	表单自动居中
Caption	课程管理	表单标题

表单的 Init 事件代码如下：

```
if used("课程表") then
   select 课程表
 else
   messagebox("数据库已关闭! ",16,"提示")
   return
endif
thisform.grid1.forecolor =rgb(230,230,230)
thisform.grid1.backcolor =rgb(64,0,0)
thisform.grid1.columncount =-1
thisform.grid1.recordsourcetype=1
thisform.grid1.recordsource=null
thisform.grid1.recordsource="课程表"
thisform.grid1.column1.width=80
thisform.grid1.column2.width=160
thisform.grid1.column3.width=80
thisform.grid1.readonly=.t.
```

"只读"选项按钮的 InteractiveChange 事件代码如下：

```
if this.value=1 then
   thisform.grid1.readonly=.t.
   thisform.grid1.ForeColor =RGB(230,230,230)
```

```
  thisform.grid1.backColor =RGB(64,0,0)
 else
  thisform.grid1.readonly=.f.
  thisform.grid1.ForeColor =RGB(220,220,220)
   thisform.grid1.backColor =RGB(64,56,0)
endif
```

“增加”按钮的 Click 事件代码如下：

```
select 课程表
on error messagebox("数据不能重复添加，请修改当前添加数据！",16,"提示")
append blank
thisform.grid1.refresh
thisform.check1.value=0
thisform.check1.interactivechange
thisform.grid1.setfocus   &&设置增加过后数据修改的焦点
on error
```

“删除”按钮的 Click 事件代码如下：

```
select 课程表
if eof() then
   messagebox("待删除的记录为空,不能删除",16,"提示")
   return
endif
delnum=课程表.课程号
if not eof() then
   abc=messagebox("目前删除的课程号："+chr(10)+chr(10)+"课程号："+课程表.课程
   号+chr(10)+chr(10)+"课程名："+课程表.课程名+chr(10)+chr(10)+"是否删除(删除
   后不能还原)?",32+1,"提示")
     if abc<>1
          return
     endif
      select 课程表
      delete
endif
thisform.refresh
```

12.4.9 授课管理表单

授课信息是本系统中的重要数据，为了让系统用户清晰明了地了解授课情况，在授课中应该知道授课人的姓名、所授课程名称，因此该模块在设计上与前面的模块有所区别，在此模块中表格控件只用于显示、定位数据，设计上采用 SQL 查询数据后送入表格显示，通过表格中的数据定位显示在下方的各子控件上，然后在各子控件上进行修改或增加操作，最后再更新 SQL 查询在表格控件中显示，这是现代软件设计中比较流行的设计方式，同时在下方各控件上填入数据时还可实现数据查询操作，其表单运行界面如图 12-13 所示。

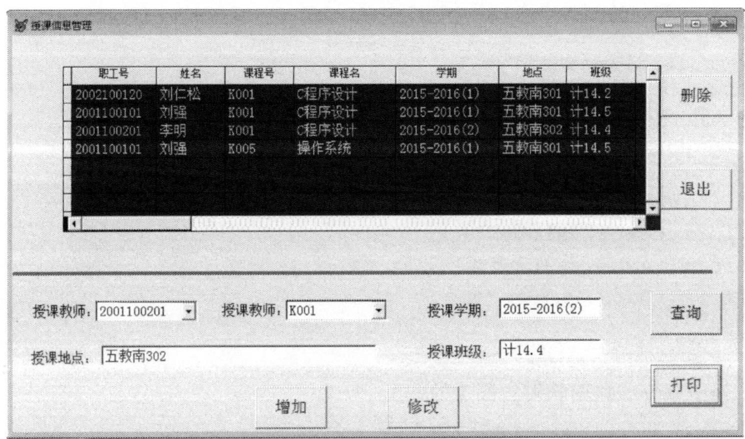

图 12-13　授课信息管理

数据环境中添加课程表、职工基本表和授课三个表。表单属性设置如表 12-6 所示。

表 12-6　课程修改表单属性设置

Autocenter	.T.	表单自动居中
Caption	课程修改	表单标题

表单的 Init 事件代码如下：

```
select 职工基本表.职工号, 职工基本表.姓名, 课程表.课程号, 课程表.课程名,;
  授课.学期, 授课.地点, 授课.班级;
 from  教工信息!课程表 inner join 教工信息!授课;
    inner join 教工信息!职工基本表 ;
   on  职工基本表.职工号 = 授课.职工号 ;
   on  课程表.课程号 = 授课.课程号;
into cursor sktable    &&SQL 多表联合查询获取需要的数据生成临时表 sktable
if used("sktable") then
   select sktable
 else
   messagebox("数据库已关闭! ",16,"提示")
   return
endif
thisform.grid1.forecolor =rgb(230,230,230)
thisform.grid1.backcolor =rgb(64,0,0)
thisform.grid1.columncount =-1
thisform.grid1.recordsourcetype=1
thisform.grid1.recordsource=null
thisform.grid1.recordsource="sktable"
thisform.grid1.column1.width=100
thisform.grid1.column2.width=80
thisform.grid1.column3.width=80
thisform.grid1.column4.width=120
thisform.grid1.column5.width=120
thisform.grid1.column6.width=80
```

```
thisform.grid1.column7.width=80
thisform.grid1.readonly=.t.
```

表格控件的 AfterRowColChange 事件代码如下：

```
LPARAMETERS nColIndex
if  eof("sktable") then
  thisform.text1.value=""
  thisform.text2.value=""
  thisform.text3.value=""
  return
endif
&&把表格中定位的数据映射到各子控件上
thisform.combo1.value=sktable.职工号
thisform.combo2.value=sktable.课程号
thisform.text1.value=sktable.学期
thisform.text2.value=sktable.地点
thisform.text3.value=sktable.班级
```

“查询”选项按钮的 InteractiveChange 事件代码如下：

```
select sktable
querystr="1=1"
skzgh=alltrim(thisform.combo1.value)
skkch=alltrim(thisform.combo2.value)
skxq=alltrim(thisform.text1.value)
skdd=alltrim(thisform.text2.value)
skbj=alltrim(thisform.text3.value)
&&以下动态组合查询要求，根据各子控件上的信息实行联合查询
if not empty(skzgh) then
  querystr=querystr+ " and alltrim(职工号)=skzgh "
endif
if not empty(skkch) then
  querystr=querystr+ " and alltrim(课程号)=skkch "
endif
if not empty(skxq) then
  querystr=querystr+ " and alltrim(学期)=skxq "
endif
if not empty(skdd) then
  querystr=querystr+ " and alltrim(地点)=skdd "
endif
if not empty(skbj) then
  querystr=querystr+ " and alltrim(班级)=skbj "
endif
locate for &querystr.                     &&使用宏代换还原查询条件
if found() then
    thisform.grid1.setfocus               &&找到数据后焦点定位在该数据上
   else
     messagebox("没有匹配数据",0,"提示")
endif
```

“增加”按钮的 Click 事件代码如下：

```
select sktable
on error messagebox("数据不能重复添加，请修改当前添加数据！",16,"提示")
skzgh=alltrim(thisform.combo1.value)
skkch=alltrim(thisform.combo2.value)
skxq=alltrim(thisform.text1.value)
skdd=alltrim(thisform.text2.value)
skbj=alltrim(thisform.text3.value)
insert into 授课 values(skzgh,skkch,skxq,skdd,skbj)  &&插入添加的数据
locate for alltrim(职工号)+alltrim(课程号)+alltrim(学期)=skzgh+skkch+skxq
&&添加后重新定位到此数据上
on error
thisform.init  &&更新表格数据
```

“删除”按钮的 Click 事件代码如下：

```
select sktable
if eof() then
  messagebox("待删除的记录为空,不能删除",16,"提示")
  return
endif
&&删除记录时需找到本信息的码，码的组成为职工号+课程号+学期
delnum=alltrim(sktable.职工号)+alltrim(sktable.课程号)+alltrim(sktable.学期)
if not eof() then
  abc=messagebox("目前删除的记录为："+chr(10)+chr(10)+delnum+chr(10)+
      chr(10)+"是否删除(删除后不能还原)?",32+1,"提示")
   if abc<>1
       return
   endif
  select 授课
  delete  for alltrim(授课.职工号)+alltrim(授课.课程号)+alltrim(授课.学
     期)=delnum
endif
thisform.init
thisform.refresh
```

“修改”按钮的 Click 事件代码如下：

```
select sktable
on error messagebox("数据不能重复添加，请修改当前添加数据！",16,"提示")
skzgh=alltrim(thisform.combo1.value)
skkch=alltrim(thisform.combo2.value)
skxq=alltrim(thisform.text1.value)
skdd=alltrim(thisform.text2.value)
skbj=alltrim(thisform.text3.value)
update  授课  set 职工号=skzgh,课程号=skkch,学期=skxq,地点=skdd, 班级=skbj
where alltrim(授课.职工号)+alltrim(授课.课程号)+alltrim(授课.学期)=alltrim
(sktable.职工号)+alltrim(sktable.课程号)+alltrim(sktable.学期)
```

```
on error
thisform.init
locate for alltrim(职工号)+alltrim(课程号)+alltrim(学期)=skzgh+skkch+skxq
thisform.grid1.refresh
```

数据的打印功能一般都在数据的操作过程中，因此，本系统在此模块提供了打印功能，在打印时需要先设计报表，在本模块中调用，其中报表数据环境中加载的为 tmptable，此表应先使用 SQL 语句产生，其 SQL 代码参照以下代码，打印效果如图 12-14 所示。

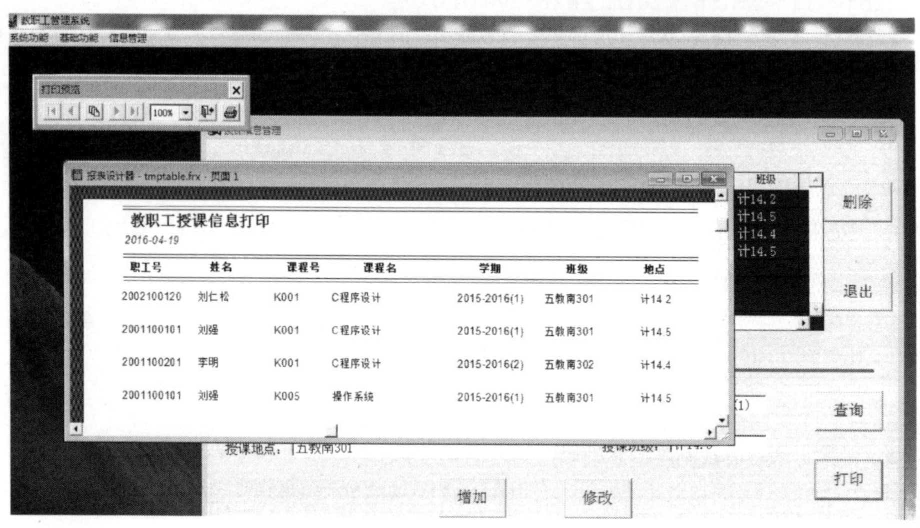

图 12-14　授课信息打印

“打印”按钮的 Click 事件代码如下：

```
if used("tmptable")  then
  use in tmptable     &&本表用于打印，如果本表被使用，则先关闭
endif
select 0   &&使用空闲工作区号
select 职工基本表.职工号, 职工基本表.姓名, 课程表.课程号, 课程表.课程名,;
  授课.学期, 授课.地点, 授课.班级;
 from  教工信息!课程表 inner join 教工信息!授课;
    inner join 教工信息!职工基本表 ;
   on  职工基本表.职工号 = 授课.职工号 ;
   on  课程表.课程号 = 授课.课程号;
into dbf tmptable   &&生成到表文件 tmptable
report form tmptable preview  &&打印预览
```

12.5　系 统 集 成

我们已经构造了应用程序的所有部件，并通过项目管理器将它们集成到了一起，此时，需要指定程序的主文件，进行连编，生成最终的可执行程序。

完成应用程序的开发之后，还需要发布该应用程序。发布应用程序的方法是包含所有需

要的文件并创建发布磁盘。Visual FoxPro 为用户提供了“安装向导”，可以轻而易举地生成安装程序和发布磁盘。

本节首先介绍应用程序主文件的设计与指定，以及应用程序的连编，然后介绍应用系统的发布。

12.5.1 应用系统启动主文件的设计

一个应用系统含有许多可执行模块，其中必须有一个文件是整个系统的启动点，我们称其为应用系统的主文件。每一个应用程序都需要设置一个主文件作为应用程序的起始点，最常见的是用一个主程序去调用程序框架，从而实现对整个应用程序的控制，这个程序就称为启动主程序。

Visual FoxPro 的项目管理中，一个项目有且只有一个主文件。

1. 启动主程序的设计

设计启动主程序的基本思想，是将启动程序分成 4 块。

(1) 初始化部分。

(2) 显示初始的用户界面或调入菜单系统。

(3) 控制事件循环 read events。

(4) 现场恢复部分。

下面分别讨论。

(1) 初始化部分。

初始化部分可分为存储各种环境变量，然后设置当前应用系统的环境变量，声明所有的全局变量等。

(2) 显示初始的用户界面或调入菜单系统。

初始的用户界面可以是菜单或表单。通常是使用 do 命令运行一个菜单程序，或者使用 do form 命令运行一个表单显示用户的初始界面。

(3) 控制事件的循环。

```
read events
```

该命令作用为开始事件循环，等待用户操作。命令用来启动所有已定义的控件并开始处理事件，以取代以前读取的@…get。程序中使用 read events 就像一个死循环，一直等待用户的操作，直到接到 clear events 命令结束运行。

2. 主文件的指定

在项目管理器的“代码”选项卡中，选中“程序”，单击“新建”按钮，将打开代码编辑窗口，在其中输入主程序的内容，保存该程序。

如果该文件是第一个添加到项目中的程序、表单或菜单文件，则 Visual FoxPro 自动将它作为项目主文件。

可以自行指定系统的主文件，指定主文件的方法是：选中主文件，右击，在快捷菜单中选择“设置主文件”，单击该项使之前面出现一个勾“√”。此时该文件变成粗体。

取消主文件的方法与之相同，只需通过单击，去掉“设置主文件”前面的勾就行了。

3. 使用自定义菜单功能

默认情况下，一个 Visual FoxPro 应用程序是在 Visual FoxPro 窗口中运行的，可以通过在顶层表单中加入用户菜单系统，代替 Visual FoxPro 窗口作为当前应用系统的主窗口。

本应用系统使用原有 Visual FoxPro 主窗口，通过调用用户菜单 mycd.mpr，实现系统各功能的调用运行。此时，系统的启动主程序如下所示。

【例 12-1】 教工信息管理系统的初始化主程序。

```
*文件名：main.prg
*代码如下
clea all
on shutdown  quit             &&单击 Visual FoxPro 主窗口关闭按钮也可关闭程序
set safe off
set century on
set date to ymd
set mark to '-'               &&设置日期的格式为年月日
set delete on                 &&隐藏逻辑删除的记录
_screen.windowstate=2         &&Visual FoxPro 主程序窗口最大化
_screen.caption="教职工管理系统"
set path to data;form         &&设置工作路径为 form 和 data 目录
 public loginflag
loginflag=0                   &&登录本系统的标志变量，0：未登录，1：登录
&&打开数据库，由于本系统的数据删除都是逻辑标记删除，因此在启动系统时清除以前残留未删
   除的数据
open database 教工信息
use 部门
pack
use 管理员
pack
use 课程表
pack
use 职称
pack
use 职工基本表
pack
use 工资表
pack
use 授课
pack
close all table  &&关闭所有数据
do  mycd.mpr  &&调用系统主菜单
_screen.picture="softbj.jpg"  &&设置软件的主窗口工作背景图
do form/loginform   &&调用登录表单
read event  &&进行事件处理
```

在调用系统菜单后再调用登录表单 loginadmin.scx，如果账号/密码正确，即可激活用户菜单系统，完成用户界面的启动。

12.5.2　项目连编

完成系统主文件设计并指定主文件后，可以通过项目管理器右侧的“连编”按钮进行项目的连编，生成完整的应用程序。

1. 设置文件的包含与排除

项目连编时，所有标记为包含的文件将变成只读文件，而被标记为排除的文件仍然是项目的一部分，同时又是可更改的。在项目管理器中，刚刚添加的数据库文件、表文件左侧有一个排除符号“Ø”，默认是排除。一般来说，可执行文件，如表单、报表、查询、菜单、程序文件等应设为包含，而数据文件一般设为排除。它们的转换方法是，在项目管理器中右击文件，在快捷菜单中更改该文件为包含或排除。

2. 项目连编

连编是将应用系统制作成一种产品。单击“连编”按钮，出现如图 12-15 所示的界面。

在连编选项窗口中，操作区的四个选项分别如下：

(1) 重新连编项目：该选项对应于 build project 命令，重新编译整个项目。

(2) 连编应用程序：该选项对应于 build app 命令，建立一个应用程序的.app 程序，这种程序不能离开 Visual FoxPro 系统环境执行。

(3) 连编可执行文件：该选项对应于 build exe 命令建立一个.exe 可执行文件，该程序可以离开 Visual FoxPro 系统环境执行。

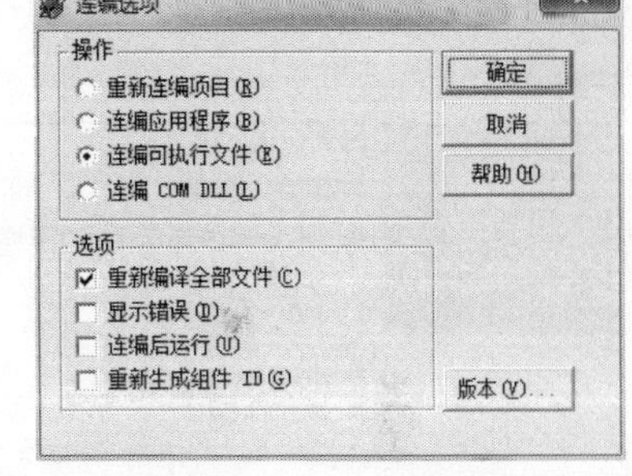

图 12-15　连编选项

(4) 连编 COM　DLL：创建动态链接库。

选项区复选框可以根据实际情况进行选择。若选择“连编可执行文件”单选按钮，系统将生成该应用程序的可执行文件。可以脱离 Visual FoxPro 环境而独立运行。

注意：若开始时没有将所有文件加入项目，只要主要文件已加入，连编时就会把被调用的相关的表单、菜单、报表文件自动加入到项目中。

12.5.3　应用程序的发布

完成应用程序的开发之后，就可准备发布该应用程序。发布应用程序的方法是包含所有需要的文件并创建发布磁盘。Visual FoxPro 为用户提供了“安装向导”，可以轻而易举地生成安装程序和发布磁盘。

在发布应用程序前，需要将所有应用程序和支持文件复制到一个目录下面，这个目录就称为“发布树”。发布树用来存放用户运行时需要的全部文件，在创建发布磁盘之前，应将一些必要的系统支持文件复制到该目录中。包括如下文件。

(1) Visual FoxPro 运行时支持库 Vfp6r.dll 和 Vfp6run.exe。

(2) 特定地区资源文件：Vfp6rchs.dll (中文版) 和 Vfp6renu.dll (英文版)，这些文件都在 windows\system32 系统目录下，需要复制到发布树中。

下面以教工信息管理系统的发布为例，介绍 Visual FoxPro 应用程序的发布过程。

【例 12-2】 教工信息管理系统的发布。

操作步骤如下：

(1) 建立发布树(目录)，发布树用来存放用户运行时需要的全部文件，这里指定发布目录为 E:\教工信息管理，将一些必要的文件复制到该目录中。用户需要的文件包括以下几个。

①项目连编以后的.exe 程序。

②连编时未自动增入项目的文件。

③Visual FoxPro 支持库 Vfp6r.dll。

④特定地区资源文件：Vfp6rchs.dll(中文版)和 Vfp6renu.dll(英文版)，这些文件都在 Windows 的系统目录下，需要复制到发布树中。

(2) 单击“工具”菜单中的“向导”，再选择“向导”菜单选项，进入“安装向导”对话框。

(3) 安装向导步骤 1：定位文件。单击“发布树目录”右边的“…”按钮，在“选择目录”对话框中选择 E:\教工信息管理目录，单击“下一步”按钮，如图 12-16 所示。

(4) 安装向导步骤 2：指定组件。要求指定必须包含的系统文件。这里选定“Visual FoxPro 运行时刻组件”复选框。如图 12-17 所示，单击“下一步”按钮。

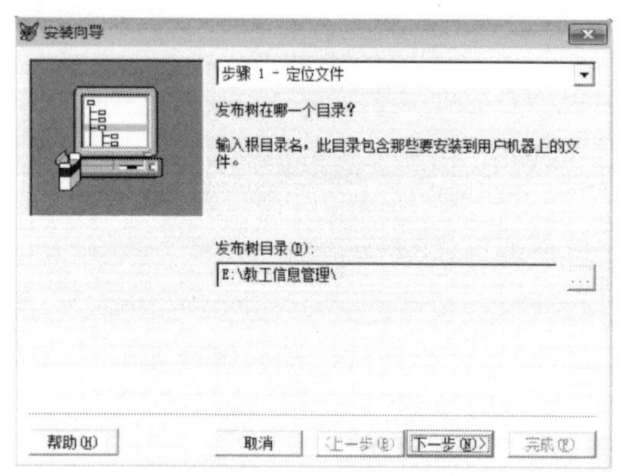

图 12-16　安装向导步骤 1

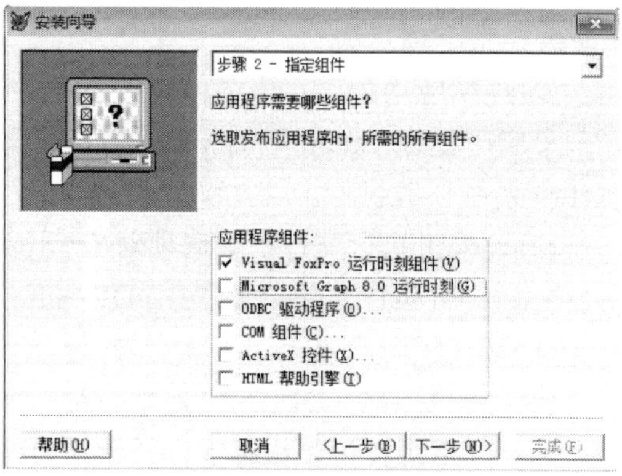

图 12-17　安装向导步骤 2

(5) 安装向导步骤 3：磁盘映象。磁盘映象有两个含义：一是在软件发布整理过程中，将结果存放在何处，需要给出一个目录的名称，在这里，选择 F:\xsxx 文件夹(需要先创建好)，二是选择介质。如果做成软盘方式，则选择“1.44MB 3.5 英寸”复选框，表示将来做出来的软件以软盘方式存储。如图 12-18 所示，完成选择后，单击“下一步”按钮。

(6) 安装向导步骤 4：安装选项。输入安装对话框标题：教工信息管理系统。执行程序：E:\教工信息管理\ZG.EXE，如图 12-19 所示。

(7) 上面几个安装步骤是主要的，后面的几步是可选的，可以不回答。最后，在“完成”对话框中，单击“完成”按钮，就可以压缩整理程序。

(8) 磁盘映象复制：经过上面的步骤，在 E:\MYSOFT 目录中有三个子文件夹，即 disk144、netsetup 和 websetup，分别放置软盘方式、网络方式和 Web 方式下的安装文件，由于目前基本已淘汰软盘，安装文件选择 netsetup 和 websetup 文件夹的 setup.exe，只要在 Windows 中运行该文件，就可以一步一步地进行应用程序的安装。

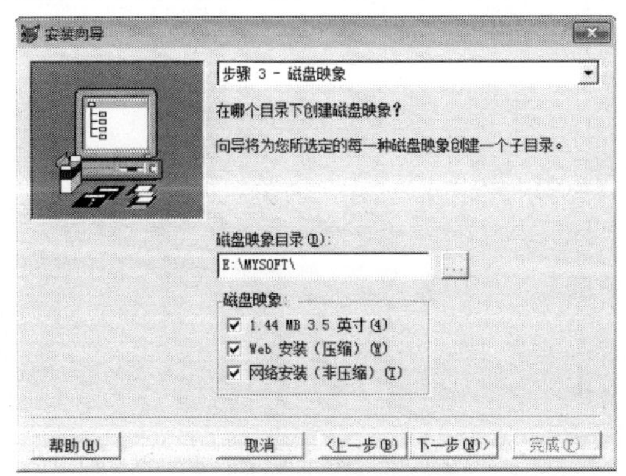

图 12-18　安装向导步骤 3

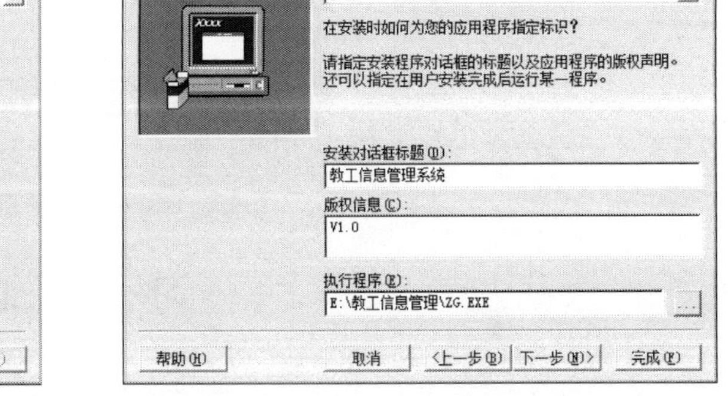

图 12-19　安装向导步骤 4

学 习 提 示

数据库应用系统开发必须按照软件工程的原则，遵循一定的步骤有序地进行。一般要经过需求分析、系统设计、系统测试和系统维护几个阶段。其中，系统设计分为数据库设计和程序设计；数据库设计又分为逻辑设计和物理设计；程序设计又分为总体设计和详细设计，只是到详细设计阶段才进行编码。各个阶段中，每一阶段的工作都是后继工作的基础。

应用系统的集成，一般在项目管理器中进行，需要指定启动主文件。在主文件中，可以通过装入用户菜单，使应用系统在 Visual FoxPro 主窗口中运行，也可以设计一个加入用户菜单的顶层 SDI 表单，使应用程序在真正的用户界面中执行。在连编项目时，需要添加相应的组件及相关系统文件。

应用系统的发布需要建立发布树，一般用发布向导进行，按照向导的提示一步一步完成即可。

部分课后习题答案

习　题　1

一、选择题

1．A　2．C　3．D　4．A　5．D　6．A

二、填空题

1．减少　2．应用系统　3．定义　4．元组　属性　5．关系模式　6．主关键字
7．投影　8．选择

习　题　2

一、选择题

1．B　2．C　3．C　4．B　5．D　6．C　7．A　8．D　9．B　10．D　11．A　12．D

二、填空题

1．254　2．{^yyyy-mm-dd}　3．是否党员=.F.　4．330　5．A　6．18.00　7．出生日期={^1978-08-25}　8．函数参考的值、类型或数目无效　9．.F.　.F.　10．N

三、上机操作题

1．(略)

2．(略)

3．
```
X=subs(ttoc(datetime(),1),9,2)
&&获取当前时间(小时部分)，其中 ttod()函数是将日期时间数据转换为字符串
y=subs(ttoc(datetime(),1),11,2)
&&获取当前时间(分钟部分)
Z=val(x)-14
&&获取上机时间小时部分(数值)
W=val(y)
&&获取上机时间分钟部分(数值)
M=z*1.5+w*(1.5)/60
&&上机费用  ?  M
```

习 题 3

一、选择题

1. B 2. D 3. C 4. C 5. C 6. D 7. A 8. D 9. C 10. D

二、填空题

1. MODI STRU 2. EXCL 3. 6位 4. Memo 5. 链接 6. INSERT BLANK 7. 表 8. REPL ALL 姓名 with “ ” 9. COPY TO STNV FOR 团员=.T.AND 性别=“女” 10. DIR D:\TEST*.DBF

三、上机操作题

1. (1)启动 Visual FoxPro 后，执行“文件”→“新建”→“表”→“新建文档”命令，输入“学生”表名，进入表设计器，设置字段名、字段类型、宽度和小数，单击“确定”按钮，再录入五条记录数据。

(2)重复上述操作，完成“学生成绩”“选课”“课程”表的创建。

(3)Use 学生，在命令窗口执行 APPE 命令追加三条记录。Use 学生成绩，执行 BROW 命令，追加三条记录。注意选“显示”菜单的“追加方式”选项。

2. (1)use 学生成绩 excl,modi stru,在表设计器中添加“平均分”和“总分”字段，数据类型设为数值类型，保存。

(2)求平均分：repl all 平均分 with(数学+物理+英语)/3。

(3)求总分：repl all 总分 with 数学+物理+英语。

3. use 学生成绩；copy to stud1;copy to stud2 fields 姓名，性别，数学 for 性别=‘女’。

习 题 4

一、选择题

1. D 2. B 3. C 4. B 5. B 6. B 7. D 8. B 9. A 10. B

二、填空题

1. 顺序 2. 字段 索引 3. 关键字段 4. 结构复合索引 5. 临时 6. 将指针定位于满足条件的第一条记录上 逻辑 7. 永久关系 关联 8. go top 9. 文件尾 .t. 10. join with

三、上机操作题

1. (1)
```
use 学生成绩
sort to px1 on 性别,数学
use px1
list
```

(2)
```
use 学生成绩
sort to px2 on 数学,物理/d
use px2
list
```

2. (1)
```
use 学生
index on 学号 tag xh ascending
list
```

(2)
```
use 学生
index on 性别 tag xb
list
```

(3)
```
use 学生
index on 性别-str(物理) tag xbcj
list
```

3.
```
use 选课
total to hz on 学号 fields 学号,成绩
use hz
list
```

4.
```
sele 1
use 学生
index on 学号 to xh
sele 2
use 课程
index on 课程号 to kch
sele 3
use 选课
set rela to 学号 into a
set rela to 课程号 into b addi
loca for a->姓名="陈钢"
? "姓名  性别   课程名   成绩"
? A->姓名,A->性别,A->出生日期,B->课程名,成绩
```

习　题　5

一、选择题

1. C　2. A　3. B　4. D　5. D　6. A　7. A　8. D　9. A　10. B

二、填空题

1. CLOSE DATABASE　2. 主索引　候选索引　3. 父表 子表 子表 父表 父表 子表　4. 插入 更新 删除　5. 本地视图　连接

三、上机操作题

1. 执行“文件”的“新建”命令创建数据库文件，取名“学生信息”，在数据库设计窗口右击，在快捷菜单选择“添加表”选项，一次添加这几个表后保存。

2．建立“学生”表与“学生成绩”表的永久关联。

选“学生”表快捷菜单的“修改”选项，选“字段”选项卡中“索引”的“升序”选项，选“索引”选项卡中“索引”的“主索引”选项。选“学生成绩”表快捷菜单的“修改”选项，选“字段”选项卡中“索引”的“升序”选项，选“索引”选项卡中“索引”的“普通选项”选项。

3．把数据库中“学生”表下方的学号拖向“学生成绩”下方，可见关联线。

(1)视图数据来自“学生”表和“选课”表，需按上面的步骤建立两表永久关系。

(2)打开“学生信息”数据库，在空白处右击，执行“新建本地视图”→“新建视图”命令，添加“学生”和“选课”表为视图数据来源，在视图设计器窗口添加“学号、姓名、课程名、成绩”为实体输出字段，视图保存后命名为“学生成绩”。

习　题　6

一、选择题

1．C　2．A　3．D　4．D　5．B　6．C　7．B　8．A　9．C　10．B　11．C　12．A　13．D　14．B　15．C

二、填空题

1．NULL　2．逻辑　3．SUM　AVG　4．SET DEFAULT　5．INTO ARRAY <数组名>　6．CREATE VIEW　7．ANY　8．任意多个字符　任意一个字符

9．TO FILE <文件名>　10．内联接　左联接　右联接　全联接

三、上机操作题

(1)执行“文件”→“新建”→“查询”→“新建文件”命令。在创建的查询设计器中添加学生.dbf、选课.dbf、课程.dbf。

(2)在查询设计器的“字段”选项中添加学生.学号、学生.姓名、课程.课程名、选课.成绩为查询输出的字段；在“筛选”选项中输入“课程.课程名=计算机网络”，在“排序依据”选项中选“选课.成绩”为降序。

(3)关闭查询设计器时保存的文件名为ex01.qpr。

习　题　7

一、选择题

1．B　2．B　3．D　4．A　5．D　6．D　7．B　8．B　9．C　10．B

二、读程序，选择填空

1．(1)C (2)D　2．C　3．C　4．B　5．(1)A (2)C　6．(1)D (2)A　7．(1)D (2)A (3)C　8．A

三、程序填空

1．x<=1　　endif　　0
2．.t.　　姓名=xm　　endif　　upper(yn)="y"
3．x,y,n,2　　n+2　　substr(xy,5,4)
4．x<>0　　q+st
5．i<10　　fac　　enddo
6．set skip to a　　xm　s=0　cont
7．s=0　　n,r
8．endfor　　endfor　　for i=1 to n

四、上机操作题

1．程序如下：

```
clear
input  "请输入数值 a="  TO  a
input  "请输入数值 b="  TO  b
input  "请输入数值 c="  TO  c
s=a+b+c
pj=(a+b+c)/3
?"三个数的和 s=",s
?"三个数的平均值 pj=",pj
```

2．程序如下：

```
clear
input  "请输入数值 a="  TO  a
input  "请输入数值 b="  TO  b
input  "请输入数值 c="  TO  c
input  "请输入数值 d="  TO  d
if  a<b
    t=a
    a=b
    b=t
endif
if  a<c
    t=a
    a=c
    c=t
endif
if  a<d
    t=a
    a=d
    d=t
edif
if  b<c
    t=b
```

```
    b=c
    c=t
endif
if  b<d
    t=b
    b=d
    d=t
endif
if  c<d
    t=c
    c=d
    d=t
endif
?"降序输出为：",a,b,c,d
```

3. 程序如下：

```
clear
clear  all
use 学生
accept "请输入查找同学的姓名：" to  xm
locate  for 姓名=xm
if  found()
    disp
    else
    ?"查无此人！"
endif
close all
```

4. 程序如下：

```
*if 嵌套完成程序
Clear
input  "请输入存款年限 NX="  TO  NX
if  NX<1
    LL=0.02
else
    if  NX<3
        LL=0.03
    else
        if  NX<5
            LL=0.04
        else
            LL=0.05
        endif
    endif
endif
?"利率 LL 为：",LL
```

```
*DOCASE 嵌套完成程序
clear
input  "请输入存款年限 NX="  TO  NX
docase
    case  NX<1
        LL=0.02
        case NX<3
        LL=0.03
    case  NX<5
            LL=0.04
    otherwise
            LL=0.05
endcase
?"利率 LL 为：",LL
```

5．程序如下：

```
*do while——enddo 完成
clear
clear  all
use 学生
?"学号   姓名 性别 入校总分  年龄"
locate  for 入校总分>=580
do  while  .not. eof()
    ?"学号,姓名,性别,space(2),入校总分,year(date()-year(出生年月))"
    cont
enddo
close  all

*for—endfor 完成
Clear
clear  all
use 学生
?"学号   姓名 性别 入校总分  年龄"
count  for 入校总分>=580  to  n
locate  for 入校总分>=580
for  i=1  to  n
    ?"学号,姓名,性别,space(2),入校总分,year(date()-year(出生年月))"
    cont
endfor
close  all

*scan—endscan 完成
clear
clear  all
use 学生
?"学号   姓名      性别      入校总分        年龄"
scan  for 入校总分>=580
```

```
    ?"学号,姓名,性别,space(2),入校总分,year(date()-year(出生年月))"
endscan
close  all
```

6. 程序如下：

```
clear
s=0
for  i=1  to  51  step 2
    fac=1
    for  j=1  to  i
        fac=fac*j
    endfor
    s=s+fac
endfor
?"1!+3!+…+51!=",s
```

7. 程序如下：

```
*主程序 main.prg
clear
set  proc  to  guo
s=0
for  i=1  to  10
    fac=1
    do  sub  with  i,fac
    s=s+fac
endfor
?"1～10 的立方和=",s
set  proc  to

*过程文件 guo.prg
proc  sub
para  n,m
m=n*n*n
return

*使用依附式函数定义完成
clear
s=0
for  i=1  to  10
    fac=three(i)
    s=s+fac
endfor
?"1～10 的立方和=",s
set  proc  to

function  three
para  n
```

```
return  n*n*n
```

8. 程序如下：

```
clear
clear  all
set  safe  off
use 学生
n=1
do  while  n<=100
    bm="stud"+alltrim(str(n))
    copy  to  &bm
    n=n+1
enddo
dir *.dbf
close  all
```

9. 程序如下：

```
clear
dime  xy(3,3)
w=1
for  i=1  to  3
    for  j=1  to  3
        xy(i,j)=w
        ??xy(i,j)
        w=w+1
    endfor
    ?
endfor
```

10. 程序如下：

```
clear
dime  x(50)
input  "请输入第 1 个数"  to  x(1)
ma=x(1)
mawz=1
n=2
do  while  n<=50
    input  "请输入第"+alltrim(str(n))+"个数"  to  x(n)
    if  x(n)>ma
        ma=x(n)
        mawz=n
    endif
    n=n+1
enddo
?"最大数 ma=",ma
?"最大数位置 mawz=",mawz
```

习　题　8

一、选择题

1. A　2. B　3. D　4. A　5. D　6. D

二、填空题

1. 封装性　继承性　多态性　2. 实例　继承　3. 容器类　控件类
4. Init　Unload　DblClick　5. 绝对引用　相对引用

三、上机操作题

(1)执行“文件”→“表单”→“新建文件”命令，进入表单设计器，用“表单控件工具栏”添加1个标签Label1，两个命令按钮Command1、Command2。

(2)用“属性窗口”设置如下属性。

①表单属性。

AutoCenter：.T.。

Caption：Form1。

②标签Label1属性。

Caption：欢迎光临!

FontSize：24。

Alignment：2-中央。

③命令按钮Command1属性。

Caption：显示英文。

FontSize：14。

④命令按钮Command2属性。

Caption：退出。

FontSize：14 。

(3)编写命令按钮事件代码。

①Command1的Click事件代码。

```
ThisForm.Label1.Caption="WELCOME!"
```

②Command2的Click事件代码。

```
ThisForm.Release
```

习　题　9

一、选择题

1. B　2. B　3. C　4. D　5. B　6. D　7. B　8. B　9. B　10. A

二、填空题

1．其他　2．AutoCenter　3．ReadOnly=.T.　4．编辑
5．Style 2　6．RemoveItem　7．3
8．RecordSourceType　9．系统　10．Do form <表单文件名>

三、上机操作题

1．英文字符的大小写。

(1)创建一个表单，添加 1 个文本框 Text1，3 个命令按钮，用属性窗口设置命令按钮的 Caption 属性分别为“大写”“小写”“还原”。

(2)编辑事件代码。

①表单的 Init 事件代码。

```
Public x
```

②Command1(大写)的 Click 事件代码。

```
x=thisform.text1.value
thisform.text1.value=uppe(x)
```

(3)Command2(小写)的 Click 事件代码。

```
Thisform.text1.value=lowe(x)
```

(4)Command3(还原)的 Click 事件代码。

```
Thisform.text1.value=x
```

2. 数字排序

(1)创建一个表单，添加 3 个文本框 Text1、Text2、Text3，1 个命令按钮(Caption 属性：排序)，1 个标签 Label1。

(2)设计命令按钮(排序)的 Click 事件代码。

```
    dime x(3)
    x(1) = val(thisform.text1.value)
    x(2) = val(thisform.text2.value)
    x(3) = val(thisform.text3.value)
    for I = 1 to 2
        for j = j+1 to 3
            if x(i) > x(j)
                t = x(i)
                x(i) = x(j)
                x(j) = t
            endif
        endfor
    endfor
thisform.label1.caption = str(x(1))+str(x(2))+str(x(3))
```

习 题 10

一、选择题

1．D 2．C 3．B 4．B 5．B 6．C 7．A 8．B 9．C 10．B

二、填空题

1．快速报表 报表设计器 2．.FRX 3．细节 4．数据源 报表布局 5．六

三、上机操作题

(1)对“学生成绩”表建立性别索引，在 Visual FoxPro 命令窗口执行命令：use 学生成绩,inde on 性别 to x1。

(2)执行“文件”的“新建”命令创建一个报表文件，进入报表计时器。在报表的数据环境中添加“学生成绩”，用“报表”菜单添加“标题/总结”和“数据分组”两个带区。

(3)把“学号、姓名、性别、数学、物理、英语”六个字段拖向细节带区。用“报表控件”工具栏的“标签”按钮在“标题”带区输入“数学成绩分组统计”字符，在“页标头”带区输入“学号、姓名、性别、数学”字符，在“页注脚”带区输入“数学平均分：”字符。

(4)用“报表控件”工具栏的“域控件”按钮在“组注脚”带区添加一个域控件，在弹出的“报表表达式”窗口的“表达式”栏输入“学生成绩.数学”，在该窗口单击“计算”按钮，再选择“平均值”，单击“确定”按钮返回。

(5)用“报表控件”工具栏的“线条”按钮在各带区画上表格线。

习 题 11

一、选择题

1．D 2．A 3．C 4．A 5．B 6．A 7．C 8．A 9．B 10．B

二、填空题

1．.MNX .MPR DO mymenu.mpr 2．菜单 3．_MFI_SAVE 或 SAVE(\<S)
4．SET SYSMENU TO DEFAULT 5．快捷菜单 6．主菜单 快捷菜单
7．快捷 8．MPR 9．ON 10．\-

三、上机操作题

1．(1)用“文件”的“新建”命令创建一个菜单文件(注意：在“新建菜单”窗口中选“菜单”)，进入菜单设计器窗口，在该窗口的“菜单名称”下输入“信息录入”，在右边“结果”栏选“子菜单”，单击“编辑”按钮输入该菜单下的子菜单“学生情况录入”“成绩录入”等。用右边“菜单级”栏返回主菜单，依次完成后面 4 个菜单及下属子菜单的设计。

(2)选系统菜单“显示”下的“常规选项”，在弹出的窗口中选“顶层表单”，再用系统菜单“菜单”下的“生成”命令生成“菜单 1.mpr”文件。

2. 用“文件”的“新建”命令创建一个表单文件，在属性窗口设置 Show Windows 属性值为“2-作为顶层表单”。设计表单的 int 事件代码为：do 菜单 1.mpr with this,.t.。

表单运行后，以上设计的菜单出现在表单上部。

3. (1)用“文件”的“新建”命令创建一个菜单文件(注意：在“新建菜单”窗口中选“快捷菜单”)，完成“成绩查询”“学生情况查询”“退出”3 个菜单的设计。再用系统菜单“菜单”下的“生成”命令生成“菜单 2.mpr”文件。

(2)打开刚才设计的表单，设计表单的 RightClick 事件代码：do 菜单 2.mpr。表单运行后，右击表单，即可出现快捷菜单。